国家出版基金项目
NATIONAL PUBLICATION FOUNDATION
国家出版基金资助项目
“十二五”国家重点图书出版规划项目
交通运输建设科技丛书·公路基础设施建设与养护

汶川地震公路震害分析

地质灾害与路基

庄卫林 陈乐生 等 编著

人民交通出版社
China Communications Press

内 容 提 要

本书依托交通运输部西部交通建设科技项目“汶川地震公路震害评估、机理分析及设防标准评价”，介绍汶川地震造成的公路沿线典型次生地质灾害和路基典型震害的机理及其设防对策。本书共分为两篇，共计12章和7个附录。第一篇为第1章至第6章，介绍公路沿线地震地质灾害的分析成果，主要包括：汶川地震触发典型崩塌形成机制过程研究，汶川地震触发典型滑坡形成机制过程研究，汶川震区灾后泥石流特征与形成机理初步研究，汶川地震地质灾害应对对策。第二篇为第7章至第12章，介绍路基震害的分析成果，主要包括：路基支挡结构震害机理分析，路基本体震害机理分析，路基边坡震害机理分析，路基抗震设防对策等。附录A至附录G，介绍地质灾害与路基震害机理试验分析和支挡结构抗震设计方法，主要包括：汶川地震触发公路地质灾害动力响应机理，地震土压力计算方法，重力式加筋挡土墙抗震设计方法，桩板式挡土墙抗震设计方法，预应力锚索桩板式挡土墙抗震设计方法，普通及加筋重力式挡墙振动台试验分析，桩板式挡土墙振动台试验分析等。

本书可供公路工程建设与养护人员学习使用，也可为相关专业研究者和关注者提供借鉴。

图书在版编目（CIP）数据

汶川地震公路震害分析. 地质灾害与路基 / 庄卫林，陈乐生等编著. — 北京：人民交通出版社，2013. 11

（交通运输建设科技丛书. 公路基础设施建设与养护）

ISBN 978-7-114-10972-0

Ⅰ. ①汶… Ⅱ. ①庄… ②陈… Ⅲ. ①公路 - 地质 - 地震灾害 - 调查研究 - 汶川县 - 2008②公路路基 - 地震灾害 - 调查研究 - 汶川县 - 2008 Ⅳ. ①P316. 271. 4

中国版本图书馆CIP数据核字（2013）第257904号

国家出版基金资助项目

“十二五”国家重点图书出版规划项目

交通运输建设科技丛书·公路基础设施建设与养护

书　　名：汶川地震公路震害分析　地质灾害与路基

著 作 者：庄卫林　陈乐生　等

责任编辑：曲　乐　郑蕉林

出版发行：人民交通出版社

地　　址：（100011）北京市朝阳区安定门外外馆斜街3号

网　　址：http：//www. ccpress. com. cn

销售电话：（010）59757973

总 经 销：人民交通出版社发行部

经　　销：各地新华书店

印　　刷：北京盛通印刷股份有限公司

开　　本：787×1092　1/16

印　　张：22. 25

字　　数：570千

版　　次：2013年11月　第1版

印　　次：2013年11月　第1次印刷

书　　号：ISBN 978-7-114-10972-0

定　　价：65. 00元

《汶川地震公路震害分析》主要著作者

庄卫林　陈乐生　裴向军　马洪生　刘振宇　林国进
程　强　唐永建　向　波　张建经　王明年　李建中
唐光武　王克海　赵灿辉　陈　强　曲宏略　王　联
杨长卫　吉随旺　李玉文　黄润秋　袁进科　朱学雷
黄　浩　胡建新　朱长安

总　序

“十一五”以来，交通运输行业深入贯彻落实科学发展观，加快转变发展方式，大力推进交通运输事业又好又快发展。到2010年年底，全国公路通车总里程突破400万公里，从改革开放之初的世界第七位跃居第二位，其中高速公路通车里程达到7.4万公里，居世界第二位；公路货运量从世界第六位跃居第一位；内河通航里程、港口货物和集装箱吞吐量均居世界第一。交通运输事业的快速发展不仅在应对国际金融危机、保持经济平稳较快发展等方面发挥了重要作用，而且为改善民生、促进社会和谐作出了积极贡献。

长期以来，部党组始终把科技创新作为推进交通运输发展的重要动力，坚持科技工作面向交通运输发展主战场，加大科技投入，强化科技管理，推进产学研相结合，开展重大科技研发和创新能力建设，取得了显著成效。通过广大科技工作者的不懈努力，在多年冻土、沙漠等特殊地质地区公路建设技术，特大跨径桥梁建设技术，特长隧道建设技术和深水航道整治技术等方面取得重大突破和创新，获得了一系列具有国际领先水平的重大科技成果，显著提升了行业自主创新能力，有力支撑了重大工程建设，培养和造就了一批高素质的科技人才，为发展现代交通运输业奠定了坚实基础。同时，部积极探索科技成果推广的新途径，通过实施科技示范工程，开展材料节约与循环利用专项行动计划，发布科技成果推广目录等多种方式，推动了科技成果更多更快地向现实生产力转化，营造了交通运输发展主动依靠科技创新，科技创新更加贴近交通运输发展的良好氛围。

组织出版《交通运输建设科技丛书》，是深入实施科技强交战略，加大科技成果推广应用的又一重要举措。该丛书共分为公路基础设施建设与养护、水运基础设施建设与养护、安全与应急保障、运输服务和绿色交通等领域，将汇集交通运输建设科技项目研究形成的具有较高学术和应用价值的优秀专著。丛书的逐年出版和不断丰富，将有助于集中展示交通运输建设重大科技成果，传承科技创新文化，体现交通运输行业科技人员的智慧，促进高层次的技术交流、学术传播和专业人才培养，并逐渐成为科技成果转化的重要载体。

“十二五”期是加快转变发展方式、发展现代交通运输业的关键时期。深入实施科技强交战略，是一项关系全局的基础性、引领性工程。希望广大交通运输科技工作者进一步增强做好交通运输科技工作的责任感和紧迫感，团结一致，协力攻坚，努力开创交通运输科技工作新局面，为交通运输全面、协调和可持续发展作出新的更大贡献！

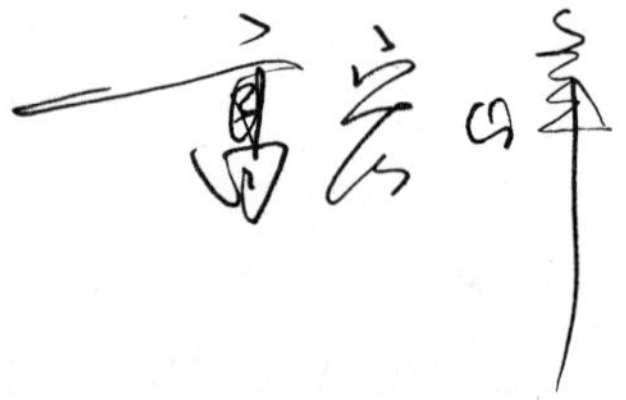

2011 年 12 月 6 日

前　言

2008年5月12日14时28分，四川省汶川县发生了里氏8.0级特大地震。这是新中国成立以来破坏性最强、波及范围最广、救灾难度最大的一次特大自然灾害。公路基础设施在此次地震中受到严重的破坏，路基被掩埋和淹没、桥梁垮塌、隧道受损，通往灾区的公路一度完全中断，给抢险救灾带来极大的困难。

地震震害调查是人们认识地震、研究工程抗震技术最直接的方法，是恢复重建的必需工作，也是为防震减灾工作提供宝贵基础资料的有效手段。“5·12”汶川地震发生后，交通运输部各级领导亲赴灾区，在指导公路抗震救灾和公路抢通工作的同时，要求将公路震害详细、客观地记录下来作为史料保存并加以深入研究。

为此，交通运输部科技司及西部交通建设科技项目管理中心相继启动公路抗震救灾系列科研项目，形成“汶川地震灾后重建公路抗震减灾关键技术研究”重大专项课题。通过近三年的研究，西部交通建设科技项目“汶川地震公路震害评估、机理分析及设防标准评价”于2011年5月通过交通运输部西部交通建设科技项目管理中心组织的鉴定验收。该项目研究针对“5·12”汶川地震灾区公路震害开展系统调查，以文字、图片及数据库方式，完整保存公路震害史料，建立基于地理信息系统、可供查询的公路震害数据库，并在大量震害统计分析基础上借助振动台模型试验、数值模拟、理论分析等方法进行典型震害机理分析，并结合公路震损特点评价设防标准适宜性，提出抗震设防对策及建议。

汶川地震公路震害调查范围覆盖了四川、甘肃、陕西三省重灾区、极重灾区内的所有高速公路和国省干线，以及部分具有典型震害特征的县乡道路，共47条，总长约7 074km。调查工作量：937个公路沿线地质灾害点，600余条实测地质剖面，1 488个路基震害点，2 207座桥梁，56座隧道，拍摄收集公路震害照片50 000余张等。

在公路震害调查中，四川省交通运输厅公路规划勘察设计研究院牵头负责四川省境内公路震害调查，甘肃省公路管理局牵头负责甘肃省境内公路震害调查，陕西省公路局牵头负责陕西省境内公路震害调查，最后由四川省交通运输厅公路规划勘察设计研究院牵头汇总所有调查资料。

为提高公路抗震减灾能力的研究提供基础资料，并为相关研究者和关注者提供借鉴，项目组分阶段整理研究成果，于2009年5月出版《汶川地震公路震害图集》，2012年5月出版《汶川地震公路震害调查》（共四册），现又将公路震害机理分析的主要成果整理形成《汶川地震公路震害分析》（共两册）。

《汶川地震公路震害分析》按专业分为地质灾害与路基、桥梁与隧道两分册。本书为《地质灾害与路基》分册，分两篇，共计12章和7个附录。第一篇为第1章至第6章，介绍汶川地震造成的公路沿线次生地质灾害的分析成果，主要包括：汶川地震触发典型崩塌形成机制过程分析，汶川地震触发典型滑坡形成机制过程分析，汶川震区灾后泥石流特征与形成机理初步分析，公路地震地质灾害应对对策。第二篇为第7章至第12章，介绍路基震害的分析成果，主要包括：路基支挡结构震害机理分析，路基本体震害机理分析，路基边坡震害机理分析，路基抗震设防对策等。附录A至附录G，介绍地质灾害与路基震害机理试验分析和支挡结构抗震设计方法，主要包括：汶川地震触发公路地质灾害动力响应机理，地震土压力计算方法，重力式加筋挡土墙抗震设计方法，桩板式挡土墙抗震设计方法，预应力锚索桩板式挡土墙抗震设计方法，普通及加筋重力式挡墙振动台试验分析，桩板式挡土墙振动台试验分析等。

《汶川地震公路震害分析》一书是集体智慧的结晶，众多专家学者参与了西部交通建设科技项目“汶川地震公路震害评估、机理分析及设防标准评价”项目中的公路震害机理分析工作，他们分别是：四川省交通运输厅的陈乐生、朱学雷、黄浩等，四川省交通运输厅公路规划勘察设计研究院的唐永建、庄卫林、吉随旺、李玉文、向波、程强、马洪生、刘振宇、林国进、蒋劲松、王道雄、王联、陈强、张斌、李勇、贾为易、徐兵、苗宇、朱长安、王维嘉、陈贵红、郑金龙、田尚志、周永江、吴世贵、李本伟、贺智功等，西南交通大学的王明年、赵灿辉、张建经、于丽、崔光耀、曲宏略、杨长卫、周德培、冯君、肖世国、廖燚、杨涛、马涛、韩鹏飞、范洪海、张炳焜、罗宏川、张欣心、徐华、马耀先、刘强、司长亮、李勇、赵岑、侯家庆、罗乐等，成都理工大学的裴向军、黄润秋、袁进科、许强、冯文凯、付顺等，交通运输部公路科学研究院的王克海、李茜、韦韩等，重庆交通科研设计院的唐光武、胡建新、兰海燕等；同济大学的李建中等。

全书由庄卫林、陈乐生审阅并统稿，各章节分工如下：第1章至第6章、附录A主要由四川省交通运输厅公路规划勘察设计研究院的程强和成都理工大学的裴向军、许强、冯文凯、付顺等编写，第7章至第12章、附录B至附录G主要由四川省交通运输厅公路规划勘察设计研究院的马洪生、陈强和西南交通大学的张建经、曲宏略、杨长卫等编写。同时，唐永建、吉随旺、李玉文、向波等同志也参与了本书的审阅。

本书的编写得到了交通运输部、西部交通建设科技项目管理中心、四川省交通运输厅等单位各级领导的关心、帮助和指导，人民交通出版社也为本书的出版给予热忱关怀，谨此致谢！

限于编著者水平，加之时间仓促，书中不足之处在所难免，恳请广大读者批评指正。

编著者

2013 年 6 月

目　　录

第一篇　公路沿线地震地质灾害分析

第二篇　公路路基震害分析

Contents

Part 1 Analysis of seismic geological disasters along the road

Part 2 Analysis of earthquake-induced subgrade damage of road

第一篇　公路沿线地震地质灾害分析

Part 1　Analysis of seismic geological disasters along the road

第1章 概 述
Chapter 1 Summarize

1.1 汶川地震区地质概况 The geology of Wenchuan earthquake area

汶川地震发生于青藏高原东缘龙门山构造带，在地貌上处于青藏高原和四川盆地过渡带，该区域在不到50km范围内，地形高差达5 000m以上[1]，形成了龙门山深切峡谷地貌，见图1-1和图1-2。

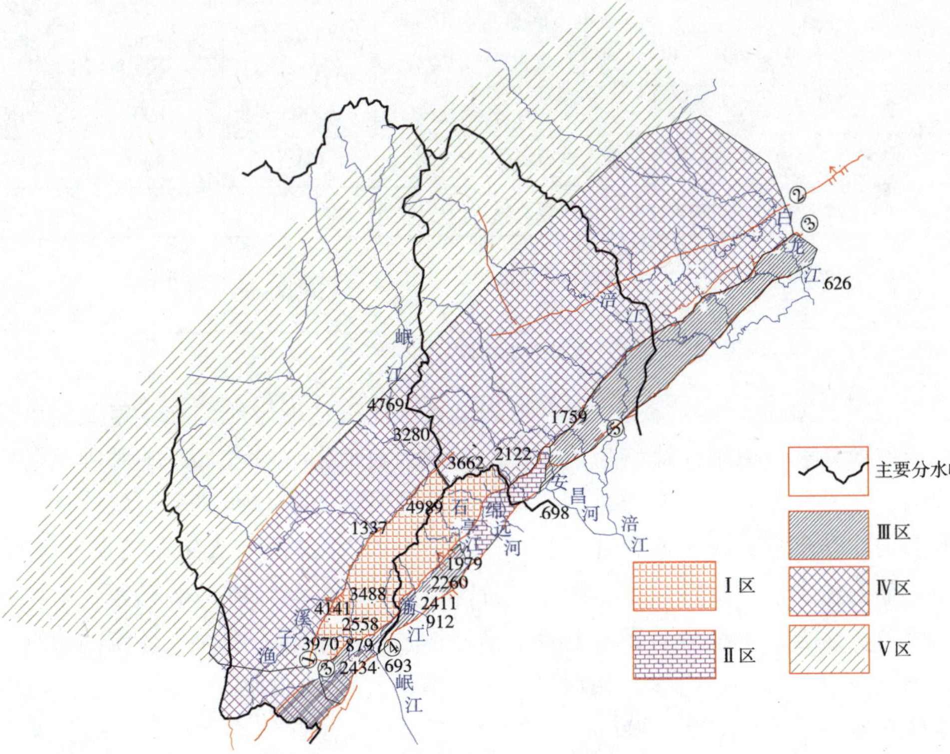

图1-1 汶川地震区地表水系及地貌分区图

Figure 1-1 Partition of topography and surface water system in Wenchuan earthquake area

龙门山区地形梯度大（表1-1），河谷切割极为强烈，发育有青衣江、岷江、沱江、涪江、白龙江、嘉陵江等水系。在强烈河流下切作用下，形成大量高陡斜坡，为地震地质灾害的发育提供了充足的条件。汶川地震前，斜坡坡脚、河谷两岸广泛分布大量的崩滑堆积物、泥石流堆积物，表明该区域历史上崩滑、泥石流灾害频发。

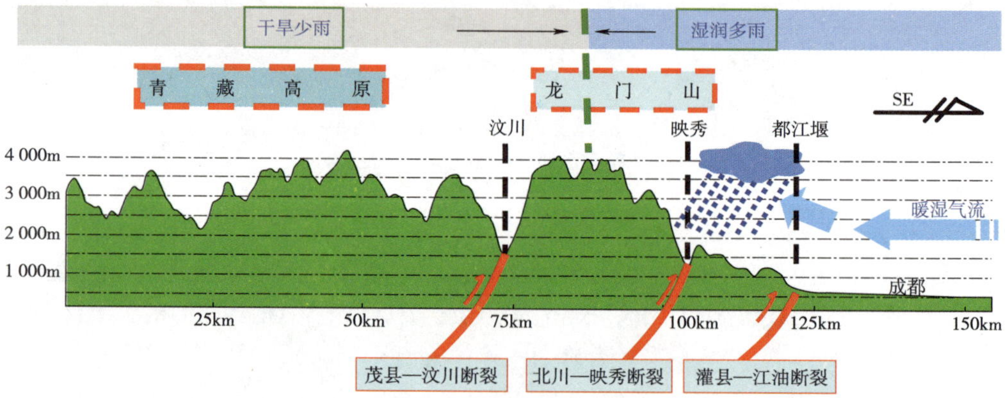

图 1-2 龙门山及其邻近区地形地貌示意图

Figure 1-2 Longmen Mountain and its surrounding areas topography schematic diagram

表 1-1 汶川地震灾区地貌分区

Table 1-1 Geomorphologic zoning of Wenchuan earthquake disaster area

分区名称	区域主要地层岩性	构造部位	最高海拔（m）	最低海拔（m）	高差（m）
Ⅰ区	元古代侵入岩体，主要为花岗岩、闪长岩、辉长岩等	中央主断裂与后山断裂之间	4 989	879	4 110
Ⅱ区	灰岩	前山断裂与后山断裂之间	2 402	800	1 602
Ⅲ区	碎屑岩、灰岩	前山断裂与后山断裂之间	2 441	800	1 641
Ⅳ区	千枚岩、砂板岩，夹灰岩	后山断裂上盘	4 769 *	1 337	3 432
Ⅴ区	千枚岩、砂板岩，片岩，夹灰岩	远离后山断裂	5 588	1 600	3 988

注：* 海拔 4 769m，标示不包括四姑娘山、雷隆包等山峰。

龙门山区深居内陆，气候除受大气环流影响外，还受地形影响，在垂直龙门山构造带方向，气候差异显著。以岷江流域为例，岷江流域山前地带（都江堰、映秀等地区）骤然升高的地势，在夏季截迎了太平洋北上的东南湿润季风气流，与西风环流常在这一带山地交锋，地形雨非常丰富，成为我国著名的“华西雨屏带”。基本特点主要表现为常年阴湿、多云多雨、辐射量少，且蒸发量低。岷江上游区在南北走向的特殊地貌和西南季风共同作用下，焚风效应显著，干湿季明显。上游干旱河谷区域降水量，受大气环流的影响，在汶川与茂县地区，由于河谷切割深，相对高差大，暖湿气流越山而下，不利于降水的形成，所以该地区降水稀少，仅 490 ~ 600mm，且小于当年蒸发量，气候干燥，河谷深切和九顶山背风坡产生的焚风效应，是造成汶川和茂县干旱河谷形成的重要因素。暖湿气流越过干旱河谷后，深入西北，因地势升高而致雨，故松潘、黑水和理县的降水量又明显增多，达 730 ~ 850mm。

龙门山区内地层极为复杂，根据西南地区区域地层表（四川分册）[3]，大致以洞水—北川—汶川—耿达一线为界，分属扬子地层区和巴彦喀拉—秦岭地层区，区内主要地层分布情况见图 1-3。

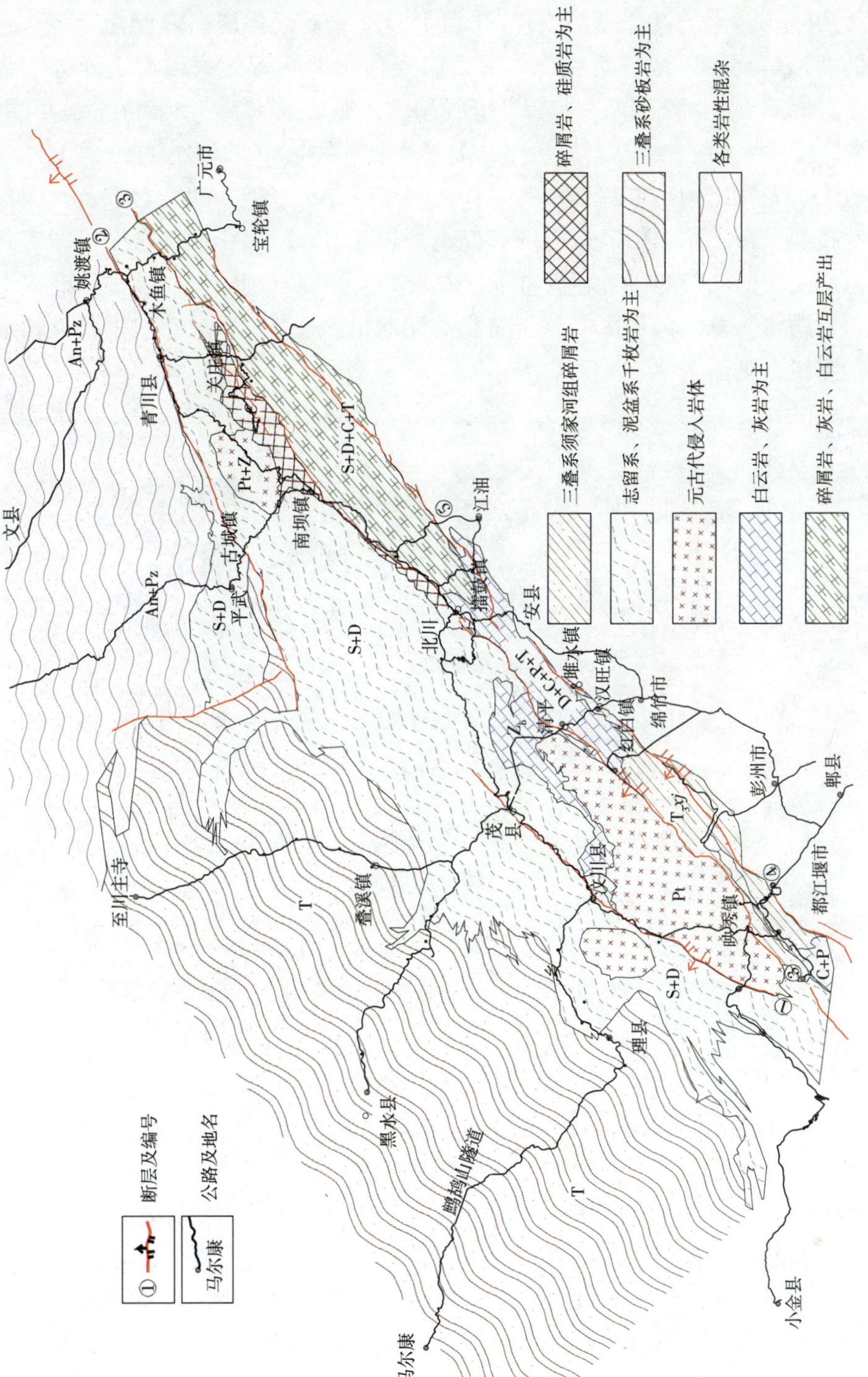

图1-3 汶川地震区地质简图

Figure1-3 Simplified geological map of the earthquake zone of Wenchuan

①茂县—汶川断裂；②青川—平武断裂；③北川—映秀断裂；④安县—灌县断裂；⑤江油断裂

该区域地层发育较全，自中元古界至第四系，其中，发育多套滑脱层，如志留系龙马溪群（S_1l）、茂县群（Smx）、中三叠统雷口坡组（T_2l）～下三叠统嘉陵江组（T_1j）等，根据不同地层的变形特征，以区域不整合为界，将龙门山冲断带的地层系统划分为大层序，即基底层序，寒武～奥陶系层序，志留系滑脱层序，泥盆系～下三叠统飞仙关组层序，中、下三叠统雷口坡组～嘉陵江组盐膏岩层序，上三叠统～白垩系碎屑岩层序（表1-1）。

在区域构造上，龙门山构造带位于松潘—甘孜褶皱带与扬子板块的结合部位。龙门山以西为松潘—甘孜褶皱带，龙门山以东为扬子板块，为晋宁旋回固化的稳定的克拉通，以晚元古界变质基底之上的典型地层沉积为特征，具有典型的地台型结构。该区自北西向南东由松潘—甘孜褶皱带—龙门山构造带—前陆盆地（四川盆地西部）三个构造单元构成了一个完整的构造系统，见图1-4。

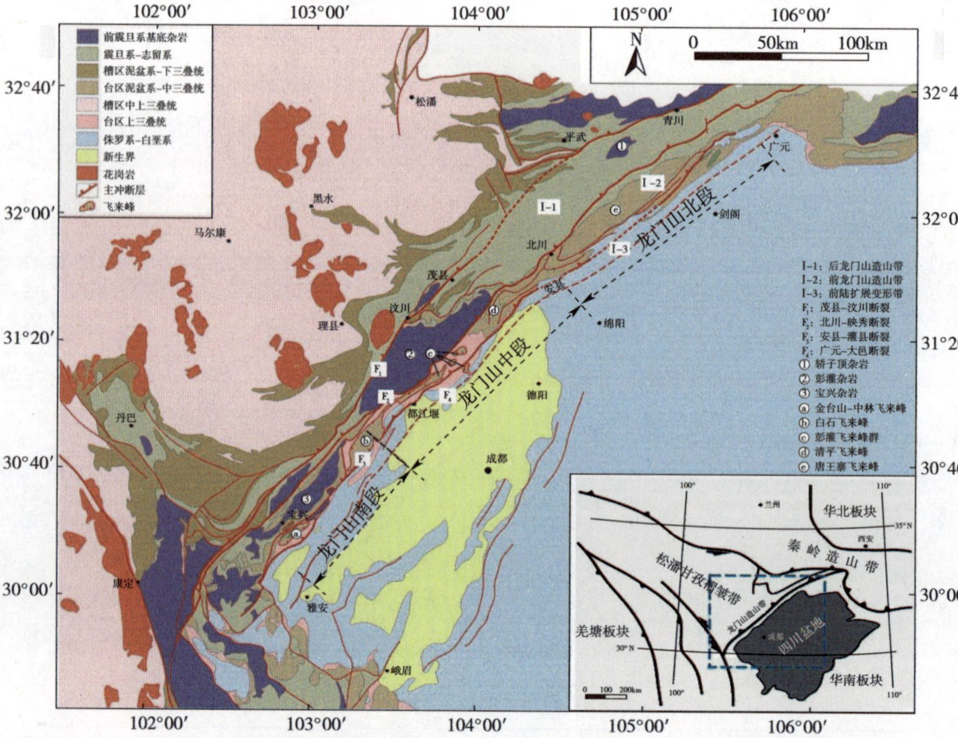

图1-4 龙门山及邻区地质构造简图

Figure 1-4 Longmen Mountain and its adjacent areas geological structure sketch

龙门山地区的地壳，由若干个刚性块体拼合而成，岩石圈纵、横向存在明显的不均一性，发育多条深大断裂，其中以龙门山岩石圈断裂带和鲜水河断裂带最为重要。

汶川地震及余震都与龙门山断裂带有关。龙门山断裂带南起泸定、天全，向北东延伸经宝兴、灌县、江油、广元进入陕西勉县一带，全长约500km，宽40～50km，主要由龙门山后山断裂带、中央断裂带和前山断裂带组成。龙门山后山断裂带由青川平武断裂、汶川—茂县断裂和耿达—陇东断裂组成；中央主断裂由北川茶坝—林庵寺断裂、映秀—北川断裂和盐井—五龙断裂组成，其中，映秀—北川逆断裂，沿映秀—北川—平通—南坝展布，连续性较好，这次8.0级地震破裂主要发生在这条断裂带上；前山断裂带由马角坝断裂、中段的灌县—江油断裂、西南段的大川—双石断裂组成。

1.2 汶川地震区公路地质灾害主要形式及特点 Principal mode and characteristic of geologic hazard of road in Wenchuan earthquake area

汶川地震后，对汶川地震区公路沿线地震地质灾害进行了深入系统的调查研究，累计进行详细地质灾害调查6 056km，地震崩滑灾害点（群）1 041个，泥石流灾害点103个（截至2010年年底），实测地质剖面近600条。详细调查资料见文献［2］，本书不再详细论述。

1.2.1 公路地质灾害主要形式 The chief formational of the road geological disaster

汶川地震诱发地震地质灾害，主要有地震崩塌及滑坡、震后次生泥石流、地表破裂、地震液化等几类。其中，崩塌、滑坡、次生泥石流是数量最多，对公路危害最大的地质灾害，本书主要论述地震崩塌及滑坡、次生泥石流灾害。

（1）地震崩塌、滑坡

地震崩滑灾害是汶川地震区的主要地质灾害形式，地震力作用下的斜坡失稳灾害，与常规重力、降雨作用下的斜坡失稳灾害有显著的不同。地震灾区地处龙门山区，在强烈的隆升作用和河流下切作用下，区内山高谷深，地形地质条件复杂，斜坡地质结构类型多样，斜坡失稳灾害类型极为丰富多样，其中，高速远程滑坡、高位崩塌、土层及强风化岩体失稳（山扒皮）、高位块石抛射是几种比较典型的灾害形式。

①高速远程滑坡

该类滑坡主要为动力条件下诱发的大型滑坡灾害，主要发生在高陡斜坡中上部，以岩体因震动拉裂、高速启程为特征，并有远程滑动现象，如牛圈沟高速远程滑坡/碎屑流、G213线老虎嘴滑坡、谢家店子滑坡、唐家山滑坡、陈家坝滑坡、东河口滑坡等。该类滑坡对公路的危害表现为大段掩埋公路或堰塞河道形成堰塞湖，淹没公路（图1-5）。

a）G213老虎嘴滑坡及堰塞湖

a) Lao hu zui landslide and dammed lake on G213

b）东河口滑坡遥感影像图

b) Remote sensing image of Dong he kou landslide

图1-5 典型滑坡及堰塞湖

Figure 1-5 Typical landslide and barrier lake

②高位岩质斜坡崩塌

汶川地震诱发崩塌灾害，多发生于高陡斜坡中上部、地貌突出部位，尤其是很多深切峡谷地段，上方基岩陡坡崩塌，大量块石崩落，往往造成下方桥梁被毁、路基被埋。图 1-6 为岷江左岸高度超过 600m 基岩陡坡崩塌，坠落块石击毁 G213 线的彻底关大桥。

图 1-6 高位崩塌落石致彻底关大桥桥梁被砸毁、路基被埋

Figure 1-6 The bridge were destroyed and the roadbed were buried of Chedi guan which caused by the high collapse falling rock

③斜坡上部土层及强风化岩体失稳

汶川地震区地处龙门山区，为深切峡谷地貌，河流两侧斜坡陡峻，岩体风化及卸荷作用强烈，斜坡上部往往有厚度不大的土层及一定范围的强风化、卸荷松动岩体，在地震力作用下，这部分岩土体最容易失稳破坏，造成大量“山扒皮”现象。此类失稳块碎石堆积于坡脚，往往造成公路大段被埋（图 1-7）。

图 1-7 典型斜坡上部土层及强风化岩体失稳（山扒皮）图片

Figure 1-7 Typical upper slopes soil layer and strongly weathered rock instability (Hill grilled skin) images

④高位块石抛射

高陡斜坡上部地貌突出部位，在强烈地震震动和高陡斜坡强大的放大效应下，结构面切割岩体失稳破坏，高速启程抛射，也是汶川地震区一种较为常见的现象。图 1-8 为映秀—卧

龙公路某斜坡，陡坡中上部岩体倾倒崩塌破坏，顺坡坠落、弹跳，损坏路面及公路两侧树木。个别块体抛射，并在水面多次弹跳。最大运动水平距离280m，而斜坡高度仅142m。

图1-8 映秀—卧龙公路某斜坡块石抛射图片

Figure1-8 The images of slope rock projectile in the Yingxiu to Wolong highway

(2) 次生泥石流

汶川地震诱发大量崩滑灾害，地震崩滑堆积物残留在沟谷及斜坡上，在后期降雨作用下，极易诱发泥石流灾害。震后3年的实践表明，泥石流灾害是震后主要灾害形式，如2010年8月13日四川暴雨诱发大量泥石流灾害，S303线映秀—卧龙公路、G213线映秀—汶川公路、汉旺—清平—桂花岩等公路沿线，爆发大量泥石流灾害，给公路造成严重损毁。图1-9a）为S303线映秀—卧龙公路肖家沟泥石流，堰塞渔子溪，导致公路被埋、被淹，并堵塞了新建南华隧道出口。图1-9b）为G213线映秀—汶川公路烧房沟泥石流，掩埋新建明洞并堰塞岷江，大段淹没公路。汉旺—清平—桂花岩公路所在绵远河上游流域，2010年8月暴雨，几乎所有次级沟谷均爆发泥石流，导致绵远河河床整体抬高。图1-9c）左图所示为新建桥梁桥墩被埋，右图原为堰塞湖，被泥石流完全填平，深达30余米，原跨河桥梁完全被埋。

1.2.2 公路地质灾害特征及分类 The characteristics of the road geological disaster

1.2.2.1 地震滑坡灾害特征及分类

汶川地震诱发大量滑坡灾害，但其滑坡灾害呈现出一系列与通常重力环境下地质灾害迥异的特征，主要表现为[4]：

（1）失稳前独特的震动拉裂现象；

（2）特殊的溃滑失稳机制；

（3）超强的动力特性和大规模的高速抛射与远程运动。

a）映秀—卧龙公路肖家沟泥石流，形成堰塞湖，大段淹没、掩埋公路，并堵塞新建隧道洞口

a) Xiaojiagou debris flow on Yingxiu–Wolong highway , formed the dammed lake , buried a large section of the highway and blocked up the tunnel portal newly built

b）烧房沟泥石流堆积区掩埋棚洞、堰塞岷江，大段掩埋、淹没公路

b) The accumulation zone of Shao fang goudebris flow buried the shed tunnel, blocked up Minjiang River and buried a large section of the highway.

c）绵远河两侧沟谷普遍爆发泥石流，对公路的损毁情况

c) Debris flows generally broke out on both sides of Mianyuan River Valley ; the damage of the highway

图 1-9　震后典型泥石流灾害

Figure 1-9　Typical debris flow after the earthquake

图 1-10 是汶川地震强震条件下与通常重力作用下滑坡失稳的概念模型对比。

强震条件下次生地质灾害失稳破坏最基本和内在的变形破坏机理可用“拉裂—剪切滑移”来概括。在强震条件下，斜坡主要表现为以拉裂破坏为主的特征。在地震的强大水平惯性力作用下，首先在坡体后缘产生与坡面平行且陡倾坡外的深大拉裂，形成坡体的后缘拉裂面，这也是在汶川地震区几乎所有次生地质灾害中都可见到高大陡直且粗糙的滑坡后壁的主要原因。紧接着，在地震动力的持续作用下，拉裂岩体再根据不同的坡体结构特征，在底部（拉裂体的根部）产生拉裂—剪切滑移面，并最终沿此面滑出，形成滑坡。

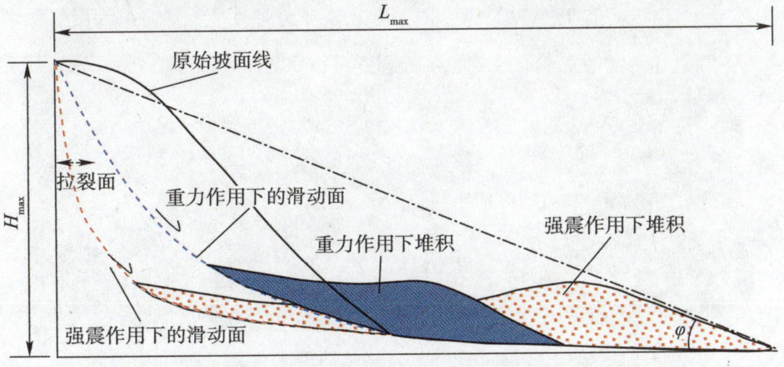

图1-10 强震条件与重力作用下斜坡变形失稳概念模型对比

Figure 1-10 The conceptual model comparison of instability of the slope deformation under earthquake conditions and gravity

通过对汶川地震区的典型滑坡进行分析，结果表明，强震条件下滑坡的发生主要包括山体震动拉裂、高速启程、远程运动等阶段。

①山体震动—拉裂、松动阶段

汶川地震过程中，极震区大部分山体的中上部，水平和竖直加速度已达到1～2g，甚至更大。地震过程中的拉裂破坏，产生大量岩体的震裂和松动。这一点可以从极震区发现的大量"裂"而未"滑"、"松"而未"动"的震裂松动山体得到印证（图1-11）。震裂松动过程中产生的竖向拉张裂缝为斜坡的进一步失稳破坏提供了条件。

图1-11 强震激发下的山体震动—拉裂、松动

Figure 1-11 The mountain shock-crack, loose under strong earthquake excitation

汶川地震诱发滑坡灾害还表现出另一现象，即绝大部分滑坡体的发生时间基本与强震过程同步，而个别滑坡体，其发生时间可滞后于强震过程。例如，S303映秀—卧龙K24+500滑坡发生于2008年5月13日凌晨6～7点，滑坡后缘与滑体运动最前缘最大距离263m，滑体质心水平运动距离约175m，垂直降落高差80m，估算体积$2.6\times10^4m^3$。高速

滑坡体冲入渔子溪河道，在强大惯性力作用下急速前冲，掩埋了滑源区对面的映秀—卧龙公路。图 1-12 为该滑坡区航空影像图。

图 1-12　S303 线汶川—卧龙公路耿达段 K24 滑坡航空影像图

Figure 1-12　The aerial imagery map of K24 landslide at the road of Gengda section from Wenchuan to Wolong highway of S303

②启动阶段的高位高速水平抛射

在强大的水平地震惯性力的作用下，位于斜坡中上部的岩体（大多为近水平层状岩体或岩浆岩块状岩体），以一定的初速度整体高位抛出，并在空中作一定距离的临空飞跃，然后落地停积或继续向前运动。由于岩体启动时就具有一定的初速度，再加上其为高位滑坡，在运动过程中，随高程的下降，势能会不断地转化为动能，运动的速度会不断地增加，往往可达到每秒数十米的运动速度。在高速临空运动的过程中，一方面块状或层状岩体因各部位速度的差异或通过相互碰撞会不断地自行解体碎裂；另一方面，滑体在高速运动过程中，往往要与河谷对岸山体或沟谷侧壁山体发生强烈的碰撞，致使滑体物质完全碎裂解体，最后主要以碎块石的形式停积。

在汶川地震区发现大多数高位滑坡都具有显著的高速临空抛射特点，其抛射距离可达数百米甚至数千米。例如，映秀牛眠沟滑坡，滑体高速启程后沿牛眠沟支沟高速下行，后在牛眠沟多次撞击，累计运动长度达 2. 2km（图 1-13）。

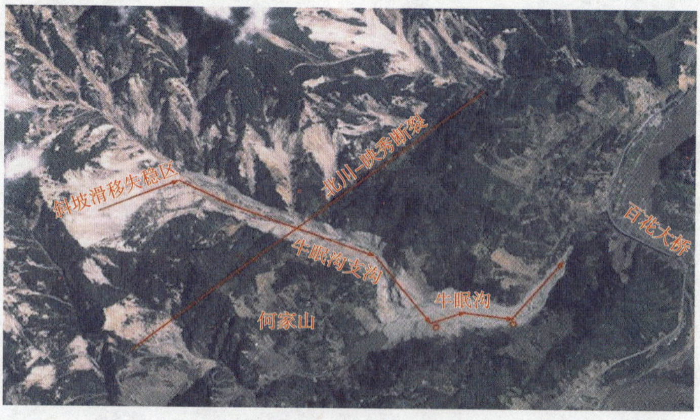

图 1-13　牛眠沟高速远程滑坡/碎屑流

Figure 1-13　Niumian Ditch slope with high speed and long distance/debris flow

③运动阶段的高速远程碎屑流化

地震诱发的崩滑灾害大多具有高速运动的特点。东河口滑坡山体在强大的地震水平力作用下，临空抛射300余米后，高速撞击、砸落到滑坡前部左侧地形相对较突出的山体，完全解体并铲削、裹携坡面松散物质后，顺主河道方向呈流体状高速运动2km左右（图1-14）。

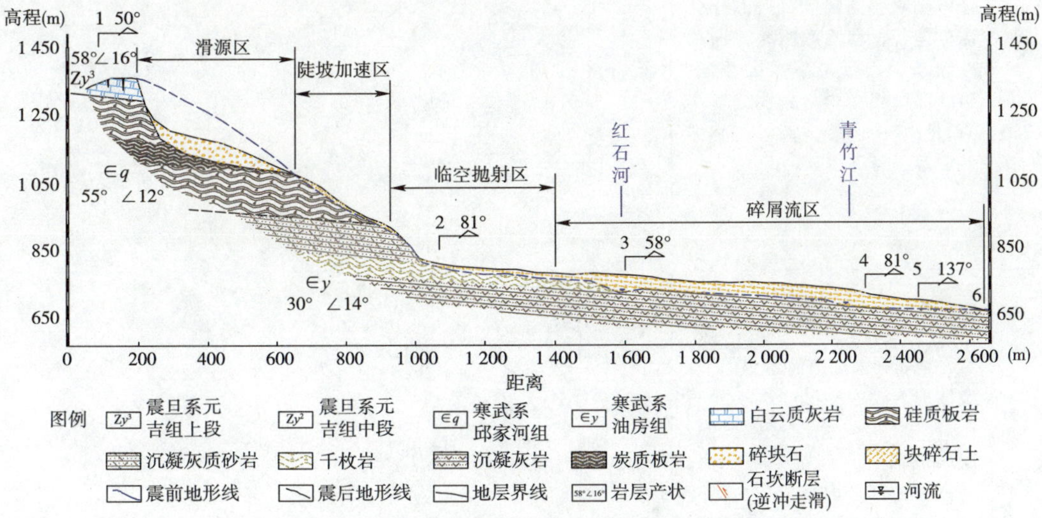

图1-14 青川县东河口滑坡剖面图

Figure1-14 Qingchuan East River landslide profile picture

滑体物质在高速运动过程中，如果前部地形开阔，或具有能使滑体继续保持运动状态的与滑动方向呈大角度相交的沟谷，其在运动过程中往往会自行解体（或通过与沟岸的碰撞解体），转化为碎屑物质，沿沟谷呈流态状作长距离运动。

④停积阶段的一垮到底

强震诱发的滑坡在停积阶段还具有“一垮到底”的特征。也就是说，在强震条件下，坡体一旦失稳破坏，其下滑往往很彻底，其堆积区主要位于高程和势能均较低的坡底，堆积物一般具有铺开、展平特征，而滑源区后壁暴露彻底，基本不留滑坡残留物。这一特点与常规重力式滑坡明显不同。对比可以发现，相似坡体结构的滑坡，其滑坡物质在堆积方式上有较大的差别，通常，重力式滑坡为典型的锥状堆积，而地震诱发滑坡为展平的面状堆积，甚至爬高到对岸形成反坡堆积。

根据成因，可将汶川地震滑坡分为拉裂—顺走向滑坡、拉裂—顺层滑坡、拉裂—水平滑移、拉裂—散体滑移、拉裂—剪断滑移五种类型，见表1-2。

1.2.2.2 地震崩塌灾害特征及分类

在强震作用下，崩塌变形破坏的基本机制也属于强震下的拉裂破坏效应，斜坡主要表现为以拉裂破坏为主的特征，山体受到的拉裂效应非常明显，坡体表面和后缘常常发育宽大沟深的拉裂缝，变形失稳机制可以归结为拉裂—倾倒型、拉裂—滑移型、拉裂—错断型、拉裂—溃散型、拉裂—溃屈型、拉裂—抛射型、震动—滚石型等。

表 1-2 强震滑坡成因模式分类图

Table 1-2 The picture of origin mode of strong earthquake landslide

<table>
<tr><th>类型</th><th>基本特征</th><th>模型图</th></tr>
<tr><td>拉裂—顺走向滑移型</td><td>强震作用下，斜坡岩体以山体内侧顺坡向陡倾结构面作为内侧边界，追踪顺倾向方向的陡倾结构面产生后缘拉裂面，沿底部层间（内）软弱面基本沿岩层走向向临空条件较好的一侧发生滑动</td><td>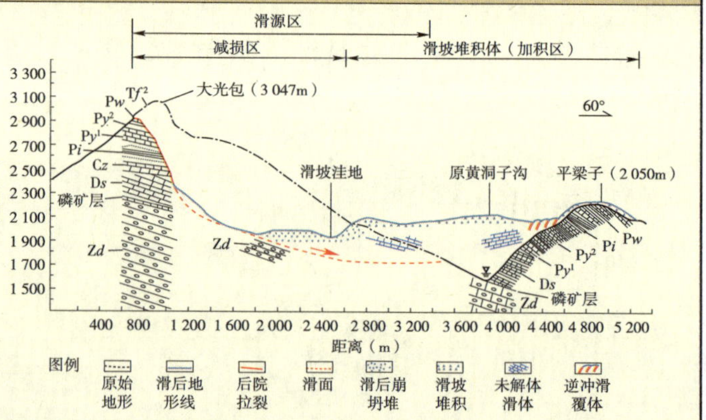
</td></tr>
<tr><td>拉裂—顺层（倾向）滑移型</td><td>在地震强大的惯性力作用下，坡体中上段岩体沿顺层软弱面（岩层层面、软硬岩接触界面、层内弱面等）产生拉裂变形，使该面大部分内聚力丧失，随后在地震动力的持续作用下沿该拉裂面发生高速顺层滑动</td><td>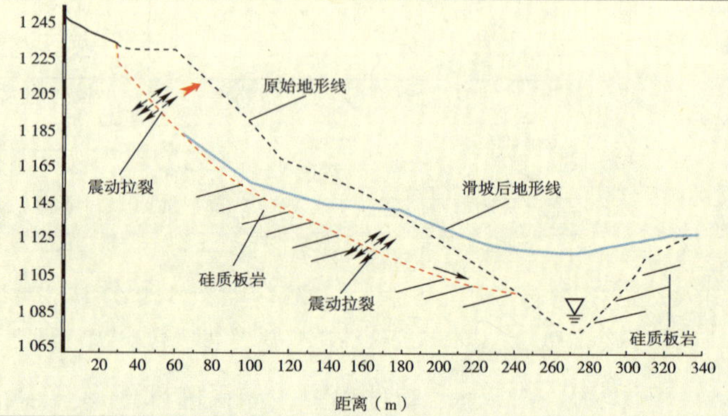
</td></tr>
<tr><td>拉裂—水平滑移型</td><td>在地震强大的水平地震惯性力作用下，斜坡后缘首先产生陡倾坡外的竖向深大拉裂面，裂面外侧的岩体在后续地震动力作用下沿顺层弱面发生整体滑出。滑坡一般出露于斜坡中上部，滑源区下部一般为一陡坎，滑体以一定的初速度水平滑出后，往往会越过陡坎作一段距离的临空飞跃，呈现出水平抛射的特点</td><td>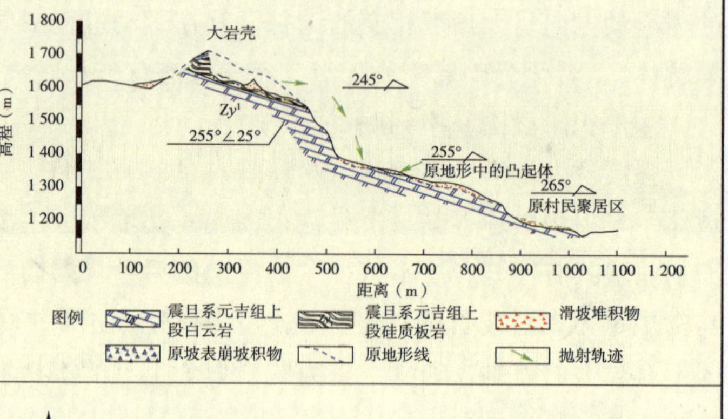
</td></tr>
<tr><td>拉裂—散体滑移型</td><td>强烈的地震动力作用，首先使斜坡浅表层的块状岩体震裂松动，进而在持续的地震动力作用下逐渐散体，直至最后呈散体状整体滑动失稳</td><td>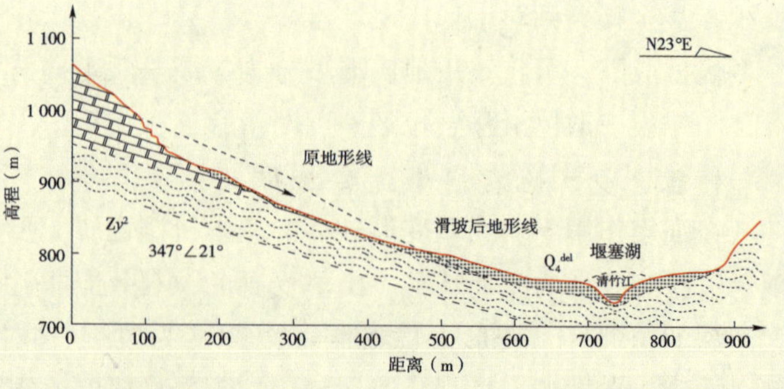
</td></tr>
</table>

续上表

类型	基本特征	模型图
拉裂—剪断滑移型	在地震强大的水平惯性力作用下，首先在坡体后缘沿一组陡倾坡外的结构面形成深大拉裂面，进一步持续的地震动力使深大拉裂缝底端产生拉裂和剪切滑移变形，形成切层滑移面，并最终沿此面滑动失稳。该类模式既可产生同震滑坡，也可形成具有一定滞后性的震后滑坡	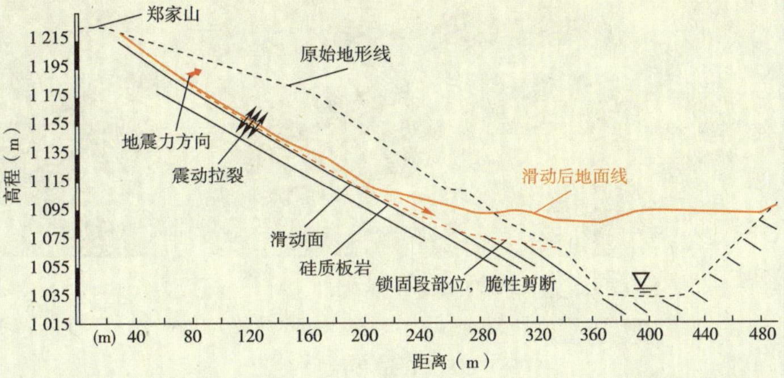

（1）拉裂—倾倒崩塌

这种类型力学模式发生在岩体强度较高、结构面发育、岩体陡倾结构面发育的坡体中。边坡临空面条件好，坡度较陡（图1-15），在强震的作用下，陡立坡体的顶部或者中上部产生拉裂折断、倾倒、崩落。边坡后缘拉裂缝和深部的贯通，往往形成陡峭的拉裂面（图1-16）。被震裂的山体在山坡后缘不仅发育拉裂缝（图1-15），而且还会残留拉裂折断痕迹，形成孤立的危岩体。

图1-15　块状结构岩体拉裂—倾倒崩塌

Figure 1-15　Block structure rock fracturing-dump collapse

图1-16　陡倾层状岩体的拉裂—倾倒崩塌

Figure 1-16　Steeply dip layer rock fracturing-dump collapse

（2）拉裂—滑移崩塌

这种类型的力学模式多发生在岩体强度较高，坡体发育缓倾顺坡向的层面或者软弱结构面的斜坡中，其变形破坏主要受外倾结构面控制（图1-17）。边坡临空面条件好，在坡体上往往能见到宽大、光滑的滑移面（图1-18）。

边坡临空条件好，在地震力作用下，顺倾向的层面或者顺坡向非贯通性结构面被震动拉裂，边坡后缘产生拉裂缝，岩体沿层面或顺倾结构面被震裂，这种被震裂的层面或者结构面跟拉裂缝相互贯通，形成了滑移面，崩塌体向临空方向滑移崩落，见演化过程示意图1-19。

图 1-17 顺层滑移型崩塌（擂鼓田坝村）

Figure 1-17 Bedding slip-type collapse (Leigu Tianpa Village)

图 1-18 宽大光滑的滑移面（南坝石凑子）

Figure 1-18 Large smooth sliding surface (Nanba Shicouzi)

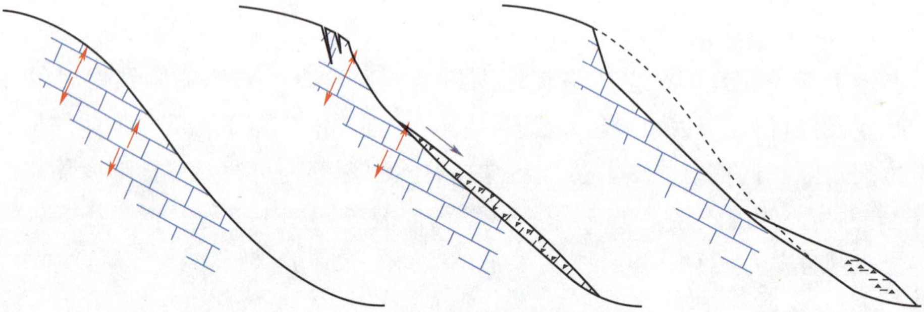

图 1-19 拉裂—滑移型破坏模式示意图

Figure 1-19 Tension fracture- slip type failure mode diagram

（3）拉裂—抛落型崩塌

在汶川地震强震区，坡体物质从山体高位处受地震力被抛出的现象十分普遍。这种破坏类型主要发生在山脊上部或者山体陡缓坡度变化凸出部位，可以是局部单个块体的抛落，甚至是坡表部分物质被整体抛出，表现为岩体结构发生震裂解体，抛出体在运动过程中还具有一定的飞行特征。

单个块体的抛落，主要发生在高陡的山脊顶部，由于山脊顶部的地震动力放大效应非常明显，特别在靠近发震断裂带附近，块体在抛落过程中可以具有很高的初始速度，体积可达上百吨（图1-20）。如映秀百花著名的“地震石”，重达300余吨的巨石被临空抛射。

（4）震动—滚石型

滚石灾害是“5·12”大地震主要次生地质灾害之一，滚石灾害在地震区随处可见，在缓坡—陡坡地形斜坡上，均可以看到大量的崩落滚石。崩落的滚石不仅破坏耕地、砸坏基础设施，甚至造成人员伤亡，造成巨大的损失。图1-21所示为坡上某处块石地震力作用下失稳运动，停积在公路边的情况。

（5）拉裂—溃屈型崩塌

强震条件下，巨大陡立岩体拉裂后，下部岩体瞬间承受巨大压力，导致岩体溃屈失稳，瞬间解体。图1-22为映秀—卧龙公路某处溃屈崩塌图片。

a）全貌照片（拼接）
a) Panorama photo（joint）

b）抛落块石
b) Rock Dropped

c）失稳破坏区
c) Unstability and failure zone

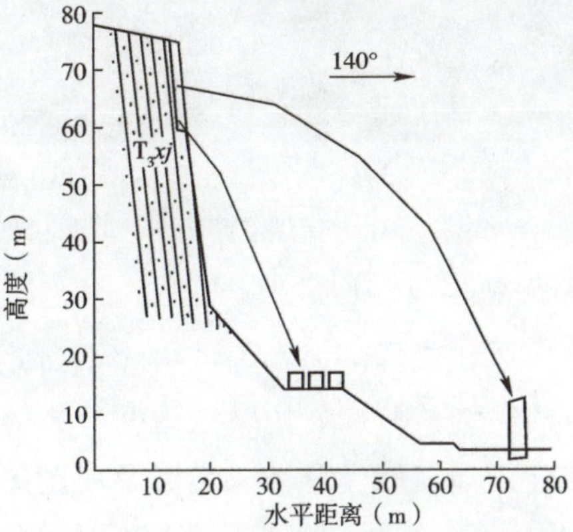

d）剖面示意图
d) Schematic section

图 1-20 都江堰—映秀公路 K1008 左侧抛射崩塌灾害

Figure 1-20 The projectile collapse disaster to the left of the road K1008 from Dujiangyan to Yingxiu

图 1-21 都江堰—龙池公路滚石灾害

Figure 1-21 The rolling stone disasters from Dujiangyan to Longchi road

图 1-22 岩体拉裂—溃屈破坏

Figure 1-22 Rock mass Tension fracture to collapse submission damage

（6）拉裂—溃散型

这种类型的崩塌多发生在岩体较破碎的基岩山体和松散层坡体中，山高坡陡，靠近发震断裂的这类崩塌往往是成片分布，规模巨大，如图 1-23 所示。

在强震作用下，岩体整体被震裂、解体、溃散后垮塌，震裂的块体沿着溃裂边界崩塌。崩塌散落的范围较大，通常散布于坡体表面。对于一些位于极震区，靠近断裂带附近的山体，构造作用强烈，基岩岩体结构面十分发育、岩体呈破碎结构，溃裂边界通常形成高陡的溃裂面。溃裂面粗糙、呈锯齿状，这点与强震作用下形成的滑坡后缘拉裂壁特征相类似，被震裂的块体沿着高陡的溃裂边界“一崩到底”。

图 1-23 沿河一带崩塌遥感图及形成的堰塞湖（青牛沱处）

Figure1-23 The remote sensing map and dammed lake of the collapse along river（qingniutuo）

（7）拉裂—错断型崩塌

因差异风化或局部崩塌，坡体中下部产生凹岩腔，上部出现悬挂岩体，强震作用下，悬挂岩体的后缘、侧缘岩桥突然剪断，岩体急速下坠。

现将汶川地震崩塌分类、定义及模型图列于表 1-3。

表 1-3 汶川地震灾区崩塌形成机理分类表

Table 1-3 classification table of formation mechanism of collapse in wenchuan earthquake area

类 型	机理及地质特征	模 型 图
拉裂—滑移	顺层结构坡体或含顺坡软弱结构面坡体，强震作用下坡体松弛、解体，进一步沿层面（弱面）高速下滑，并一垮到底。通常滑床表现为光滑的层面，可见清晰的长大擦痕	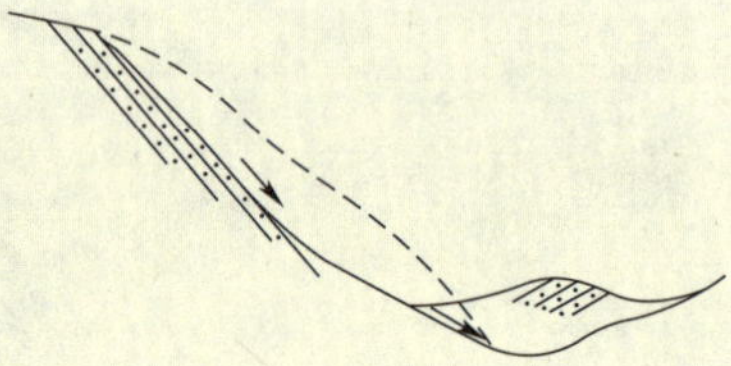
拉裂—倾倒	近直立层状或似层状结构山体的浅表部，或近直立陡崖的强卸荷松弛带，强震作用下，陡立岩层顶部或中上部被折断、倾倒、摔出。残留岩层上常可见清晰张性折断面，表现为“断头”	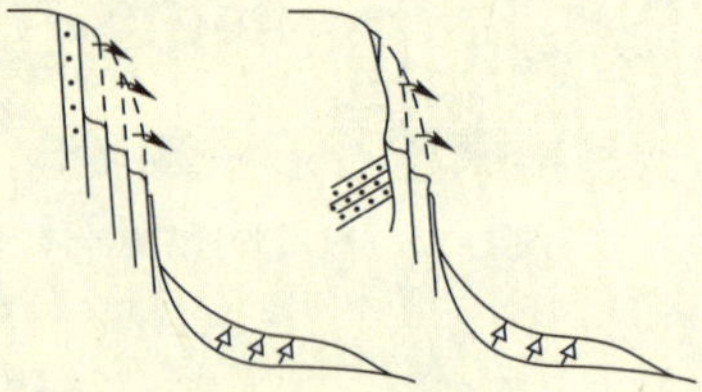
拉裂—溃屈	近直立层状或似层状结构山体的浅部，或近直立陡崖斜坡的强卸荷松弛带，在强震作用下，陡立岩层中部或中下部鼓出、溃屈、摔出，坡体坐塌，表现为“齐腰斩断”	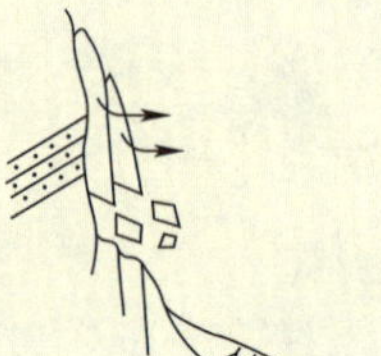

续上表

类 型	机理及地质特征	模 型 图
拉裂—溃散	极震区，结构破碎的山体（包括厚度相对较大的松散层坡体），在强震作用下，迅速破裂、解体、岩屑、岩块高速喷出，犹如“爆炸”，崩落物质通常散布于坡体表面	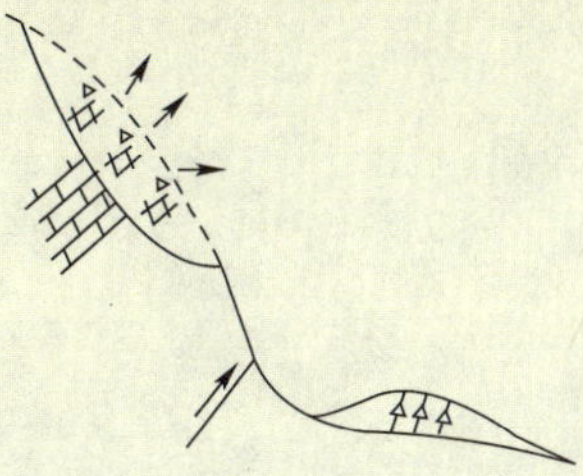
拉裂—抛射	局部坡体在强震作用下，被整体“拔起”，抛射出来，基本没有残留物质留在破裂面上。局部单个岩块在强震作用下，从坡体上被拔起，以平抛运动的方式被抛射出来	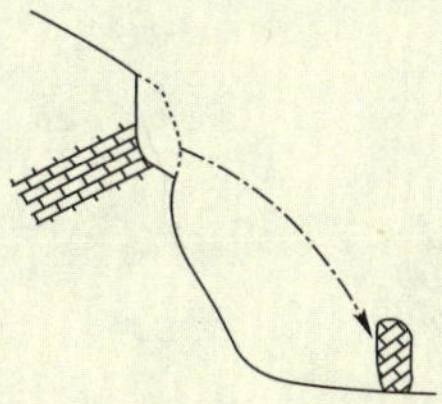
震动—滚落	斜坡表面松散层中的块（巨）石在强震作用下，震裂、松动、顺坡启动、滚动、跳跃，向坡脚运移	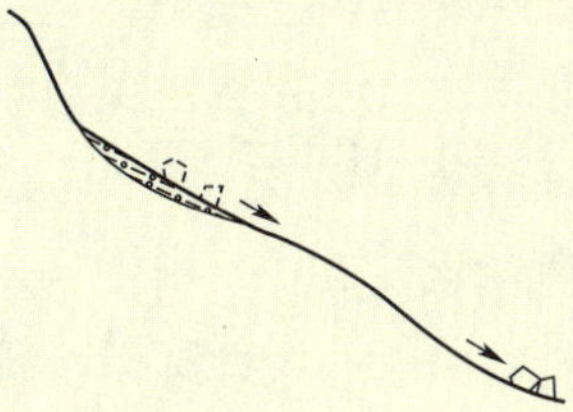
拉裂—错断	因差异风化或局部崩塌，坡体中下部产生凹岩腔，上部出现悬挂岩体，强震作用下，悬挂岩体的后缘、侧缘岩桥突然剪断，岩体急速下坠	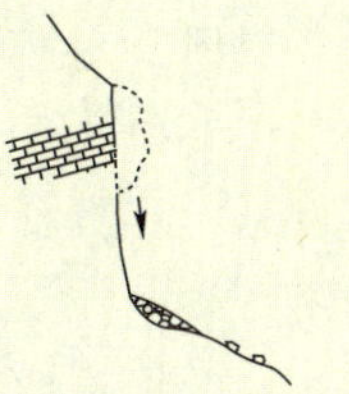

1.2.2.3 震后次生泥石流灾害特征初步分析

汶川地震诱发大量崩塌滑坡灾害，崩滑物质堆积于沟谷、斜坡坡面，为后期泥石流灾害提供了丰富的物源。地震发生后，每年均发生大量的泥石流灾害，尤以2010年8月13日暴雨诱发泥石流灾害最为严重。

震后泥石流灾害，主要表现为坡面泥石流灾害和沟谷型泥石流灾害。在数量上，坡面泥石流较多，在规模和危害上，沟谷型泥石流较大。图1-24为典型坡面型和沟谷型泥石流照片。

从震后5年泥石流发育情况看，震后泥石流主要有两个高发区。

Ⅰ区：北川—南坝—东河口一线，中央主断裂上盘，寒武系碎屑岩区。

该区域位于中央主断裂上盘，地震诱发大量崩滑灾害，崩滑堆积物以碎石土为主，大颗粒物质较少，泥石流爆发主要发生在2008～2009年，数量多，但规模普遍不大，对公路造成一定危害。

图 1-24 震后典型坡面型及沟谷型泥石流照片

Figure1-24 The typical slope and valley debris flow photos after the earthquake

Ⅱ区：映秀北川段，中央主断裂与后山断裂之间，侵入岩体、灰岩分布区，以及前山断裂与中央主断裂之间，灰岩分布区。

地震崩滑堆积物粒径较大，2008~2009 年间爆发部分泥石流灾害，在 2010 年大规模爆发，数量众多，规模巨大。

震后泥石流灾害主要有如下特点。

（1）灾害易发

汶川地震之后，由于沟床、坡面内堆积了大量松散物质（地震崩滑堆积物），使得泥石流的启动条件大大降低，泥石流灾害更为易发。

（2）灾害群发

震后泥石流灾害特点之一为群发性，以 2010 年 8 月 13 日暴雨为例，诱发映秀—耿达、映秀—草坡、龙池公路、红白—青牛沱公路、汉旺—清平—桂花岩公路等泥石流灾害集中爆发。其中，映秀—卧龙公路爆发对公路有影响泥石流灾害 32 处，映秀—草坡公路爆发对公路有影响泥石流灾害 17 处。

灾害群发的根本原因在于如下两个方面。

①在特殊的地层岩性、地形地貌条件下，该区成为地震崩滑灾害强烈发育区，大量地震崩滑堆积物堆积于斜坡坡面、次级沟谷，为泥石流爆发提供了丰富的物源。

②区域内地形地质条件、地形地貌条件、气候条件的相似性。

该区域地处龙门山带地形梯度最大区域，不足 20km 范围内，海拔高度由 900m 左右上升到 4 989m，区内河谷密布，溯源侵蚀作用极为强烈，且处于“华西雨屏带”（图 1-2），降雨量大且多暴雨。

（3）灾害突发

突发性是泥石流灾害本身的一个固有特点，汶川地震震后泥石流更具有突发性，往往一夜数小时之内，泥石流突然爆发，造成严重损毁。

灾害突发性，首先在于区内特殊的气候条件，即容易产生暴雨灾害；其次在于特殊的山区沟域地形特点，山区沟谷往往具有汇水面积大、沟床纵坡陡、流通区范围小，且出口狭窄的特点；第三在于地震崩滑堆积物堆积特点，地震区崩滑主要发生在沟谷两侧，其堆积物往往顺沟不连续堆积，暴雨条件下排水不畅形成连续堰塞湖，一旦启动容易形成连锁反应。

（4）危害巨大

震后泥石流破坏力巨大的原因，主要在于特殊的地形地貌条件。

沟谷型泥石流多发生在岷江、渔子溪等次级沟谷，河谷狭窄，泥石流冲出后没有充分的堆积空间，直接掩埋公路，堰塞主河道形成堰塞湖，危害巨大。坡面型泥石流爆发后则直接掩埋公路。图1-25为映秀—汶川公路沿线几处典型泥石流遥感影像图，由图可以看出，泥石流爆发后，堆积物直接掩埋公路、堰塞岷江。

图1-25　映秀—汶川几处典型泥石流遥感影像图

Figure 1-25　The remote sensing image of Several typical debris flow from Yingxiu to Wenchuan road

1.3　本篇主要内容 Research content of this article

本书在汶川地震公路沿线地质灾害系统调查，掌握地震地质灾害发育特征及规律基础上，首先进行了强震触发边坡地质灾害动力响应物理模拟研究，结合典型地震崩塌及滑坡灾害点，采用地质分析、数值模拟等方法，研究地震崩滑灾害机理，并提出了公路地震地质灾害防治对策。

在典型崩塌灾害机理分析方面，通过对地震区公路沿线崩塌的调查，选取典型失稳破坏模式的崩塌点进行具体研究，分别为S105线南坝—乐安寺段“拉裂—错断式”崩塌、S302线北川禹里—茂县段“拉裂—倾倒式”崩塌、S302线擂鼓—禹里段“拉裂—滑移式”崩塌、S303线映秀—耿达段“拉裂—溃散式”崩塌。对崩塌点的地质概况和变形特征进行分析，从失稳机理研究出发，采用物理模拟方法分析了崩塌点在天然和地震工况下的变形失稳破坏过程，解释了岩质斜坡在强震作用下的崩塌破坏机理。

在典型滑坡灾害机理分析方面，结合地震公路震害调查，选取具有典型动力失稳破坏特征的滑坡点进行具体研究，分别为青川县红光—石坝公路的东河口滑坡、S105公路的平溪村滑坡和郑家山滑坡、安县的老鹰岩滑坡。从滑坡的发育特征研究出发，分析滑坡的形态、规模、边界及分区特征，包括滑源区和堆积区变形破坏特征。从滑坡的形成机制出发，研究滑坡在地震作用力下的变形破坏以及碎屑流的高速运动机理。

在典型泥石流灾害机理初步分析方面，主要依托安县甘沟泥石流和清平乡的走马岭沟泥石流两处大型的泥石流灾害点，从泥石流灾害点的发育特征出发，包括地质条件、水源条件、物源条件等，对泥石流的动力特征进行研究，分析泥石流的运动特征参数，并提出相应的治理措施。

在地震地质灾害防治对策方面，在汶川地震地质灾害调查，灾害发育规律统计分析，以及各类地质灾害机理研究基础上，论述地震地质灾害防治对策。

第 2 章　汶川地震触发典型崩塌形成机制分析研究

Chapter 2　A research in formation's mechanism of a typical collapse triggered by Wenchuan earthquake

崩塌体震裂松动是由地震产生的强大的竖向作用力造成的。首先到达的 P 波形成的强大竖向作用力和 S 波形成的强大的地震水平作用力，形成拉应力和剪切力，产生拉裂破坏和剪切破坏，地震持续时间较长、反复的震动会导致结构面产生累进性位移，从而致使岩石的峰值强度不断地被克服和削弱，并最终越过峰值，迅速降低到残余值。在地震力作用下，崩塌的变形失稳机制主要为拉裂—错断、拉裂—倾倒、拉裂—滑移和拉裂—溃散四种类型。地形地貌、地层岩性和结构面特征（特别是起控制作用的主控结构面的工程地质特征）对失稳模式有重要的影响，决定崩塌斜坡以何种模式失稳破坏。

当岩体底部悬空时，后缘陡倾主控结构面基本贯通，发育错落式失稳模式，比如 S105 南坝—乐安寺段的一典型崩塌点。在多组不利结构面的组合下，将边坡岩体切割成柱状或楔形状块体，加上凹腔提供的临空条件，这种地质构造为危岩体的失稳提供了先决条件。在强震作用下，岩体结构面会逐渐拉裂贯通，形成潜在贯通面，危岩体将沿着陡倾贯通面下错，由于局部锁固段的阻碍，危岩体暂时稳定，当荷载达到锁固段极限强度时被危岩体剪断，沿着临空面失稳。

发育陡倾结构面岩体，以拉裂—倾倒模式失稳为主，比如 S302 线禹里—茂县段的一处典型崩塌点。当受到地震冲击力时，陡倾坡外的结构面被地震力拉裂而在山体浅表层产生竖向裂隙，并逐渐向深部扩展。切割裂隙逐渐发展贯通，边坡前缘有重力坠落发生。一旦后缘主控结构面贯通，岩体沿结构面处被拉裂，会产生倾倒破坏。

当后缘主控结构面缓倾坡外时，主要以拉裂—滑移模式失稳崩落。松动岩体将沿着缓倾的主控结构面发生滑移式失稳，比如 S302 线擂鼓—禹里段的一典型崩塌点。斜坡发育的倾坡外顺坡向的岩层在地震力作用下，沿层面被拉裂开，形成拉张裂缝。随着裂缝的逐渐扩张，岩土体强度降低，形成顺层崩滑的主控结构面。当滑移面向临空方向倾角使得上覆岩体的下滑力超过该面的抗滑力时，一旦主控结构面贯通，岩体迅速崩落形成崩塌。

岩土体受到地震力作用，震动溃裂块体在强震持续作用下沿陡峻的“后缘拉裂面”产生的溃散型滑动，发生震裂—溃散模式失稳崩落，比如 S303 线映秀—耿达段的一典型崩塌点。通常表现为如“散粒体”似的崩溃、快速扩展散开。

2.1 S105 南坝—乐安寺段拉裂—错断崩塌 "Tensile fracture-dislocation" collapse in section S105 Nanba-Lean temple

2.1.1 概况 Overview

S105 彭州经北川—青川（沙洲）公路是连接四川东北部各县的重要通道，起自四川盆地西北缘的彭州市，经什邡、绵竹，在安县永安镇进入龙门山地区，再经北川县城及江油市桂溪乡，至平武县南坝镇，最后到达广元市青川县沙洲镇，全长 344km。"5·12"汶川地震后，公路沿线损毁严重，公路沿线地震地质灾害极为发育。选取南坝—乐安寺段拉裂—错断危岩体作为研究对象。危岩体位于省道 105 南坝—乐安寺段，地理坐标为 N32°22′58.2″ E104°58′07.9″，距南坝镇约 6km，距乐安寺段约 32km，沿途交通比较便利，如图 2-1 所示。

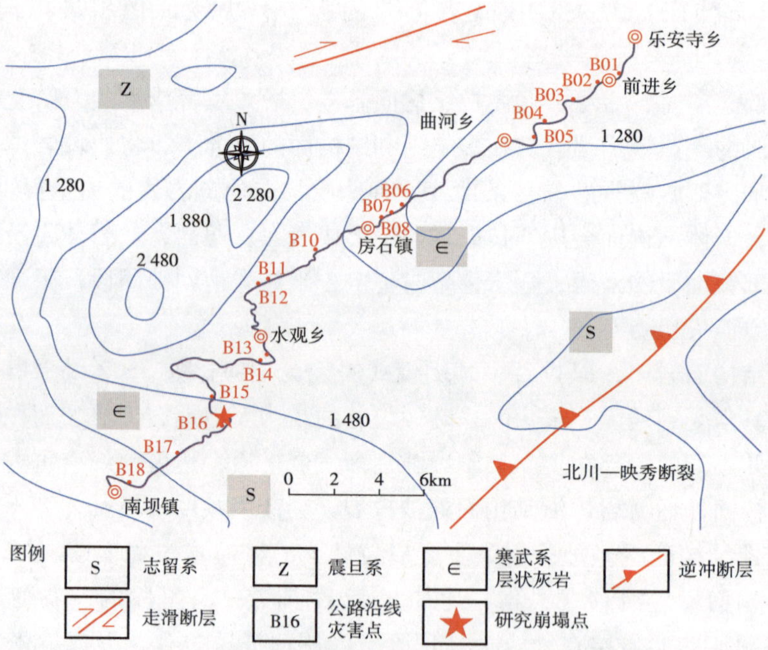

图 2-1 崩塌区地质情况图

Figure 2-1 Collapse's geology map

2.1.2 工程地质条件 Engineering geologic conditions

2.1.2.1 地形地貌

根据区域地质资料及野外地质调查，S105 公路南坝—乐安寺段位于四川盆地西北部，地势西北高南东低。边坡上缓下陡，上部坡度为 20°～30°，下部坡度达到 45°～60°，坡体受河谷的强烈下切，风化作用较强，为典型的侵蚀剥蚀缓中山河谷地貌，如图2-2所示。地形条件的复杂程度及斜坡坡度控制地质灾害发生的临空条件。受人类工程活动和降雨、地震等突发因素的影响，易发生滑坡、崩塌等灾害。

图2-2 研究区地形地貌

Figure 2-2 Geographic and geomorphic of the study area

2.1.2.2 地层岩性及地质构造

路线所经区域出露的地层主要有第四系冲洪积层、寒武系清平组（$\in_1c$）厚层状灰岩。研究区处于北川—映秀断裂和平武—青川断裂之间，属后龙门山推覆构造带。北川—映秀断层倾向北西，倾角60°~70°，为寒武系的砂岩逆冲于志留系、泥盆系乃至石炭系之上。平武—青川断裂为区域性断裂，其附近次级断层发育。断层断裂地貌明显，主断面倾NW，倾角陡，呈波状弯曲，具有一定程度的走滑特点。区域内断裂带宽度不一，窄处数米，宽处50余米，以强烈的劈理、片理，糜棱岩化和塑性揉皱的形式出现。区域地应力使平武—青川断裂发生反扭走滑或逆冲，应变强烈时会诱发地震。两大断层的作用，为沿线危岩体的形成和失稳创造了条件。

2.1.2.3 水文地质条件

研究区地下水为松散层孔隙潜水和基岩风化裂隙水，主要受大气降水补给，受多次构造运动的作用，区内节理裂隙发育，基岩赋水性差，降雨沿基岩裂隙下渗形成地下水，并向坡脚平台、河道排泄。

2.1.2.4 地震

据全国地震区划图编制委员会编制的《中国地震动参数区划图》（GB 18306—2001）国家标准第1号修改单，区域地震动峰值加速度为0.20g（图2-3），地震动反应谱特征周期为0.3s，地震基本烈度为Ⅷ度。

2.1.2.5 人类工程活动

研究区的人类活动主要为沿线公路开挖，导致坡体强烈卸荷，产生大量卸荷节理，该危岩体下方由于公路开挖形成凹岩腔，是诱发危岩体失稳的重要条件。

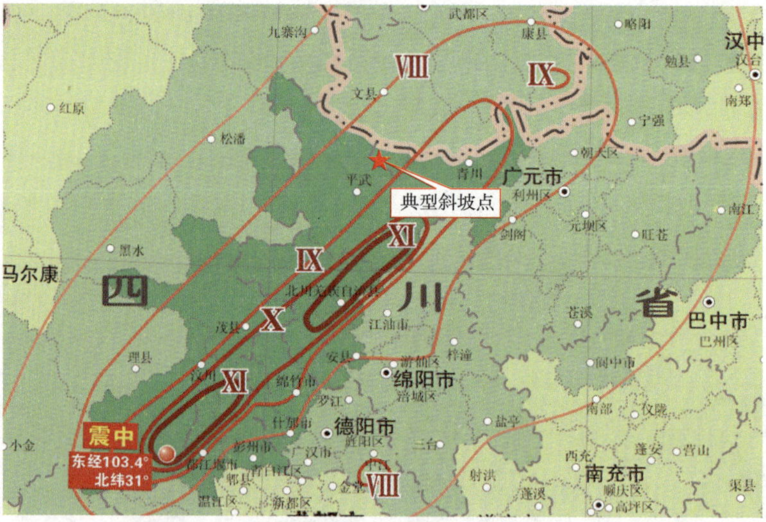

图 2-3　研究区地震动峰值加速度区划图

Figure 2-3　Zoning map of earthquake moving peak acceleration

2.1.3　危岩体基本特征及变形破坏机制 Basic characteristics and mechanisms of deformation and destruction of unstable rock

2.1.3.1　危岩体基本特征

危岩体所在区域，在地貌上属于侵蚀缓中山河谷地貌，所在边坡位于 S105 公路南坝—乐安寺段，边坡呈折线形，坡顶坡度较缓，坡度 20°~30°，坡面坡度近直立，坡表植被较发育。坡体岩体为中厚层状灰岩，由于河谷强烈下切，坡体形成顺坡向的卸荷拉裂带，危岩体节理非常发育，裂隙内普遍无充填物，局部有少量植被根系发育，裂隙延伸 1~3m。受到严重的风化剥蚀作用，危岩体表层强风化后形成碎裂结构。危岩体高约 24m，长度约为 72m，估计方量在 $500m^3$，据调查，地震后部分岩体已经崩塌失稳，在边坡坡脚形成了 3m×2m×2m 块石堆积，河床内有 8m×7m×5m 巨石，多块 1m×1.2m×1m 块石，该危岩体对公路和行人车辆构成严重威胁。图 2-4 为危岩体全景图，图 2-5 为危岩体剖面图。

2.1.3.2　危岩体变形破坏机制

通过现场调查看出，该危岩体主要受两组陡倾坡外的优势节理 J_1 145°∠85°，节理面 J_2 35°∠80°和中缓倾坡内的层面 C291°∠15°控制（图 2-4、图 2-5），其中节理面 J_1 和层面 C 是主控结构面，在此三组结构面的不利组合下，将危岩体切割成柱状或楔形状块体，加上凹腔提供的临空条件，这种地质构造为危岩体的失稳提供了先决条件。在自重工况或自重 + 地震工况下，由于荷载的作用，危岩体体内结构面会逐渐拉裂贯通，形成潜在贯通面，危岩体将沿着陡倾贯通面下错，由于局部锁固段的阻碍，危岩体暂时稳定，当荷载达到锁固段极限强度时被危岩体剪断，沿着临空面失稳，是典型的拉裂—错断危岩体。

错落式崩塌发育在多组结构面的坡体中，其中以后缘的结构面为主控结构面，倾角较大近乎直立。底部岩体失稳破坏，造成上部岩体临空。结构面强度由于地震力和雨水软化作用导致降低，裂隙逐渐贯通，形成错落式崩塌。这种模式的主要特征：在地震力和岩体自重的作用下，后缘主控结构面逐渐扩大发展，拉应力更进一步集中在尚未产生节理裂隙的部位；一旦拉应力大于这部分岩体的抗拉强度，拉裂缝就会迅速向下发展，岩桥被剪断后与母岩分离而整体突然向下崩落。其中节理结构面 J_1 是主控结构面，在地震力作用下，节理结构面 J_1 强度逐渐降低，逐渐向后缘深部逐渐延伸形成贯通性的潜在切割面，与其余两组结构面相互贯通导致块体失稳。

图2-4 拉裂—错断危岩体全景

Figure 2-4 Panoramic view of tensile fracture-dislocation unstable rock

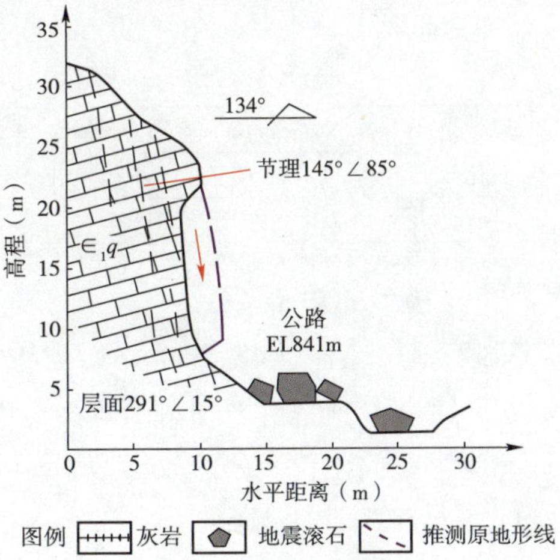

图2-5 危岩体剖面图

Figure 2-5 Profile of the unstable rock

2.1.4 危岩体破坏数值模拟 Destruction's numerical Simulation of unstable rock

通过对现场危岩进行的调查分析，为了对危岩体的变形失稳过程进行研究，采用非连续变形数值模拟程序 DDA（discontinuous deformation analysis）进行边坡危岩体的变形失稳过程分析。非连续变形分析方法是近年来发展的分析块状岩体的一种比较好的计算方法，它适用于不连续介质的大变形问题分析，从而实现岩石块体的移动、转动、张开、闭合等全过程的模拟，据此可判断出岩体的变形模式、破坏范围，从而对危岩体的整体和局部稳定性做出正确的评价。

2.1.4.1 模型的建立

模型的建立主要考虑节理面 J_1（145°∠85°）和节理面 J_2（35°∠80°）的两组节理面的组合。图2-6为模型的典型剖面，模型宽14m，高28m（模型比例为1：1 000）。模型由69个节点75块组成，计算时步取0.01s。模型底部和右侧边界上的单元均予以固定，整个计算过程中不发生位移。模型中倾角经岩层产状与坡向的转换而确定，节理连通率为95%，地形

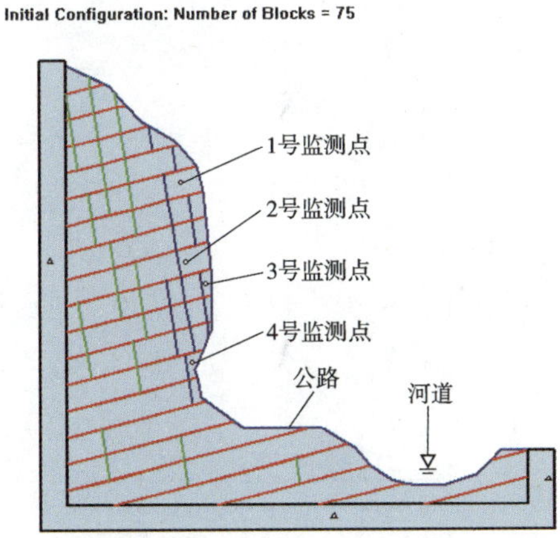

图2-6 危岩体计算模型

Figure 2-6 Computational model of unstable rock

轮廓由实测地形剖面确定。边坡内部设置 4 个监测点来监测边坡随时步的位移情况。

（1）模型物理力学参数选取

岩体不同深度风化程度不同，因而力学参数也有所不同。根据《工程地质手册》以及《岩石力学参数手册》对模型中岩体进行分带，推断沿剖面 0 ~ 8m 为强风化带，8 ~ 20m 为中等风化带。计算中岩体和结构面的物理力学参数的选取根据前期勘察资料和试验成果并参考了《工程地质手册》以及《岩石力学参数手册》类比获得，如表 2-1 所示。

表 2-1　模型的参数取值

Table 2-1　Model's Parameter values

参数风化带	密度（g/cm^3）	弹性模量（GPa）	泊松比	内聚力（kPa）	内摩擦角（°）	抗拉强度（MPa）
强风化	2.4	10	0.25	106	30	3
中等风化	2.5	15	0.25	142	36	4

（2）模型的初始条件

荷载条件：自重应力场，水平应力按侧压系数 $\lambda = \mu/(1-\mu)$ 计算，μ 为岩体的平均泊松比。因此，垂直应力和水平应力都随深度增加。崩塌破坏范围较小，且边坡开挖时间久远，应力释放比较充分，故模型中不考虑构造应力场的影响。

（3）模型的计算工况

该斜坡所处位置为Ⅷ级地震烈度区，模型需要充分考虑地震作用对岩体的影响，因此模型计算中分自重工况和自重 + 地震工况。本次地震工况下的模拟，了解竖向地震惯性力对岩体错断的作用，以及水平地震惯性力对岩体的推覆拉断作用。

2.1.4.2　模型的变形破坏过程及其分析

模型在自重工况、自重 + 地震工况下变形破坏工程如下所述。

（1）自重工况

图 2-7 ~ 图 2-10 为不同迭代步骤时（初始计算虚拟时间为 0），危岩体的运动状况及特征的典型图示。图 2-11、图 2-12 为自重工况下监测点位置变化—时间曲线。

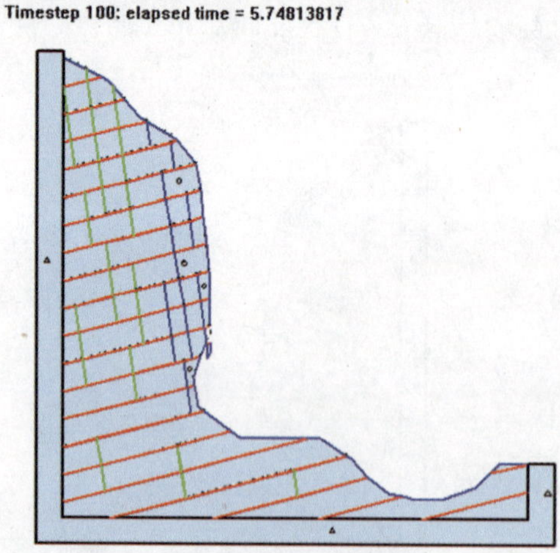

图 2-7　第 100 时步

Figure 2-7　100th time step

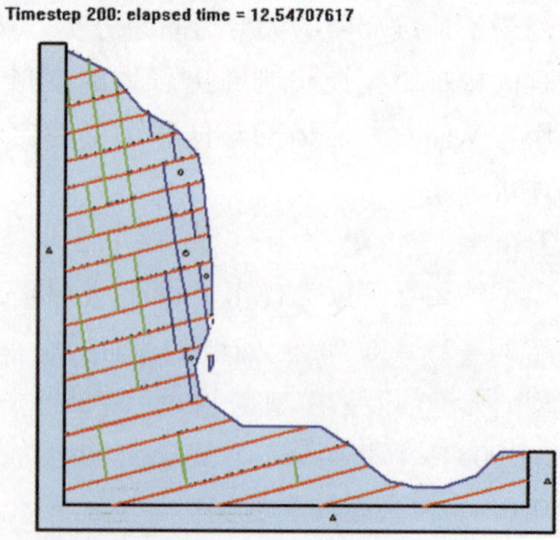

图 2-8　第 200 时步

Figure 2-8　200th time step

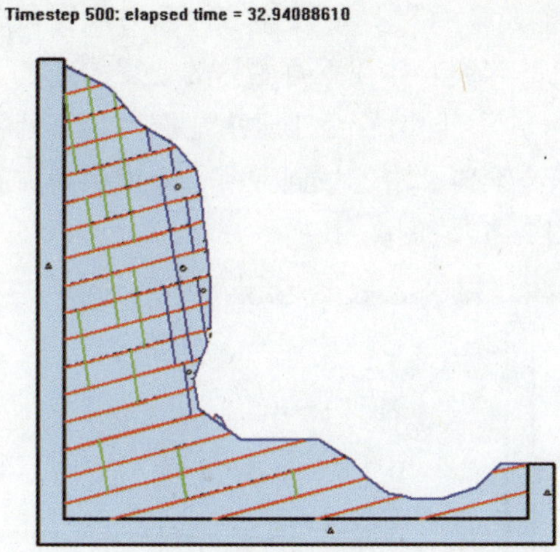

图 2-9　第 500 时步

Figure 2-9　500th time step

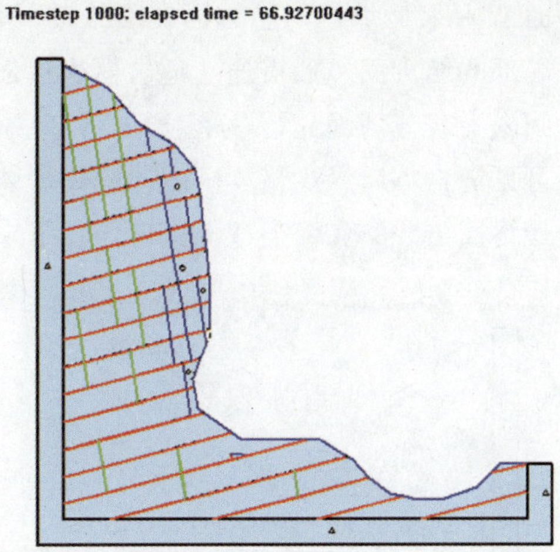

图 2-10　第 1 000 时步

Figure 2-10　1 000th time step

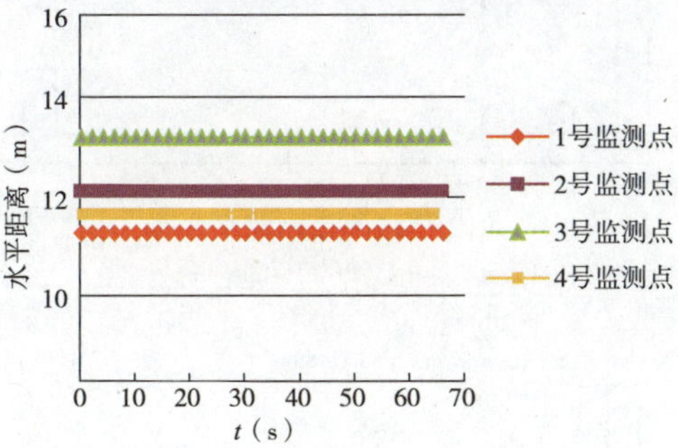

图 2-11　各监测点 x 方向的位置变化

Figure 2-11　Each monitoring point's x direction position change

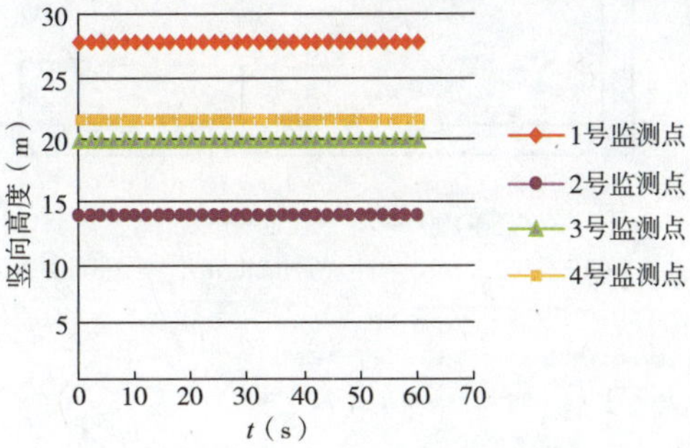

图2-12　各监测点 y 方向的位置变化

Figure 2-12　Each monitoring point's y direction position change

危岩体变形失稳模拟结果分析：

从图 2-7 ~ 图 2-10 的典型模拟图示看出，在自重工况下，危岩块体经过 1 000 时步后，仍然没有大的变形，结构面依然闭合，没有错开。从岩体变形破坏过程的监测点位置变化—时间曲线中可以看出，位于坡体内部的 4 个监测点运动位移和速度几乎接近于 0，表明危岩体在现今自重应力场的状态下处于基本稳定状态，变形破坏仅限于表层的局部掉块。

（2）自重 + 地震工况

图 2-13 ~ 图 2-18 为不同迭代步骤时（初始计算虚拟时间为 0），坡体的运动状况及特征的典型图示。

第一阶段（0 ~ 1 000 时步）：地震波的传播在坡体内会反射和折射，使地震波在坡体内产生复杂的传播行为。首先到达的 P 波产生强大的竖向地震力，节理面 J_1 在反复的竖向地震力作用下剪切错开，而层面呈现张拉趋势。S 波达到后，水平地震力的端部放大效应，使贴坡突起的危岩体承受较强的水平力，节理面 J_1 在反复的水平地震力作用下张拉开裂，而层面呈现剪切趋势。水平和竖向地震力的联合作用，导致危岩体沿着陡倾坡外的

节理面 J_1 和缓倾坡内的结构面震裂松动（溃裂，图 2-17），危岩体结构面的强度显著减低，局部的结构面扩展贯通，危岩体表层强风化的碎裂岩体在垂直主导的地震加速度下较短时间内沿着节理面先行坠落（图 2-13、图 2-14）。同时，由于水平地震力赋予的初速度，可见危岩体后缘少量震碎岩体脱离坡体，偏心滚落，沿着坡面弹跳，碰撞后向坡脚坠落，最终撞击公路和河道逐渐减速停积下来（图 2-17、图 2-18）。

图 2-13 第 100 时步（表面松散岩体坠落）

Figure 2-13 100th time step (Friable rock on surface fall)

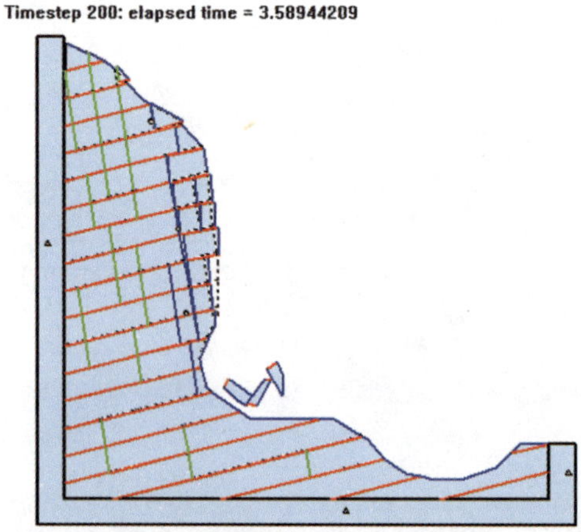

图 2-14 第 200 时步

Figure 2-14 200th time step

图 2-15 第 400 时步（减速稳定）

Figure 2-15 400th time step (Slow down and stable)

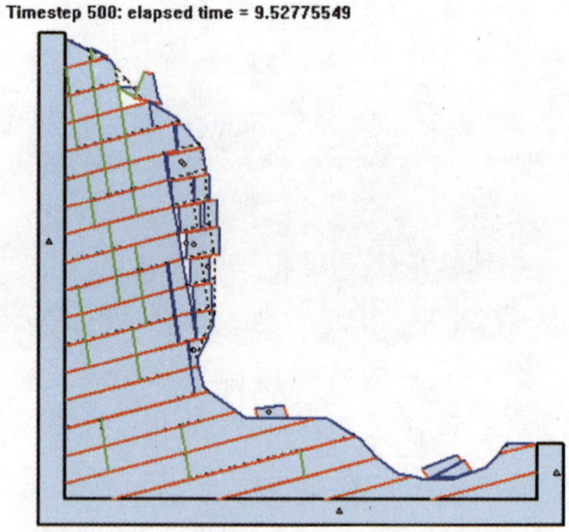

图 2-16 第 500 时步

Figure 2-16 500th time step

第二阶段（1 000 ~ 2 500 时步）：由于地震的长持时作用，使得危岩体进一步溃裂，陡倾节理面 J_1 进一步扩展贯通，并逐渐发展形成潜在贯通面（图 2-19）。加之水平地震力向坡外的反复推挤作用，使得中部岩体沿着陡倾坡外节理面出现微张现象（图 2-20），反复的震动会导致结构面产生累进性位移，危岩体和滑移面间出现了“滑脱空间”，竖向地震力和重力的作用，使危岩体沿潜在贯通面下错，受局部锁固段的阻碍，岩体被进一步变形“压弯”前倾（图 2-21、图 2-22），使局部锁固段承受很大的荷载。

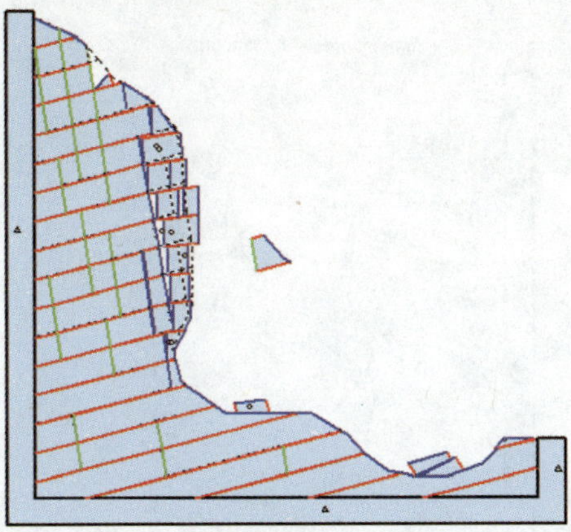

图 2-17　第 700 时步（危岩溃裂）

Figure 2-17　700th time step（Unstable rock debacle）

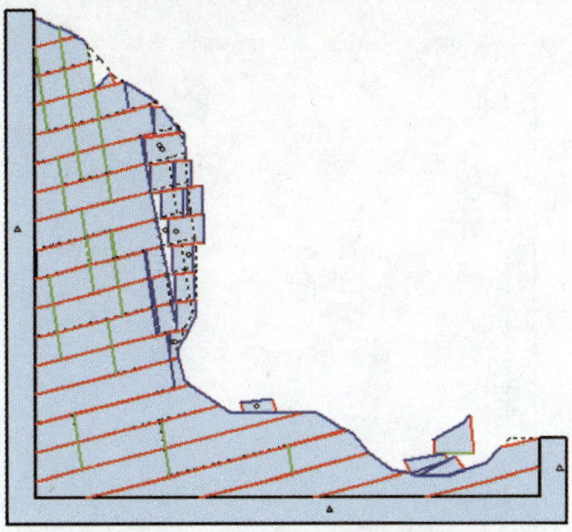

图 2-18　第 1 000 时步（后缘岩体松动）

Figure 2-18　1 000th time step（Trailing edge of the rock loose）

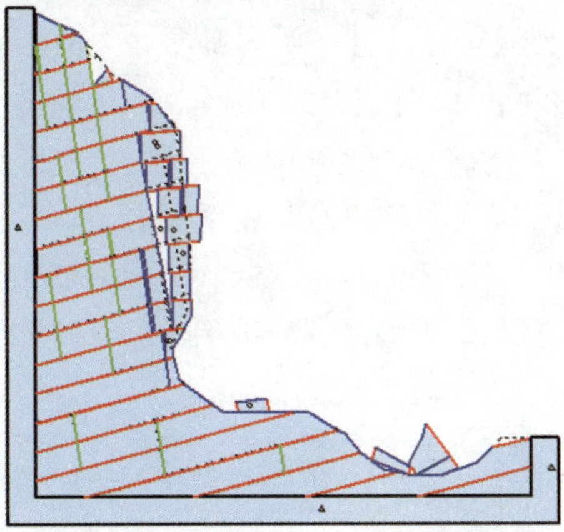

图 2-19　第 1 500 时步（结构面贯通）

Figure 2-19　1 500th time step（Structural surface break through）

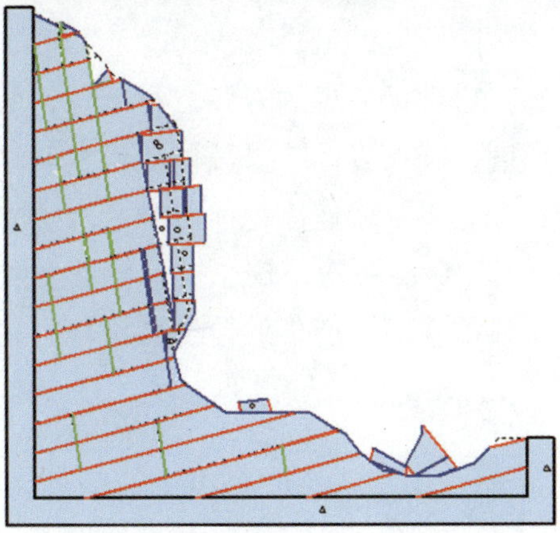

图 2-20　第 1 700 时步（微张）

Figure 2-20　1 700th time step（Slightly open）

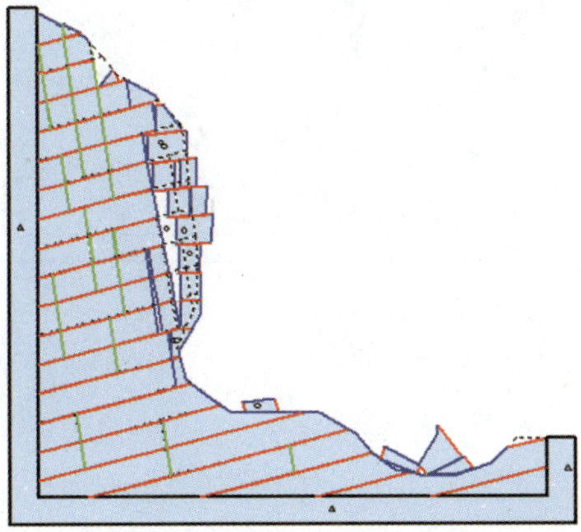

图 2-21　第 2 000 时步（中部压弯、前倾）

Figure 2-21　2 000th time step（The central bent, lean forward）

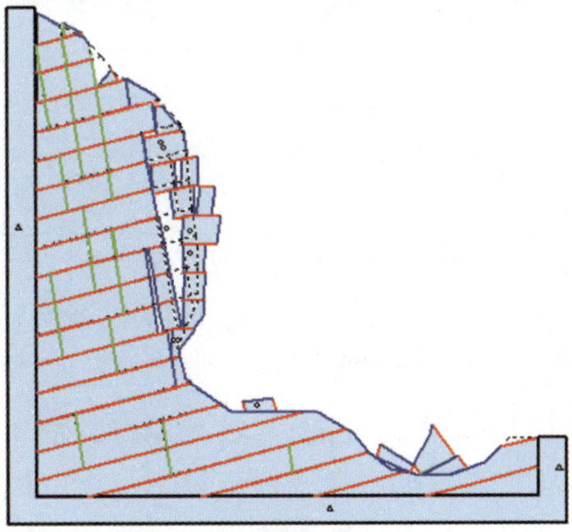

图 2-22　第 2 200 时步

Figure 2-22　2 200th time step

在水平和竖向地震加速度的耦合振荡作用下，局部锁固段发生松动或由于局部锁固段达到极限承载力，局部锁固段被剪断（图 2-23、图 2-24）。

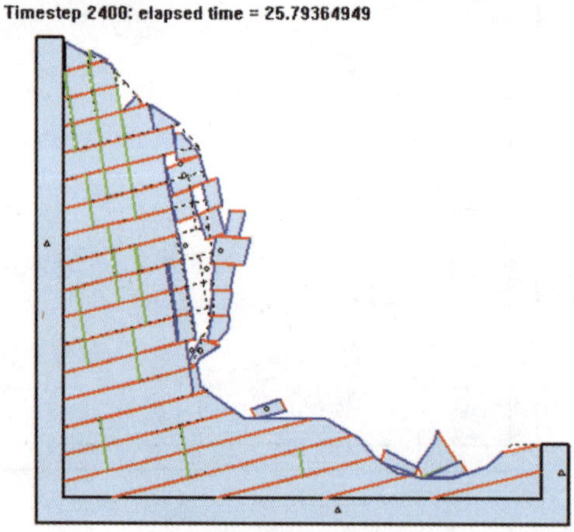

图 2-23 第 2 400 时步

Figure 2-23 2 400th time step

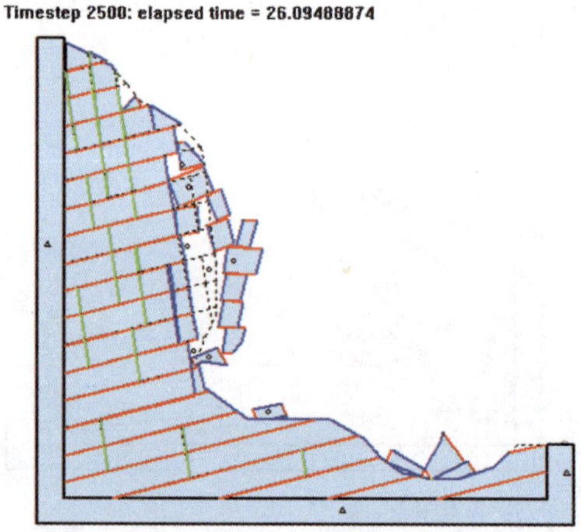

图 2-24 第 2 500 时步（锁固段剪断）

Figure 2-24 2 500th time step（Locking section cut）

第三阶段（2 500 ~ 4 500 时步）：局部锁固段被剪断，处于临界平衡状态的危岩体临空，骤然启动，溃裂的岩体自行解体，转化为碎块岩体（图 2-25）。由于水平地震力赋予的初速度，碎块岩体撞击坡体翻滚、转动，直至坠落的动能完全消耗，才与前期破坏的碎裂岩体一起逐渐减速停积在坡脚和河道中（图 2-26 ~ 图 2-30）。整个危岩破坏后，形成 75° ~ 80° 的后缘断壁，较原始斜坡坡度减小了 10° ~ 15°，但仍然很陡，陡峻的破裂面较粗糙，是典型强震下产生的拉—剪破坏。这与一般重力下失稳的危岩破坏形态有明显区别。

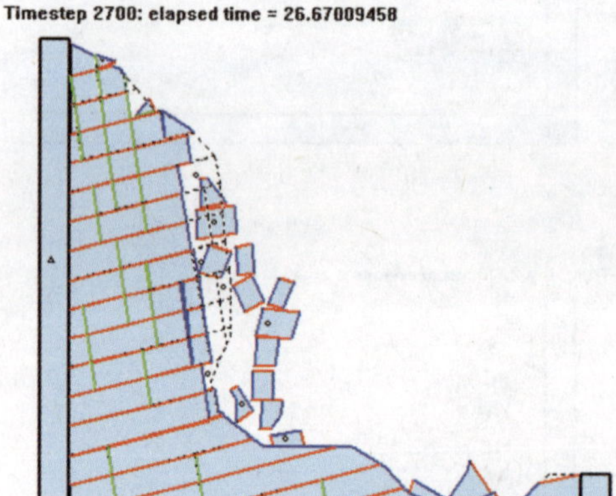

图 2-25 第 2 700 时步（岩体崩塌、解体）

Figure 2-25 2 700th time step（Rock collapse, disintegrate）

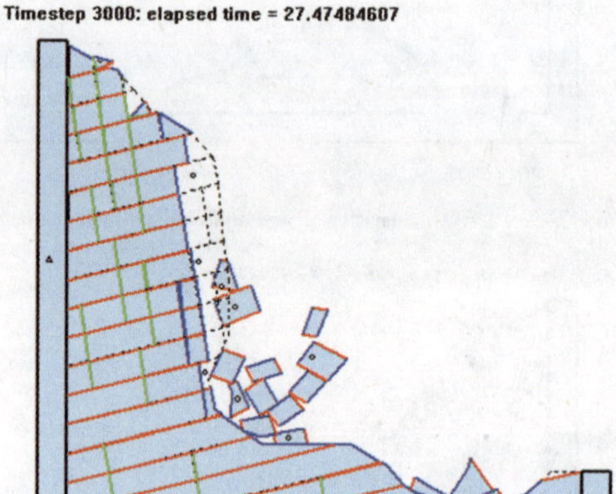

图 2-26 第 3 000 时步（撞击公路）

Figure 2-26 3 000th time step（Hit the road）

2.1.4.3 变形失稳模拟结论

从监测点的结果来看（图 2-31、图 2-32），地震前期危岩体表层的碎裂岩体坠落（3 号监测点，竖向地震加速度为主导）和后缘部分岩块的弹跳、滚落（水平地震加速度提供初速度），速度约为 1.6m/s，在 5s 时滑移掉落的块体趋于稳定，由于其滑落块体方量较小，对公路的破坏力较小。5s 到 2 500 步时，即在 26s 左右，从 1 号、2 号、4 号监测点数据可知，危岩体的速度和位移均较大，水平和竖向的位移达到10～15m，速度达到了3.5m/s，由于该危岩的方量约500m³，会产生较大的冲击能，严重威胁下面公路，4 500步后，崩塌的岩体撞击后稳定于公路和河道上。通过分析，地震工况下，该危岩的变形破坏以动力响应为主控因素，危岩地质结构为次级控制因素。

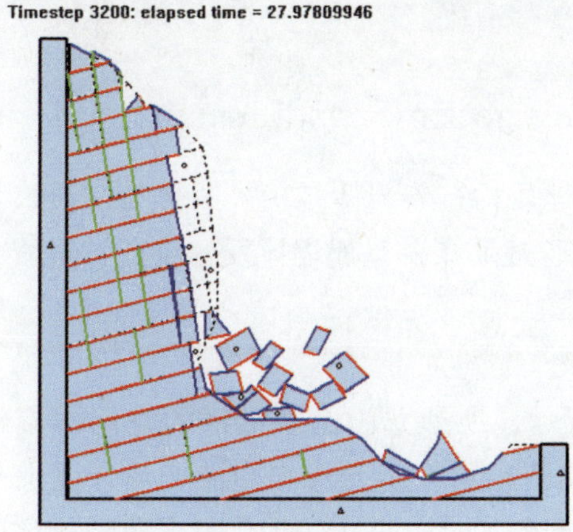

图2-27　第3 200时步

Figure 2-27　3 200th time step

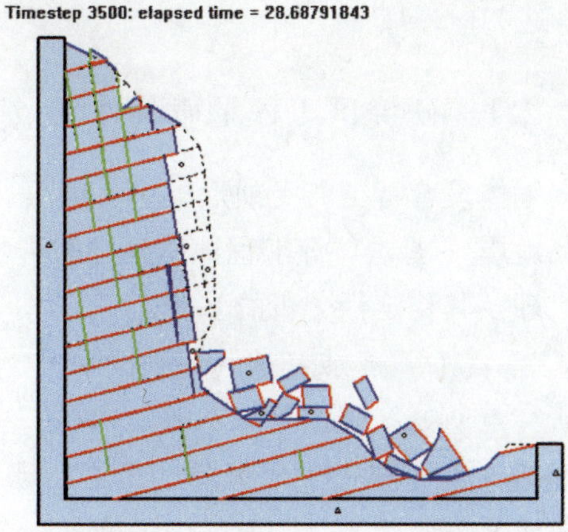

图2-28　第3 500时步（减速）

Figure 2-28　3 500th time step (Slow down)

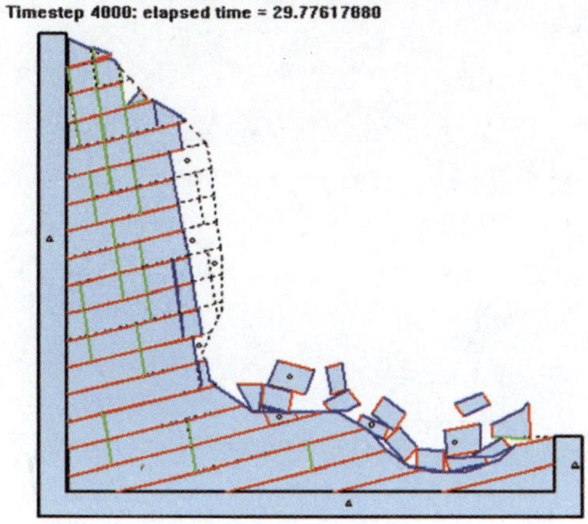

图2-29　第4 000时步

Figure 2-29　4 000th time step

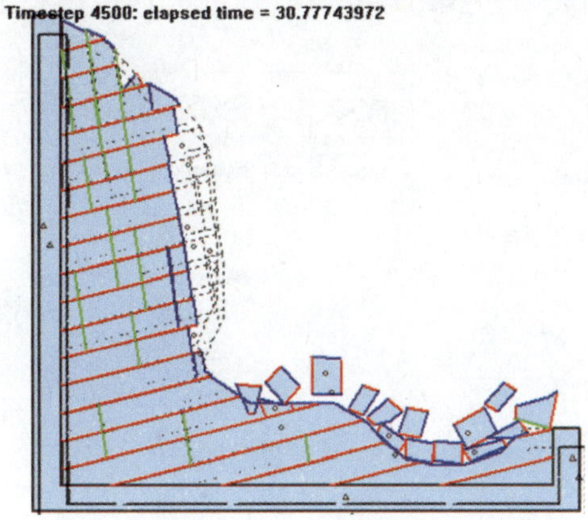

图2-30　第4 500时步（崩塌稳定、停积）

Figure 2-30　4 500th time step (Collapse is stable and stop)

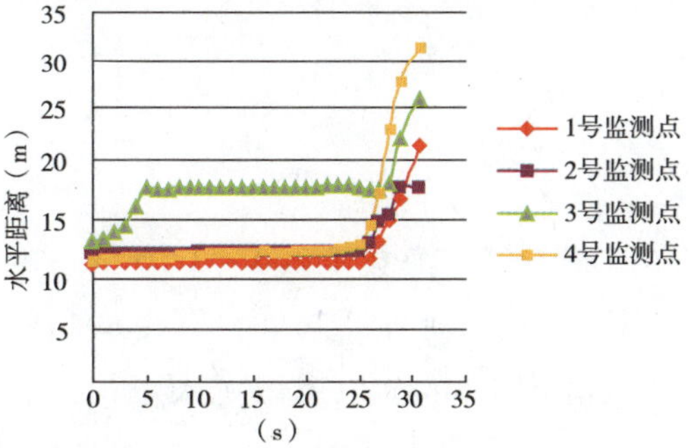

图2-31　各监测点x方向的位置变化

Figure 2-31　Each monitoring point's x direction Position change

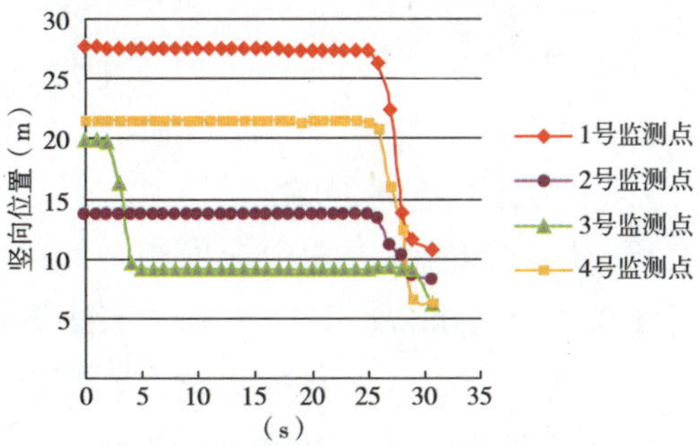

图2-32　各监测点y方向的位置变化

Figure 2-32　Each monitoring point's y direction Position change

2.2 S302 线北川禹里—茂县段“拉裂—倾倒”崩塌 “Tensile fracture-topple and fall” collapse in section S302 Yuli of Beichuan-Maoxian

2.2.1 研究区工程地质条件 Engineering geologic conditions in study area

崩塌体发育特征，受地形地貌、地层岩性、地质构造、岩体结构、风化与卸荷、水文地质、地震（震动）等工程地质条件的影响，工程地质条件是崩塌体发育特征、斜坡变形失稳机理及其稳定性分析的基础。

2.2.1.1 区域地质背景

研究点所处区域位于东兴乡，如图 2-33 所示，地处龙门山地槽区的龙门山褶皱带（塑变带），它是早古生代沉降的中心，印支运动使地层发生变质和塑性变形，受强烈挤压，形成北东向褶皱带。龙门山地槽是一个跨旋回的地槽，早在元古代就形成地槽区，自震旦纪地槽又重新开始发展，跨越了阿森特、加里东、华力西、印支四个旋回，印支运动褶断成山，燕山运动又受褶断，形成现在的构造景观。

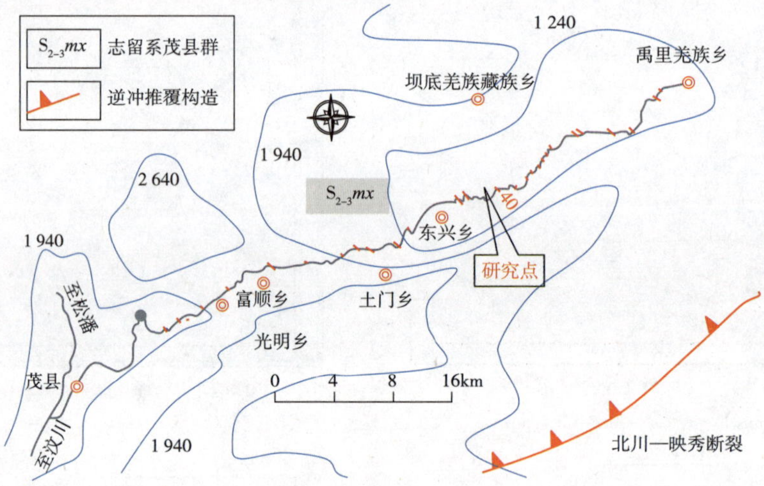

图 2-33 崩塌区地质情况图

Figure 2-33 Collapse's geology map

2.2.1.2 地形地貌

研究区内地貌主要为中深度切割的褶皱中高山峡谷区。海拔 1 200 ~ 3 100m，相对高差 1 000 ~ 1 500m。山脊单薄，上陡下缓，见图 2-34。河谷开阔处，有小型山间坝子。由于海拔高，气候恶劣，加之地形陡峻，一般海拔 1 800m 以上区域人烟稀少，多为原始森林所覆盖，人类多居住于该区内青片河两岸，由河漫滩及一、二级阶地组成，一般高出当地河水面 3 ~ 15m，地面平坦。公路沿静州山、老君山南麓土门河、三台山南麓青片河而下，最高点为凤仪镇，海拔 1 588m，最低点为禹里乡，海拔 728m。公路沿线最高点为老君山，海拔3 429m。所要研究的崩塌体位于青片河左岸谷坡陡崖，距离河岸13m。

2.2.1.3 地层岩性

根据区域地质资料及野外地质调查，研究区域所出露的地层主要有第四系冲洪积层、志留系变质岩等，现分述如下。

（1）第四系全新统（Q_4^{al}、Q_4^{al+pl} 及 Q_4^{el+dl}）：冲积、冲洪积广泛分布于河流两侧和山前平坝沟口地带；残坡积层广泛分布于山坡、沟谷高山平缓地带。冲积（Q_4^{al}）、冲洪积（Q_4^{al+pl}）由松散砂砾卵石及粉质砂土组成，厚5～20m；残坡积层（Q_4^{el+dl}），广泛分布于山坡、沟谷高山平缓地带，主要由黏质砂土、不规则的碎块石土构成，厚薄分布不均，厚0～10m不等。

图2-34 崩塌体全貌

Figure 2-34 Full view of the collapse

（2）第四系上更新统（Q_3^{al} 及 Q_3^{al+pl}）：零星分布于河流两侧。二级阶地堆积层，相当于“江北砾石层”，由含黏土砾卵石及黏土层组成，下部常夹钙质胶结砾石层，厚6～60m。

（3）第四系中更新统（Q_2^{fgl}）：第三、四级阶地堆积层，零星分布于北川山前平坝边缘。第四级阶地堆积层一般高出当地河水面90～120m，下部砾卵石层厚5～120m，成分以石英砂岩、砂岩为主；上部棕黄色黏土层含钙质结核，厚度5～10m；第三级阶地堆积层一般高出当地河水面20～90m，由砾卵石及黏土组成，偶夹薄层细砂，局部为铁钙质胶结，厚度13～25m。

（4）志留系茂县群（$S_{2-3}mx$）：志留系茂县群（$S_{2-3}mx$）共分为五层，主要分布于北川—擂鼓—禹里—茂县公路沿线。

第一组（$S_{2-3}mx^{3-1}$）：绢云石英千枚岩夹砂质条带。

第二组（$S_{2-3}mx^{3-2}$）：黑灰色炭质千枚岩、板岩夹灰岩、砂岩。

第三组（$S_{2-3}mx^{3-3}$）：灰色绢云石英千枚岩与结晶灰岩、石榴石片岩。

第四组（$S_{2-3}mx^{3-4}$）：灰色绢云千枚岩夹砂岩、泥质灰岩。

第五组（$S_{2-3}mx^{3-5}$）：灰绿色千枚岩夹砂岩、灰岩。

2.2.1.4 水文地质条件

区内地下水类型主要为第四系松散层孔隙水和基岩裂隙水。

地下水的补给主要为大气降水和河流侧向补给，地下水径流途径短，排泄迅速，就近排泄于沟谷和河流中。

2.2.1.5 地震

根据中国地震局发布汶川8.0级地震烈度分布图，研究点所处禹里—茂县路段地震烈度为Ⅸ度（图2-35）。

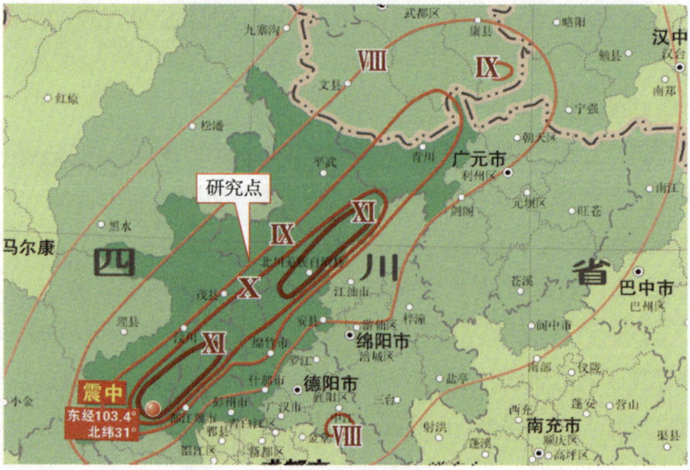

图 2-35　地震烈度分布图

Figure 2-35　Distribution of seismic intensity

2.2.2　斜坡特征分析 Characteristics analysis of slope

斜坡的变形通常受地形地貌、地质构造、地层岩性、岩体构造和风化卸荷等因素的影响，其中各种因素之间的相互作用决定了斜坡变形情况。在对崩塌体发育和分布规律调查的基础上，分析崩塌体与工程地质条件的关系，根据崩塌体结构和变形特征进行分类，找出崩塌相应的变形失稳机制。

2.2.2.1　*斜坡总体特征*

斜坡位于 S302 线北川禹里—茂县段公路旁。坡脚高程 905m，坡顶高程 975m，相对高差 70m（图 2-36）。

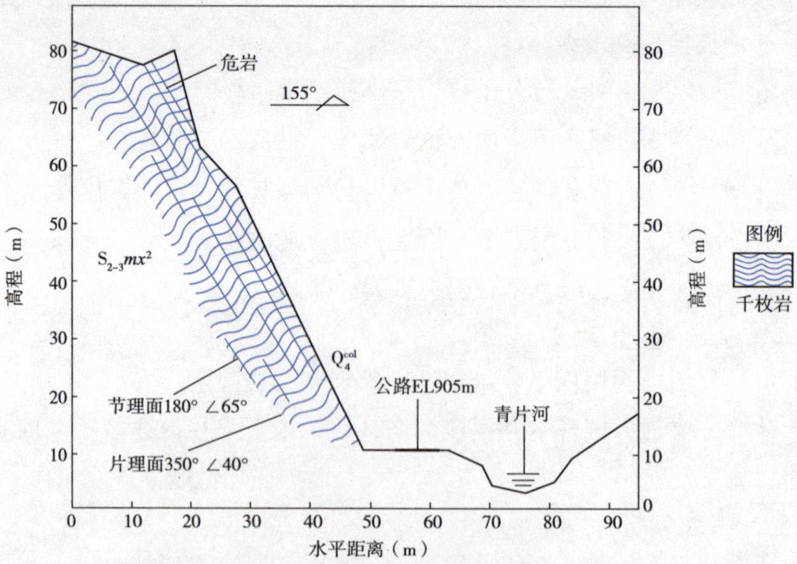

图 2-36　斜坡剖面图

Figure 2-36　Profile of the slope

该段斜坡长122m，为一发育于千枚岩中岩质斜坡。斜坡总体走向为E65°S。公路内侧边坡平均坡度约80°。坡面植被稀少，岩体节理裂隙发育，上部为碎裂结构岩体，坡顶前缘部分岩体近直立，中、下部岩体为块状-次块状结构。

2.2.2.2 崩塌体的形成原因分析

研究区早期区域地质构造活动复杂而强烈，位于川滇南北向构造带北段，第四系以来伴随着青藏高原的快速隆起抬升，省道S302线位区处于整体间歇性隆起状态，形成深切割的高山峡谷地貌。

在上述区域地质构造背景下，研究区地形起伏大，形成的高陡自然斜坡多，研究区位于青片河左岸，属于第一斜坡带，青片河下切导致斜坡自然坡度陡，表生改造强烈，浅表层岩体卸荷松弛，坡顶岩体被两组结构面切割，呈碎裂结构，稳定性较差。由于研究点的崩塌体斜坡倾坡内的结构面发育，对岩体的稳定起控制性作用，坡面岩体经长期的风化剥蚀作用，在斜坡顶部近直立。

2.2.2.3 崩塌体发育特征

崩塌体的形成，受地形地貌、地层岩性、地质构造、震动以及后期改造作用等的影响，其中地形地貌、地质构造、地层岩性、后期改造作用等关系更为关键。

（1）与地形地貌的关系

崩塌体所处区域，属于中高山河谷地貌，河谷两侧陡崖平均坡度接近80°，相对高差在70m左右，主要是由于青片河深切侵蚀作用造成的。如此陡的地形，加上后期长期的风化剥蚀作用，使得陡崖上突出部位岩体卸荷作用显著发育，而且岩层层理面倾向坡内，为一逆向坡，这些都有助于崩塌体的形成。

（2）与地层岩性的关系

区域内岩性为志留系千枚岩，其中，河谷左侧分布主要是中—强风化千枚岩，易形成陡坡和陡崖。由于早期河流的深切下蚀作用，再加上岩层出露于地表后长期的风化卸荷作用，使得岩体内裂隙普遍发育，发育的裂隙切割中—强风化的千枚岩岩体形成长柱状崩塌体，如图2-37所示。

图2-37 崩塌体特征

Figure 2-37 Characteristic of the collapse

（3）与地质构造的关系

研究点地处龙门山地槽区的龙门山褶皱带（塑变带）。斜坡岩体主要受片理面以及一组节理面的切割，这两组结构面对边坡岩体的变形破坏起控制性作用。该坡体片理面缓倾坡内，结构面非常发育，延伸较长，连通率较高，层间距0.5~1.5cm，上部层间距小，下部相对较大，该组结构面为控制性结构面，产状350°∠40°；另一组控制性结构面陡倾坡外，产状180°∠65°，延伸较长，间距3~5m；目前已有倾倒式破坏发生，坡脚岩体也较为破碎。

2.2.3 崩塌体类型及失稳机理 Type and instability mechanism of collapse

为了对崩塌体进行分类，首先要对其变形失稳机理进行分析。

针对崩塌体的发育特征，现场调查了崩塌体的分布位置、几何特征、整体结构以及边界范围等形态参数。现在普遍适用的分类方式是，根据崩塌体的几何特征、岩体结构、临空面条件，特别是后缘主控结构面方位、组合关系和发育状况，进行崩塌体结构状态分类。在结构状态分类体系下，崩塌体的类型一旦确定，其可能的变形失稳机理也就确定了，进而也可以为斜坡岩体的稳定性评价和防治措施提供可靠的依据。

崩塌体的上部受结构面切割。当受到竖向外部作用力或地震冲击力时，陡倾坡外的结构面最先被地震力拉裂开，在山体浅表层产生竖向裂隙，并逐渐向深部扩展而呈现出类似悬臂梁的形状。柱状岩体底部受压，再受到强大的地震力水平方向的推覆作用，反坡向柱状岩体绕支撑轴向临空面做转动而发生倾倒破坏。

倾倒式崩塌发育在坡度较陡的斜坡，坡形以折线形为主。在相对贯通的陡倾结构面或者拉张裂隙切割下，坡面上形成块状、长柱状的块体。主控结构面倾角较大，多为垂直结构面或者直立岩层面。稳定性主要受倾覆力矩作用，当倾倒力矩大于抗倾力矩时，发生倾倒式破坏。这种失稳模式主要发育在坡形陡倾硬岩类岩体中，失稳变形受三组结构面控制：横向切割裂隙、后缘裂隙、侧缘切割裂隙，其中后缘裂隙为主控结构面。

这种模式的主要特征为：地震作用下造成岩体后缘的陡倾主控结构面松弛，强度降低，被震裂的岩体临空条件好。切割裂隙逐渐扩展，坡体结构明显松弛，一旦后缘主控结构面贯通，岩体沿结构面处被拉裂，产生倾倒式破坏而产生突然崩落。

经过现场调查，崩塌体属于拉裂—倾倒式崩塌，形成原因是该斜坡顶部近直立，此位置的岩体结构面较发育，部分已被切割成碎裂岩块，少许已塌落，为坡顶靠近外侧坡面的岩体创造了较好的临空条件，经长期的风化剥蚀，结构面强度降低，岩体在地震力和重力的共同作用下容易发生拉裂—倾倒破坏，如图 2-38 所示。

图 2-38 倾倒式崩塌体

Figure 2-38 The "topple and fall" collapse

2.2.4 斜坡变形破坏数值模拟分析 Deformation and destruction's numerical Simulation of the slope

2.2.4.1 概述

DDA（Discontinuous Deformation Analysis，块体系统的非连续变形分析）非连续变形分析方法是近年来发展的分析块状岩体的一种比较好的计算方法。它解决了岩体的大变形和大位移问题。DDA分析块体系统的力和位移的相互关系，对各个块体，允许有位移和变形；对整个块体系统，允许各块体界面间张开或闭合。DDA假定岩体是由许多节理裂隙切割形成的各种形状的块体组成的不连续系统，该不连续系统的平衡方程是按照最小势能原理，对势能泛函取最小值得到的，因此其理论体系是严格的。由于它允许块体之间相对运动，必须满足连续和不连续材料两者的物理定律。当计算的位移和变形大到足够明显的程度时，破坏机理和最终破坏模式可表现出来，因此特别适用于对块状岩体结构的稳定状态和变形破坏模式的定性评估。对于稳定岩体，经过一定时间步的迭代计算，其变形位移将趋于定值，可以获得岩体的应力变形、分析成果。

2.2.4.2 斜坡计算模型建立

对于DDA模拟，计算断面的分块工作特别重要。在该区域的分块也应按照斜坡岩体结构面的实际情况来划分，以达到更真实的模拟崩塌体的实际失稳破坏过程。

在倾倒破坏中，岩块不仅有平动位移而且有角位移和角加速度，这与边坡的剪切滑动破坏在边界条件、变形特征和力学机制上有着很大的差别。因此对倾倒边坡的稳定分析和评价也不同于常规的分析方法，要充分考虑岩体中节理的几何特征及其强度特性，并研究岩层或岩块发生弯曲、折断、旋转及至倾倒的变形过程。

（1）模型构建原则及尺寸单元

针对调查分析的岩质斜坡作为计算模型，如图2-39所示，岩质斜坡模型高72m，宽81m，顺坡向结构面倾角为65°，反倾向的陡倾裂隙倾角为40°，模型边界满足变形要求，本次模拟计算的二维模型划分的块体共209块，节点131个，模拟采用的时间步为1 500时步，每一时间步的最大位移控制在0～0.01m内，每一时间步为0.01s。对该模型的左边界和右边界进行横向约束，对下边界采用垂向约束。计算过程中考虑岩体的自重和地震力作用。

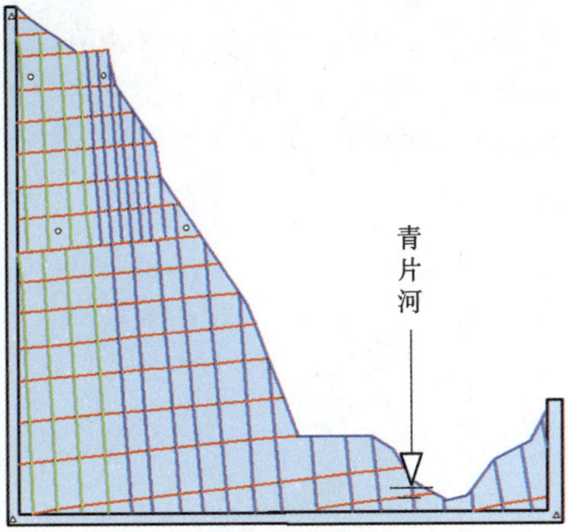

图2-39 计算模型

Figure 2-39 Computational model

计算参数选取如表2-2和表2-3所示。

（2）观测点的布置

在斜坡关键部位共布置4个观测点（图2-40），每个监测点的目的和意义不都一样，可以判断该位置的稳定状态及变形趋势，同时也可以了解到该点附近的变形破坏程度。位移曲线图中每时步为0.01s。

表2-2 计算模型参数选取

Table 2-2 Computational model's parameter values

类 型	内聚力(kPa)	内摩擦角(°)	抗拉强度(MPa)
缓倾坡内结构面	50	38	2.8
陡倾坡外结构面	25	28	1.6

表2-3 计算模型参数选取

Table 2-3 Computational model's parameter values

类 型	重度(kN/m³)	杨氏模量(GPa)	泊 松 比
中风化千枚岩	24.6	24	0.16
强风化千枚岩	21.8	13	0.18

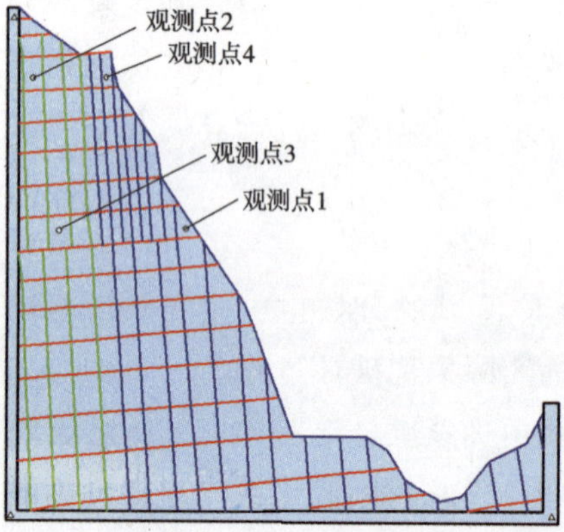

图2-40 观测点位置

Figure 2-40 The position of the observation points

2.2.4.3 斜坡失稳数值模拟分析

(1) 天然状态

①斜坡变形阶段图及分析，如图2-41～图2-44所示。

根据天然状态斜坡变形数值模拟变形演进过程图，我们得出在天然状态下该岩质斜坡是稳定的，没有变形失稳的迹象。

②观测点所得数据及结果分析

将各观测点变形过程数据绘制成图，如图2-45～图2-48所示。

从观测点变形过程数据图解我们可以得出，在天然状态下，这四个对应的观测点在时间为10s左右时，对应的x方向坐标和y方向的坐标的均发生了变化，而其在x方向和y方向上的位移变化在0～0.14之间，说明尽管从天然状态斜坡变形数值模拟变形演进过程图中看不出斜坡有失稳的现象，但是在斜坡内部还是出现了位移，岩体在重力作用下产生了一定的变形。

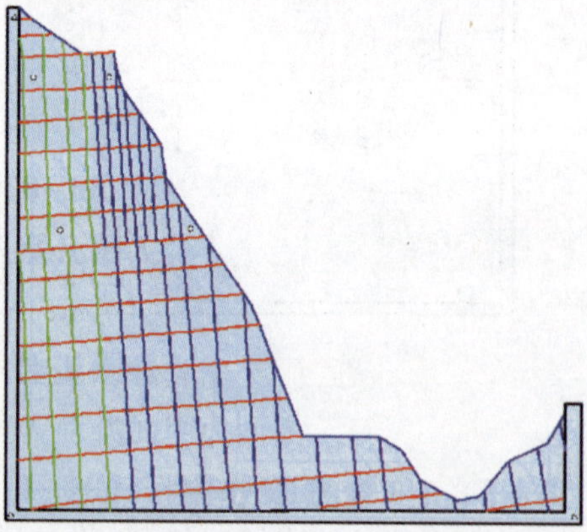

图2-41 400时步的变形

Figure 2-41 Deformation of 400th time step

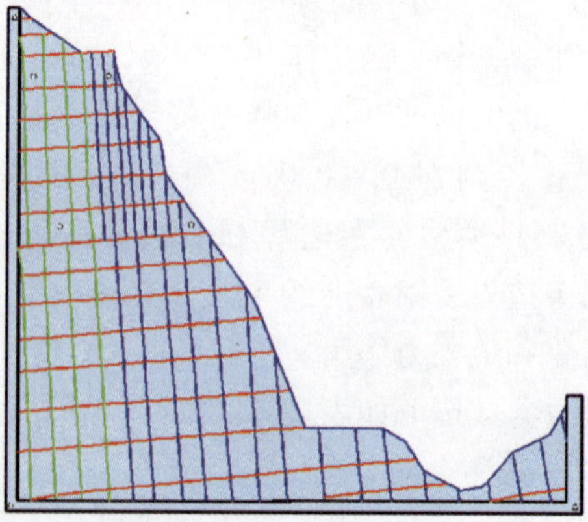

图2-42 800时步的变形

Figure 2-42 Deformation of 800th time step

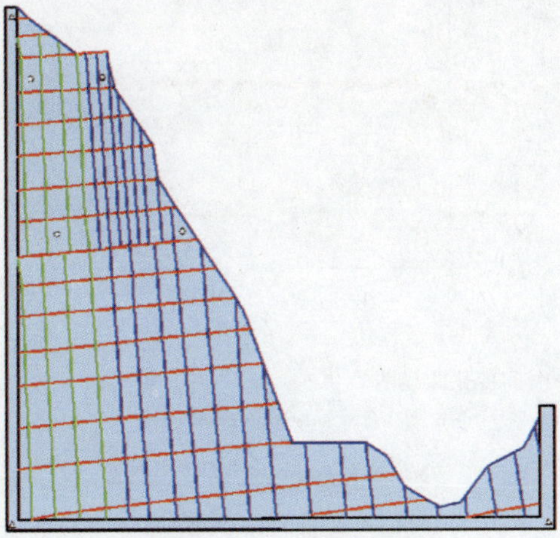

图2-43　1 200 时步的变形

Figure 2-43　Deformation of 1 200th time step

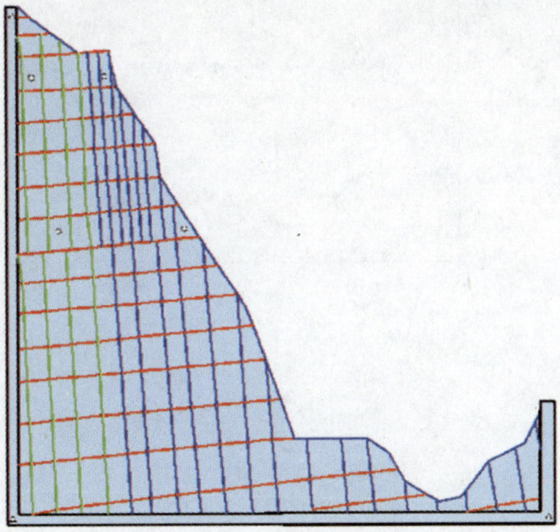

图2-44　1 500 时步的变形

Figure 2-44　Deformation of 1 500th time step

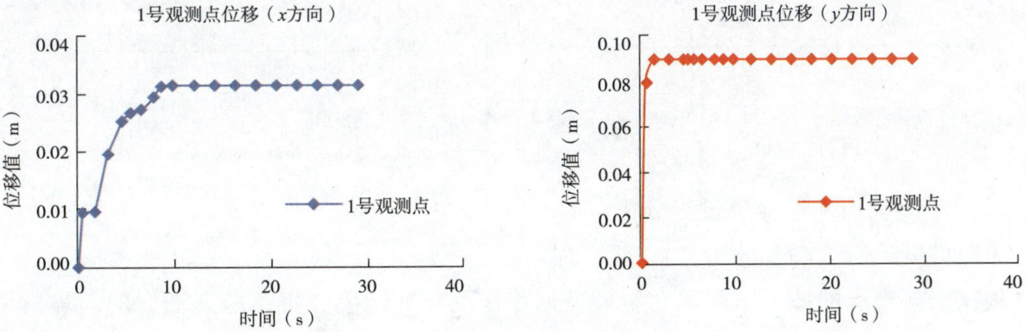

图2-45　1 号观测点位移—时间变化曲线图

Figure 2-45　Displacement- time change curve graph of NO. 1 observation point

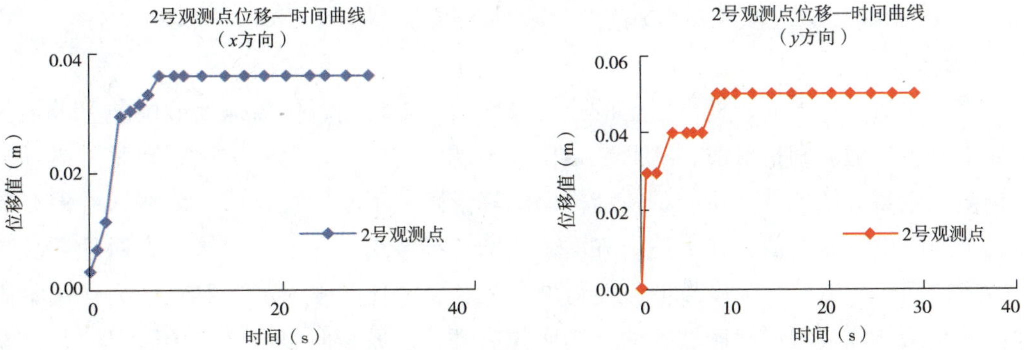

图2-46　2 号观测点位移—时间变化曲线图

Figure 2-46　Displacement- time change curve graph of NO. 2 observation point

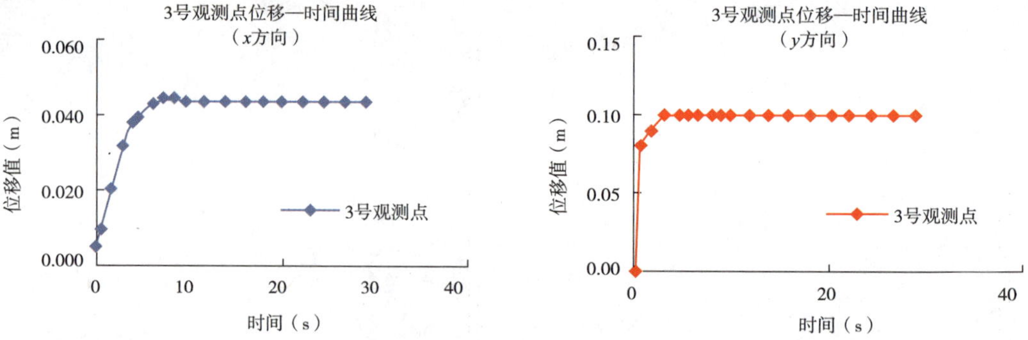

图 2-47 观测点位移—时间变化曲线图

Figure 2-47 Displacement- time change curve graph of NO. 3 observation point

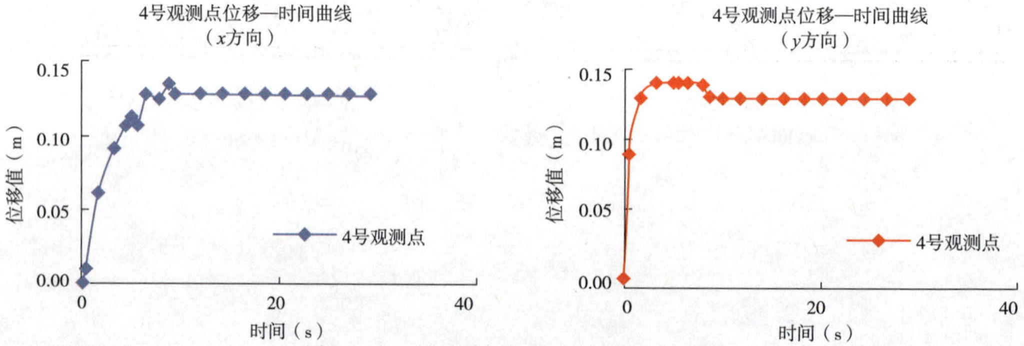

图 2-48 4 号观测点位移—时间变化曲线图

Figure 2-48 Displacement- time change curve graph of NO. 4 observation point

（2）地震动力作用变形过程分析

①斜坡变形阶段图及分析

根据众多现有的地震作用下对斜坡变形稳定的研究结果分析，地震动力对斜坡的变形破坏主要产生两种作用：地震产生的超孔隙水压力增大与累积作用、地震惯性力作用。本次 DDA 数值模拟研究主要针对地震惯性力作用对斜坡的影响。

根据 DDA 数值模拟结果，可以得出模拟过程中比较明显的变形阶段图形，我们将其整个变形破坏过程分为三个阶段。

第一阶段（0～375 时步）：坡表少量岩体发生拉裂—倾倒破坏阶段，如图 2-49～图 2-51 所示。

地震发生后，一方面，地震引起的应力波在岩体中传播，传播速度最快的 P 波最先在结构面中产生反射波和折射波，从而在结构面上诱发拉应力。另一方面，反复的震动会导致结构面产生累进性位移，从而致使结构面的峰值强度不断地被克服和削弱，并最终越过峰值，迅速降低到残余值。在上述两方面效应的持续作用下，由于山体高程对地震波具有放大效应，而千枚岩抗拉强度较低，使得坡顶处柱状岩体在强大的地震竖向力作用下震裂松弛，并在山体浅表层沿陡倾坡外的结构面拉裂开，形成竖向裂隙（在 DDA 运行至 70 时步时，开始显现出来），在地震力的持续作用下，并逐渐加宽加深。此外，坡体内部也在地震力的持续震动作用下，而出现破裂、松弛，形成震裂体。

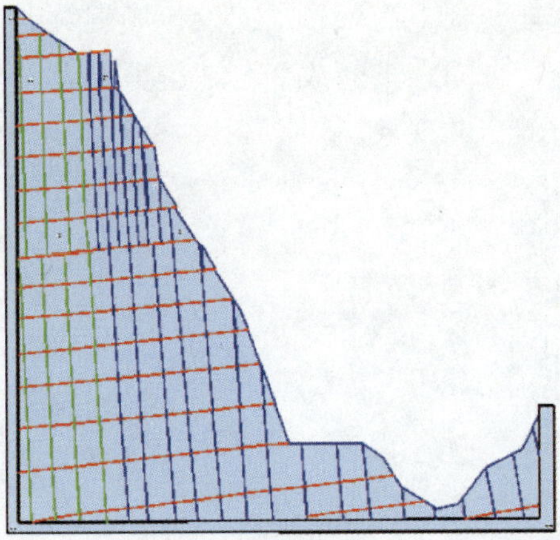

图2-49 70时步变形

Figure 2-49 Deformation of 70th time step

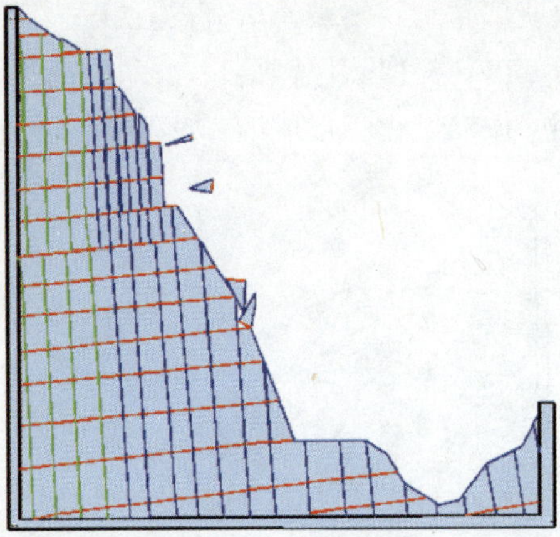

图2-50 231时步变形

Figure 2-50 Deformation of 231th time step

当S波到达后，随即与P波耦合，继续在结构面中不断地产生折射波和反射波，已被拉裂开的柱状岩体底部受压，此时这些被拉裂开的柱状岩体再受到强大的地震力水平方向的推覆作用，反坡向的柱状岩体绕支撑轴向临空面做转动而发生倾倒破坏。

之后，柱状岩体受到重力的作用，沿坡表以坠落、弹跳等运动方式崩塌到坡脚的公路上以及沟谷中（DDA运行至375时步时，效果明显）。

第二阶段（375～1 312时步）：大规模岩体发生拉裂—倾倒破坏阶段，如图2-52～图2-54所示。

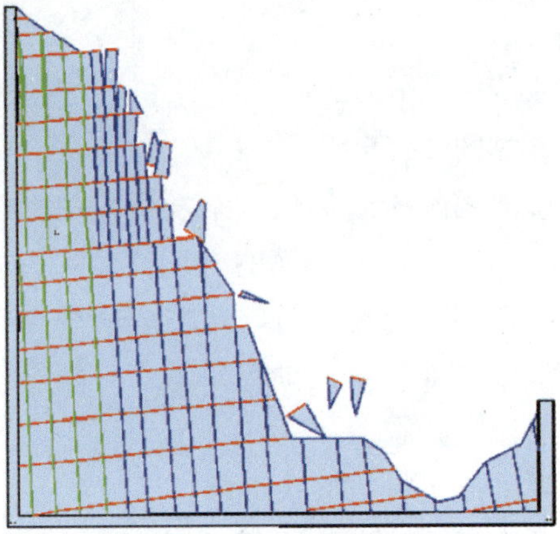

图2-51 375时步的变形

Figure 2-51 Deformation of 375th time step

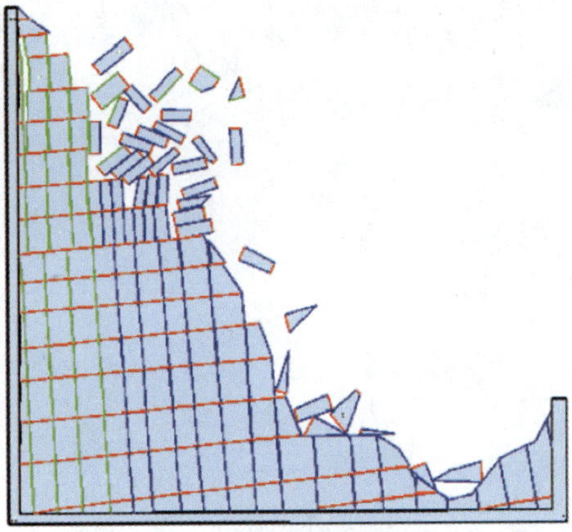

图2-52 675时步的变形

Figure 2-52 Deformation of 675th time step

由于斜坡浅表层岩体已经发生倾倒，使得原本坡体内部部分处于受压状态的岩体处于临空状态。在P波和S波的持续共同作用下，由于结构面的介质特性突变，产生反射应力波。坡体波动振荡在斜坡岩体内部形成了不同类型的附加应力，使得在地震波反复作用多次后，引起了在结构面的顶端附近产生了应力集中现象，使陡倾坡外的结构面被持续拉裂，并逐渐向坡体内发展，为崩塌体的倾倒做好了准备。在水平方向地震力推覆作用下，斜坡中上部越来越多被拉裂开的柱状岩体绕支撑轴向临空面做转动而发生倾倒破坏，在自由面附近出现类似逐层剥落现象。由于地震加速度方向在不断改变，地震力的方向也随之而改变，振动过程中形成的一些裂缝出现张开与闭合的现象。

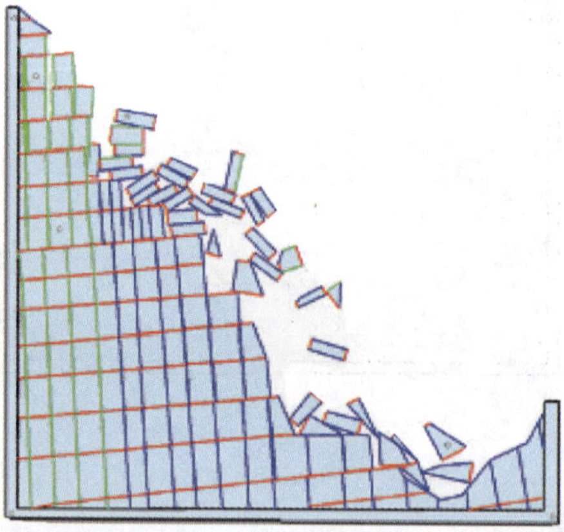

图 2-53　794 时步的变形
Figure 2-53　Deformation of 794th time step

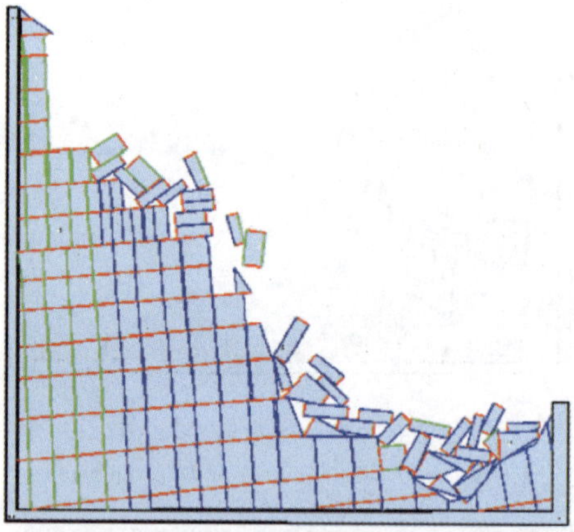

图 2-54　1312 时步的变形
Figure 2-54　Deformation of 1312th time step

而在强大的水平地震惯性力的作用下，被拉裂的柱状岩体发生倾倒破坏，再加上其为高位崩塌，在其运动过程中随着崩塌体逐渐坠落，势能会不断地转化成为动能，岩块运动的速度会不断地增加，因各部位速度的差异，其中一些岩块在跳动、坠落的过程中还会发生相互碰撞；一些岩块在高速运动过程中，还与河谷对岸山体发生了强烈的碰撞，最后能量耗散殆尽而停积在对岸山体和沟谷中；而另一些岩块在受到重力的作用下，沿坡表以坠落、弹跳等形式崩塌到坡脚处的公路上以及沟谷中。

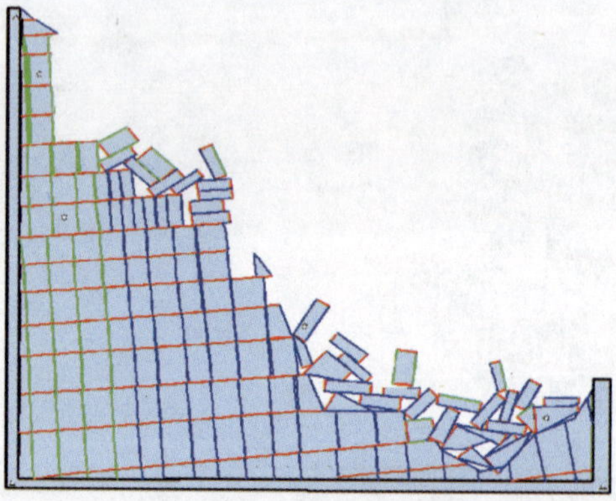

图 2-55　1 500 时步（最终状态）的变形
Figure 2-55　Deformation of 1 500th time step

第三阶段（1 312～1 500 时步）：趋于整体稳定阶段，如图 2-55 所示。

经过前两阶段破坏后，未发生拉裂倾倒破坏的岩体不再发生较大规模的变形，早先失稳岩块经过一系列的震荡后，最终在坡脚的公路和河流以及对岸山体堆积，逐渐稳定下来。整个斜坡体系趋向于稳定状态。

②观测点所得数据及结果分析

将各观测点变形过程数据绘制成图，如图 2-56～图 2-59 所示。

从观测点变形过程数据图解可以得出，在地震动力作用下：

1 号和 4 号观测点设置在斜坡的强风化层且接近坡表的，这两个观测点在 x 方向和在 y 方向的位移情况相似，均是在施加地震力的作用下，最先出现位移的变化并不大，而随着地震力的持续作用，这两个观测点就逐渐开始出现了拉裂—倾倒变形破坏，而随着时间的推移，1 号和 4 号观测点在 x 方向和在 y 方向的位移在经历过一段时间后保持不变，停留在了某个数值上。

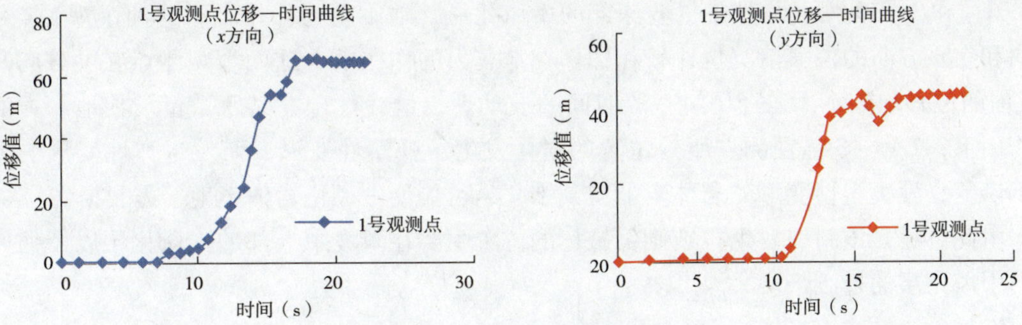

图 2-56　1 号观测点位移—时间变化曲线图

Figure 2-56　Displacement- time change curve graph of NO. 1 observation point

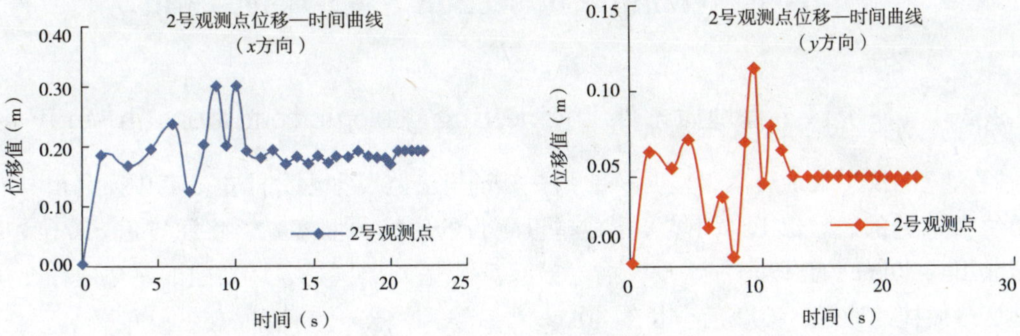

图 2-57　2 号观测点位移—时间变化曲线图

Figure 2-57　Displacement- time change curve graph of NO. 2 observation point

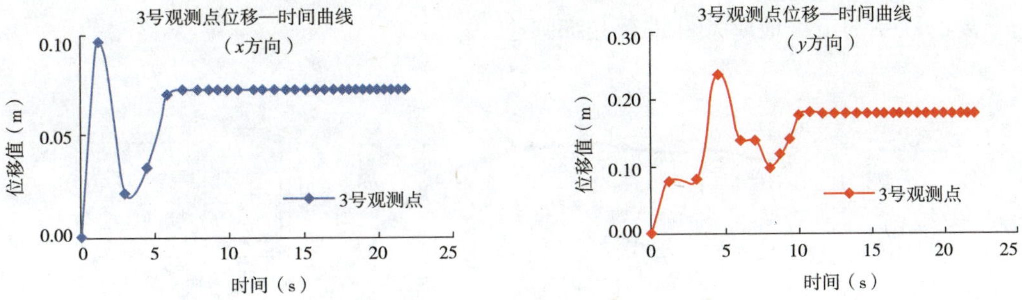

图 2-58　3 号观测点位移—时间变化曲线图

Figure 2-58　Displacement- time change curve graph of NO. 3 observation point

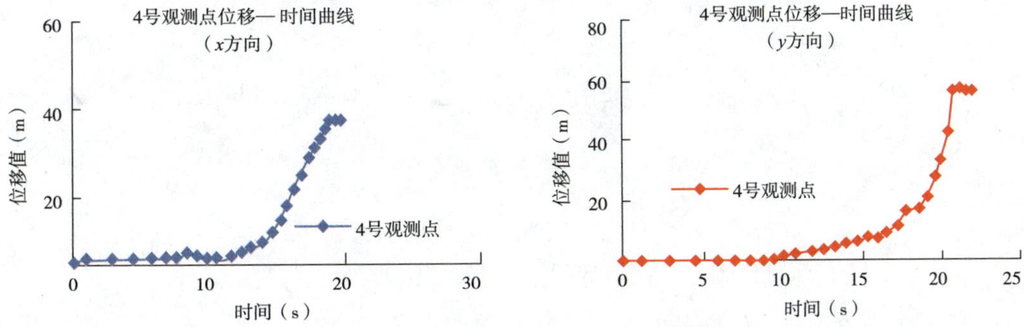

图 2-59　4 号观测点位移—时间变化曲线图

Figure 2-59　Displacement- time change curve graph of NO. 4 observation point

2 号和 3 号观测点设置在斜坡深部的中风化层，地震动力作用下，这两个观测点在 x 方向和在 y 方向的位移情况也比较相似。在地震力的作用下，这两个观测点在 x 方向和在 y 方向的位移均较小，在经历过一段时间的波动后，最终稳定在某个数值。在地震力的动力作用下，2 号、3 号观测点所处位置的岩体发生了弹塑性变形，而发生弹性变形的岩体得到恢复，发生塑性变形的岩体未能得到恢复，可能使中风化岩体产生了震裂损伤。

由此可见，该斜坡发生拉裂倾倒破坏的位置主要在斜坡中上部的强风化层以及强风化层向中风化层的过渡带。

2.3 S302 线擂鼓—禹里段拉裂—滑移型崩塌 "Tensile fracture-slippage" collapse in section S302 Leigu-Yuli

2.3.1 研究区工程地质条件 Engineering geologic conditions in study area

"5·12"汶川大地震后，茂县—北川—江油段公路震害十分严重。其中，北川县湔江上游约 4km 处的唐家山山体滑坡，形成举世瞩目的唐家山堰塞湖，将原省道 S302 线禹里乡至北川约 20km 的路段全部淹没。擂（鼓）禹（里）路则是震后新建的一条通往北川关内地区最便捷的通道，改线后全长约 40km。

研究区斜坡崩塌位于擂禹路 Y09 号点，坐标为 N31°46′41.8″、E104°23′16.7″（图 2-60）。为了更好地研究斜坡岩体的发育特征、变形破坏机制，首先对于斜坡岩体发育有重要的联系的工程地质条件进行详细阐述。

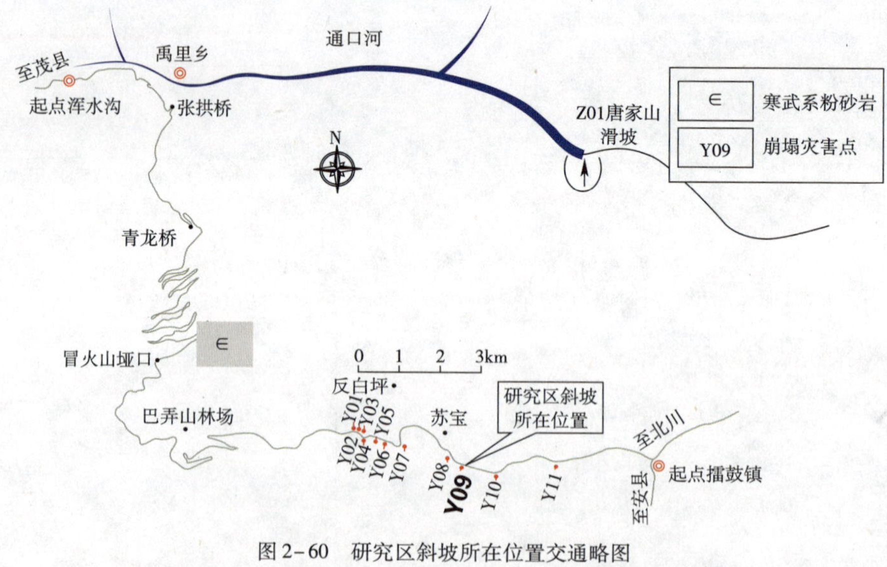

图 2-60 研究区斜坡所在位置交通略图

Figure 2-60 Traffic graph of the slope's position of study area

2.3.1.1 区域地质背景

擂鼓—禹里路段跨越北川—映秀断层，研究坡段位于断层的上盘（图 2-61）。该断层是一条现今仍在活动的冲断层，断层倾向北西，倾角60°～70°，为寒武系的砂岩逆冲于志留系、泥盆系乃至石炭系之上，切割深度较大，垂直断距千米以上，沿断裂线分布着串珠状的上升泉。同时该断层也是龙门山断裂带主干断裂带之一的中央断裂带。龙门山断裂带，既是青藏高原的东界，又是现今龙门山前陆盆地的西界，它南起于泸定、天全，向北东延伸经都江堰、江油、广元进入陕西勉县一带，全长约500km，总宽度30～50km，由一系列大致平行的叠瓦状冲断带构成，具典型的推覆构造特征。

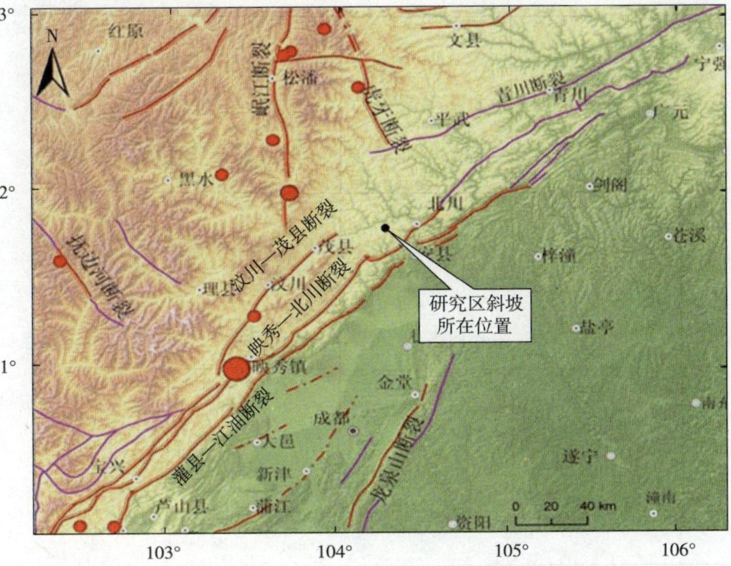

图2-61　龙门山及邻区构造格架图

Figure 2-61　Structural frame graph of Longmen Mountain and around areas

2.3.1.2　地形地貌

省道S302擂鼓—禹里段地处巴弄山侵蚀构造中山区，属喀斯特侵蚀构造陡中山河谷地貌，海拔一般800～1 800m，相对高差一般500～1 000m。区内沟谷发育，树枝状水系密布，呈V形和U形，谷宽50～200m。公路翻越巴弄山，公路最高点冒火山海拔约2 180m，临近山峰最高海拔2 228m。

2.3.1.3　地层岩性

研究区地层岩性较为简单，以第四系松散堆积及寒武系清平组（$\in_1 c$）泥灰岩为主，各时代地层由新到老依次如下。

（1）第四系

第四系全新统（Q_4^{al}、Q_4^{al+pl}及Q_4^{el+dl}）：冲积、冲洪积广泛分布于河流两侧和山前平坝沟口地带；残坡积层广泛分布于山坡、沟谷高山平缓地带。冲积（Q_4^{al}）冲洪积（Q_4^{al+pl}）由松散砂砾卵石及粉质砂土组成，厚5～20m；残坡积层（Q_4^{el+dl}）广泛分布于山坡、沟谷高山平缓地带，主要有黏质砂土、不规则的碎块石土构成，厚薄分布不均，厚0～10m不等。

第四系上更新统（Q_3^{al}及Q_3^{al+pl}）：零星分布于河流两侧。二级阶地堆积层，相当于“江北砾石层”，由含黏土砾卵石及黏土层组成，下部常夹钙质胶结砾石层，厚6～60m。

第四系中更新统（Q_2^{fgl}）：第三、四级阶地堆积层，零星分布于北川山前平坝边缘。第四级阶地堆积层一般高出当地河水面 90 ~ 120m，下部砾卵石层厚 5 ~ 120m，成分以石英砂岩、砂岩为主；上部棕黄色黏土层含钙质结核，厚度 5 ~ 10m；第三级阶地堆积层一般高出当地河水面 20 ~ 90m，由砾卵石及黏土组成，偶夹薄层细砂，局部为铁钙质胶结，厚度 13 ~ 25m。

（2）寒武系下统清平组（$\in_1 c$）

上部为灰色薄层状长石石英粉砂岩及钙质泥质粉砂岩；中部为暗紫色、暗灰绿色薄层板状粉砂岩及海绿石砂岩；下部为灰绿色灰岩、薄层硅质岩与灰岩的互层结构。主要分布于擂禹路南段。

2.3.1.4 水文地质条件

研究区内地下水类型，主要为第四系松散层孔隙水和基岩裂隙水。

松散层孔隙潜水分布位置高于河水面，补给条件差，地下水贫乏。

基岩裂隙水主要赋存于砂、泥岩等基岩裂隙中，由于裂隙多被充填，地形较陡，补给条件差，富水性差，水量很小。

地下水的补给主要为大气降水和河流侧向补给，地下水多为径流途径短，排泄迅速，就近排泄于沟谷和河流中。

2.3.1.5 地震及新构造运动

（1）地震

研究区位于龙门山活动断裂带上，斜坡位于映秀—北川断层上盘。该断层自古生代以来一直在活动，地震活动较为频繁。本次“5 · 12”汶川地震为汶川县有历史记载以来震级最高、破坏强度最大的一次地震，其震级达 8 级，震中烈度达Ⅺ度。

根据中国地震局发布汶川 8.0 级地震烈度分布图国家有关部门发布地震烈度图，北川—擂鼓—禹里路段为Ⅹ ~ Ⅺ度，如图 2-62 所示。

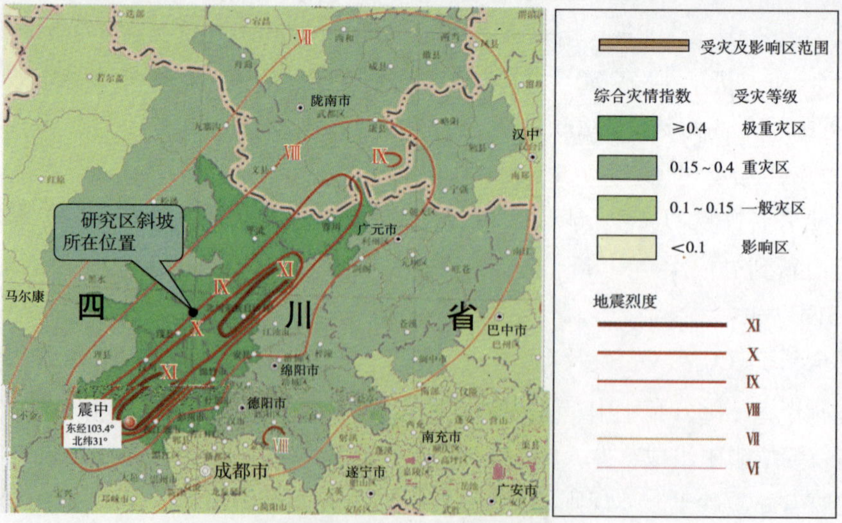

图 2-62 汶川地震烈度分布图

Figure 2-62 Distribution of seismic intensity in Wenchuan

（2）新构造运动

区内新构造运动比较强烈，其主要特征为：

①强烈的上升运动。第四纪至晚近时期，区内已大面积抬升。因而在岷江和黑水河等两侧，第四纪阶地较为发育。

②盆地到平原过渡带。在过渡带的山区则形成高山峡谷，高差较大，东西地形极不相称，说明晚近期构造活动的差异性。

③物理地质现象较发育。在中高山峡谷地区滑坡、崩塌和泥石流等地质灾害较普遍，因地壳的相对不稳定型和地壳的活动造成物理地质现象的发生和发展。

④晚近期构造活动。茂汶断裂、龙门山断裂，近代仍在活动，而且活动也较频繁，由于断裂的活动，导致历史上和现代地震的多次发生。

2.3.2　斜坡特征分析 Characteristics analysis of slope

汶川地震灾区地处龙门山区，在强烈的地壳隆升作用和河流下切作用下，公路沿线山高谷深、地形地质条件复杂，斜坡地质结构类型多样，斜坡失稳灾害类型极为丰富多样，出现了很多极具“个性”的斜坡失稳类型。研究区内斜坡的变形破坏正是受这种复杂的地形地貌、地层岩性、斜坡坡体结构、地震烈度等多种因素综合影响，同时其中的各种因素之间相互作用也决定了斜坡变形失稳破坏的程度。因此，我们在斜坡坡体特征调查的基础上，对斜坡的坡体结构进行分类，从而进一步分析并研究其变形破坏的机制。

2.3.2.1　斜坡基本特征

斜坡位于苏宝河右岸，坡向346°，总体呈近南北向；坡高60m，坡长约90m，坡度50°～70°，坡度平缓。该斜坡为顺层层状结构斜坡，位于映秀—北川断层上盘，在强烈地震力作用下，坡表强风化卸荷带岩体沿层面向临空面方向滑移失稳，形成约50 000m^{3}松散堆积物堆积于坡脚并掩埋公路165m。

研究路段，微地貌山梁与冲沟发育，边坡位于山梁一侧，山梁处坡表岩体卸荷发育，但未被充分剥蚀。坡脚公路开挖形成高约10m的陡立临空面，造成部分路段近路缘处坡度较陡，为70°～85°。斜坡发生破坏在坡表形成较大的滑面。坡表有植被覆盖，主要以灌木为主，少有乔木，坡体中上部坡度较陡，为50°～55°，坡脚为崩坡积物堆积，夹有1～2m的块石。斜坡全貌如图2-63所示，工程地质剖面如图2-64所示。

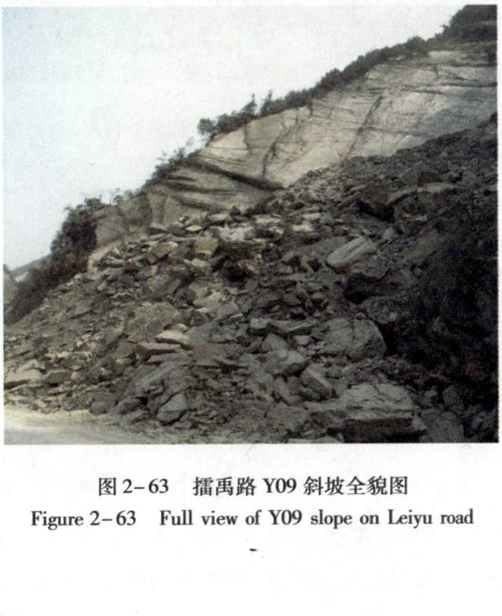

图2-63　擂禹路Y09斜坡全貌图

Figure 2-63　Full view of Y09 slope on Leiyu road

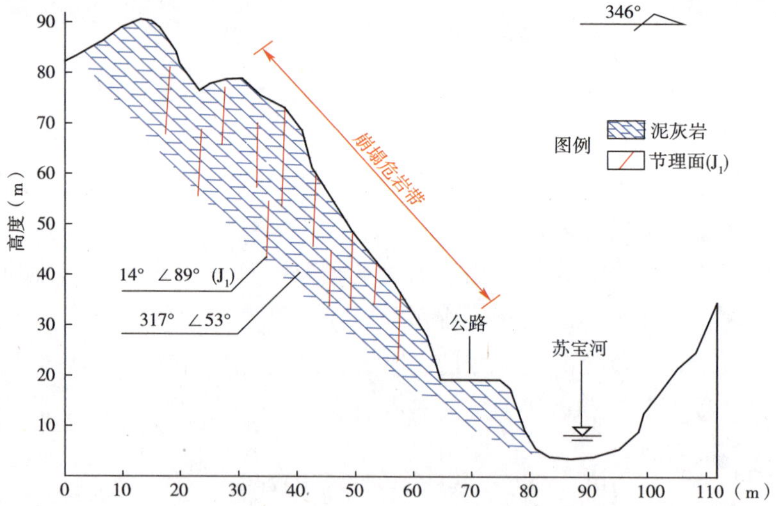

图 2-64 斜坡工程地质剖面图

Figure 2-64 Engineering geological profile of the slope

2.3.2.2 斜坡岩体结构特征

该边坡为层状结构的斜坡，基岩为泥灰岩，边坡整体高约 60m，长约 165m，坡向 346°，坡度 50°~70°。灰岩层面产状为 317°∠53°，为一顺向坡。除层面外，边坡主要发育有两组节理面，一组为陡倾坡外的后缘拉裂面，其产状为 14°∠89°（J_1），节理面较为平直光滑，延伸长度 1~7m，间距为 1~2m，节理面闭合，无充填物；二组为侧裂面，产状为 97°∠71°（J_2），延伸长度约 10m，间距为 0.1m，节理面闭合，无充填物。节理面 J_1 和层面一起成为控制斜坡变形破坏模式的控制性结构面，如图 2-65 所示。斜坡坡度较陡，且坡度变化较小，坡体无地下水的影响，主要动力因素为爆破和地震等，坡脚有大量崩坡积物。

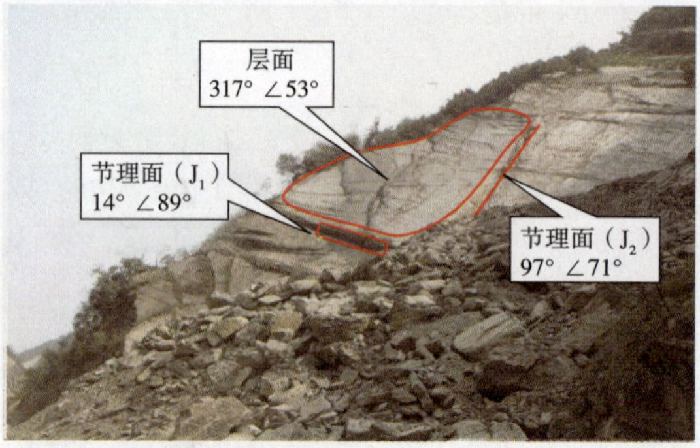

图 2-65 斜坡岩体结构面发育情况

Figure 2-65 Developmental situation of the slope rock's structural surface

2.3.2.3 斜坡危岩带形成原因分析

斜坡危岩带的形成是内外地质作用互相耦合共同作用的结果，地形地貌、地层岩性、地质构造、地震动力作用，以及后期地质营力改造作用等多种因素，对斜坡危岩带的形成均会产生影响，其中，地形地貌、地质构造、地层岩性、后期改造作用等关系更为重要。

首先，研究对象斜坡地处北川—映秀断层上盘，是四川盆地向青藏高原的过渡区域，该地貌类型构成复杂，地貌以中、高山为主，构造活动强大，剥蚀侵袭剧烈，为典型高山峡谷景观，坡面与谷地的侵蚀与堆积活动强烈，河谷深切，岭谷相对高度悬殊。在这样的构造背景和地形地貌条件下，加上后期长期的风化剥蚀作用，使得斜坡顶部突出部位岩体卸荷作用显著发育，这些都有助于危岩带的形成。

其次，研究区内地层主要为寒武系清平组（$\in_1 c$）泥灰岩，岩体的强度及抗风化能力较好，这便是斜坡的坡度较陡且坡表植被稀少的原因。

另外，由于早期河流的深切下蚀作用，再加上岩层出露于地表后长期的风化卸荷作用，使得岩体内裂隙普遍发育，发育的裂隙切割中风化的泥灰岩岩体往往易形成危岩体或危岩带，在地震或暴雨的工况下，十分容易发生失稳。

2.3.3　斜坡崩塌危岩带分类及其变形破坏机制分析 The classification and mechanisms of deformation and destruction of the slope collapse

2.3.3.1　斜坡崩塌危岩带的分类

在广泛调查研究的基础上，对于汶川地震地质灾害，主要从地质灾害的类型和斜坡地质结构两个大的方面进行分类研究。汶川地震诱发地质灾害，主要是在动力条件下诱发的斜坡岩土体失稳灾害，这与常规重力、降雨作用下的斜坡失稳灾害有显著的不同，其触发地质灾害呈现出一系列与通常重力环境下地质灾害迥异的特征，主要表现为：

（1）失稳前独特的震动拉裂现象；

（2）特殊的溃滑失稳机制；

（3）超强的动力特性和大规模的高速抛射与远程运动；

（4）大量山体震裂松动等。

这些现象和特征，已难以采用通常的术语去描述所观察到的与地震滑坡机制相关的一系列现象。图 2-66 是汶川地震强震条件下与通常重力作用下斜坡失稳的概念模型。

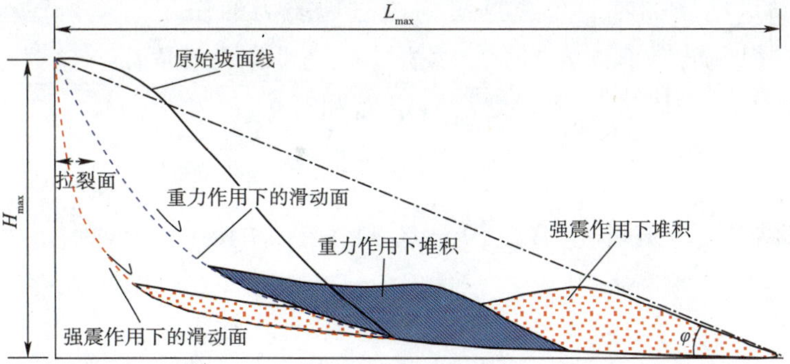

图 2-66　强震条件与重力作用下斜坡变形失稳概念模型对比

Figure 2-66　The conceptual model contrast about slope deformation and instability under the conditions of the earthquake and gravity

在大量现场调查的基础上，采用多种综合手段对“5·12”汶川地震诱发的地质灾害进行了较深入的研究，结果表明，强震条件下次生地质灾害失稳破坏最基本和内在的变形破坏机理可用“拉裂—剪切滑移”来概括，即在强震条件下，斜坡主要表现为以拉裂破坏为主的特征。紧接着，在地震动力的持续作用下，拉裂岩体再根据不同的坡体结构特征，在底部（拉裂体的根部）产生拉裂—剪切滑移面，并最终沿此面滑出，形成崩塌或滑坡。因此，强震作用下，斜坡岩体最基本的变形破坏单元就是拉裂和剪切滑移。

拉裂—滑移型崩塌是指顺层结构坡体或含顺坡软弱结构面坡体，在强震作用下坡体松弛、解体，进一步沿层面（弱面）高速下滑，并一垮到底。通常滑床表现为光滑的层面，可见清晰的长大擦痕。经过现场调查可知，Y09 点斜坡失稳特点正好符合这种破坏类型。

2.3.3.2 斜坡失稳机理分析

通过现场实地调查，并结合上述分析，可知该斜坡失稳破坏类型是拉裂—滑移型崩塌。这种失稳模式主要发育在后缘发育与斜坡倾斜方向一致的、贯通或断续贯通的中陡倾结构面斜坡中。

这类失稳模式的主要特征是：斜坡发育的陡倾坡外顺坡向的岩层在地震力作用下，沿层面被拉裂开，形成拉张裂缝。结构面由于地震力的震裂损伤，加上后期雨水作用，导致强度进一步降低，后缘的切割裂隙进一步扩展贯通，岩体力学性质降低，形成顺层崩滑的主控结构面。当主控结构面处的上覆岩体下滑力超过该面抗滑力时，一旦主控结构面贯通，岩体在地震力作用下迅速崩落形成崩塌。同时，由于变形体发生滑移后又产生不同形式的后续变形破坏方式，直至完全脱离母岩形成崩塌。

斜坡结构是斜坡破坏的基础条件，层面和斜坡组成顺向坡。在层面和 J_1、J_2 两组节理结构面的共同作用下，斜坡被切割成块状。在强震作用下，由于地震波引起山体端部放大效应，这种效应不仅仅是单纯地表现为岩体发生剪切破坏或者是拉裂破坏，而是一种拉裂剪切复合作用下的破坏。在这种复合作用下使得坡体上部较厚的强风化卸荷带岩体沿节理 J_1 被拉开；同时坡体下部由于公路建设施工在坡脚路基处爆破开挖，使坡脚岩体产生高达 10m 的新的临空面，这时再经过地震力的作用而使岩体内部的裂隙进一步贯通而破坏失稳。坡体下部岩体对上部岩体来说可作为锁固段，这时失去了下部岩体锁固段的作用，上部岩体被拉开后则沿着层面和节理 J_2 发生滑塌，发生拉裂—滑移式崩塌破坏。

2.3.4 斜坡变形破坏数值模拟分析 Deformation and destruction′s numerical simulation of the slope

2.3.4.1 概述

为了进一步揭示潜在不稳定斜坡的形成过程及失稳破坏机理，并对稳定性提供判据，研究采用非连续变形分析（DDA，Discontinuous Deformation Analysis）进行边坡危岩块体的稳定性分析。非连续变形分析方法是近年发展的分析块状岩体的一种较好的计算方法。它不同于离散元方法（DEM）。离散元也是一种块体元，但它用显式解法，用中点有限差分方程求解。该法的优点是比较简单，不需要集成矩阵，但其计算力系不能完全平衡，精度较差。非连续变形分析方法用隐式方程，它类似于有限元，所不同的是它引进了运动方程，用最小势能原理把块体之间的接触问题和块体本身的变形问题统一到矩阵求解，理论严密，精度较高，而且把静力和动力、正算和反算统一起来，是一种新的数值计算方法。它可以计算破坏前的小位移，也可以计算破坏后的大位移，对滑动、崩塌等问题的分析十分有效，是岩质边坡失稳分析的新方法。

2.3.4.2　典型斜坡计算模型建立

对于数值模拟，计算断面的分块工作特别重要。尤其是对 DDA 模拟，这是因为在 DDA 中破坏滑移或者错动面在计算中只能沿着块体间的接触面产生，所以在通常情况下，事先有针对性的分析研究工作应加以确定那些可能滑移或错动面的大致位置，同时根据实际情况在该区域的分块也应按照岩体结构面的实际情况来划分。只有这样，才能更真实地模拟斜坡危岩体的实际失稳破坏过程。

本次研究的拉裂—滑移崩塌破坏的斜坡岩体主要是沿陡倾节理面（J_1）和岩层层面拉裂破坏，拉裂的同时，还伴随着剪切破坏的发生。因此，在建立模型时也要考虑岩层层面和控制性节理面（J_1）的高连通率，力求模拟的结果与崩塌发生后实际情况相符。

（1）计算剖面选择及计算参数选取

经过现场实地调查并实测地质剖面图，确定计算剖面如图 2-67 所示。

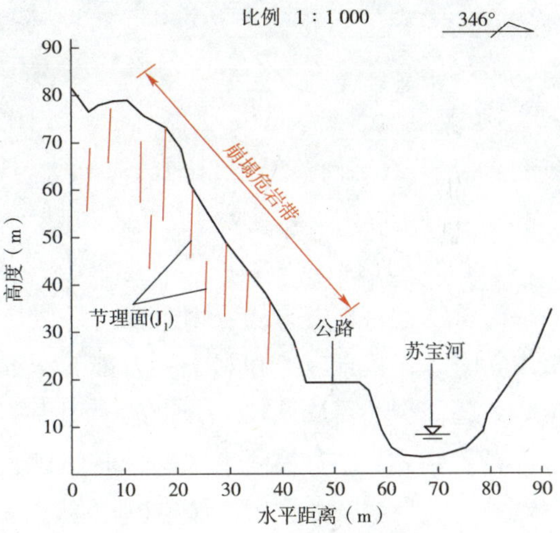

图 2-67　斜坡计算典型剖面

Figure 2-67　Typical profile of the computational slope

岩体不同深度风化程度不同，因而力学参数也有所不同。根据野外工程地质测绘，推断沿剖面 0～10m 为强风化带，10～30m 为中等风化带，30m 为弱风化带。计算中岩体和结构面物理力学参数的选取则是参考了《工程地质手册》以及《岩石力学参数手册》经过类比获得，结构面相关参数选取见表 2-4，岩体力学参数选取如表 2-5 所示。

表 2-4　Y09 DDA 模型网格划分参数

Table 2-4　Y09 DDA model's meshing parameters

编　　号	倾角(°)	延伸（m）	间距（m）	备　　注
层面	53	5～25	0.5～4	顺倾
J_1	89	3～10	0.5～2	陡倾坡外

表 2-5　Y09 号点 DDA 模型的参数取值

Table 2-5　Y09 DDA model's parameters

参数风化带	密度(g/cm^3)	弹性模量（GPa）	泊松比 μ	内聚力（kPa）	内摩擦角（°）	抗拉强度（MPa）
强风化	2.69	10	0.17	3 000	58	3.5
中风化	2.69	23	0.17	9 250	60	9
微风化	2.7	30	0.17	9 300	62	9

（2）模型构建原则及尺寸单元

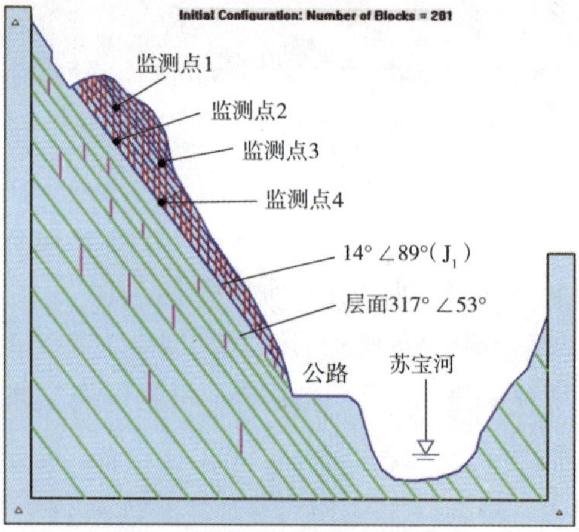

图 2-68 计算模型

Figure 2-68 Computational model

针对 Y09 号点岩质斜坡，根据现场调查分析，在实测剖面图的基础上，确定其计算模型如图 2-68 所示。该模型宽 95m，高 90m，模型比例为 1∶1 000。模型由 125 个节点、201 个块组成，计算时步取 0.01s/时步，每时步的最大位移控制在 0.01m 以内。模型底部和左右侧边界上的单元均予以固定，整个计算过程中不发生位移。模型中倾角经岩层产状与坡向的转换而确定，节理连通率为 98%，块体的尺寸和疏密程度由表 2-4 确定，地形轮廓由实测地形剖面确定。边坡内部设置 4 个监测点来监测边坡在监测点附近随时步的位移情况；此外，还可以对不同监测点的数据进行对比分析，了解斜坡在不同位置的变化情况和变化规律。

2.3.4.3 斜坡失稳破坏的数值模拟分析

(1) 模型的初始条件

载荷条件：自重应力场，水平应力按侧压系数 $\lambda = \mu / (1-\mu)$ 计算，μ 为岩体的平均泊松比。因此，垂直应力和水平应力都随深度增加而增加。崩塌破坏范围较小，且边坡开挖时间久远，应力释放比较充分，故模型中不考虑构造应力场的影响。

边界条件：右侧边界约束水平方向位移，底部边界约束垂直方向位移，模型的上部为自由边界。模型坡脚处预留下坠空间以便于观测模型最终破坏情况。

(2) 模型的计算工况

汶川地震公路震害数值模拟的主要目的是研究斜坡在强震作用下的失稳机理，因此，模型中主要考虑斜坡在“自重”和“自重+地震”两种工况下的稳定性情况。

①自重工况

图 2-69 为不同时步（初始计算虚拟时间为 0）坡体的运动解体状况及特征的典型图示。图 2-70 为自重工况下位移—时间曲线与速度—时间曲线。

运算结果分析：

由图 2-69、图 2-70 可以看出，在自重工况下，从 1 000 时步运行到 3 000 时步，坡体并无明显的变形，因此，模拟计算结果为稳定，斜坡基本上没有发生变形破坏。另外，由图 2-70 可以看出，模型仅在开始时产生微小的位移量，最大不超过 0.08m，最大运动速度不超过 0.18m/s，这可能是斜坡岩体由长期的风化卸荷引起的微量位移。

②自重+地震工况

a. 自重+地震工况下斜坡变形数值模拟

自重+地震工况下，坡体变形破坏过程叙述如下，其变形破坏过程大致可分为四个阶段。

第一阶段:0~200 时步，如图 2-71、图 2-72 所示。

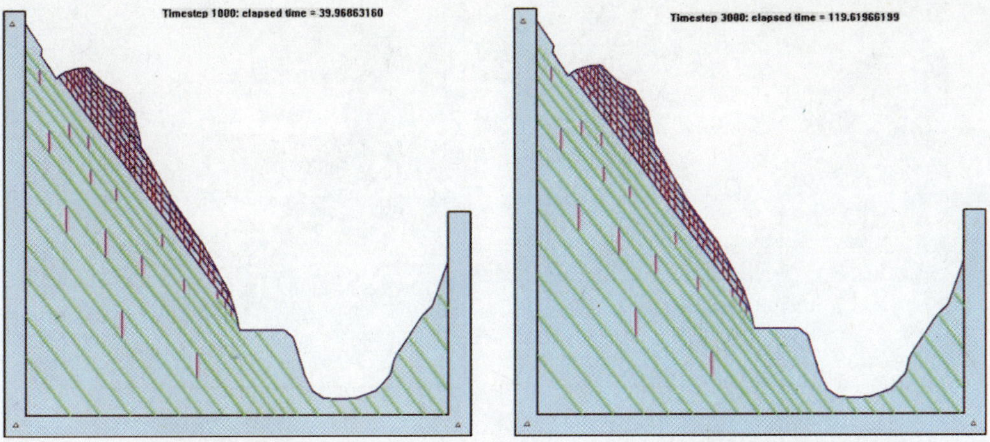

a）1 000时步变形
a) Deformation of1 000th time step

b）3 000时步变形
b) Deformation of 3 000th time step

图 2-69　自重工况下不同时步坡体变形特征

Figure 2-69　Slope's deformation characteristics under the condition of gravity when time step is different

这一阶段宏观上主要表现为：在地震波的动力作用下，坡体沿节理面 J_1 发生拉裂破坏，而在坡脚不仅沿节理面 J_1 发生拉裂破坏，沿层面也有明显的拉裂现象。

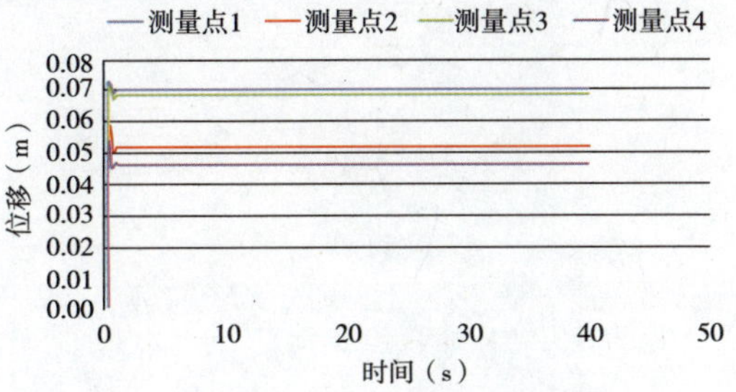

图 2-70　自重工况下位移—时间曲线

Figure 2-70　Displacement- time curve（gravity）

第二阶段：200～800 时步，如图 2-73 和图 2-74 所示。

随着结构面两侧岩体拉张变形进一步延伸和加剧，这一阶段剪切破坏变得尤为明显，表现为在地震动力的持续作用下，坡表拉裂岩体在其底部（拉裂岩体的根部）产生拉裂—剪切滑移面，并最终沿这些面滑塌。在图 2-73、图 2-74 中，坡体下部岩体首先沿着岩层层面发生拉裂—滑移破坏。

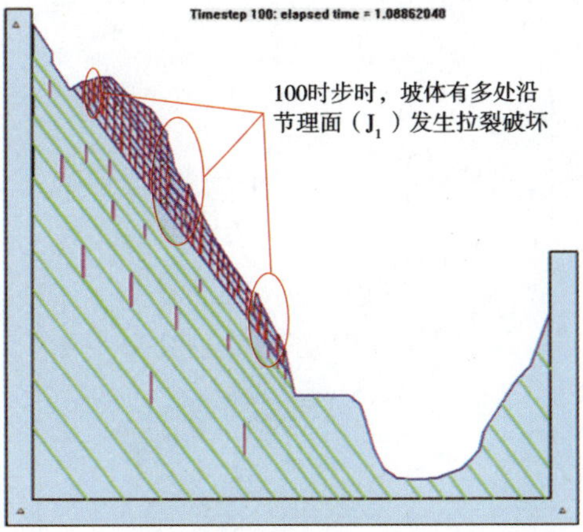

图 2-71　100 时步变形

Figure 2-71　Deformation of 100th time step

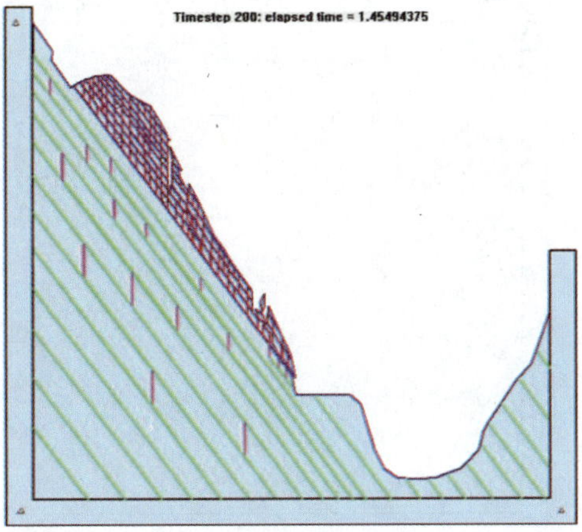

图 2-72　200 时步变形

Figure 2-72　Deformation of 200th time step

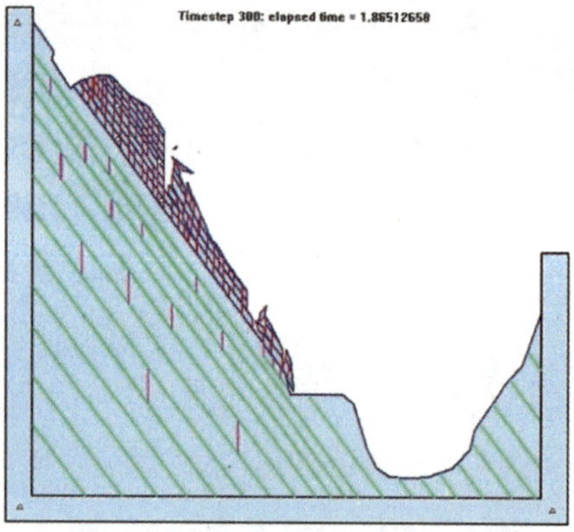

图 2-73　300 时步变形

Figure 2-73　Deformation of 300th time step

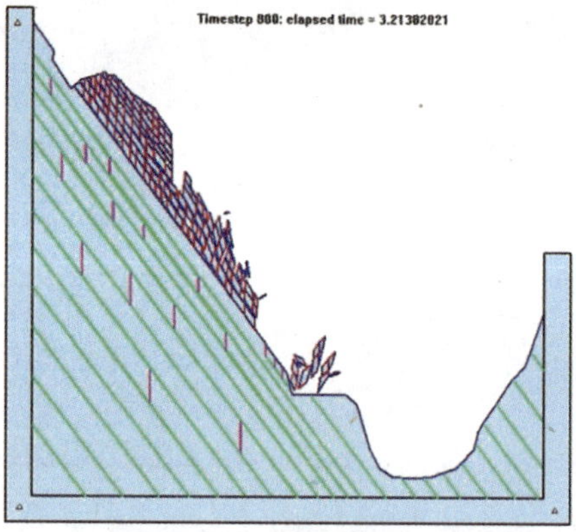

图 2-74　800 时步变形

Figure 2-74　Deformation of 800th time step

第三阶段：800 ~ 1500 时步，如图 2-75、图 2-76 所示。

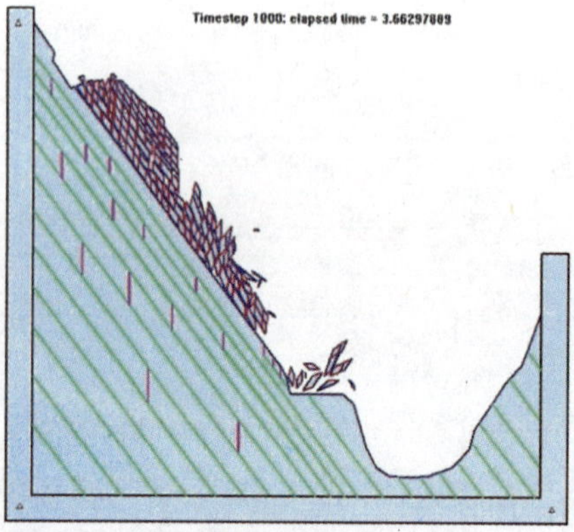

图 2-75　1 000 时步变形

Figure 2-75　Deformation of 1 000th time step

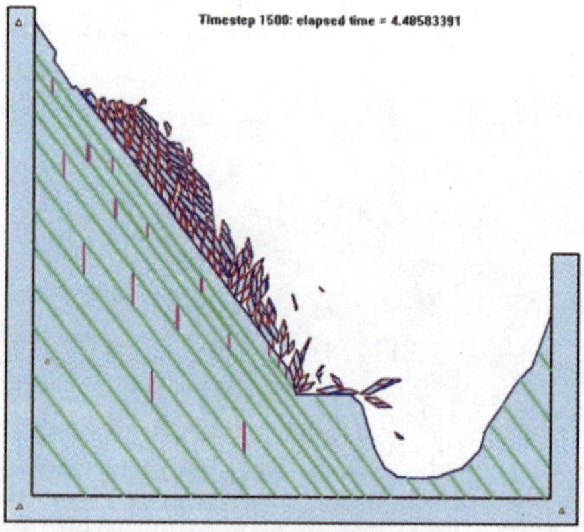

图 2-76　1 500 时步变形

Figure 2-76　Deformation of 1 500th time step

这个阶段，在地震力的持续作用下，由于斜坡下部锁固段岩体已失稳破坏，导致斜坡中上部乃至整个坡表岩体整体开始失稳。

第四阶段：1 500 ~ 4 000 时步，如图 2-77、图 2-78 所示。

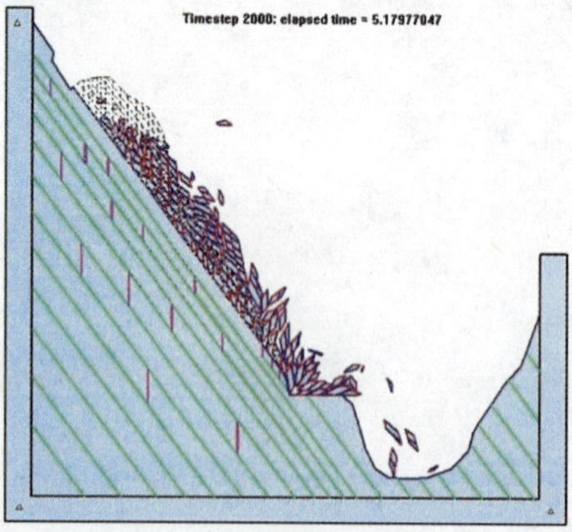

图 2-77　2 000 时步变形

Figure 2-77　Deformation of 2 000th time step

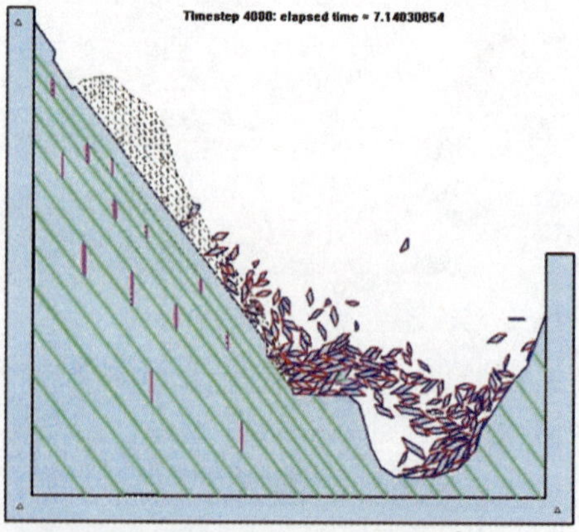

图 2-78　4 000 时步变形

Figure 2-78　Deformation of 4 000th time step

此时，斜坡变形已接近尾声，块体与块体之间的作用只是以刚性碰撞为主，整个坡体沿着岩层层已全面溃滑崩塌，并伴有一定的碰撞抛射。

b. 自重+地震工况下斜坡变形数值模拟结果分析

通过在斜坡中上部布置的监测点，对其位移的监测，做出相应的位移—时间曲线图和 x 轴向的速度—时间曲线图，如图2-79、图2-80所示。

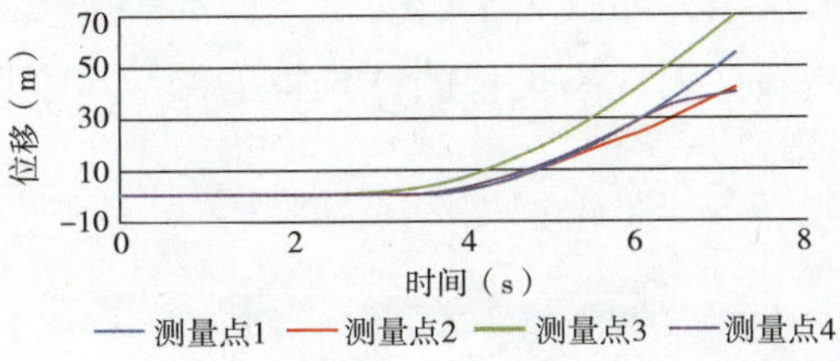

图2-79　位移—时间曲线

Figure 2-79　Displacement-time curve

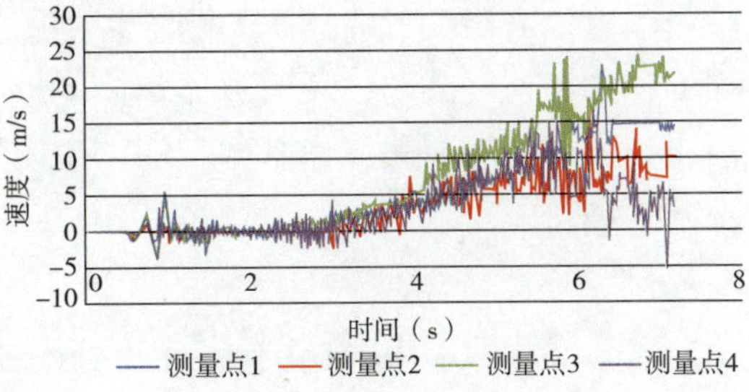

图2-80　速度—时间曲线

Figure 2-80　Velocity-time curve

根据前述的模拟运算结果，将该斜坡在自重+地震工况下的破坏过程分为四个阶段。

第一阶段：强震作用下的拉裂破坏

这是由于陡倾坡外结构面 J_1 在高连通率情况下，岩桥强度极低，再加上寒武系清平组（$\in_1c$）泥灰岩是坚硬的脆性岩石被两组结构面切割成的块体，因此破坏是突然发生的。由图2-71可以看出，运行至100时步，即1.08s时，监测点的速度发生剧烈变化，地震波开始变强，达到第一个峰值，此时岩体开始发生变形，主要是沿 J_1 的张拉变形，表现为坡体顶部、中部和下部都有明显的拉裂现象。

第二阶段：斜坡下部岩体发生拉裂—剪切滑移破坏

坡体下部岩体对上部岩体来说相当于锁固段。由于公路开挖等影响（如爆破等），使得斜坡下部岩体临空面高陡且裂隙十分发育，运行至100时步时，坡脚岩体已开始发生失稳。当运行至1 000时步时（3.66s），地震波再次达到峰值。可以看出，此时监测点的位移、x 轴向的速度都开始明显增大。这时岩体的破坏不仅仅是单一的拉裂破坏或沿层面的剪切破坏，而是一种在地震波持续作用下产生的沿层面和节理面 J_1 的拉剪复合破坏。斜坡下部锁固段岩体由于各种原因“内伤”已十分严重，此时基本上是无法承受如此强度的拉剪复合破坏的作用，因而极其容易失稳破坏。

第三阶段：坡表岩体沿层面的整体滑塌失稳

锁固段岩体被破坏，同时坡体上部外倾陡节理在原有拉裂的基础上被进一步拉张开，随后危岩体上部表层强风化层岩体在拉剪复合作用下先是沿着强弱风化界面发生整体滑塌，并在滑塌的过程中局部岩体开始崩落失稳。失稳岩体与坡表撞击后又反弹起来，再坠落，再撞击反弹起来。

第四阶段：坡表岩体全面溃散崩落

运行到这个阶段时，斜坡的变形破坏已基本完成。此时的滑面在地震力作用下，如同筛子一样，将滑面上失稳的岩体往下筛，失稳岩体在崩落的过程中又不断相互碰撞解体，最终堆积在坡脚。

纵观整个坡体的失稳过程，其变形失稳的力学机制主要为坡表强风化卸荷带岩体在地震波的作用下沿陡倾节理面 J_1 被拉张开，同时下部锁固段岩体由于拉剪复合作用而失稳破坏，上部岩体随后沿强弱风化界面顺坡滑塌，并伴有局部的块体崩滑破坏。整个坡体浅表层岩体变形失稳可括概为：拉裂—剪切滑移—局部岩体崩落跳跃。从岩体失稳的动力学变化情况可以看出，计算到4 000时步时坡表强风化层岩已基本沿风化界面下滑至坡脚处，崩塌堆积物已掩埋公路，说明坡体整体变形已接近尾声；而且4个监测点的位移和速度都是由小到大变化，变化规律基本相同，说明坡体是整体大规模失稳的，模拟的结果与实际情况基本相符。

2.4 S303映秀—耿达段拉裂—溃散崩塌 "Tensile fracture-collapsibility" collapse in section S303 Yinxiu-Genda

2.4.1 研究区工程地质条件 Engineering geologic conditions in study area

2.4.1.1 地形地貌

S303位于四川盆地西部边缘，沿线地貌条件复杂，总体来讲可分为三个大的段落。映秀—耿达—卧龙段为一段落，属于渔子溪高山峡谷区，公路沿渔子溪两岸布线，映秀为最低点，海拔900m左右，然后沿渔子溪河谷逆流而上，至耿达高程约1 500m，卧龙高程约2 050m，沿线最高峰火烧坡海拔4 141m，盘龙寺最高海拔3 970m。本文取映秀—耿达段调查点3为典型地质灾害点（图2-81），着重对该点的稳定性作分析和评价。

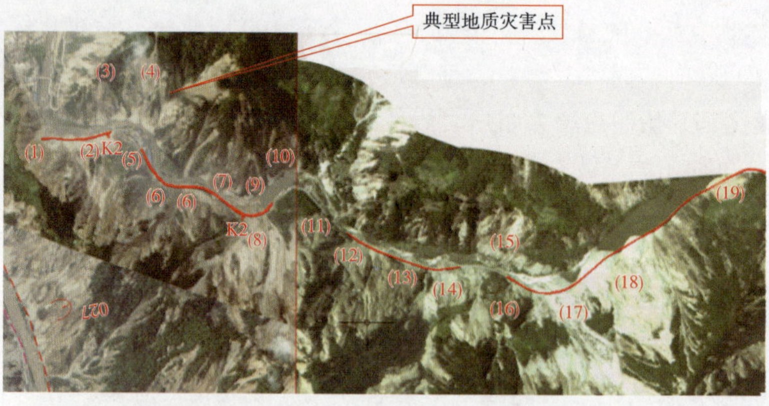

图2-81 S303映秀—耿达段地质灾害点

Figure 2-81 Geological hazards along the section S303 Yinxiu-Genda

2.4.1.2 地层岩性

映秀—耿达段为龙门山地层分区，出露地层为元古代澄江—晋宁期之中基性侵入岩类，主要为中细粒辉长岩、闪长岩及石英闪长岩，为硬质岩类。

2.4.1.3　地质构造

公路沿线地质构造复杂，断裂构造发育，总体上路线通过两大构造体系，即龙门山华夏系构造和小金弧形褶皱带。映秀—耿达（耿达隧道出口之茂汶断裂）隶属于龙门山华夏系构造体系，处于北川—映秀断裂和茂汶断裂之间，为北东向龙门山构造带（图 2-82）。

茂汶断裂于耿达隧道出口以外通过，断裂带走向北 30° ~ 45° 东，倾向北西，倾角 45° ~ 80°，为压扭性冲断层，断层积压破碎带宽度较大，在路线通过的耿达附近最大宽度达到 100 余米，并且伴有动力变质作用。

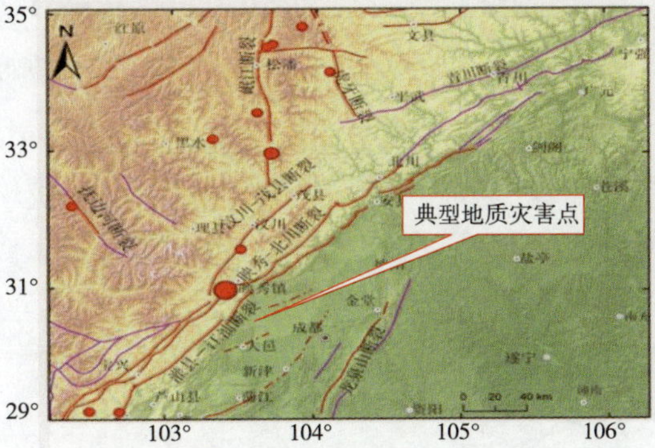

图 2-82　龙门山及邻区构造格架图

Figure 2-82　Structural frame graph of Longmen Mountain and around areas

2.4.1.4　地震

映秀—耿达段处于龙门山断裂带，地应力相当富集、地震异常活跃，历史上曾发生过多次地震，震级较大的有 1933 年茂县叠溪 7.5 级地震，1976 年平武、松潘 7.2 级地震，还有 2008 年汶川 8.0 级地震。在汶川 8.0 级地震中，该段处于强震区，其地震烈度达到了Ⅺ级，如图 2-83 所示。根据《中国地震动峰值加速度区划图》和《中国地震特征周期值区划图》，典型地质灾害点地震动反应谱特征周期为 0.35s，地震动峰值加速度为 0.2g，其相应的地震基本设防烈度为Ⅷ度。

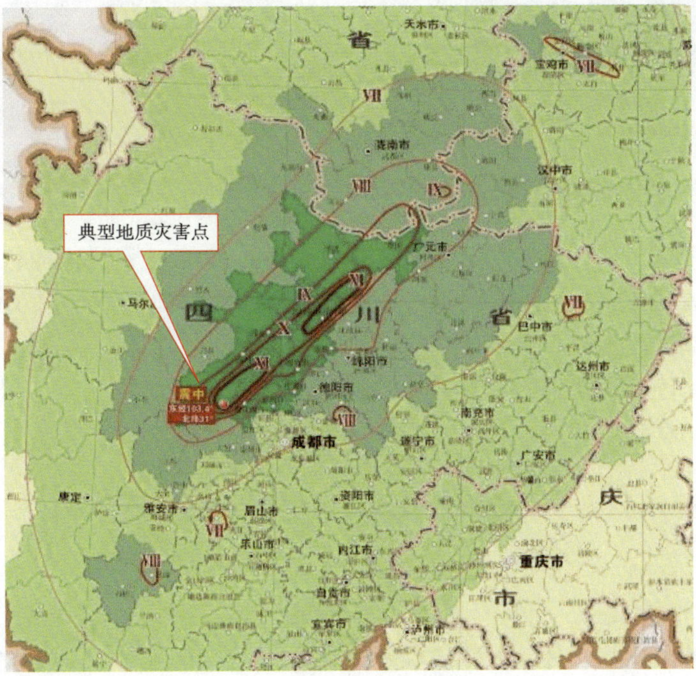

图 2-83　汶川 8.0 地震周边地区地震烈度划分

Figure 2-83　Distribution of seismic intensity around the areas where Wenchuan 8.0 earthquake happened

2.4.2 典型点斜坡结构及变形破坏机制 Mechanisms of deformation and destruction and the slope's structure of the typical points

调查点3位于 S303 公路 K1 +050 段对面，为渔子溪右岸斜坡。此地灾点斜坡高 192m，长 150m，坡向 18°，为基岩—强风化层二元结构斜坡。坡体岩性及岩性组合为元古代澄江—晋宁期第三期闪长岩。在纵向上呈“阶梯状”，两侧为结构面切割之斜坡，在横向上基本为单向斜坡，大部分坡面为结构面，如图 2-84a）所示。坡脚处有河流（渔子溪）通过，在河流的另一侧为公路，如图 2-84b）所示。斜坡破坏形式主要为拉裂—溃散式，规模约 30 000m^3。根据现场调查，失稳岩土体运动轨迹及特征为：岩体倾倒、滑移破坏，顺微冲沟下泻。坡体主要有 3 组结构面：J_1：18°∠55°~65°，间距为 3~5m，延伸大于 5m，张开，无充填；J_2：290°∠65°，间距大于 3m，延伸大于 5m，张开，无充填；J_3：65°∠22°。

a）坡体结构
a) Slope structure

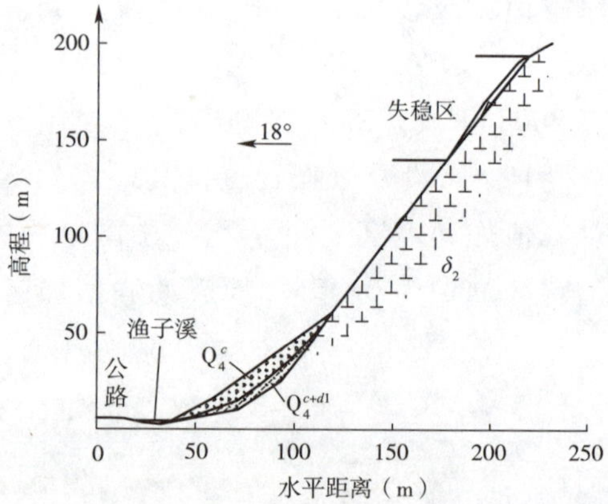

b）剖面图
b) Profile

图 2-84 灾害点坡体结构及剖面图
Figure 2-84 Slope's structure and the profile of the geological hazards

斜坡岩体发育大量的卸荷裂隙，受到地震力作用，裂隙被震裂松动，岩体整体结构被震伤，呈碎裂或者镶嵌结构，这类斜坡失稳模式为拉裂—溃散式。这类模式的主要特征为：碎裂或者镶嵌结构岩体，由于具有良好的临空条件，在重力、雨水下渗等因素作用下，后缘陡倾结构面逐渐贯通，在地震力作用下岩块间沿裂隙错动、失稳，在地震力作用下，沿后缘陡倾结构面滑移突然崩落，发生大面积的失稳破坏。

2.4.3 典型点稳定性分析评价 Stability's analysis and evaluation of the typical points

2.4.3.1 模型建立

危岩的变形迹象明显，处于欠稳定状态，该危岩的变形破坏模式为拉裂—溃散式，因此有必要对该危岩进行数值模拟，以便验证其变形破坏机制，并分析危岩的稳定性。本文采用 DDA（Discontinuous Deformation Analysis）数值方法模拟危岩体失稳过程。DDA 数值方法是石根华教授于20世纪80年代末期发展起来的一种新型的数值计算方法，它适用于不连续介质的大变形问题分析，从而实现岩石块体的移动、转动、张开、闭合等全过程的模拟，据此可判断出岩体的变形模式、破坏范围，从而对危岩体的整体和局部稳定性做出正确的评价。由于危岩块体破坏在计算中只能沿块体间的接触面产生，因而块体之间的接触面通常情况下应事先有针对性的地质勘探工作和分析研究加工来加以确定，而在该区域的分块尽量按照岩体结构面的实际情况来划分，只有这样才能得到可靠的分析结果。

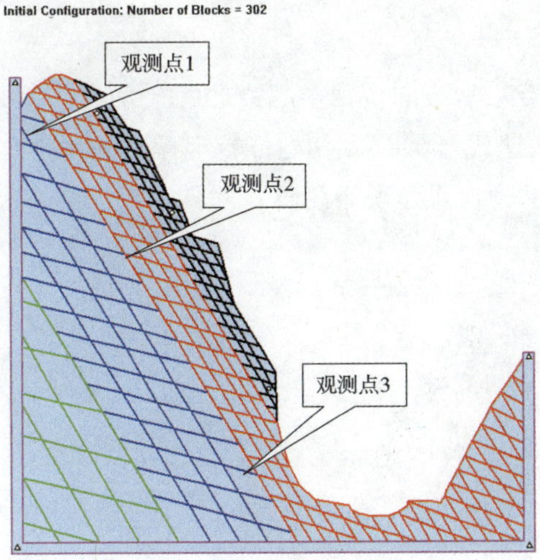

图2-85　DDA模型

Figure 2-85　DDA model

危岩体岩性为闪长岩，主要受倾角为65°（J_1和J_2）和22°（J_3）的结构面控制，在外力作用下斜坡岩体沿着结构面J_1和J_2溃散、滑移，同时在岩体下滑过程中后缘产生拉裂使部分岩体向下崩落，从而使岩体发生拉裂—溃散式破坏。根据危岩体调查数据，经过概化后，建立了危岩的计算模型（图2-85）。模型高215m，宽235m，比例为1∶1 000。模型由192个节点、302个块组成，计算时步取0.01s。模型中设立了3个观测点和4个固定点。观测点主要用于获得该部位的位移和速度。固定点主要用于固定模型底部和左右两侧边界上的单元，使模型整体在计算过程中不发生位移。模型中设置了4组不同的结构面参数，并按闪长岩的不同风化程度（强风化、中等风化、弱风化、微风化），分为4种材料类型（不包含边界）。计算中不考虑构造地应力的作用，仅考虑岩体的自重和地震力的作用。

2.4.3.2　计算参数选取

岩体不同深度风化程度不同，因而力学参数也有所不同。根据野外工程地质测绘，推断沿剖面0～20m为强风化带，20～40m为中风化带，40～80m为微风化带，>80m为未风化带。计算中岩体和结构面的物理力学参数主要参考《工程地质手册》和《岩石力学参数手册》，通过地质类比法进行取值，计算参数选取如表2-6、表2-7所示。

表2-6　岩石块体参数取值

Table 2-6　Parameter values of rock blocks

风化程度	密度（g/cm^3）	重度（kN/m^3）	弹模（MPa）	泊松比
强风化	2.63	26.3	128	0.44
中风化	2.83	28.3	128	0.38
微风化	2.83	28.3	130	0.30
未风化	2.96	29.6	150	0.30

表 2-7 结构面参数取值

Table 2-7 Parameter values of structural surface

风 化 程 度	内聚力（kPa）	内摩擦角（°）	抗拉强度（MPa）
强风化	700	42	0.3
中风化	8 000	50	8
微风化	30 000	65	10
未风化	30 000	65	12

2.4.3.3 岩体变形破坏过程机制分析

(1) 自重工况

模型的边界条件为：左右边界上的点在 x 方向固定，y 方向自由。底边的两个角点固定，其余点 x 方向自由，y 方向固定。图 2-86 所示为不同迭代步骤时（初始计算虚拟时间为 0），坡体的运动解体状况及特征的典型图示。图 2-87 所示为自重工况下位移—时间曲线。

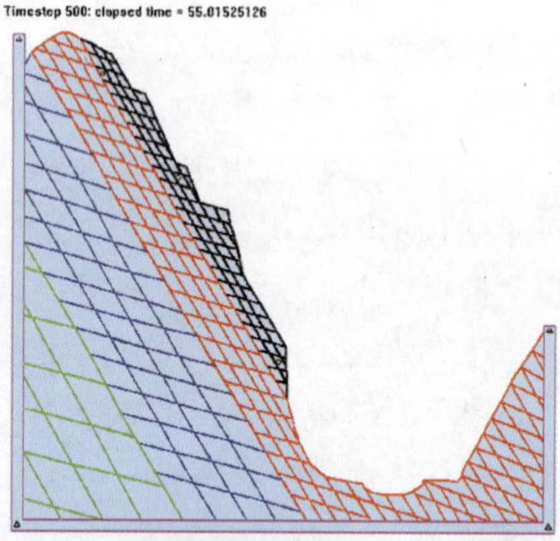

a）500时步变形

a) Deformation of 500th time step

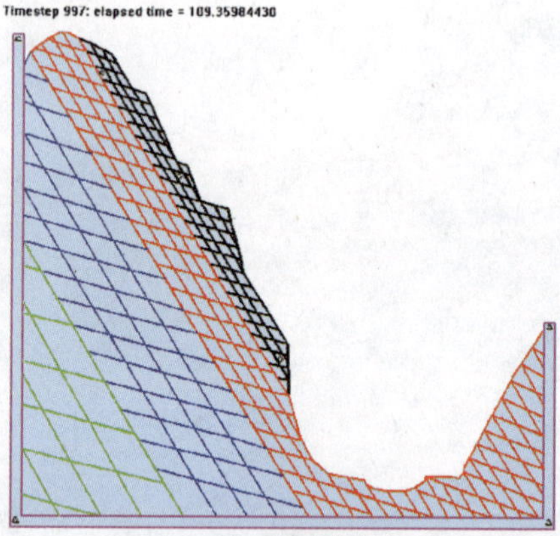

b）1 000时步变形

b) Deformation of 1 000th time step

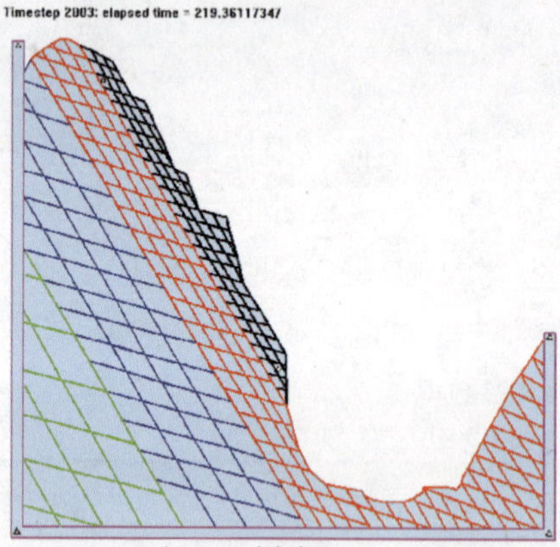

c）2 000时步变形

c) Deformation of 2 000th time step

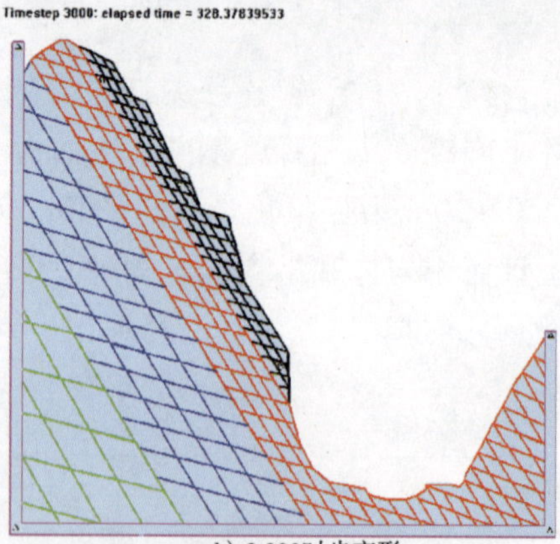

d）3 000时步变形

d) Deformation of 3 000th time step

图 2-86 自重工况下不同时步坡体变形破坏特征

Figure 2-86 Slope's deformation characteristics under the condition of gravity when time step is different

在自重工况下，由于坡表临空面岩体只受重力作用，没有其他约束的缘故，在重力作用下，坡体变形的总体趋势基本上是向下和向坡体的表面方向移动。在分析 DDA 结果文件 disp. dat 中储存的 3 个观测点位移，发现强风化闪长岩表层只是在开始的 40 时步内有少量位移，在 40 时步以后均未发现明显的位移。分析产生以上现象的原因为：在开始的 40 时步内，危岩体在重力作用下，危岩体沿坡表的强风化结构面（J_1 和 J_2）发生少量位移，但是由于岩石和结构面的强度均较高，紧靠的下部结构面、后侧结构面以及岩石块体能提供足够的摩擦力和拉应力以维持岩体总体平衡，所以在 40 ~ 3 000 时步岩石块体未发生位移，坡体处于稳定状态。岩石块体在开始的 40 时步内产生位移，而在以后的时步内未发生位移，表明在自重作用下岩体没有拉裂现象发生，坡体也不会产生蠕滑。所以根据 DDA 数值分析方法对此坡体危岩的分析，可知在自重工况下该坡体能保持稳定状态。

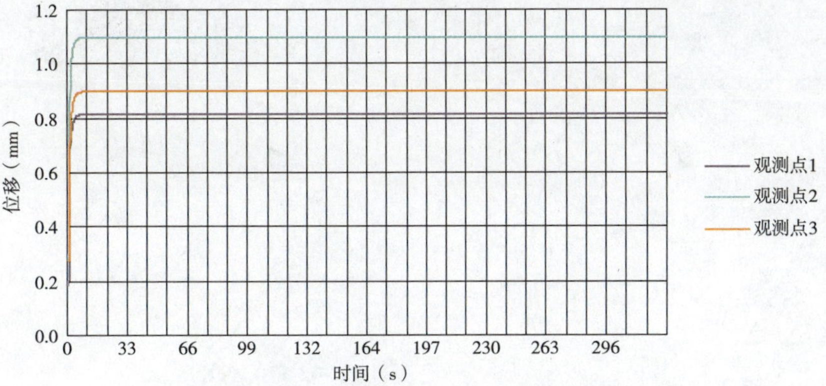

图 2-87　自重工况下位移—时间曲线

Figure 2-87　Displacement- time curve under the condition of gravity

（2）自重 + 地震工况

在 DDA 数值方法模拟自重 + 地震工况下危岩体失稳过程中，选取具有典型变形特征的图对变形破坏机理及外观表现形态进行分析，图 2-88 ~ 图 2-90 为自重 + 地震工况下不同时步坡体变形破坏特征图。图 2-91 为自重 + 地震工况下位移—时间曲线。

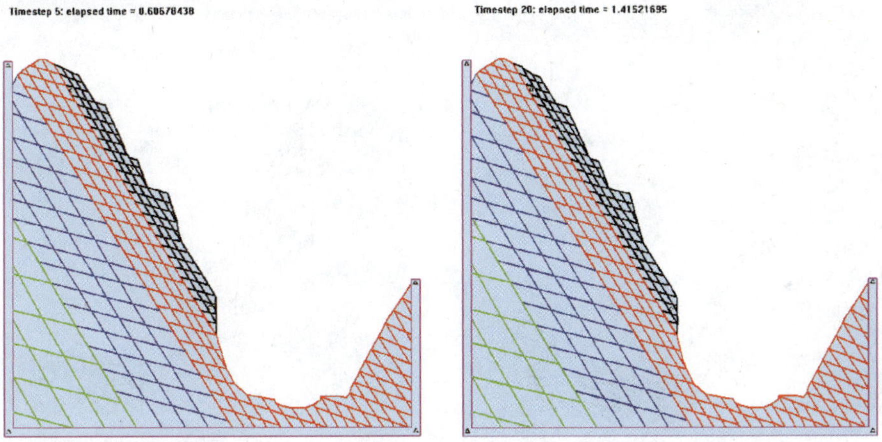

a）5时步变形

a) Deformation of 5th time step

b）20时步变形

b) Deformation of 20th time step

图 2-88　自重 + 地震工况下坡体变形破坏第一阶段不同时步特征

Figure 2-88　Slope's first stage's deformation characteristics under the condition of gravity and earthquake when time step is different

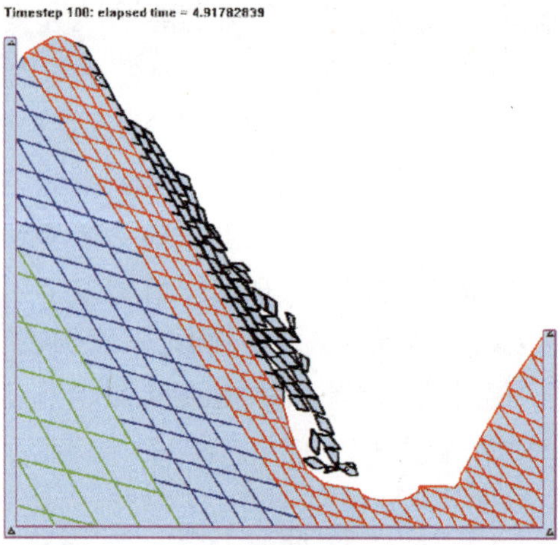

a）100时步变形

a) Deformation of 100th time step

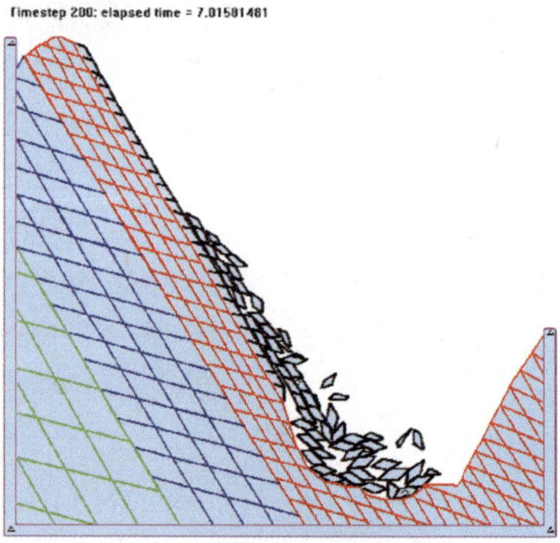

b）200时步变形

b) Deformation of 200th time step

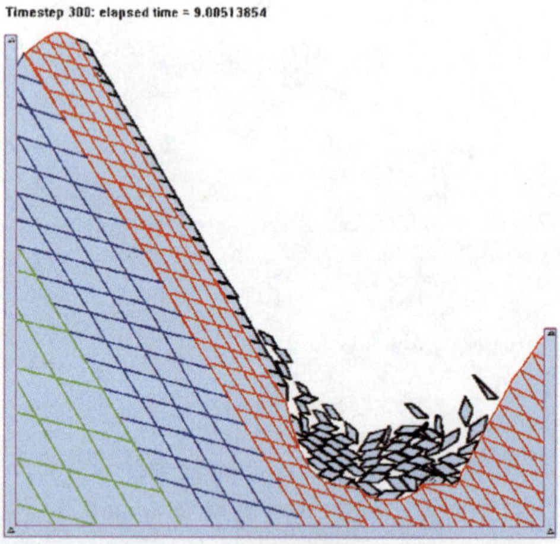

c）300时步变形

c) Deformation of 300th time step

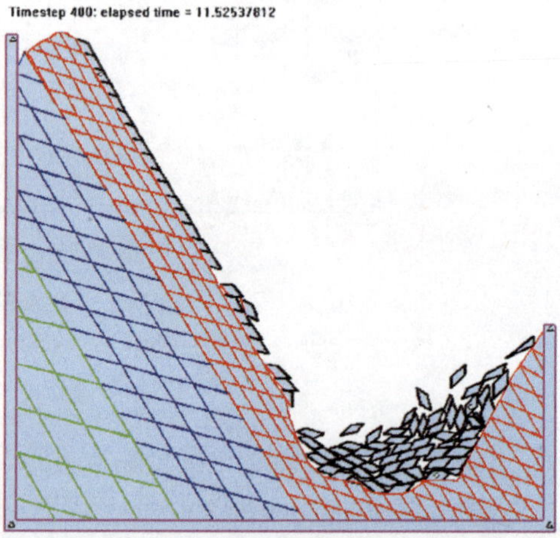

d）400时步变形

d) Deformation of 400th time step

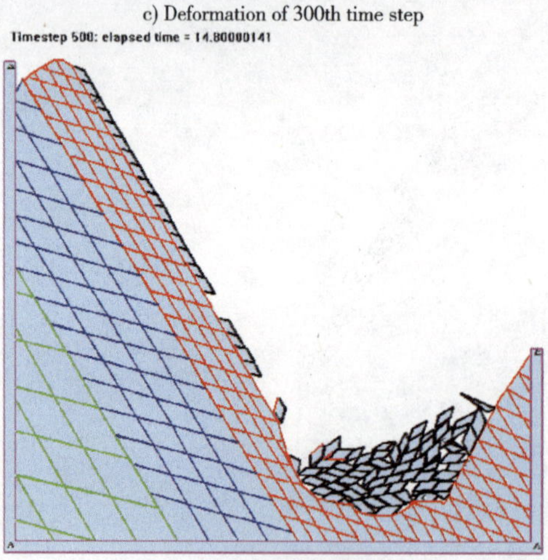

e）500时步变形

e) Deformation of 500th time step

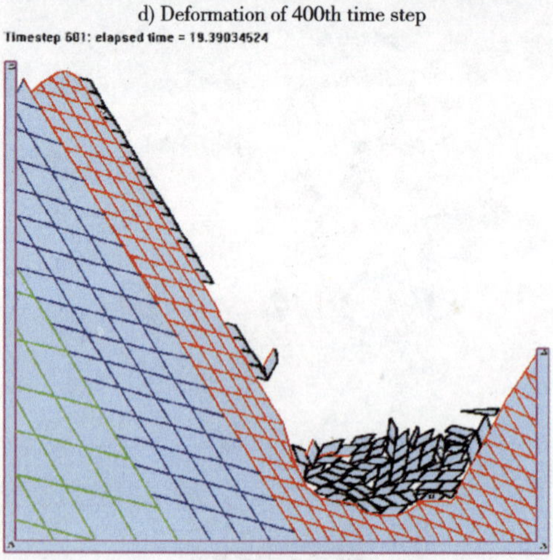

f）600时步变形

f) Deformation of 600th time step

图2－89　自重＋地震工况下坡体变形破坏第二阶段不同时步特征

Figure 2－89　Slope's second stage's deformation characteristics under the condition of gravity and earthquake when time step is different

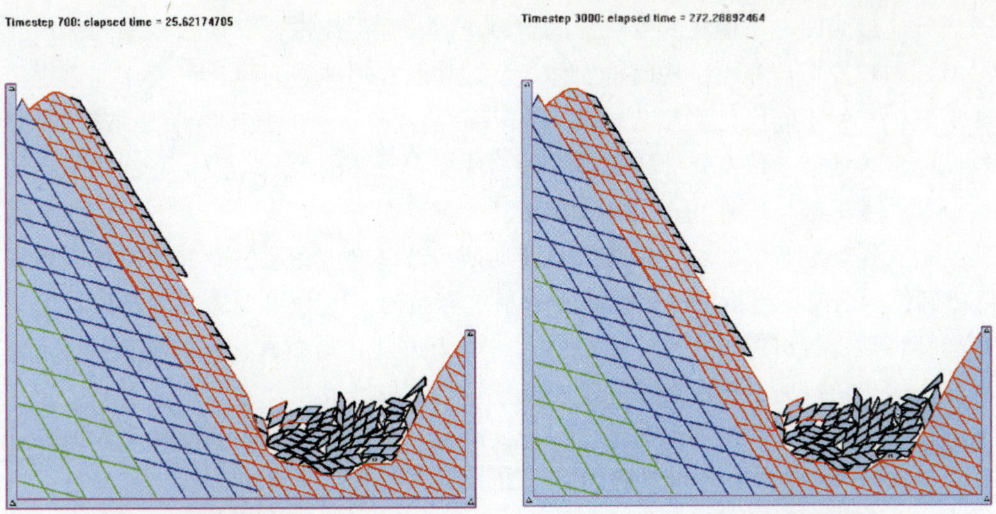

a）700时步变形
a) Deformation of 700th time step

b）3 000时步变形
b) Deformation of 3000th time step

图2-90　自重+地震工况下坡体变形破坏第三阶段不同时步特征

Figure 2-90　Slope's third stage's deformation characteristics under the condition of gravity and earthquake when time step is different

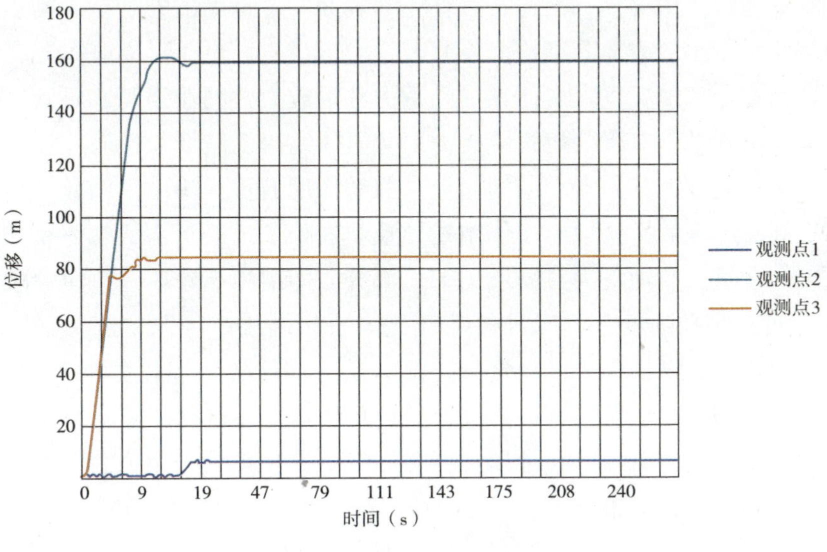

图2-91　自重+地震工况下位移—时间曲线

Figure 2-91　Displacement- time curve under the condition of gravity and earthquake

通过DDA数值方法模拟危岩体失稳过程，发现从危岩体破坏的方式和规模及先后位置来看，整个变形破坏过程可分三个阶段：①强风化闪长岩表层岩体被震裂松弛后产生拉裂，并发生少量滑移；②危岩向坡外拉裂溃滑解体，与块体之间发生多次碰撞后向坡脚坠落；③失稳后的岩块经振动堆积稳定在坡脚。下面分别陈述各阶段的情况。

第一阶段：当DDA程序运行至5时步时，岩体便开始发生变形，产生拉裂缝，至20时步时，部分强风化闪长岩岩体就开始向下滑移。因此，将0～20时步划分为第一阶段（图2-88）。此阶段，由于随坡高的增加地震加速度存在放大效应，地震波能量释放在端部的放大效应最为明显。构成斜坡端部的岩体单薄，在河流快速下切过程中岩体风化卸荷强烈，节理裂隙发育，多组结构面将岩体切割成块状；坡体岩石风化程度不同，强风化闪长岩相对其他三种不同风化程度岩体而言，不论是岩石本身的强度，还是结构面的强度，都比较低。上述地质条件及岩体特征是构成岩体变形破坏的地质基础；而强大的地震惯性力是构成这一变形破坏的外在直接诱发因素。

典型地灾点为近断层区域，近断层地震动地震波以P波为主，而P波有如下特性：在P波传播到结构面时，当折射波阻抗小于入射波阻抗时，既会出现透射的压缩波，又会出现反射的拉伸波；若折射波阻抗为零，即入射应力波到达与空气接触的自由面（临空面）时，则完全发生负反射，在这种条件下，入射波全部反射成拉伸波。由于岩石的抗压强度远大于其抗拉强度，岩石主要为受拉破坏，这两种情况将引起岩石的破坏。在循环地震荷载及重力作用下，当合力方向指向坡外时，将对坡面岩体产生向外的动力加速度，斜坡在此加速度作用下将向临空面发生位移；而当合力方向转变为指向斜坡的内部时，将给斜坡内部岩体一个指向坡内的加速度，然而由于结构面抗拉强度低，在惯性力作用下坡面附近的岩体在稍后的一段时间内将继续向临空面运动，使得在距坡面一定范围内的岩体产生分离现象。这种分离现象及其岩体的差异性运动，使得强风化闪长岩表层结构面 J_1、J_2 逐渐扩展、贯通。在地震作用初期，上述过程首先是坡面一定范围内的岩体不断破坏，然后影响至坡体内部相对较小的岩体和结构面，并最终沿该结构面贯通形成整体滑裂面。

结构面在高连通率情况下，岩体在受到重力和地震力共同作用时，导致坡体表部岩体尤其是坡肩部位出现动态变化的拉张应力，部分岩体结构受破坏。同时，在坡体内部伴随出现潜在剪切作用力，尤其是潜在结构面上，剪切作用力更为集中。因此，空间分布位置不同，时间上同时出现的拉张、剪切作用是导致斜坡处于极限平衡状态并首先产生拉裂变形的主要原因。在重力和地震力共同作用下，部分岩体结构受破坏，致使顺坡向结构面 J_1 和 J_2 的抗剪强度、抗拉强度不足以维持强风化闪长岩表层的稳定，危岩临空侧岩体向临空侧发生少量滑移。在结构面未完全贯通之前，某些部位（锁固段）积蓄了较高的能量，随着结构面的贯通，这些能量将迅速释放，并使得坡体获得较高的运动速度。

第二阶段：该阶段为20～700时步（图2-89）。在地震力与重力共同作用下，强风化闪长岩表层结构面 J_1、J_2 逐渐扩展并贯通，岩体结构进一步破坏，锁固段能量迅速释放，使得岩体获得了较高的初始速度，同时往返的地震力对危岩体产生一个往返的加速效应。危岩体临空侧的部分岩体以较快的速度崩落至坡体表面，撞击后反弹起来，再撞击再反弹起来……危岩内侧的块体失去外侧块体的支撑，在强大地震动力持续震动及重力共同作用下已经被震裂松弛，处于临界平衡状态的岩块沿已贯通的结构面向坡外整体溃散、滑移、崩落。在坠落过程中，块体之间发生碰撞，岩体不断破坏，块体不断变小，并以很大的反弹力飞向半空。当程序运行到700时步时，表层危岩体基本全部崩落、滑动到坡脚。危岩在极短时间内发生大规模滑塌，在崩落过程中，块体间相互碰撞、跳跃，其破坏的影响半径较大，对工程的危害性很大。该阶段危岩体变形失稳的力学机制为拉裂—溃散式。

第三阶段：在第二阶段变形结束，即700时步后（图2-90），在地震持续振动及重力的共同作用下，少量残余岩块从坡体上崩落。这些残余岩块与先期崩落碎裂岩块一起经震荡作用后堆积于河谷，形成15m高的碎块石松散堆积体，并堵塞河流（渔子溪），掩埋公路（S303）。在后续的地震动过程中，形成的碎块石松散堆积体如同在一个振动台上，松散堆积体不断地被“振缓”、“振密”，形成典型的“振动密实效应”。这一点，一方面可以从上述DDA方法分析运行过程中看出，块体不同地发生调整、变位，以达到一个更为稳定的状态；另一方面也可以从现场看到堆积体表部地形比较平缓，与一般的崩塌相比没有比较大的地形变化，相对一般崩塌也比较密实，这也表明堆积体在形成后发生了不同程度的“振缓”、“振密”。破坏后的斜坡，沿着结构面J_1、J_2形成了坡度为65°~70°的新坡体，坡面粗糙，有部分残余强风化闪长岩仍停留在坡体表面，但是坡体整体处于稳定状态。

根据DDA运行过程危岩体变形的观察，从岩体失稳的动力学变化情况以及对DDA结果文件disp. dat的分析得知，观测点1的位移及速度比较小，而观测点2与观测点3的散落距离均较大，分别为159m、148m，这说明岩体变形破坏主要发生在强风化闪长岩表层。当模型分析、计算到700时步时，坡体变形基本停止，即强风化表层全部溃散、滑移、滑落后，坡体整体便处于稳定状态，这就说明坡体破坏主要以强风化闪长岩表层的拉裂—溃散式破坏为主。

2.5　小结 Summary

基于大量的现场调查工作和数值模拟分析，探讨了几种典型地震崩塌灾害破坏机理。

（1）拉裂—错断式崩塌多发于在陡坡段，尤其是悬空部位，岩体发育陡倾结构面，在地震水平和竖直加速度作用下，上部岩体在水平方向沿结构面拉裂，竖直方向上节理面逐步扩展，一旦剪切错断局部锁固段后产生坠落崩塌。

（2）拉裂—倾倒式崩塌多发育在由于深切割形成的高山峡谷地貌区，危岩体受到近直立结构面切割。在地震过程中，受到水平和竖直地震力时，陡倾结构面先被拉裂，裂纹逐步扩展，由于下部无错断空间，岩体呈现出类似悬臂梁的受力状况，在强大水平方向地震力作用下，岩体绕底部支撑轴向临空面做转动而发生倾倒破坏。

（3）拉裂—滑移式崩塌主要发生在发育外倾结构面坡体，强震作用下松弛、解体，进一步沿层面（弱面）下滑，失稳后解体坠落；地震作用下，崩塌的发生主要经历四个阶段：强震作用下的拉裂破坏，斜坡下部岩体发生拉裂—剪切滑移，坡表岩体沿层面整体滑塌失稳，坡表岩体全面溃滑崩落。

（4）拉裂—溃散式崩塌发育在多组结构面切割的破碎地层区，在受自身重力作用时，能保持稳定，在地震作用下产生变形破坏，可分三个阶段：表层岩体被震裂松弛后产生拉裂，危岩向坡外拉裂溃散解体，失稳后解体坠落。

第3章 汶川地震触发典型滑坡形成机制过程研究
Chapter 3 A research in formation′s mechanism and process of a typical collapse triggered by Wenchuan earthquake

3.1 S105公路平溪村滑坡形成机理研究 Researches of the formation′s mechanism of Pingxi landslide on S105 highway

绵阳市平武县平溪村的平溪村滑坡属于汶川地震触发的一高速岩质滑坡，映秀—北川断裂从滑坡前缘通过，滑坡位于发震断层上盘。滑坡前斜坡整体稳定性较好，坡表植被发育，地形总体呈后缘陡峻、前缘比较平缓，坡表无变形迹象。由结晶灰岩与表部覆盖碎石土组成，在强震作用下与坡体走向近平行的后缘结构面受拉张破裂，主滑体沿层面剪切破坏，受地震惯性力作用滑体高速启动。

滑坡发生后，被震裂的岩体呈“散粒体”状沿着贯通的溃裂面高速下滑，瞬间掩埋了2户民居，4间仓库，10间教室，覆盖了40亩耕地，所幸地震发生时村民与学生均跑出房间，滑坡没有造成人员伤亡。滑体下滑冲过S105省道，堵塞了平溪河道，并于2008年9月23日暴雨后形成堰塞湖淹没了村庄。

3.1.1 滑坡区地质环境概况 The profile of landslide geological environmen

3.1.1.1 地形地貌

滑坡区海拔1 200 ~ 1 400m，属低中山地貌。滑前地貌上陡下缓，整个滑坡区域可以分为二段：第一段为滑源区，高程范围1 250 ~ 1 390m，坡度为35° ~ 40°。第二段为下部平缓区，高程1 210 ~ 1 250m，坡度20° ~ 25°（图3-1）。

3.1.1.2 地质构造

平武县位于扬子准地台、西秦岭褶皱带、松潘—甘孜褶皱带三大地构造单元的结合部位。滑坡区靠近龙门山断裂带，位于水观—南坝—豆叩一线以北的巴颜喀拉冒地槽褶皱带[3]。滑坡距北川—映秀断裂直线距离不足500m，断层上盘为震旦系和寒武系地层，下盘为志留系地层。

3.1.1.3 地层岩性

平溪村滑坡区地层主要是寒武系邱家河组结晶灰岩，岩体破碎，裂隙发育，地表为厚度不大的第四系，碎石土层。

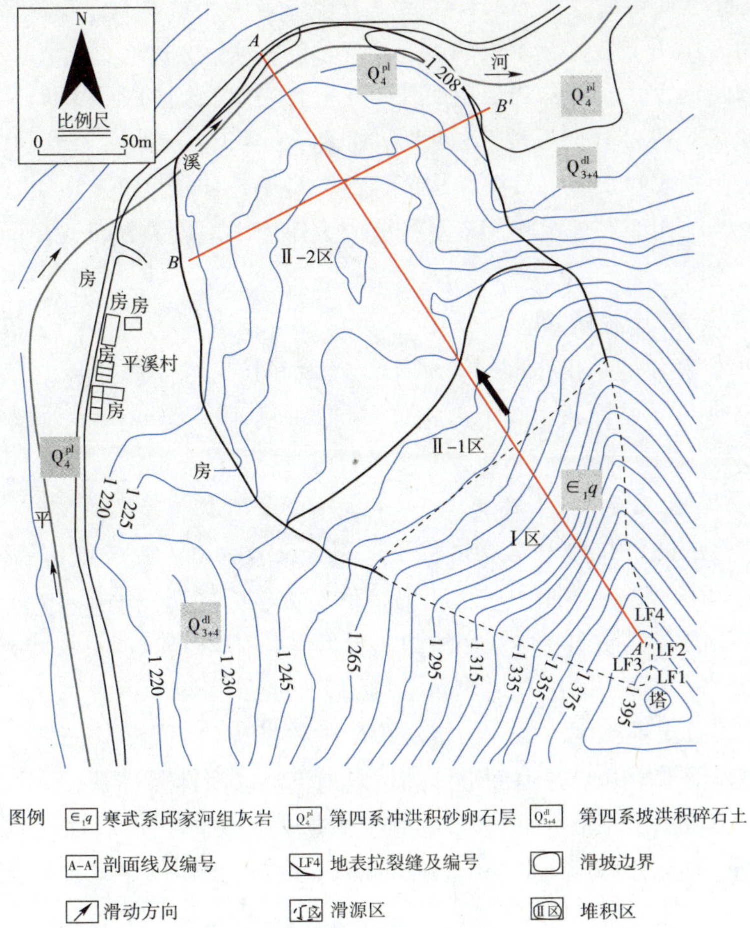

图3-1 平溪村滑坡平面图

Figure 3-1 The floor plan of Pingxi village landslide

3.1.2 滑坡发育特征 The feature of landslides development

滑坡滑源区（Ⅰ区）长度约130m，高度140m。由后缘边界（拉裂缝）、两侧陡坎边界、陡壁面组成；整个堆积区（Ⅱ区）长度约270m，其中，Ⅱ-1区，长约80m，上覆崩落块石堆积物。Ⅱ-2区，长190m，最大展宽达160m，见全景图3-2。

图3-2 平溪村滑坡全景图

Figure 3-2 The panorama Pinghsi village landslide

3.1.2.1 滑源区（Ⅰ区）后缘陡壁

滑源区的后缘壁是高度为140m，坡度为51°~55°的不规则锯齿状陡壁。滑坡后缘整体成V谷形，平面呈圈椅状，后壁面不仅高陡，且结构面发育、岩体破碎。与以往常规型滑坡的后壁面不同，后壁面不仅高陡，而且呈不规则的锯齿状，整体上看呈

V谷形的陡壁。陡壁面粗糙且裂隙发育，与重力作用下呈光滑、有一定弧形的后壁面明显不同，是地震动力作用下岩体产生震动、溃裂变形的结果。

后缘壁结构面发育，岩体除岩层层面外，还发育一组反倾的中缓倾结构面和一组切割陡倾结构面，产状分别为165°~175°∠40°~50°和25°~35°∠65°~75°。这几组主控结构面将滑源区灰岩切割成碎块状。后壁结构面粗糙，可见延伸长度2~5m，闭合无充填。滑源区结构面发育，结构面在地震作用下受拉剪应力作用出现震裂松动现象，岩体沿着结构面产生拉裂破坏。

3.1.2.2 后缘拉裂边界

后缘山顶处发育有多条拉张裂缝，属于地震瞬间拉应力造成的[4]。裂缝宽度0.2~0.7m，最大达1m，可见深度0.2~1.0m，延伸长度10~50m。多处裂缝下错，形成陡坎。

3.1.2.3 滑坡堆积区（Ⅱ区）

根据滑坡滑体的溃滑机制和运动过程，堆积区又分为Ⅱ-1区和Ⅱ-2区。Ⅱ-1堆积区面积约$0.9\times10^4m^2$，整体呈上细下粗的“倒石锥”，估算体积$4\times10^4m^3$。物质来源主要是后缘、侧缘强震震裂损伤岩体崩塌所致，上部是粒径为1~2m的块碎石夹土，下部是滚落而下的巨石，体积最大的巨石达$86m^3$。Ⅱ-2区是主滑堆积区，属于在强震作用下前期溃滑下形成的碎石土堆积区。山体内被震裂后的松散碎块石及碎石土呈“散粒体”状，以极高的速度整体下滑，并且在地面继续高速向前流动。滑体整体覆盖在原来较为平坦的耕地、道路上，还堵塞了平溪河河道，造成巨大损失。滑体在滑坡前缘堆积成长190m，最大宽度达160m，面积为$2.8\times10^4m^2$的碎石堆积区，堆积体的平均厚度为15.8m，估算体积$61\times10^4m^3$。

3.1.3 强震作用下滑坡变形破坏机制分析 Landslide deformation and failure mechanism analysis under strong earthquake

3.1.3.1 滑坡形成的边界条件

平溪村滑坡山体变形前的整体稳定性好，山体的植被发育，地形总体呈后缘陡峻、前缘比较平缓，坡表无变形迹象，见图3-3a)。坡体由结晶灰岩与表部覆盖碎石土构成，斜坡平均坡度为30°~40°。在“5·12”地震中，斜坡受到强大的地震力作用发生变形失稳破坏，被震裂的岩体呈“散粒体”状堆积在前缘平坦地面上，见图3-3b)。

3.1.3.2 岩体震裂破坏分析

在强大的地震力作用下，斜坡岩体在结构面处发生震裂破坏。根据岩体结构面的分布情况（延伸长度、间距等），考虑在垂直和水平两种地震力作用下结构面处岩体受力情况。滑坡紧靠汶川地震发震断裂，其垂直地震加速度和水平地震加速度几乎一样大小，受到地震动力效应明显，因此分析在两种地震加速度同时作用下的岩体震裂机制。

结合现场对边坡主控结构面地质概况的调查，属于顺层滑动型滑坡，建立如图3-4所示的地质简化模型。图3-4显示被两平行结构面所分割的块体A，整块岩体受到地震力作用有加速运动的趋势，块体在结构面受到明显的拉力。对块体 A 受到的地震力和重力简化为垂直结构面方向的 F_1 和平行结构面方向的 F_2 两分力，如图 3-5 所示。

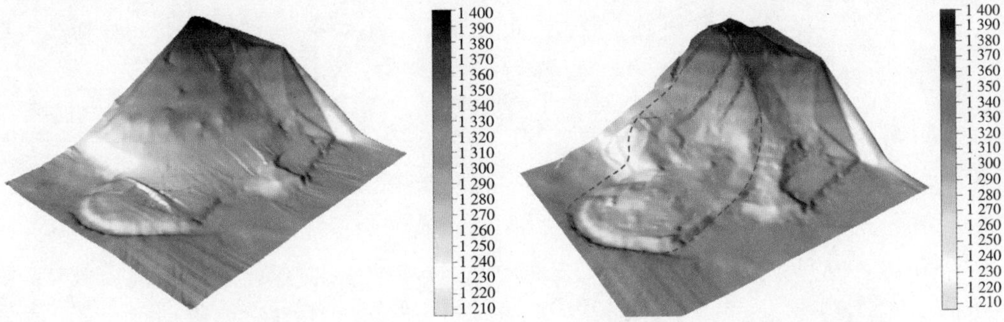

a）震前
a) Before the earthquake

b）震后
b) After the earthquake

图 3-3 滑坡区三维地形图

Figure 3-3 Three - dimensional topographic map of landslide

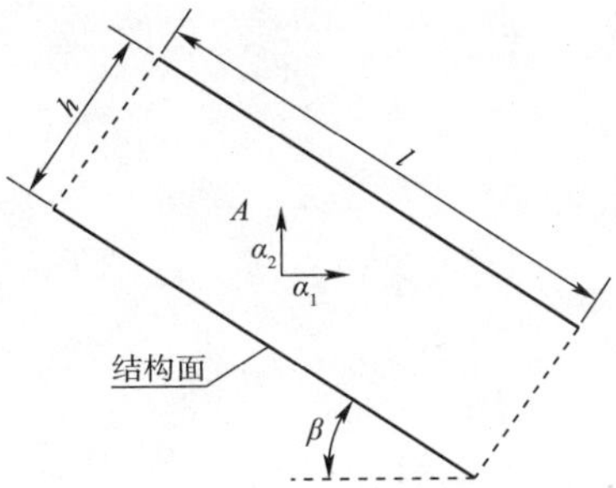

图 3-4 结构面切割的块体图

Figure 3-4 The block cutted by structural surface

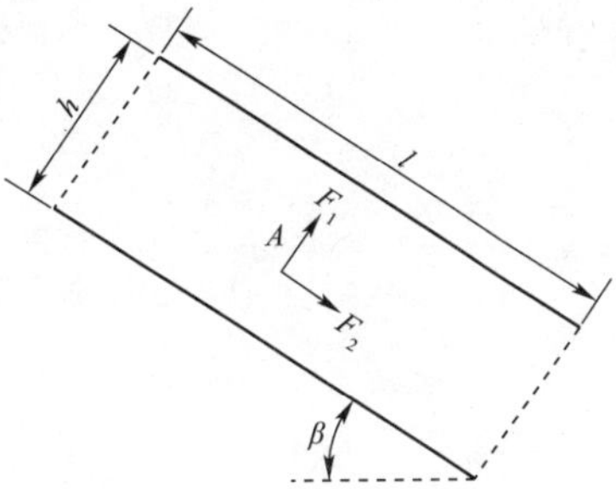

图 3-5 块体 A 的等效受力简化模型

Figure 3-5 The simplified model of equivalent of block A

根据 d'Alembert 原理有：

$$\begin{cases} F_1 = \gamma hl(\alpha_1 \sin\beta + \alpha_2 \cos\beta - g\cos\beta) \\ F_2 = \gamma hl(\alpha_1 \cos\beta - \alpha_2 \sin\beta + g\sin\beta) \end{cases} \tag{3-1}$$

式中：F_1——垂直结构面方向作用力（kN）；

F_2——平行结构面方向作用力（kN）；

γ——岩体密度（kg/m^3）；

h——结构面间距（m）；

l——结构面延伸长度（m）；

α_1——水平地震加速度（m/s^2）；

α_2——垂直地震加速度（m/s^2）；

g——重力加速度（m/s^2），取 $9.81m/s^2$；

β——结构面倾角（°）。

根据结构面处 F_1 和 F_2 两分力的作用效果，可以等效为作用在结构面处的拉应力 σ 和剪应力 τ，如图 3-6 所示。

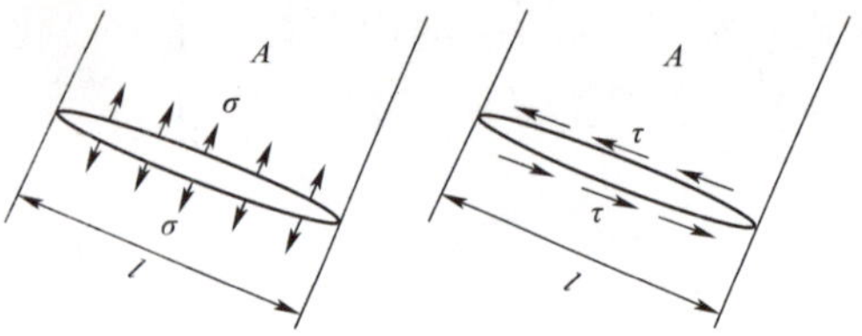

图3-6 结构面处等效受力图

Figure 3-6 The equivalent diagram of structure surface

结构面处 F_1 和 F_2 等效应力后，则：

$$\begin{cases}\sigma = \gamma h(\alpha_1\sin\beta + \alpha_2\cos\beta - g\cos\beta) \\ \tau = \gamma h(\alpha_1\cos\beta - \alpha_2\sin\beta + g\sin\beta)\end{cases} \tag{3-2}$$

式中：σ——拉应力（MPa）；

τ——剪应力（MPa）。

其余符号意义同前。

通过等效后的应力分析可以看出，结构面处的拉应力大小和方向随着地震波运动矢量方向的改变而改变。P 波和 S 波频率的上下振动和水平振动使得结构面处的拉应力时而大于 0 或者小于 0，在结构面处表现为正拉、反拉反复的作用力，使斜坡潜在危险区域处于正拉和反拉的交替反复作用。同时地震力使得结构面处于正剪和反剪交替状态，剪应力量值不断增加，使得结构面处于反复的剪切状态。拉应力和剪应力反复作用导致岩体产生拉剪破坏而变形。

地震力在结构面处应力集中，岩体的破坏主要是由地震动应力场作用形成。根据断裂力学理论，结构面处应力强度因子为：

$$\begin{cases}K_1 = \gamma h(\alpha_1\sin\beta + \alpha_2\cos\beta - g\cos\beta)\sqrt{0.5\pi l} \\ K_2 = \gamma h(\alpha_1\cos\beta - \alpha_2\sin\beta + g\sin\beta)\sqrt{0.5\pi l}\end{cases} \tag{3-3}$$

式中：K_1、K_2——应力强度因子（$\mathrm{MPa\cdot m^{1/2}}$）；

其余符号意义同前。

岩体的节理开裂准则可以近似采用断裂准则，应力强度因子可以视为岩体破坏的断裂韧度。岩体破坏形式主要是拉应力条件下的震动拉裂破坏，可以视为断裂力学 I 型裂纹断裂破坏问题，其判据为：

$$K_{\mathrm{I}} \geqslant K_{\mathrm{IC}} \tag{3-4}$$

式中：K_{I}——应力强度因子（$\mathrm{MPa\cdot m^{1/2}}$）；

K_{IC}——断裂韧度（$\mathrm{MPa\cdot m^{1/2}}$）。

由于结构面倾角 β 为 30°～40°，间距 h 为 1～2m，可以看出结构面延伸长度越长，应力强度因子越高，岩体就越容易被破坏。从边坡滑动面出露的顺层结构面分析，延伸长度普遍大于 2m，灰岩密度为 2 650kg/m³。边坡距离发震断裂带很近，地震垂直加速度和水平加速度几乎一样大小，取 1.5g。经计算，应力强度因子大于灰岩的断裂韧度（1.1～1.2$\mathrm{MPa\cdot m^{1/2}}$），遂导致了岩体沿结构面的震裂破坏，岩体被震裂的破裂面相互贯通，形成边坡变形的溃裂面。

3.1.3.3 边坡震裂变形数值模拟分析

地震波对斜坡应力场的改变是瞬时效应，随着地震波传播处于动态变化过程。在地震作用下，边坡处于不断变化的应力场中，应力矢量大小和方向均是交替反复变化的，分布具有成层性。为了研究边坡在地震动力效应下的变形，采用有限元方法，结合地震波谱进行分析。边坡紧靠汶川地震发震断裂，水平加速度和垂直加速度动力效应同样明显。模拟分析地震波，地震持续作用时间为 90s，见图 3-7。

通过有限元模拟分析，边坡应力场量值、方向随地震波传播随时发生变化，使边坡处于拉断和压碎重复交替的过程。在边坡变形失稳前的极度危险状态，从应力矢量方向可以得出边坡受力运动方向，见图 3-8。

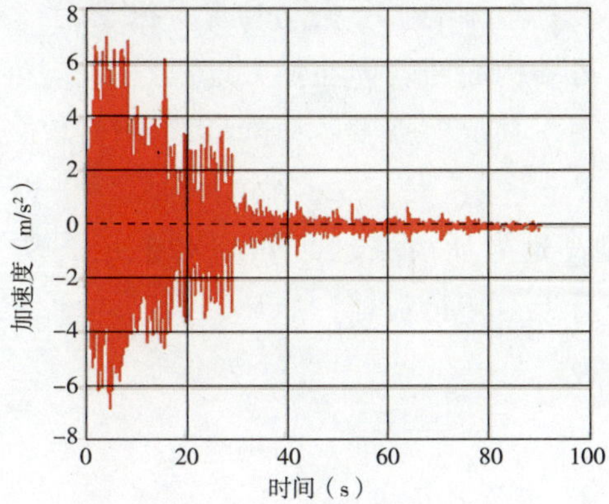

图 3-7　合成地震波形图

Figure 3-7　Synthetic seismic waveforms

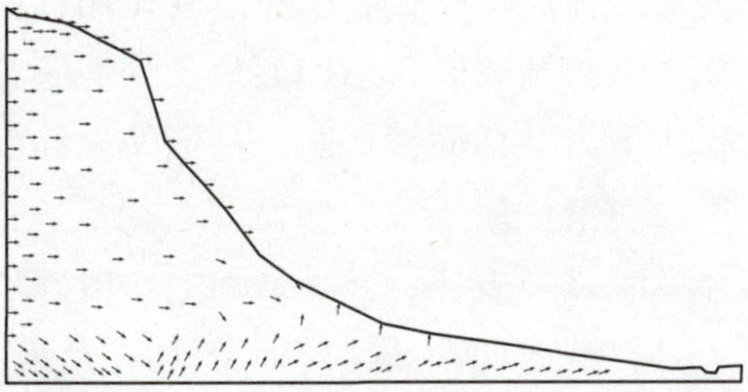

图 3-8　地震某时刻边坡应力场矢量图

Figure 3-8　The vector of slope stress field at one moment in Earthquake

图 3-8 中从应力分布上看，坡顶应力集中。边坡失稳时应力矢量指向临空面，靠近坡表处指向为左上方，使斜坡岩土体沿潜在破裂面具向临空面左上方变形失稳的趋势。

地震作用下边坡的主应力与自重作用下的主应力不一样，包括应力大小、方向等，地震作用下的主应力处于一个动态变化过程。从边坡地震作用下的主应力云图（图 3-9）可以看出，边坡深部应力为压应力，靠近坡面应力为正值，为拉应力，且在临空面附处时，拉应力最大值接近 9MPa。边坡表层结构面发育，岩体强度低，使得这部分危险区域在地震作用下处于连续的拉裂作用过程，当岩体强度破坏时导致边坡失稳。

剪应力在地震波作用下的大小、方向也在发生变化，使斜坡内岩体处于正剪和反剪的应力状态。从边坡变形失稳时的最大剪应力云图（图 3-10）可以看出，边坡最大剪应力处于坡脚部位，其应力值达到约 10MPa。坡脚处的剪应力集中，坡脚处“锁固段”被剪断。

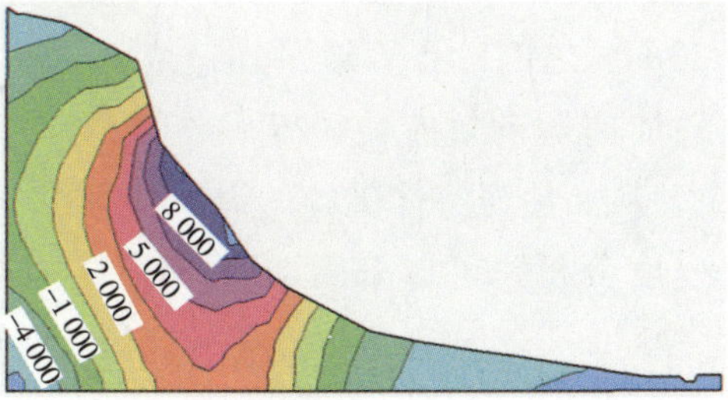

图 3-9　地震某时刻边坡主应力分布云图

Figure 3-9　Slope principal stress contours earthquake

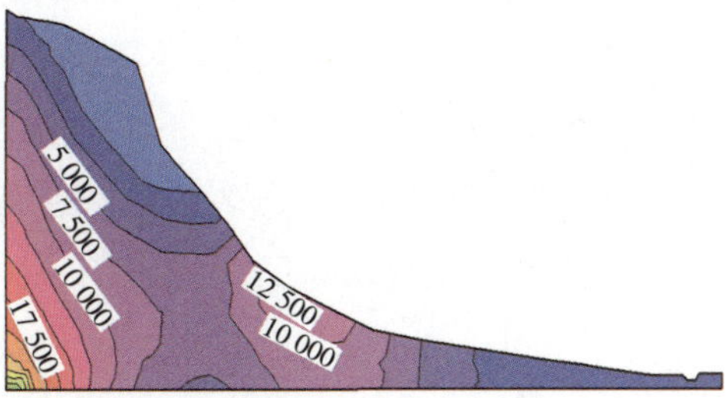

图 3-10　地震某时刻边坡最大剪应力云图

Figure 3-10　The maximum shear stress cloud at one moment in of slope at one moment in earthquake

地震波P波、S波具频率的上下振动和水平振动，导致斜坡岩体内拉应力和剪应力相互作用。边坡表部岩体破碎、结构面发育，拉应力在山顶产生深拉裂缝，坡脚剪应力集中效应使“锁固段”被剪断，破裂面剪应力急剧增大，在坡内形成贯通性破裂面。

3.1.3.4 滑坡破坏机制概念模型

地震力对坡体造成的破坏与地震波的作用密切相关。地震波分为P波（纵波）和S波（横波），二者共同作用于岩体的结构面。P波和S波具频率的上下振动和水平振动，在结构面处对岩体产生正拉、反拉反复作用的应力，使得结构面处岩体在强大地震动力作用下沿结构面被拉开。同时结构面处受到剪应力反复作用，其抗剪强度迅速降低，岩体在强剪应力作用下沿结构面被剪断，从而使岩体变形。

平溪村滑坡属于地震触发的“拉裂—溃滑”型高速岩质滑坡，见图3-11。地震动力使岩体发生震裂破坏，被震裂后的松散碎块石及碎石土呈“散粒体”状以极高的速度整体下滑，且在地面继续高速向前流动。

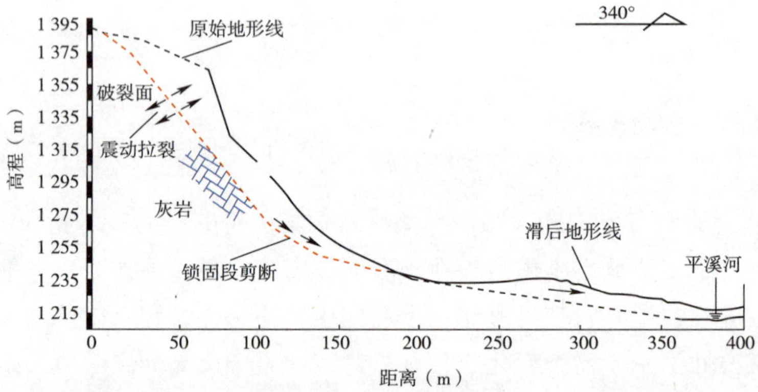

图3-11 滑坡失稳机制概念模型

Figure 3-11 The conceptual model of landslide instability mechanism

3.1.3.5 碎屑流高速流动机理分析

平溪村滑坡属于地震作用下的高速滑坡，特点是运动速度快，作用时间短。破裂面上部的岩体被震裂后，呈“散粒体”状沿滑坡面高速下滑，对其运动过程进行分析。

滑坡体演变成碎屑流条件是滑体在运动过程中发生碰撞解体，岩体碰撞解体后由于动量守恒定理，呈“散粒体”状的碎屑颗粒获得高速度，沿滑面高速溃滑。结合有限元数值分析，滑体在启程活动阶段已获得高速，在15～20m/s之间，计算取平均速度17.5m/s。高速碰撞后部分块体获得加速，正是碰撞所产生的加速运动效应使得碎屑颗粒滑动速度快、距离远。同时伴随着部分岩块的减速运动效应，从而使得解体破碎的滑坡体具沿途堆积的特征。为了对这部分高速运动的主滑体进行速度分析，可以采用动量守恒关系进行计算：

$$mv = m_1 v_1 + m_2 v_2 \tag{3-5}$$

式中：m——解体前滑体总质量（kg）；

v——解体前滑体速度（m/s）；

m_1——解体后主滑体总质量（kg）；

v_1——解体后主滑体速度（m/s）；

m_2——解体后剩余滑体总质量（kg）；

v_2——解体后剩余滑体速度（m/s）。

滑体总体积为65万m^3，速度取17.5m/s。解体后主滑体体积为61万m^3，其余剩余滑体由于碰撞效应速度取0，经计算得到呈“散粒体”状的碎屑体速度为18.65m/s。结合碎屑流运动方程对其运动过程分析，见下式：

$$\frac{dv_1}{dt} = g(\sin\alpha - \cos\alpha\tan\varphi) \tag{3-6}$$

式中：α——坡脚前缘坡度（°），取6°；

$\tan\varphi$——碎屑流动摩擦系数，在此取0.15；

其余符号意义同前。

经计算，加速度$dv_1/dt = -0.618\text{m/s}^2$，则碎屑流的平均运动距离$L = -v_1^2/2a = 281\text{m}$。结合现场分析，主滑体不仅完全覆盖距边坡250m的平溪河，而且在河对岸还爬升了一定高度，因此模拟计算得到的滑体运动距离和滑坡实际运动符合较好。

3.2 老鹰岩滑坡成因机理研究 Researches of the formation's mechanism of Eagle Rock landslide

老鹰岩滑坡位于安县高川乡泉水村、汶川地震发震断裂——映秀—北川断裂上盘，直线距离约1.3km，该滑坡最显著的特点是强震作用下，坡体顺层和坡体节理裂隙震裂松弛、解体，同时后缘形成高陡后缘陡壁，侧缘顺层面剪出并沿层面高速下滑，滑体强力撞击姜巴沟两侧，形成高速碎屑流冲入黄洞子沟，瞬间形成坝高105m，库容$200\times10^4\text{m}^3$的堰塞湖，同时还彻底掩埋了姜巴沟沟底的老鹰岩电站，造成电站掩埋及20多人死亡，经工程排险，老鹰岩堰塞湖没有造成险情。通过对滑坡区工程地质条件和变形破坏特征的现场调查，研究该类斜坡在强震条件下的变形破坏机制，对评价该类斜坡稳定性具有重要意义。

3.2.1 滑坡区地质环境概况 Surveys of the geological environment of the landslide area

3.2.1.1 地形地貌

滑坡区高程1 100～1 930m，滑前地貌上陡下缓，图3-12是滑坡区工程地质平面图。滑坡区整体可分为二段：上半段为滑源区，高程为1 920～1 600m，坡度为40°～60°；下半段高程为1 600～1 250m，坡度为30°～40°。

3.2.1.2 地质构造

滑坡位于龙门山前陆推覆体的大水闸推覆体中，该推覆体主要为脆性（兼韧性）推覆体，具逆冲—推覆—滑脱—走滑特点，大水闸推覆体北西界是四道沟断裂，南东界为映秀—

北川断裂（陈家坪—白云山断裂）。

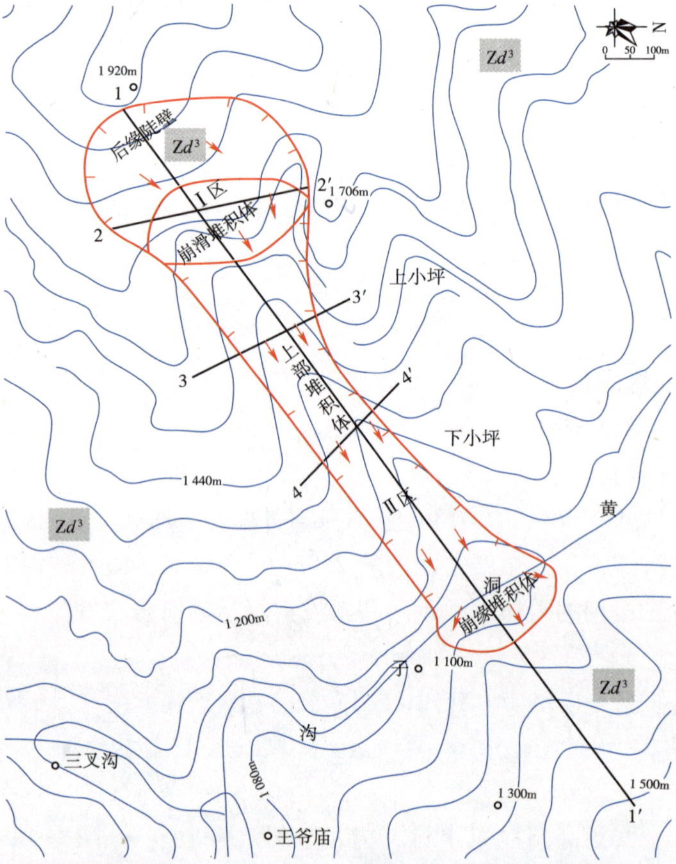

图例 Zd3 震旦纪灯影组灰岩石　水系　1 300m 高程

1—1′ 剖面线　Ⅰ区 滑源区　Ⅱ区 堆积区　滑动方向

图 3-12 老鹰岩滑坡平面图

Figure 3-12 The plan of the Eagle Rock landslide

老鹰岩滑坡靠近“5·12”汶川大地震的发震断裂——映秀—北川发震断裂，直线距离约 1.3km。滑坡区地质构造发育，周围断层的发育使得滑坡区处于地应力集中区域，岩体比较破碎。此次的发震断裂为逆断层，走向在 NE40°左右，倾向 NW，倾角 20°~50°，断层上盘活动强烈，滑坡区地处发震断层的上盘，“5·12”汶川地震是造成老鹰岩滑坡的直接因素，见图 3-13。

3.2.1.3 地层岩性

老鹰岩滑坡区地层主要是灯影组白云质灰岩，岩体破碎，裂隙发育。自上而下分别是第四系覆盖层，灰褐—灰黑色，松散堆积，呈碎石土状；基岩为白云质灰岩，浅灰—深灰色中厚层—块状富藻灰岩，中下部含硅质、花边状、葡萄状构造，极为发育。

滑坡区地质构造主要受大水闸推覆体的影响，层面产状 150°~155°∠55°~60°。岩体主要发育两组结构面，一组切割结构面产状为 57°∠67°，另一组反倾结构面产状为 340°~355°∠32°~37°。

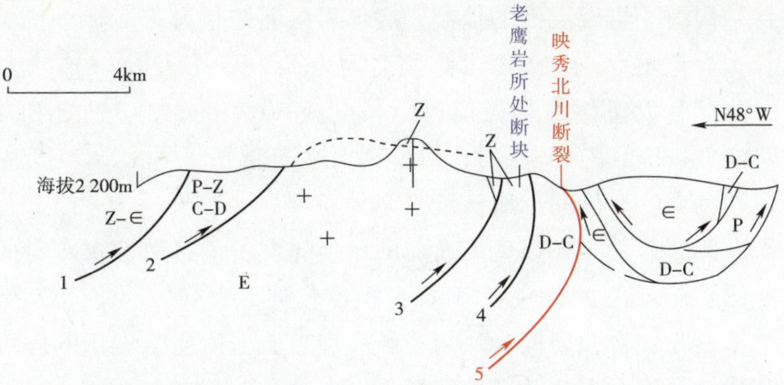

图例　Z 震旦系　∈ 寒武系　D 泥盆系　C 石灰系　P 二叠系　1 断层及编号

1–四道沟断裂；2–仰天窝断层；3–大梁子断层；4–王家坪断层；5–映秀—北川断裂

图3-13　老鹰岩滑坡区构造剖面图

Figure 3-13　Profile map of the Eagle Rock landslide structure

3.2.2　滑坡发育特征 Landslide's developmental characteristics

根据滑坡的破裂现象、不同部位物质运动及堆积特征，以滑坡现场调查为基础，可将滑坡区分为滑源区及堆积区。滑坡滑源区（Ⅰ区）长度约450m，高度280m，由后缘边界（拉裂陡坎）、左侧边界即主滑动面、右侧拉裂边界组成；整个堆积区（Ⅱ区）为长度约1 000m，最宽处达270m，最大厚度约90m的堆积体，图3-14是滑坡堆积区全景图。

3.2.2.1　滑源区（Ⅰ区）后缘拉裂面

老鹰岩滑坡属于顺层岩质滑坡，滑动受两组主控结构面（57°∠67°和340°~355°∠32°~37°）的影响顺层面高速滑动。滑坡后缘是一个高度约280m的陡壁，后壁面呈锯齿状，整体上比较粗糙，且裂隙发育，其高程范围为1 650~1 930m，后壁面上部较陡，坡度在60°左右，下部较缓，坡度为45°~50°，图3-15是滑坡后壁面。

图3-14　老鹰岩滑坡堆积区全景图

Figure 3-14　The panorama of Eagle Rock landslide accumulation area

图3-15　280m高陡峻的后壁面

Figure 3-15　The back steep wall with 280m height

3.2.2.2　滑坡侧边界

滑源区左侧，表现为长大高陡的陡壁面，即岩层层面，也是主滑动面。滑坡左侧边界受到上述两组主控结构面及岩层层面的控制，底部岩层面即是滑床。整个长大滑动面不仅高陡，而且面上长大裂隙发育，主滑面出露段高程为 1 590 ~1 750m，产状为 147° ~155° ∠55° ~60°，面内发育有大量擦痕。擦痕可见长度为 30 ~35cm，走向 NE，擦痕倾角为 30° ~55°，在高处较大。倾角在 55°左右，由上到下逐渐变下，在低处为 35°左右，表明滑体的滑动方向与滑面相交，滑体间形成挤压。

滑源区的下部右侧部分，同样表现为高陡的拉裂陡坎，也是滑坡次级滑面，局部位置还有山体垮塌形成的陡崖。陡坎走向为 NE 向，坡度较陡，为 40° ~45°，高程范围 1 610 ~1 820m。陡坎上岩体裂隙发育，岩性为灰岩，坡表覆盖着山体崩落堆积的碎块石，在坡顶有少量植被。在陡坎上部落石不断，平均粒径 2 ~20cm，最大粒径达 40cm，其表明右侧岩体被震裂，变形现象非常严重，在陡坎高处还可见岩体被震碎拉裂掉落后形成的凹槽。

3.2.2.3 滑坡堆积区（Ⅱ区）

在地震发生的一瞬间，老鹰岩滑坡骤然失稳，滑体以极高的速度从海拔约 1 920m 处急剧下滑，冲入姜巴沟，高速碎屑流铲刮沟侧山体，滑动距离约 1km，直扑黄洞子沟左侧山体，并堵塞了黄洞子沟，形成长约 1km，前缘最宽处达 270m，最大厚度约 100m 的堆积体，图 3-16 所示滑坡堆积区剖面图。

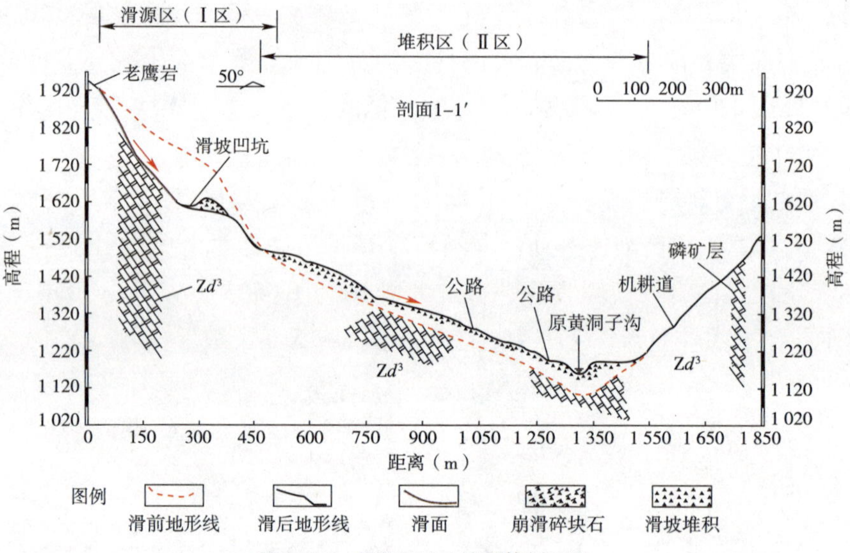

图 3-16 老鹰岩滑坡堆积体剖面图

Figure 3-16 Profile map of Eagle Rock landslide′s accumulation

总体上,滑体是沿着山下的姜巴沟向沟底运动，运动方向为 NE50°左右。碎屑流过后的沟内堆积体呈舒缓波状。

根据滑坡的破裂特征、滑体的运动方向、不同堆积体的物质组成，结合现场堆积体的调查分析，将滑坡堆积区域分为三个区，见图 3-17。

（1）堆积体Ⅱ-①区以碎石及碎石土为主，是滑坡的碎屑流堆积区域，由于岩体震裂后，粒径较大的块体具有较大的能量而向沟底快速滑动，而较小的碎石流则堆积在堆积区域的上部和两边冲沟区域，中部堆积碎屑较厚，沿两侧冲沟变薄。

(2) 堆积体Ⅱ－②区以块石为主，为白云质灰岩，呈块体状，结构散乱，夹杂岩碎屑，灰色—灰黑色，平均粒径1～2m。在滚落的石块棱角上还可见摩擦的痕迹，呈磨圆状，说明块石是边翻转边向下滑动的。区内可见滚落的巨大块石，粒径可达5m。坡表覆盖着少量植被，树木呈倾倒状。

(3) 堆积体Ⅱ－③区是滑体的主体堆积区，其完全掩埋了姜巴沟沟底的老鹰岩电站，区内少见植被，堆积体以块石为主，夹杂岩碎屑。岩性为白云质灰岩，灰色—灰褐色，在溃滑块石上还可见滑动擦痕，滑体的粒径较大，平均粒径在2m左右，占60%～70%，最大粒径达7m，体积巨大。滑体高速下滑后，沿着姜巴沟沟底滑动，一直扑向姜巴沟的对岸山坡，对沟底对岸的山壁造成的冲击破坏强烈，滑体爬高高度约40m，堵塞黄洞子沟形成堰塞坝。堆积区最宽处达270m，以平均厚度80m计，估算该区方量接近850万m^3。

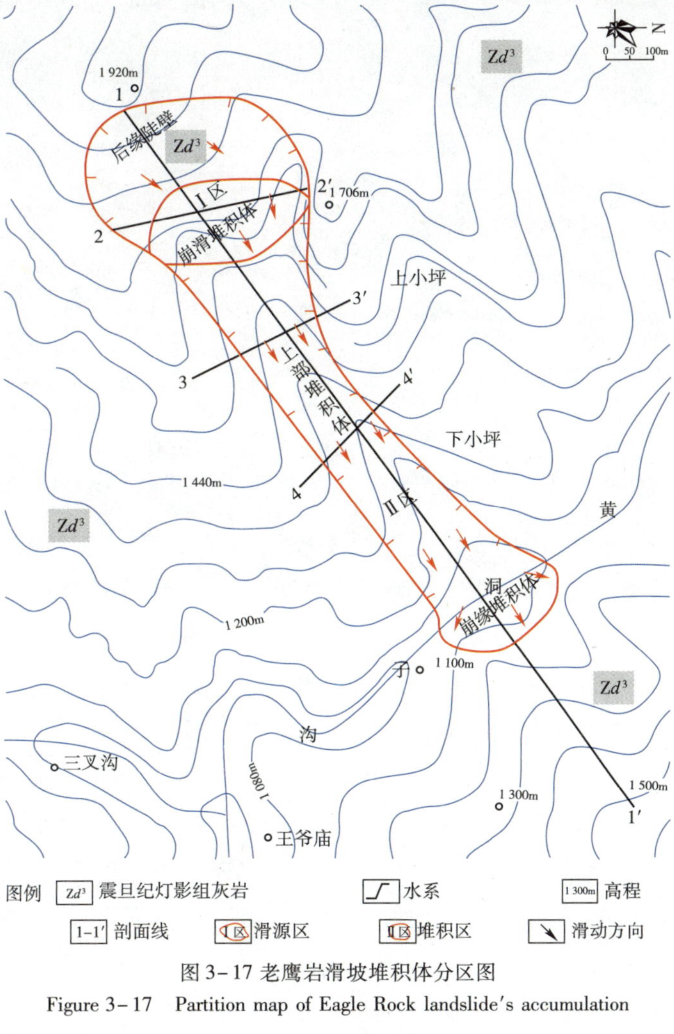

图3-17 老鹰岩滑坡堆积体分区图

Figure 3-17 Partition map of Eagle Rock landslide′s accumulation

整个堆积体大体上分为上部堆积体和前缘堆积体，堆积体物质来源于老鹰岩山体。堆积区①、②区组成上部堆积体，主体③区为前缘堆积体，同时在滑源区底部堆积区上部的植被后倾顺势滑到形态，推测滑坡失稳过程为：老鹰岩山体被地震震裂，岩体破碎松动、解体，在地震动力下沿姜巴沟高速溃滑。大部分碎屑流下滑受阻后则停留在滑源区下部，堆积区上部地段，大量被震裂解体的块石冲过黄洞子沟后，向对岸山体强势逆冲并堵塞了黄洞子沟；同时主滑体滑动过程中形成临空带动上部及侧缘震裂岩体，形成扯动效应，造成主滑体在运动过程中，次级滑动的堆积，形成滑源区的V形槽。

3.2.3 滑坡形成机制分析 Analysis of formation mechanism of landslide

老鹰岩山体变形前的整体稳定性好，山体的植被发育，无任何大的变形迹象。岩性属于白云质灰岩，岩体强度较高。在“5·12”地震中，主滑体在地震力作用下沿后缘破裂界面整体高速溃滑，然后由于具有高速的初始速度又继续在沟底向前流动直至堵塞河道，属于地震造成的“顺层拉裂—溃滑”型高速山体滑坡。结合现场调查，可以将滑坡的形成机理用图3-18表达。

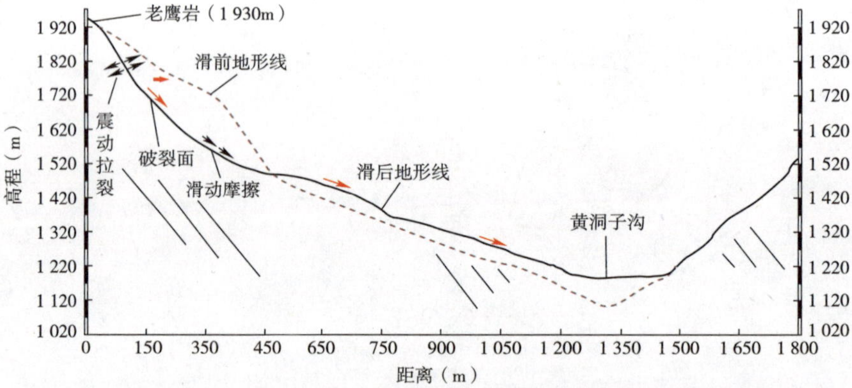

图3-18 老鹰岩滑坡失稳机制概念模型

Figure 3-18 Concept model of instability mechanism of Eagle Rock landslide

根据现场调查，山体变形主要是受两组主控结构面（57°∠67°和340°~355°∠32°~37°）的影响顺层面高速滑动，同时老鹰岩山体距映秀—北川断裂直线距离只有1.3km，受地震动力的影响大。首先是地震波的纵波（P波）作用于山体，形成强大的竖向作用。地震波在结构面处不停地反射和折射，累积的动力效应使得岩体在地震动力作用下沿层面被拉裂开。山体顶部的动力放大效应使得山体的顶部（后缘）形成长大的拉深裂缝，同时下部也形成拉裂缝，并迅速与坡顶的拉深裂缝贯通，形成后缘贯通的破裂面。接着横波（S波）作用于山体，使山体产生横向摆动，破裂面彻底贯通，在山体震动下，被震裂的岩体呈“散粒体”状在地震水平动力作用下沿层面高速下滑，沿着姜巴沟继续快速流动堆积沟底并堵塞了山下的黄洞子沟，滑源区两侧的震裂体溃滑堆积在陡壁下堆成崩滑堆积体。

山顶由于地震动力效应放大明显，岩体被明显的震裂破坏。地震波在结构面处反复的折射和反射，使得结构面处动力累积效应迅速增加，形成宽大裂隙。受倾坡内主控结构面的影响，裂隙的发育主要沿结构面分布，岩体被震碎并沿结构面被拉裂开。接着水平地震力使得被震裂的岩体来回摆动，更加剧了拉裂隙的扩张和岩体的震裂解体，被震裂的块体顺着主控结构面向山下两边高速溃滑，局部残留处则为坡体上部形成震裂岩体，震裂岩体在一定条件下可形成崩塌、滚石，对于形成次生灾害具有不可估量的作用。

根据上述调查所揭示的现场，结合地震波对岩体的破坏特点，对老鹰岩滑坡的变形机制及动力过程可做如下分析。

（1）后缘震动拉裂阶段

老鹰岩山体原始地貌为一个三面临空的突兀山峰，滑坡后缘为山脊陡坡，前缘为深切的沟谷，属于V形沟谷地貌。平面上，原始地形为三脊夹两槽地形，即滑坡两侧为略凸小山脊。这样的地形对地震动力放大效应明显，同时山体地震前裂隙发育，特别是两组宽大裂隙，岩体结构比较破碎，极易发生大规模的崩塌和滑坡。而且山体靠近映秀—北川断裂，且处于发震断层上盘，强震持续时间长、破坏力强，是造成滑坡的主要原因。在强震的长时间作用下，后缘山脊处被拉裂，山体内部的岩体沿层面发生震动溃裂，在岩体内部的溃裂面相互贯通，使岩体产生拉裂破坏。山体内上下震动拉裂界面相互贯通，形成了一个贯通的破裂面（滑坡后缘陡壁）。

（2）摩擦阻力降低、滑体溃滑阶段

强震在山体后缘产生拉裂破坏形成陡壁，侧缘边界的拉裂破坏形成陡坎，两侧缘崩落的碎块石堆积在陡壁下。侧缘的拉裂面和后缘的陡壁面贯通，形成滑体的下滑边界。受两组主控结构面得控制，边界形成V形槽的高陡溃滑界面，下部侧缘的层面也即滑床面。地震动力的持续作用，地震波不断在界面处发生反射和折射，使得溃裂面处的摩擦阻力迅速降低，坡体内部的“锁固段”被最终剪断形成高速滑坡。滑体沿滑动面高速下滑的过程中，在界面处强力摩擦（面上可见擦痕）产生的“气垫效应”起到顶托滑体的作用，使得滑体高速下滑。

（3）滑体高速流动堆积阶段

岩体被震碎后，沿着主滑面（即岩层层面）顺层滑动，这也是造成老鹰岩滑坡滑动速度快，距离远的因素之一。姜巴沟原始地形狭长谷深，滑体在沟内运动而向两侧扩散不出，块石滑动速度叠加在一起加速了滑体的下滑速度。岩体沿着姜巴沟高速下滑，碎屑流部分受到的抗滑阻力大而堆积在沟的上部。主滑体规模大，速度快，对沟两侧的山体造成强烈的冲击，引起两侧山壁的垮塌，其冲击能量大，滑动过程中受到的摩擦抗力小，呈“散粒体”高速溃滑后堆积在黄洞子沟谷内。

（4）主滑体逆冲“筛平效应”

主滑体下滑到黄洞子沟底后，由于下滑惯性且具有初始高速度，又继续向前高速流动，越过宽度不大的黄洞子沟后，受到对岸山体的阻拦作用，又沿着山体继续向上逆冲爬升，爬升一定高度后又下滑，这样来回的逆冲往复作用，使得主滑体像被筛子“筛平”一样堆积在黄洞子沟内，形成堰塞坝。

（5）顶部震裂岩体发生二次滑动阶段

主滑体滑动后，紧靠破裂面处岩体由于地震的震动及放大效应，形成破坏，形成震裂岩体。当主滑体滑后，形成临空，震裂岩体在持续不断的震动过程中，则再次失稳，形成堆积，主要表现在滑源区凹槽处，顶部植被杂乱同时具有整体后倾趋势，则表明主滑体滑动后，形成扯动效应，并带动主滑体边上震裂岩体形成二次失稳。形成前浪带动后浪的特征。

3.3 S105 公路郑家山滑坡成因机理研究 Researches of the genetic mechanism of Zhengjia Mountain landslide on S105 road

郑家山滑坡位于平武县南坝镇石坎乡新坪村郑家山组，距平武县 25km。郑家山为孤立单薄山脊，岩性组成为第四系滑坡堆积层、残坡积层、冲洪积层，下伏寒武系下统邱家河组黄灰硅质板岩，结构面发育，岩体破碎，滑坡区位于石坎断裂两条分支断层之间。

地震触发郑家山大型高速滑坡，在地震动力作用下，滑体高速向前倾泻，在极短的时间内，由于空间限制，向沟底运动，并向郑家沟左岸强力逆冲“爬坡”，上滑体顶部强风化带以上岩土体一部分向前甩出，一部分受阻折返、震动堆积，滑动体积约 $210\times10^4m^3$，滑坡造成郑家山坡顶部分房屋遭受毁灭性破坏，坡脚房屋、学校、道路被掩埋，直接造成 12 名学生、2 名教师和 19 名村民共 33 人死亡，经济损失巨大。

3.3.1 滑坡区自然地质条件 Natural geological conditions in landslide area

3.3.1.1 地形地貌

郑家山滑坡位于四川省北部山区，处于青藏高原东部边缘，即四川盆地向青藏高原过渡地带，地形起伏大，北高南低，高差较大；沟谷纵横，切割强烈，属于高山峡谷地貌。滑坡区后缘高程为 1 225 ~ 1 475m，前缘高程为 1 030 ~ 1 090m，相对高差 300 ~ 475m；地表总体坡度为 20° ~ 40°，局部达 70°，横向地形为三沟一脊地形（图 3-19）。

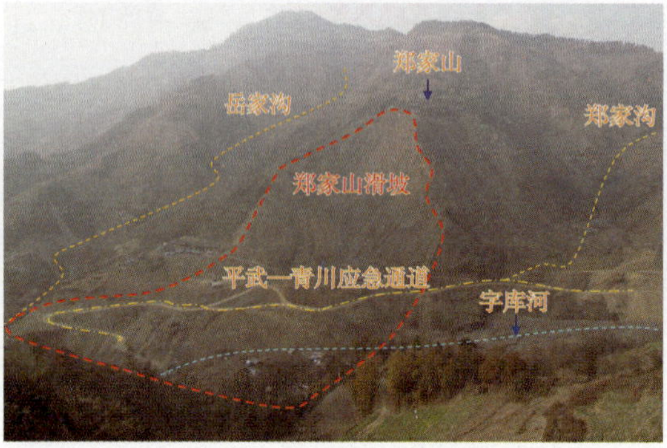

图 3-19 滑坡区地形地貌图

Figure 3-19 Graph of topography in landslide area

3.3.1.2 地层岩性

研究区主要地层为第四系滑坡堆积层（Q_4^{del}）、残坡积层（Q_4^{el+dl}）、冲洪积层（Q_4^{al+pl}），下伏寒武系下统邱家河组黄灰硅质板岩（$\in_1q$）。

3.3.1.3 地质构造

平武县位于扬子准地台、西秦岭褶皱带、松潘—甘孜褶皱带三大一级大地构造单元的结合部位，跨属后龙门山推覆构造和龙门山前陆推覆—逆冲带。研究区位于石坎断层两条分支断层之间，距断层 NW 侧分支约 500m，距断层 SE 侧分支较近，约 100m（图 3-20）。石坎断层分布于南坝石坎一带，向北东经箭竹垭延入雁门坝幅，南端与关帝坪断的归并长约 21km。断层总体呈北东走向，倾向北西，倾角大于 60°。北西上盘为水晶组、邱家河组，南东下盘组主要为油房组，少量邱家河组，分支断层之间夹邱家河组。

根据地层、构造透镜体的叠置关系，以及牵引褶皱的特征判别，本断层为顺扭走滑—逆冲断。

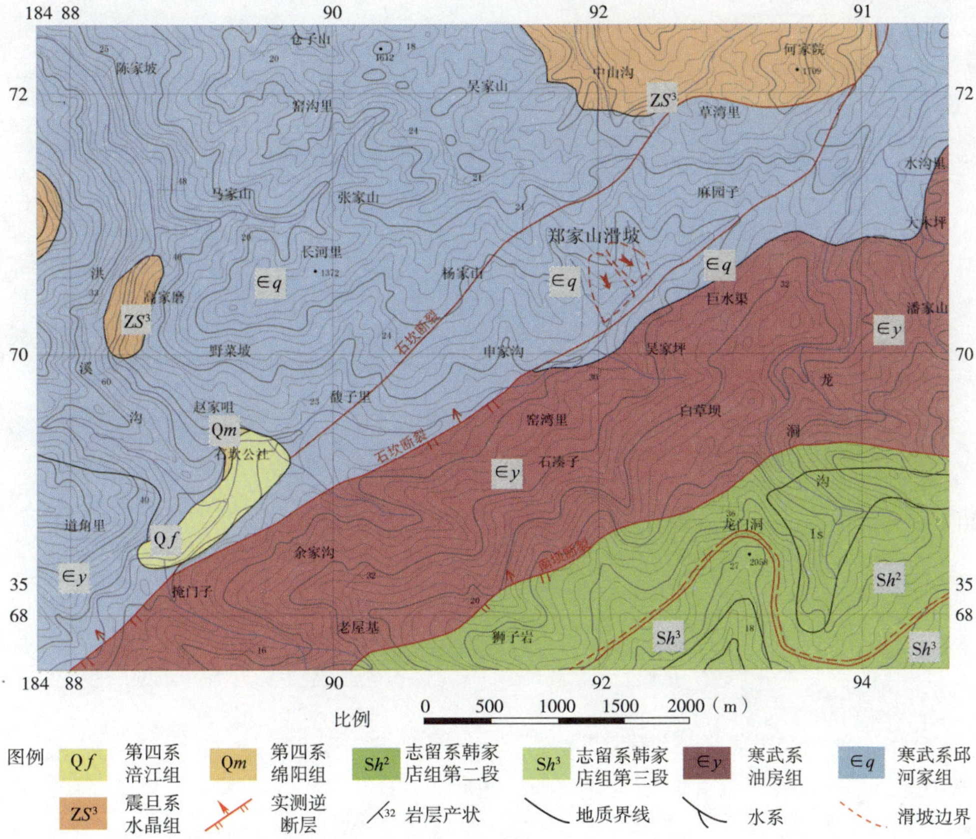

图3-20　滑坡区地质图

Figure 3-20　Geological map of the landslide area

3.3.2　滑坡发育特征 Landslide's developmental characteristics

为了便于整体把握滑坡滑源区边界、堆积体特征，对滑坡分为滑源区、堆积区、碎屑流区进行描述，受地形条件影响滑源区和堆积区部分重合。

3.3.2.1　滑源区

滑坡滑源区由滑坡壁和下游侧边界组成，滑坡壁长约200m，最大高差110m，高程为1 115～1 225m，滑坡壁为层面，产状为193°∠40°，平直较光滑（图3-21），光面发育一组陡立NW向结构面，结构面可见长度约30m，间距约2m，张开约5cm，充填硅质板岩岩屑。

在极震区，首先到达的P波形成强大竖向作用力，使山体沿层面震裂松动，并在山体内部沿层面产生拉张裂缝。S波达到后，已被震裂松动的山体在强大地震水平力作用下产生强烈破坏，沿层面拉裂缝被进一步拉裂，向深部扩展，形成滑坡发生的后缘光面边界。调查期间距滑坡整体失稳时间较长，在板岩风化剥蚀作用下，滑坡后缘光面仍发育多条

NNW 向擦痕。S 侧下游侧拉裂面走向为 NW 向，壁长约 100m，最大高差约 60m，高程范围为 1 115 ~1 175m，坡度为 30° ~40°。

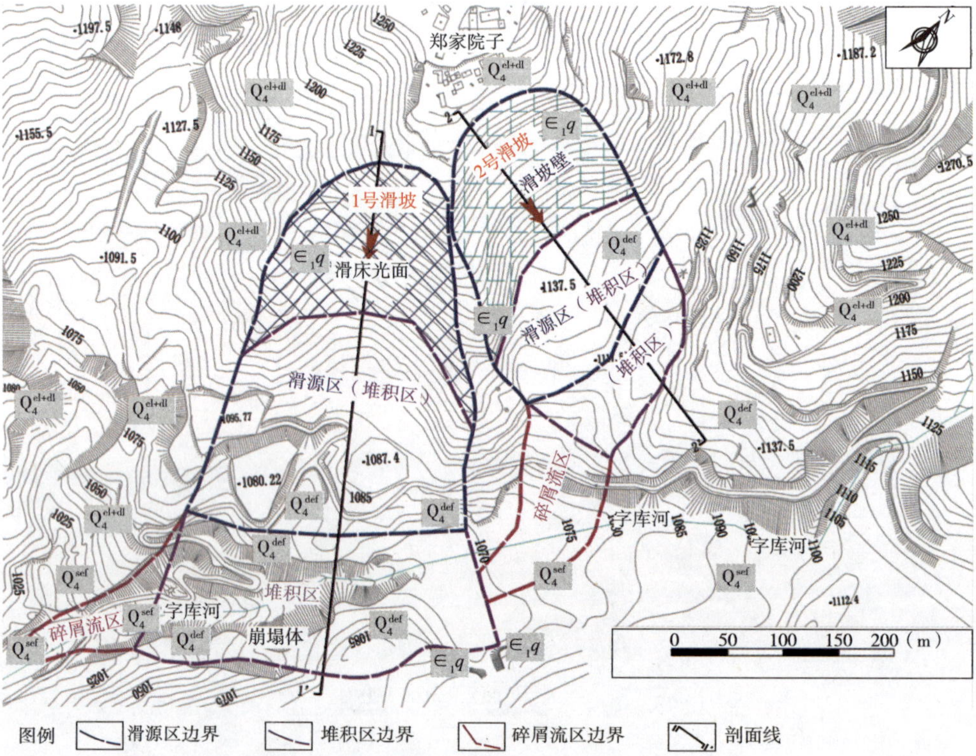

图 3-21　滑坡分区图

Figure 3-21　Zoning map of the landslide

由于滑坡下游侧为松散堆积体和硅质板岩，岩体破碎，且 NW 向结构面发育（图 3-22），地震作用下首先到达的 P 波形成强大竖向作用力，并在山体内部沿 NW 向结构面产生深拉裂缝。S 波达到后，后缘松动岩体在水平力作用下进一步扩展。

图 3-22　滑坡后缘光面

Figure 3-22　Smooth on trailing edge of the landslide

山体沿层面向下滑动，下游侧边界受滑体影响，产生拉张裂缝，由于扩容作用下游边缘产生较多楔形裂缝，滑坡下游侧边界为锯齿状，且沿 NW 向结构面发育。滑坡典型剖面图见图 2-23。

3.3.2.2　堆积区

郑家山滑坡产生后，以极快的速度顺层溃滑下来，在 SE 方向形成了长 280km、宽 360m、最大厚度达 60m、体积达 $210 \times 10^4 m^3$ 的堆积体。滑体冲过字库河，受到迎面山体的强力阻挡，逆冲爬高约 60m 后，表部惯性极大的松散岩土体快速折返并震动堆积、荡平，余势不减的碎屑流汇入滑坡扩容抛撒体，向字库河下游流动约 150m。滑坡整体滑动后曾堵塞字库河形成一个小堰塞湖，后经人工疏通和洪水冲刷切割形成目前地形。

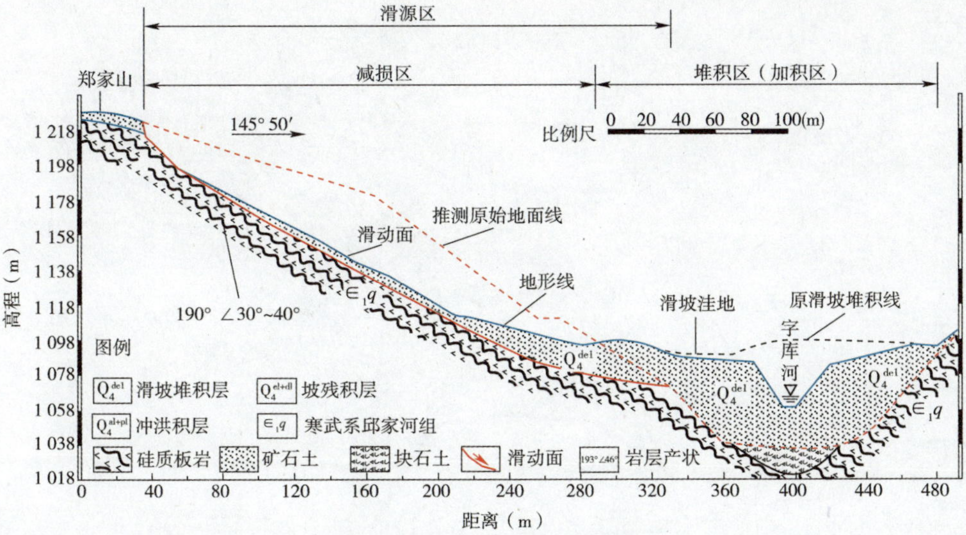

图3-23 滑坡典型剖面图

Figure 3-23 Typical profiles of the landslide

总体上，滑坡堆积体地形起伏不大，“沟槽”与“垄岗”相间，呈舒缓波状，似地震波传播所导致。以滑坡现场调查为基础，根据滑坡不同的破裂现象、不同部位物质运动特征及堆积体不同形貌特征，可将滑坡堆积区分为以下5个区（图3-24），各分区特征如下。

1区：倒石锥区，为滑坡整体滑动后后缘松散块体崩塌形成，填于滑床光面前缘，主要为碎块石硅质板岩和少量第四系的堆积物，与滑坡后缘陡壁岩性一致，碎块石直径2~50cm，沿坡面走向整体呈上细下粗的崩塌堆积特征，前缘覆盖在1区上。

2区：滑坡垄岗区，滑体大规模快速整体滑动后，山顶部分震裂岩土体在自重、雨水软化及塑变作用下产生滑塌，堆积于洼地，形成宽缓垄岗。垄岗顺坡向长约40m，宽约200m，堆积体主要为中风化硅质板岩，粒径20~100cm，表面有第四系的松散堆积层。

3区：滑坡洼地，滑坡高速滑动后在堆积体后缘形成典型洼地，顺坡向长约50m，宽约200m，堆积体以灰褐、黄灰色硅质板岩碎块石为主夹少量灰黑色炭质板岩，块石直径大于0.5m的占40%，堆积体中混杂有少量来自山顶植物，表层盖有5~10cm的滑坡扬尘。

4区：滑坡主堆积区，顺坡向长约150m，宽约200m，堆积体以灰褐、灰黄色硅质板岩为主，夹少量灰黑色炭质板岩，对字库河河床观察堆积体硅质板岩和炭质板岩未完全解体整体结构仍存在，其产状变化较大，堆积体表层少粉尘，有较多大块孤石，直径近3m。

5区：碎屑流区，灰褐、灰黄色硅质板岩碎石土夹少量灰黑炭质板岩，主要为地震过程中震荡、折返过程中形成的高速碎块石流向地势低凹的地方运动堆积形成，块石直径大部分小于0.5m，尺寸小于30cm的碎块超过50%。

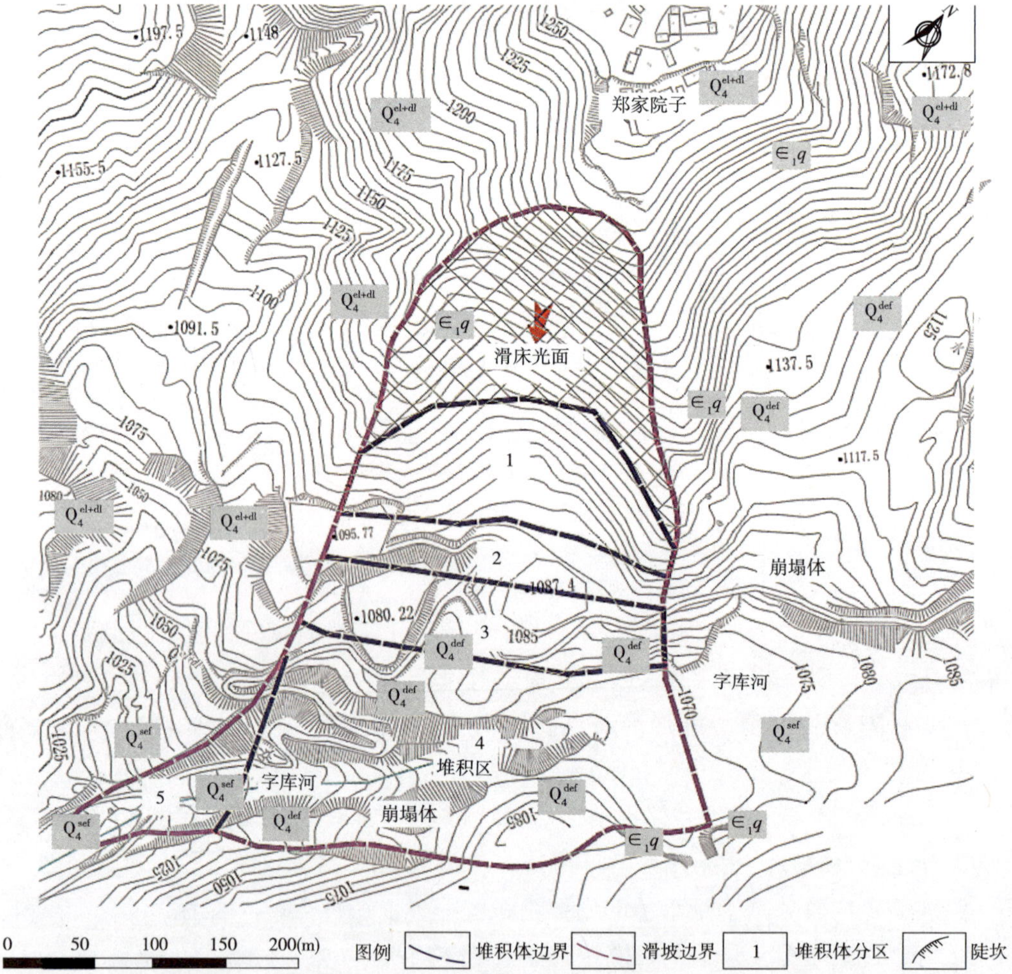

图 3-24 滑坡堆积体特征平面图

Figure 3-24 Floor plan of landslide accumulation area's characteristic

1-倒石堆区；2-滑坡垄岗区；3-滑坡洼地；4-主堆积区；5-碎屑流区

总体上来看，滑坡堆积物是沿主滑方向溃滑堆积而成，以对岸吴家坪为分界，堆积体分为5个区，1区、2区、3区分别为滑源区、堆积区和公共区，滑坡物质由1区向4区，块体直径逐渐增加，在4区可见未解体岩体。根据现场调查的物质组成情况，可以推测滑坡堆积过程为：在地震动力作用下斜坡溃滑失稳，主滑体犹如“泼水”高速向前倾泻，由于时间短促，并受空间限制，主滑体在局部没有解体的情况下，向吴家坪强力逆冲，在“爬坡”过程形成许多“推覆”反坡台坎后骤停，主滑体顶部强风化带以上岩土体一部分向前甩出，一部分受阻折返、震动堆积、荡平，余势不减的碎屑流汇入滑坡扩容抛撒体，由于字库河沟床狭窄弯曲，抛撒体向字库河下游流动距离仅约150m。主滑体堵塞字库河形成堰塞湖，由于人工开挖和河水侧蚀作用，形成目前堆积体地形。

3.3.3 滑坡形成机制分析 Analysis of formation mechanism of landslide

综合以上各节所述，对郑家山滑坡大地震中属于“拉裂—剪断”型的高速滑坡，其变形破坏机制及滑坡的形成过程我们可以抽象如图3-25所示的概念模型。概念模型的要点如下。

（1）坡体震裂，层面拉张、松弛阶段

在强震长持时作用下，坡体产生震动溃裂，表现为岩层层面（主控结构面）松弛，摩阻力急剧降低。强震地震波传递过程中遇到弱面（无论是P波还是S波），一方面都会在弱面上产生拉应力；另一方面，反复的震动会导致结构面产生累进性位移，从而致使层面的强度不断地被克服和削弱，并最终越过峰值，迅速降低到残余值。

（2）剪断锁固段溃滑阶段

在地震震裂山体的同时，滑坡前缘剪出口岩体部分溃裂，由于层面摩阻力急剧降低，在地震力和滑体自重的作用下，直接脆性剪断锁固段岩体，失去阻抗的巨大滑坡，如同"泼水"一样，沿岩层的倾向方向高速溃滑而下。

（3）震动堆积阶段

滑体冲过字库河，受到迎面山体的强力阻挡，逆冲爬高60余米后，表部惯性极大的松散岩土体快速折返并震动堆积、荡平，形成目前舒缓相间的堆积体。

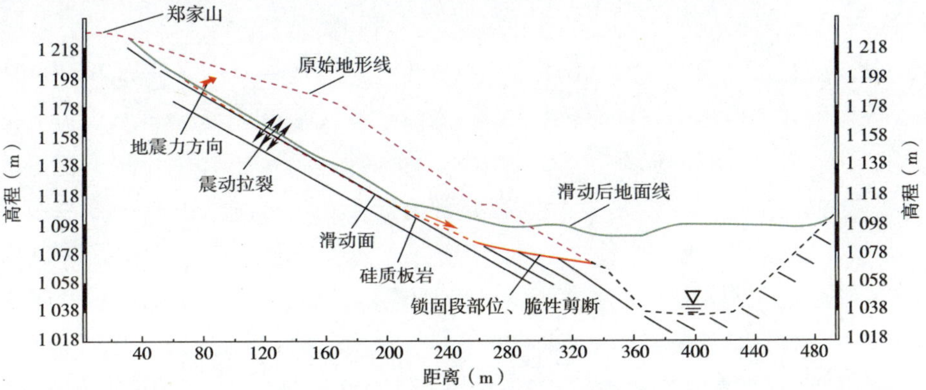

图3-25　滑坡变性破坏机制的"概念模型"

Figure 3-25　"Conceptual model" of the deformation and failure's mechanisms of the landslide

3.4　小结 Summary

汶川地震典型滑坡形成机制分析表明：

（1）斜坡不利结构面发育、岩体破碎、风化严重是地震作用下形成大型滑坡的基本条件；地形突兀、山体单薄坡体对地震波放大效应显著，易于发生大规模滑坡灾害。

（2）地震触发滑坡后壁高陡而粗糙，呈明显拉裂特征，这是地震动力作用下高位山体岩体由上而下被拉裂的结果。如平溪村滑坡山顶处残留发育多条拉张裂缝，宽度0.2～0.7m，延伸长度10～15m。

（3）在地震强烈动力作用下，伴随着锁固段的剪断，滑坡具有抛射和远距离运动特征，形成如碎屑流区、倒石堆区等独特的滑坡堆积地貌。如郑家山滑坡巨大滑体如同"泼水"一样，高速溃滑而下，且逆冲过河，爬高对岸山体60m。

第 4 章 汶川震区灾后泥石流特征与形成机理初步研究

Chapter 4 The mudslides characteristics and formation mechanism of the preliminary study of Wenchuan earthquake after disaster

地震泥石流特指在地震区内由地震诱发形成的泥石流，并与某具体的地震序列或某一次强震在时空上相关，主要分布在烈度≥Ⅶ度的地区（徐俊名，谭万沛，1986）。地震泥石流绝大多数由暴雨激发，但在同一地区，激发泥石流的降雨条件在地震前后变化很大，地震后同样的暴雨条件所激发的泥石流不仅数量多，而且规模也明显增大。

在震区内，按地震与泥石流暴发的时间顺序，可以将地震泥石流分为同发型地震泥石流和后发型地震泥石流。同发型地震泥石流指在发生地震的同时暴发泥石流，如 1970 年 5 月 31 日秘鲁发生强烈地震引发的特大泥石流；1974 年 5 月 11 日云南省永善—大关地区发生 7.1 级地震时，长房沟和马家弯沟等处暴发了沟谷泥石流，小岩坊和蒿子坝等处暴发了坡面泥石流（钟敦伦，1980）。后发型地震泥石流指在发生地震后由暴雨、堰塞湖溃决等诱发因素激发产生的泥石流，如日本 1847 年信浓善光寺地震，1858 年飞驒—越中地震和 1932 年关中大地震都不同程度地激发了泥石流的强烈活动；1973 年 2 月 6 日四川省炉霍地区发生 7.9 级地震，1976 年 8 月 16 ~ 23 日四川省松潘平武接连发生 7.2 级、6.7 级和 7.2 级地震，震区内绝大多数的泥石流是地震后暴发的（钟敦伦，1980；徐俊名，谭万沛，1986）。

在强震区内，震后的泥石流活动特点为：

（1）震前长期未活动的老泥石流沟在强烈地震诱发下泥石流重新复活。

（2）震前不是泥石流沟，在强烈地震诱发下变成泥石流沟。

（3）震前近期有泥石流活动的泥石流沟，在强烈地震作用下加强了泥石流的活动，增大了泥石流的活动频率和规模（钟敦伦，1980）。四川“5·12”汶川地震发生时的同发型地震泥石流已造成了局部的灾害，而后发型地震泥石流的强烈活动可以长达数年甚至于数十年（杜榕桓，章书成，1985），将对震区的重建及灾后的生产和生活产生强烈影响。

2008 年 9 月 24 日汶川地震区中心位置的北川一带突降暴雨，导致区域性泥石流的暴发，位于北川老县城附近的西山坡沟暴发大规模泥石流，泥石流冲入县城，几乎全部淤埋老县城。“9·24”暴雨泥石流灾害导致 42 人死亡、失踪，沿湔江等河流两岸新暴发的泥石流比比皆是，多处堆积扇对主河道造成顶托，加之河流泥沙含量高，水位上涨快速，使两岸低地居民安置区被洪水淹没和道路毁坏等受到严重威胁，如图 4-1 所示。

2010年8月12日18时~13日4时，清平乡总降雨量227mm。清平乡11条沟同时爆发泥石流，总堆积方量约$600\times10^4m^3$，其中，文家沟冲出$450\times10^4m^3$，走马岭沟冲出$83.5\times10^4m^3$。清平乡淤埋长度3.5km，宽度400~500m，厚度平均5m，最大厚度13m如图4-2所示。

图4-1 地震发生后再次被掩埋的北川老县城

Figure 4-1 Old Beichuan county which is buried again after the earthquake

图4-2 2010年锦竹市清平乡“8·13”特大泥石流

Figure 4-2 Qingping Township Mianzhu City “8·13” large mudslides, 2010

汶川地震后泥石流特征：

（1）地震后的强降雨过程是诱发泥石流的动力因素，泥石流暴发是大量前期累积雨量和当次激发雨强共同作用下的结果。根据对研究区震前和震后泥石流发生的临界雨量和雨强的初步分析，震前与震后泥石流发生的临界降雨条件有所变化，汶川地震后，该区域泥石流启动的前期累积雨量降低14.8%~22.1%，小时雨强降低25.4%~31.6%。

（2）岩石类型是影响泥石流发生和分布的重要因素，特别是64%的泥石流沟分布在志留系的千枚岩、板岩中，该类岩石在断裂和褶皱影响下，容易破碎、风化，形成富含黏土矿物的物质，为泥石流的形成提供了大量松散物质，也为泥石流携带大粒径块石远距离运动创造了条件。此外，发震断层和河流对泥石流空间分布也有一定的控制作用。

（3）震区泥石流启动方式主要有两种，一是由于暴雨过程形成的斜坡表层径流导致悬挂于斜坡上的滑坡体表面和前缘松散物质向下输移，进入沟道后转为泥石流过程；二是“消防水管效应”使沟道水流快速集中，并强烈冲刷沟床中松散固体物质，导致沟床物质启动并形成泥石流过程。调查和分析发现沟内堆积的滑坡坝对泥石流的阻塞明显，溃决后可导致瞬时洪峰流量特别大。此外，由于震后泥石流流域松散物质特别丰富，即使较小流域面积的泥石流冲出量也比一般泥石流似乎大得多。因此，震区泥石流的堆积泛滥危险范围更大，对位于扇形地的居住区、道路等其他基础设施的风险性也明显提高。

（4）汶川地震后，灾区内泥石流沟所处位置对烈度Ⅶ度的地区几乎没有影响，Ⅷ度地区开始产生影响，Ⅹ度及以上地区影响显著增加。汶川震区降雨诱发滑坡、泥石流敏感性极高，只要经历较大的降雨条件都将导致滑坡泥石流的活动，至少在近10年内，滑坡和泥石流活动趋势是强烈的，之后将会经历恢复期，直至斜坡趋于稳定。

4.1 典型滑坡—溃决型泥石流研究 Research on typical landslide- outburst of mudslides

2009年8月24日，位于"5·12"汶川地震极重灾区四川省安县高川乡的甘沟暴发了溃决型泥石流，在下游段形成宽50～100m，堆积厚度3～8m的冲积扇，泥石流历时10min左右，造成3间房屋被冲毁，2人死亡，严重威胁甘沟村约420人的生命，并且对居民安置点、石灰厂、乡村道路及在建的成兰高速铁路造成威胁。甘沟是一条新泥石流沟，在地震前未发生过泥石流，地震直接造成甘沟上游的牛颈沟发生滑坡，形成高速滑坡—堰塞湖—溃决型泥石流的地质灾害链。本文以该泥石流为例，分析震后滑坡—溃决型泥石流的形成条件和动力特征，并且提出防治措施建议，该研究为进一步认识地震灾区滑坡—溃决型泥石流的活动提供参考。

4.1.1 甘沟泥石流发育特征 The developing characteristics of Gan Ditch mudslides

4.1.1.1 地质条件特征

甘沟为涪江支流睢水河左岸的次级支沟，流域总体自北东向南西伸展，沟口位于甘沟村鸭子嘴。沟域地形呈叶脉状，发育八条支沟，分布不对称，大部分支沟分布于主沟西侧且长度较短，东部支沟较少但长度较长。沟域面积8.9km²，最高点位于北西侧夜火槽，高程2 010m，最低点位于甘沟汇入睢水河口，高程890m，相对高差1 120m（图4-3）。甘沟及支沟均发育于沟谷地区，属深切割构造侵蚀中山地形，岸坡植被发育，地震前地质灾害较少，生态环境良好。主沟平均纵坡降17.3%，上游沟段较为狭窄，纵坡较陡，平均纵坡48.0%，具陡涨陡落的山溪沟谷特征；下游段宽度略大，谷宽一般50～100m，平均纵坡5.4%～10.0%。甘沟泥石流没有典型的流通区，沟域主要为形成区（清水汇流、物源区）和流通堆积区组成。堆积区主要分布于甘沟下游。

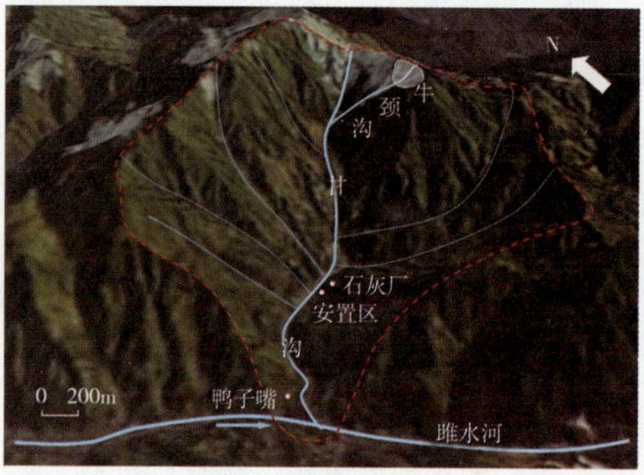

图4-3 甘沟流域遥感图

Figure 4-3 Gan Ditch watershed floor remote sening map

4.1.1.2 水源条件特征

甘沟属于嘉陵江流域，境内河流为涪江水系，支流主要为睢水河。甘沟泥石流的水源主要来源于大气降水，降雨形成的地表径流是引发泥石流的主要水源和激发因素。甘沟属季节性冲沟，整个沟段较为顺直，具有陡涨陡落的特点，通常历时短，流量大，破坏性强。

甘沟属中亚热带湿润季风气候区，年均降雨量1 400mm，主要集中在5～10月。据《四川省中小流域暴雨洪水计算手册》所附暴雨量等值线图，甘沟地区在$P=5\%$的条件下，1/6h、1h、24h雨强可分别达到26.7mm、89mm、178mm，完全具备引发泥石流灾害的降雨条件；加上甘沟沟域支沟发育，树枝状排列，沟内地形陡峻，沟谷上游及各支沟纵坡很大，有利于地表降水的径流和汇集。以上这些因素都为泥石流的形成提供了有利的水源条件。

4.1.1.3　物源条件特征

震区泥石流的形成发育最显著而典型的特点就是强震作用下为泥石流流域提供大量松散固体物质来源。震后，甘沟流域内崩塌和滑坡非常发育。从物源区特征上看，主沟物源主要由崩滑物及沟道堆积物组成。其中，崩滑物源为3个滑坡及5个崩塌堆积物，是泥石流的重要固体物质；沟道堆积物主要分布于甘沟中下游，由于该段河谷宽缓，通常情况下不会启动，难以参与泥石流活动。支沟物源主要由崩滑物、公路弃渣（主要为苟院子沟）和矿山弃渣组成，在暴雨时容易受激流的掏蚀作用[3]，且支沟坡降均较大，因而处于欠稳定和不稳定状态。通过现场调查和统计可知，整个甘沟流域的泥石流固体物源量见表4-1，其中，牛颈沟滑坡的总储量约$30\times10^4m^3$，动储量约$20\times10^4m^3$。

表4-1　甘沟泥石流物源估算汇总统计表

Table 4-1　Gan Ditch mudslides provenance estimate summary tables

分布	崩滑堆积物源（10^4m^3）		坡面侵蚀物源（10^4m^3）		沟床堆积物源（10^4m^3）		合计（10^4m^3）	
	总量	动储量	总量	动储量	总量	动储量	总量	动储量
主沟	247	26.25	25	10	40	10	312	46.25
支沟	381.35	85.0	20	10	62.35	20.88	463.7	115.88
合计	628.35	111.25	45	20	102.35	30.88	775.7	162.13

4.1.2　“8·24”泥石流特征及动力特征分析 The characteristics and dynamic characteristic analysis of “8·24” mudslides

4.1.2.1　泥石流状况

甘沟位于龙门山中央断裂带，其上游的牛颈沟滑坡是“8·24”泥石流暴发的主要物源。在“5·12”地震中，牛颈沟坡顶出现滑坡，后缘高程约1 810m，滑坡体长约250m，宽约140m，厚8～10m，共约$30\times10^4m^3$。滑坡沿基覆界面滑动，下部基岩为灰岩。牛颈沟总体纵坡约50.0%，且上部较陡约60.0%，中下部约45.0%（图4-4）。

在“5·12”汶川特大地震过程中，牛颈沟山体被震裂松动，岩土体摩阻力迅速降低，在后缘基覆界面形成深长的拉裂面，坡体下部也因垂向和水平向的震动而产生张剪性破坏，从而形成一连贯滑面，然后在强大的地震水平力作用下，滑坡体高速向下滑动；由于牛颈沟沟道弯曲，导致高速下滑的滑体多次高速撞击沟道且大面积解体，转化为碎屑物质掉转方向顺沟谷下游方向流动，沿途不断刮铲和裹挟沟床及沟谷两侧松散堆积体，沟底土层被剥光，成为基岩裸露的大光面。滑体方量不断增大，最后以碎块石形式堆积在牛颈沟与甘沟交汇的较缓平台处，形成一个堰塞坝，堵住沟道。经过雨季的降雨作用，坡顶残留的松散体在水的浸润作用下，强度已经大大降低，处于欠稳定状态。在2009年8月24日的强降雨影响下，部分松散体沿沟道下滑，高速冲击堰塞坝，使其溃决，泥石流的洪峰流量瞬时增大，导致泥石流部分翻越牛颈沟沟口左边高约40m的山梁，并且携大量物质高速进入甘沟主沟。由于石灰厂往上约300m的地方河道转弯，沟道较窄，泥石流形成短暂的自然堵塞，随后随着能量的累积，泥石流取直避弯，直接冲断山梁飞速而下，并形成了一个新沟口（图4-5），最后停积于下游段平坦处。

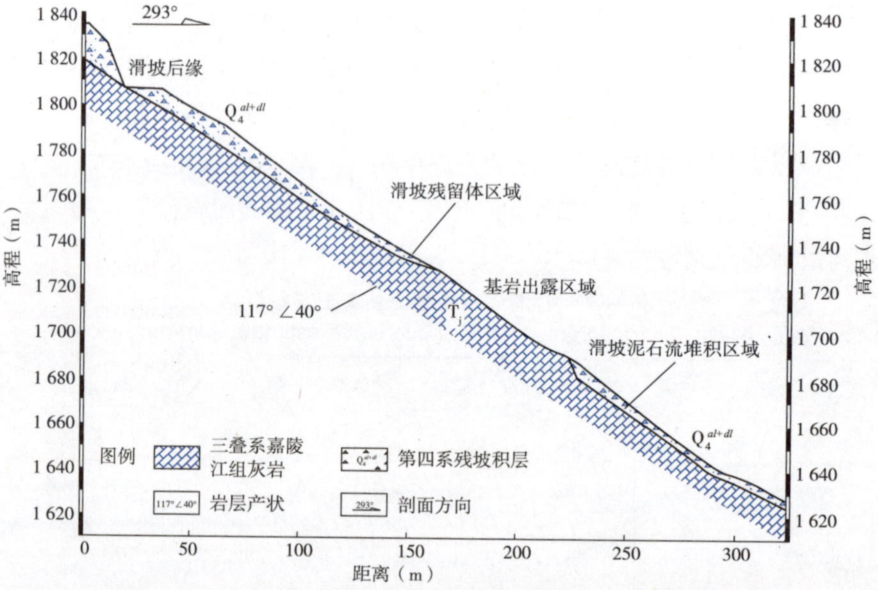

图4-4 牛颈沟纵向剖面图

Figure 4-4 Longitudinal profile of the Niujing Ditch

“8·24”发生的泥石流，牛颈沟参与的物源仅有1/3，现今仍残留有2/3的不稳定和潜在不稳定松散物质（图4-6），再一次发生高速滑坡—溃决型泥石流的可能性仍很大，图4-7为牛颈沟横剖面图。

图4-5 泥石流冲断山梁

Figure 4-5 mudslides washed off the ridge

图4-6 牛颈沟滑坡残留体

Figure 4-6 Niujing Ditch landslide relicts

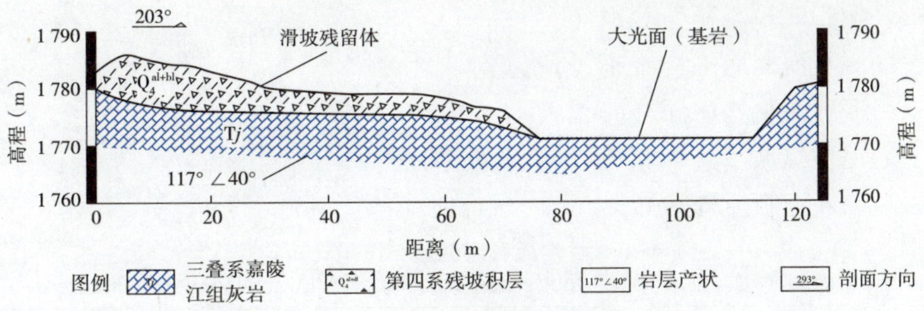

图4-7　牛颈沟滑坡横剖面图

Figure 4-7　Niujing Ditch landslide transverse section

4.1.2.2　降雨量特征

根据安县降雨资料，区内50年一遇年最大年降雨量为1 521.1mm（1990年），最大日降雨量为470mm/d（1992年），地震后对安县高川水文点几次大的降雨资料进行收集，其震后24h降雨量特征如表4-2所示。

表4-2　高川乡震后24h降雨量特征表

Table 4-2　24 hours after the earthquake, rainfall characteristics of Gaochuan Township

时间	2008.7.14	2008.7.20	2008.7.31	2008.9.22	2009.7.17	2009.7.21	2009.8.24	2009.9.9
降雨量（mm）	49.9	67	69.3	33.1	157.0	33.9	42.5	63.5

从表4-2可看出2009年8月24日，高川乡24h降雨量仅为42.5mm，未达到暴雨级别（暴雨为24h内雨量大于等于50mm），并且当日降雨量并非震后单日最大降雨量，降雨量比爆发当日大的天数达五日之多。但据沟口鸭子嘴村民反映，泥石流爆发当日，沟口仅为毛毛雨，而牛颈沟附近降雨量较大，达100mm以上，且时间不长，为山区常常出现的“沱沱雨”，即局地性强降雨，且已经达到触发泥石流的临界雨强，再加上雨季的连续降雨，造成大量松散土含水饱和程度提高，于是暴发了“8·24”溃决型泥石流。可见，这种短历时强降雨所提供的激发水量是触发此次甘沟泥石流的主要原因。

4.1.2.3　泥石流动力特征分析

甘沟属于典型的地震引起的次生滑坡—泥石流灾害，为沟谷型泥石流。从泥石流堆积体和现场调查试验得出甘沟泥石流属于黏性泥石流，且表现为从上游到下游重度逐渐降低的规律。对于泥石流动力特征的定性及定量分析，是认识泥石流属性和进行泥石流防治工程设计的基本依据。通过前面的分析可知，甘沟泥石流为山区溃决型泥石流，其发生的频率较难预测，且规模较大，为了了解其动力特征，采用泥痕形态调查法并且选取两个断面来进行计算。

断面1和断面2均位于甘沟下游段堆积区，选用云南东川蒋家沟泥石流计算公式分别计算甘沟泥石流的流速和流量，结果如表4-3所示。

$$Q_c = W_c V_c \tag{4-1}$$

$$V_c = \frac{1}{n_c} H_c^{\frac{2}{3}} I_c^{\frac{1}{2}} \tag{4-2}$$

式中：Q_c——泥石流断面峰值流量（m^3/s）；

W_c——泥石流过流断面面积（m^2）；

V_c——泥石流断面平均流速（m/s）；

H_c——泥石流平均泥深（m）；

I_c——泥位纵坡率（%），以沟床纵坡率代替；

n_c——黏性泥石流沟床糙率。

表 4-3 甘沟泥石流流速与流量计算值表

Table 4-3 Gan Ditch mudslides velocity and flow calculated values

断　面	糙　率	泥深（m）	沟床纵坡率（%）	流速（m/s）	断面面积（m^2）	流量（m^3/s）
1	0.077	1.4	1.73	6.76	59.64	403.17
2	0.077	1.6	1.02	5.67	40.16	227.86

“8·24”泥石流规模相当于全流域 20 年一遇泥石流（设计概率为 5%），历时 10min，在流通堆积区峰值流量为 403.17m^3/s，泥石流一次过流总量为 24.19 $\times 10^4 m^3$，固体物质冲出总量为 15.39 $\times 10^4 m^3$，泥石流规模为大型。

4.1.3 防治措施建议 Prevention and treatment measures

根据以上分析，甘沟流域的松散物质极为丰富，且上游段牛颈沟仍有大量不稳定物源，这可能使激发泥石流的临界雨强降低，因此，使该沟泥石流的暴发频率增大，成为中频甚至高频泥石流，该流域的泥石流活动在未来的 5～10 年内会比较活跃。甘沟的直接威胁对象主要为下游段的石灰厂及居民安置区。甘沟沟道特征总体上上游纵坡大，下游逐渐变缓，局部地段陡缓相间，沟道宽度总体上上游狭窄，而下游逐渐变宽，局部宽窄相间。根据以上特点提出以下防护措施。

（1）护、排为主，结合坝消能

根据沟谷地形条件和物源分布特征，针对保护对象进行防护。在距牛颈沟约 100m 处和苟院子沟上游处各布置 1 座拦挡坝，这两处均为狭窄的沟谷，纵坡较缓，上游为开阔的宽谷地带，天然库容较大。这两个坝起到稳拦物源和削峰减流的作用，减少到达甘沟下段的泥石流量，降低泥石流重度，并调节下游泥石流洪峰流量，减轻防护堤的压力；在石灰厂、居民安置区设置单边防护堤，防止泥石流直接对其造成威胁，保护威胁对象的安全。

（2）及时清淤，恢复植被

“8·24”泥石流后，沟道里堆积了大量的泥石流物质，为了不造成沟道的堵塞且防止成为泥石流的物源，应及时对其进行清理。根据甘沟泥石流的活动与危害特征，在上游段进行封山育林，使滑坡、崩塌堆积物等尽快恢复植被，并加强整个流域的生态环境保护，减少泥石流的固体物源。

（3）加强监测，及时警报

泥石流多为雨季时发生，当发生强降雨，特别是局部性暴雨时，应做好应急准备，必要时撤离沟内。为了防止甘沟泥石流的突发，可建立泥石流监测网，如气象水文监测、固体物源监测及运动特征监测等，以确保监测数据的可靠性。

4.2 汶川震区清平走马岭沟"8·13"特大泥石流特征及防治措施研究 Qingping Township, Wenchuan earthquake zone Zoumaling Ditch "8·13" large mudslides characteristics & prevention measures research

4.2.1 引言 Introduction

四川省绵竹市位于四川盆地西北部，地理位置在东经103°54′~104°20′，北纬30°09′~31°42′之间，属于汶川地震极重灾区。受汶川大地震的影响，境内松散物源异常丰富，次生灾害极其严重，泥石流为该区最大的地质灾害隐患。

绵竹市清平乡走马岭沟为一条老泥石流沟，系2009年"9·24"泥石流爆发之后，于2010年8月13日，走马岭沟又暴发了一次特大泥石流。此次泥石流使主沟及支沟沟口部分民房被掩埋，2.0km的道路被毁，并使绵远河改道300m左右，河床平均淤积抬高5~8m，直接经济损失达2 000万元左右。通过现场地质调查，在认真分析了走马岭沟工程地质环境、泥石流的成因、动力学特征及其危害性之后，提出了相应的治理措施及建议，为以后类似的泥石流灾害治理提供了可借鉴的依据。走马岭沟的全貌如图4-8所示。

图4-8　"8·13"泥石流之后走马岭沟全貌图

Figure 4-8　The whole picture of Zoumaling Ditch after the "8·13" mudslides

4.2.2 走马岭沟概况及泥石流基本特征 The overview and mudslides characteristics of Zoumaling Ditch

清平乡走马岭沟位于绵远河左侧，呈东北向西南方向伸展。为一树枝状、不对称分布的斜坡冲沟，冲沟由一条主沟和7条支沟组成，其中，3条较大的支沟分别为：林家山沟即⑤号支沟、滴洞沟即⑥号支沟、涧漕沟即⑦号支沟，见图4-9。沟域平均纵向长度3.5km，平均宽度1.6km，沟域面积5.7km^2。沟域最高点位于勘查区东侧山峰，海拔高程达2 044m，最低点位于走马岭沟汇入绵远河口，高程904m，相对高差1 140m。工程区出露的地层岩性主要有第四系堆积物（Q^4）、寒武系下统清平组基岩（$\in_1 c$）的粉砂岩和震旦系灯影组（$Z_b d$）的白云岩。主沟、支沟及两侧的斜坡都富集了大量松散堆积物，主要为5·12汶川大地震所产生的大量崩滑堆积物，堆积区最大厚度可达几十米。

走马岭沟并不是一条典型的泥石流沟，形成区、流通区、堆积区不明显。根据走马岭沟松散固体物源的分布及泥石流的运动机制，将沟域划分为两个区。从沟源到沟道中下

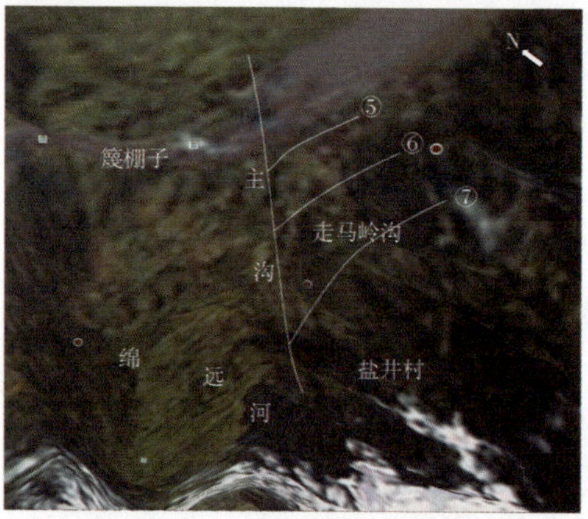

图 4-9 走马岭沟沟域卫星遥感影像图

Figure 4-9 Zoumaling Ditch domain satellite remote sensing image

游，走马岭沟共汇集了 7 条支沟的固体物源，一并冲出，因此将走马岭沟沟源到沟道中下游区域划分为形成流通区，该区段沟谷纵坡较大，特别是在上游段及沟源处多在 35° ~45°以上，⑤、⑥支沟与主沟呈钝角相交，⑦支沟与主沟呈锐角相交，支沟贡献大，为泥石流提供大量物源；而将走马岭沟下游至绵远河这一区段划分为堆积区。该区段沟床高程为 904.48 ~1 000.84m，高差为 96.36m，比降为 7.8% ~10.4%，平均比降为 9.1%。扇区扩散角约 45°，平面上呈扇形形状展开，地形坡度 3° ~8°，堆积扇面积约 $6\times10^4m^2$，扇区堆积厚度 3 ~12m，扇区泥石流堆积物方量约 $35\times10^4m^3$，挤压绵远河使其该段河形弯曲。走马岭泥石流沟床纵坡降示意如图 4-10 所示。

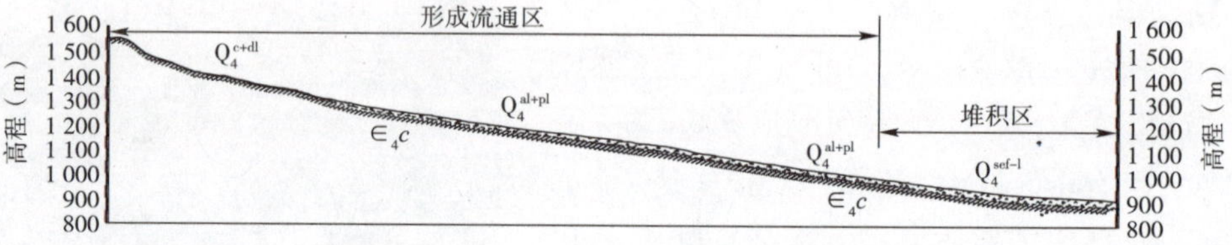

图 4-10 走马岭泥石流沟床纵坡降示意图

Figure 4-10 Zoumaling mudslides ditch bed longitudinal slope down schematic

Q_4^{c+dl}– 第四纪崩坡积物；Q_4^{al+pl}– 第四系全新统冲洪积层 Q_4^{sef-l}– 泥石流堆积层；$\in_4c$– 寒武系下统清平组

4.2.3 泥石流的成因 The causes of mudslides

泥石流是在山高沟深、地势陡峻、少植被的山区，由于松散的固体物质大量堆积，在突发性暴雨作为基本动力作用下而形成的，故形成泥石流的基本条件是地形、松散物质和气候条件。此次“8・13”泥石流的暴发主要是由于走马岭沟山高坡陡、沟床坡降较大，震后大量的松散堆积物及局地短时大暴雨等的综合作用下产生的。

4.2.3.1 强震区大量松散物源

走马岭沟丰富的物源与该地区复杂的地质构造背景是密切相关的，主要表现在以下方面：

（1）走马岭沟原为一条老泥石流沟，汶川地震的发震断裂映秀—北川断裂基本顺该沟穿过，断裂发育，地质构造作用强烈切割岩体，使得岩体整体性和强度丧失，易于风化破碎，形成泥石流的物源，因此，泥石流沟的发育与断裂构造呈高度一致性。

（2）汶川地震带来的大量崩滑堆积物仍汇集在沟床及两岸斜坡处，频繁的地质活动使得松散堆积物的结构发生变化，物理力学强度降低，在暴雨的作用下易于冲走，从而形成泥石流物源，据统计此类物源总量为 $211.89\times10^4m^3$，约占泥石流物源总量的 49%。

(3) 位于极重震区的清平乡多数山区斜坡处于不稳定～欠稳定状态，在短时强降雨的作用下，走马岭主沟及支沟多处发生崩塌和滑坡，其中崩塌15处，滑坡3处，这里仅列图4-11和图4-12来说明。据统计，此类物源总量为$201.87 \times 10^4 m^3$，约占泥石流物源总量的46%。综合统计，走马岭沟沟源及两侧斜坡剩余松散物源约$432.66 \times 10^4 m^3$，本次泥石流冲出量约为$83.5 \times 10^4 m^3$；原有松散物源总量约为$516.16 \times 10^4 m^3$。其物源量之大急需进行有效的治理。

图4-11　走马岭沟中上游右岸崩塌堆积物源

Figure 4-11　Zoumaling Ditch mid - upstream right bank collapse accumulation provenance

图4-12　⑤号支沟沟源崩塌堆积物源

Figure 4-12　The ⑤ Ditch collapse accumulation provenance

4.2.3.2　局地强降雨及较大的汇水面积

绵竹市属于四川盆地中亚热带季风性湿润气候区。夏季暴雨较多，伏旱很少，常有洪涝。根据四川地区经验，四川山区泥石流激发雨量一般为一次雨量48～50mm或10min雨量8～12.2mm，1min雨量0.8～1.2mm。引发“8·13”特大泥石流的气候条件主要为局地强降雨作用。2010年8月12～13日，绵竹地区普降暴雨，清平乡从12日下午6：00开始降雨，12日晚上22：00至13日凌晨4：00出现特大暴雨，最大小时降雨量为70mm，最大日降雨量为227.5mm。此降雨量远远大于该区泥石流的激发雨量，并且由于“5·12”大地震的影响，坡表及沟床堆积物松散，走马岭沟暴发泥石流的临界降雨量比这些界限值还要低，使得泥石流的暴发成为必然。

同时，树枝状的泥石流斜坡冲沟，为泥石流提供了较大的汇水面积，沟域平均纵向长度3.5km，平均宽度1.6km，沟域面积$5.7 km^2$。主沟沟道顺直，为地表降雨的汇集和流通提供便利的通道。

4.2.3.3　地形条件

绵竹市清平乡位于四川盆地西北部山区，属构造侵蚀中切割陡峻低—中山地貌、斜坡冲沟地形，总体上沟域地势陡峻，临空条件发育，为崩塌、滑坡等不良地质现象的发育提供了有利条件。

走马岭沟陡峻的地势为泥石流的发生提供了良好的势能和动能条件。走马岭沟主沟相对高差525m，长度3.58km。沟床坡降较大，一般为15.0%～18.0%，沟源一带坡降大于40.0%，沟谷坡度为35°～55°，非常有利于堆积物由势能向动能的转化。同时，支沟沟谷形态主要以 V 形谷为主，给降雨的汇集和流通提供良好条件。陡峻的地形和良好的汇水环境为泥石流提供了充足的水动力条件。大量的地表水汇集，冲刷沟床内堆积物，从而形成泥石流。

4.2.4 泥石流的特征参数 The characteristic parameters of mudslides

对于泥石流运动特征和动力特征的定量分析，是认识泥石流和进行泥石流防治工程设计的基本依据。由于无泥石流发生时的实际观测数据，我们对各泥石流沟的分析，主要根据查访资料，类比泥石流动力特征的研究成果进行分析。

（1）泥石流体重度

根据《泥石流灾害防治工程勘查规范》（DZ/T 0220—2006）附录 H 和附录 G，走马岭沟易发程度数量化评分为 116 分，为极易发生型，查得泥石流体的重度 $\gamma_c = 1.800\text{t/m}^3$。

（2）流速计算

走马岭主沟泥石流为黏性泥石流，采用以下公式进行计算：

$$V_c = \frac{1}{n_c} \cdot H_c^{2/3} \cdot I_c^{1/2} \tag{4-3}$$

式中：V_c——泥石流断面平均流速（m/s）；

H_c——泥石流平均泥深（m）；

I_c——泥石流水力坡降，可用沟床坡降代替；

n_c——黏性泥石流沟床糙率，根据规范查表确定，考虑沟床纵坡率大，石块大小悬殊，沟内有巨石和挟带的树木堆积，取 0.270。

主沟不同的断面，泥位深度不同，坡降不同，故流速不同，经计算得主沟的流速为 2.44～4.07m/s，平均流速为 3.26m/s。

（3）流量计算

本次计算方法采用经我国学者修正后的雨洪法计算公式，也称东川公式，公式如下：

$$Q_c = (1 + \phi) \cdot Q_B \times D_c \tag{4-4}$$

式中：Q_c——频率为 P 的泥石流洪峰值流量（m^3/s）；

Q_B——频率为 P 的暴雨洪水设计流量（m^3/s）；

D_c——泥石流堵塞系数；可以查经验表；

ϕ——泥石流泥沙修正系数。

由此来计算走马岭沟在不同断面下不同频率对应的泥石流洪峰值流量。

经选用 2009 年 12 月实测地形图和现状地形图进行比较估算，走马岭沟一次泥石流冲出总量 Q 约为 $153.1 \times 10^4 \text{m}^3$，一次固体物质冲出量为 $83.5 \times 10^4 \text{m}^3$。

4.2.5 走马岭沟泥石流防治措施建议 Prevention and treatment measures for Zoumaling Ditch mudslides

在分析了本次泥石流的危害性及其动力学特征的基础上，针对走马岭沟现有物源及潜在泥石流隐患，建议采用“固源 + 拦挡 + 排导 + 停淤”的综合工程治理措施。

走马岭沟泥石流治理工程的实施方案采取“固源 + 拦挡 + 排导 + 停淤”为主的工程措施。在主沟的形成—流通区段修建 7 座拦砂坝（分别为 1 号、2 号、3 号、4 号、5 号、6 号、7 号拦砂坝），6 座谷坊坝（分别为 1 号、2 号、3 号、4 号、5 号、6 号谷坊坝）。在纯粹的流通区域，主沟左岸修建一条防冲墙，右岸修建一条防护堤；在主沟与绵远河交汇处，修建 1 个泥石流停淤场；在停淤场出口与绵远河之间修建长排洪沟各 1 条。⑤、⑥、⑦号支沟采取“上游修建谷坊坝控制泥石流物源，下游修建排导槽将冲出来的泥石流汇入主沟，流入停淤场”的治理措施，详见泥石流治理平面图 4–13。

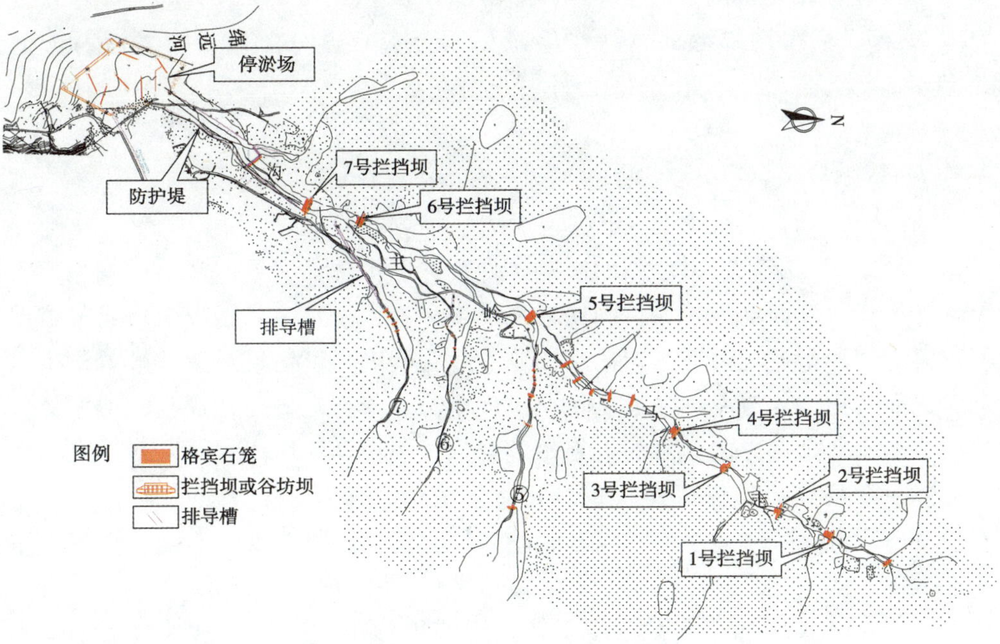

图 4–13　泥石流治理平面图

Figure 4–13　Mudslides governance floor plan

（1）拦砂坝的设置

主沟的中上游物源储量较大，设置了 1 号、2 号、3 号、4 号共 4 道拦砂坝，起固坡压脚的作用，同时拦挡泥石流中的固体物质，降低流体重度，减轻对下游的危害；⑤、⑥、⑦号支沟汇入主沟处，选择合适的坝址各设置一道拦砂坝，分别为 5 号、6 号、7 号拦砂坝，消减支沟汇集的泥石流流量。1 号、2 号、3 号、4 号拦砂坝采用 C30 素混凝土，后面的 5 号、6 号、7 号拦砂坝采用钢筋混凝土 + 人工灌注桩，保证汇集的泥石流不冲垮坝体。坝下游设有副坝，防止过坝泥石流流体的冲刷；主副坝间、副坝后铺设格宾石笼，通过格宾石笼与泥石流体的直接碰撞来消耗泥石流体动能。

（2）谷坊坝的设置

主沟沟源处设置 1 号谷坊坝，起固源的作用，同时通过泥石流物质回淤压脚起到稳固沟床和减轻沟岸崩滑的作用。而后，经过 1 号、2 号、3 号、4 号共 4 道拦砂坝削峰减流之后，设置了2号、3号、4号、5号、6号谷坊坝，进一步减少泥石流的流量，同时还保证了经济合理性原则。坝下游铺格宾石笼，防止过坝泥石流掏蚀坝基。

（3）防冲墙的设置

在走马岭沟的流通区，即下游区域左岸修建防冲墙，右岸修建防护堤，不但起到引流的作用，还可阻止泥石流漫流威胁沟口两边的居民及其住宅、农田等。为了消减泥石流的流速，在防护堤之前横跨一道固床槛。

（4）停淤场的设置

在走马岭泥石流沟堆积扇部位及绵远河之间的平缓阶地处设置停淤场，因为这里地形开阔、平缓，有充足的停淤面积。停淤场设计面积约为66 182m^2，停淤方量约为251 492m^3。停淤场采用围堰式，并在停淤场内设置6道分流墙，削弱泥石流的冲击能量。

4.3 小结 Summary

受2008年“5·12”汶川地震的影响，地震灾区出现了大量的滑坡、崩塌等不良地质现象，在沟床、坡面堆积了大量的松散崩滑堆积物，一旦突降暴雨，极易形成溃决型泥石流灾害，使泥石流规模增大，活动加剧，危害程度不可估量。滑坡顺着沟道高速向下滑动，进而转化为碎屑流，并近于正交进入主沟，堵塞沟道，形成临时堰塞体，随着滑坡碎屑流的不断高速冲击，再加上暴雨的影响，很快导致坝体溃决，暴发了溃决型泥石流，造成下游的巨大损失。通过现场调查、试验、地震、降水等，在相关资料基础上，对滑坡碎屑流化—堵沟溃决—泥石流的基本特征、成因机理、运动特点进行了系统的分析。

（1）“5·12”汶川大地震致使牛颈沟沟顶山体出现严重的破坏和震裂变形，而“8·24”的局地强降雨是诱发滑坡滑动的主要因素。牛颈沟滑坡为沿着基覆界面滑动的崩残坡积层土质滑坡，分为滑源区和残留区，目前残留区还有大约$24\times10^4m^3$的松散堆积体，并处于欠稳定状态。

（2）探讨了滑坡碎屑流化、堵沟、溃坝的形成过程及机理。高速滑坡碎屑流化机理大致可概括为以下几个阶段：暴雨诱发震裂山体滑坡启动阶段—重力加速、前缘刨蚀沟道阶段—高速撞击解体、铲刮长距离运动阶段—堵沟阶段；其溃决模式为滑动崩塌型，并对溃坝洪峰流量进行了计算。

（3）对溃决后的甘沟泥石流的基本特征、运动力学特征及危害进行了分析研究。堰塞坝溃决后，暴发了溃决型泥石流，泥石流的洪峰流量瞬时增大，并携大量物质向下游高速运动，泥石流在石灰厂往上约300m的地方取直避弯，直接冲断山梁飞速而下，最后停积于下游段平坦处。甘沟溃决型泥石流的重度为2.05t/m^3，在流通区峰值流量可达494.74 m^3/s，一次泥石流过流总量为35.96×10^4 m^3。

（4）清平乡走马岭沟泥石流冲出量约为$83.5\times10^4m^3$，动储量为$516.16\times10^4m^3$。泥

石流物源量极为丰富，存在泥石流安全隐患。在分析了该泥石流的动力学特征及其危害性的基础上，针对走马岭沟现有物源及潜在泥石流隐患，采用“固源 + 拦挡 + 排导 + 停淤”的综合工程治理措施。建议修建 7 座拦砂坝、6 座谷坊坝、1 条防冲墙、1 条防护堤、1 个泥石流停淤场进行治理。

第5章 公路地震地质灾害应对对策
Chapter 5 Countermeasures for Wenchuan earthquake highway geological disaster prevention

汶川地震诱发大量崩塌、滑坡等地质灾害，给灾区公路造成严重损毁。本书在总结汶川地震地质灾害经验基础上，给出公路地质灾害应对对策，供高烈度地震区公路地质灾害防治参考。

5.1 高烈度地震区公路选线原则 Principles of highway routes selection in High－intensity seismic area

文献［2］、［5］进行了汶川地震地质灾害发育规律及影响因素统计分析，本书在此基础上，结合地震地质灾害对公路损毁情况，提出高烈度地震山区公路选线原则。

（1）高烈度地震山区公路线位选择前，应进行充分的区域地震地质研究，查明主要活动断裂通过位置及活动性，掌握区域地质条件（包括地质构造、地层分布、地形地貌等）。

（2）高烈度地震山区公路线位选择前，应进行强震潜在失稳区判识和评价分析研究，判断可能存在的强震失稳区范围，以及失稳后可能危害的范围。

根据汶川地震地质灾害发育特征及分布规律研究，发震断层上盘（逆断层）地貌突出部位，河谷两侧陡坡地段、地貌突出部位，岩体风化、卸荷作用强烈区等在强震条件下易于失稳。具体潜在失稳区判识，应综合分析区域地震地质背景、地质构造、地形地貌、斜坡地质结构等综合分析判定。

（3）公路路线通过强震潜在失稳区连续分布深切狭窄河谷区，应以隧道为主，并慎重选择隧道洞口和桥位，将隧道洞口和桥位布设在地面横坡平缓圆顺的“安全岛”位置。当公路等级低，或受投资限制不能以隧道形式通过时，应完善路网结构，主要城镇节点应有绕行线路。

（4）公路通过局部强震潜在失稳区，应将路线布设在威胁区之外，或以明洞、傍山隧道形式通过。当公路等级低，或受投资限制不能设置明洞、隧道、绕避措施时，应制订应急抢通预案。

（5）路线通过狭窄河谷段落，避开潜在失稳区的同时，还应对走廊带内所有潜在失稳区进行研究，分析可能的斜坡失稳形成堰塞湖，预测可能的淹没范围，以便确定路线的合理通过高程和位置。

（6）公路路线不能布设在陡坡顶部，路线通过位置应距离下部陡坡与上部缓坡“变坡点”20～50m以上，当陡坡下方存在活动断层时，安全距离应加大。

(7) 公路路线通过河谷两侧次级沟谷，应特别注意预防次生泥石流灾害。桥位应选择在沟口流通区，并注意桥位高程选择，桥位两侧路线高程应考虑可能的堰塞湖淹没范围。当隧道洞口上游有大型沟谷时，应慎重选择隧道口高程，预防沟谷泥石流掩埋隧道洞口。

(8) 路线通过活动断层的应对措施：

①避免以桥梁的形式通过活动断层带。断层产生地表破裂，极易造成桥梁倒塌，而桥梁的抢通困难，应尽量避免桥梁穿越活动断层带。当必须用桥梁穿越时，尽可能减小桥梁规模，并采用易于抢通的简支体系桥梁。

②避免在断层带位置修建高大刚性挡防结构物。汶川地震地表破裂造成挡墙错断、移位或倒塌，因此应避免在断层带修建高大、刚性挡墙，若需修建挡墙，应采用柔性结构，且应控制高度。

③采用路基形式，尤其是以填筑路堤通过断层带，是最佳方案。

④路线通过断层带，尽可能以正交方式通过。

5.2　地震崩滑灾害应对对策 Disaster prevention countermeasures for earthquake induced landslide

5.2.1　汶川地震灾区公路恢复重建灾害应对对策 Countermeasures for highway reconsrtrution in Wenchuan earthquake disaster area

文献［2］根据汶川地震崩塌、滑坡灾害发育程度，将地震崩滑灾害发育程度划分为极强烈、强烈、较强烈、中等、弱 5 个分区，本书给出不同灾害发育程度分区公路灾害应对对策。根据本项目汶川地震崩滑灾害发育规律、影响因素的分析，以及地震崩滑灾害发育程度分区，汶川地震区崩滑灾害防治原则如下：

(1) 地震崩滑灾害发育极强烈～强烈区，应完善路网结构，形成多个通道。

(2) 高烈度地震区的深切峡谷区、硬质岩区，岩体风化、卸荷作用强烈区为地震崩滑灾害易发区，新建高等级公路应以隧道绕避，或选择“安全岛”位置布设桥位、隧道洞口和路基。

(3) 地震动峰值加速度大于 0.2g 区域，为地震崩滑灾害易发区，应完善路网结构，慎重选择桥位、隧道进出口，提高防灾能力。

(4) 陡坡地段、地貌突出部位为地震崩滑灾害易发区，公路重要构造物应避开或采取明洞等被动防护措施。

各地震崩滑灾害分区防治对策如表 5-1 所示。

5.2.2　几类主要崩滑灾害应对对策 Some of the major landslide disaster countermeasures

汶川地震区地质构造及地层岩性条件复杂，地震诱发崩滑灾害种类众多，主要从高速远程滑坡，高位崩塌落石，高位土层及强风化岩体崩滑失稳、碎屑流三个方面，提出地震崩滑灾害应对措施。

表5-1 汶川地震灾区公路恢复重建应对措施

Table 5-1 Countermeasures for highway reconstruction in Wenchuan earthquake disaster area

分区代号	发育级别	地质简况	主要危害	评价及防治对策
Ⅰ-1	极强烈	发震断层上盘、硬质岩为主、地面横坡陡峻	（1）灾害成群、连续分布，灾害点密度大于2处/km，平均规模大于10万m^3/处； （2）区内公路需3个月以上抢通； （3）部分桥梁被毁、部分隧道口被埋、大段路基被掩埋	（1）强震作用下崩滑灾害极发育，无法防治； （2）区内小震、中震以抢通为主，强震绕行； （3）新建公路隧道通过，慎重选择桥位、隧道洞口位置，局部开阔段可布设路基
Ⅰ-2	极强烈	发震断层上盘、碎屑岩为主、多见地貌突出部位	（1）以大型高速远程滑坡为主，规模多在数百万立方米，甚至上千万立方米； （2）公路被埋或被淹原位无法恢复，需在滑体上修便道通过，或绕行堰塞湖	（1）强震作用下上盘地貌突出部位易发远程滑坡，无法防治； （2）区内小震、中震以抢通为主，强震以便道通行； （3）新建公路应横穿断裂带，且远离地貌突出部位，不能平行布设在主断裂所在河谷之内
Ⅱ	强烈	灰岩为主，地面横坡陡峻，多见地貌突出部位	（1）灾害成群、连续分布灾害点密度大于2处/km，平均规模大于10万m^3/处； （2）区内公路需1个月以上抢通； （3）少量桥梁被毁、部分隧道口被埋、大段路基被掩埋	（1）强震作用下崩滑灾害极发育，无法防治； （2）区内小震、中震以抢通为主，强震绕行； （3）新建公路隧道通过，慎重选择桥位、隧道洞口位置，局部开阔段可布设路基
Ⅲ	较强烈	茂汶断裂带内、草坡汶川段，U形河谷，阶地发育	岩体破碎、风化强烈，以密集分布的土层及强风化层滑移失稳为特征，大段掩埋老G213线，难以恢复	（1）紧邻斜坡布设构造物，灾害无法防治； （2）新建公路，沿河谷阶地布线，避开斜坡地带
		青川—平武断裂，青川至沙洲段上盘	多见崩塌、滑坡灾害，掩埋公路，且震裂山体广泛分布，震后大多稳定	（1）现有公路震损及时抢通修复； （2）新建公路不宜平行断裂带布设，垂直通过需慎重选择构造物位置，避开地貌突出部位
		后山断裂上盘，至Ⅷ度等震线以内	灾害断续分布，灾害点密度一般小于1处/km，平均规模一般小于1万m^3/处，公路抢通需数天	崩滑灾害易发段采用明洞等防治措施，强震损坏及时抢通
		前山断裂与中央主断裂之间碎屑岩分布区	灾害断续分布，灾害点密度一般小于1处/km，平均规模一般小于1万m^3/处，公路抢通需数天	崩滑灾害易发段采用明洞等防治措施，强震损坏及时抢通
Ⅳ	中等	后山断裂上盘，Ⅷ度至Ⅶ等震线之间	灾害密度低，灾害点密度一般小于0.5处/km，平均规模一般小于1万m^3/处，公路可快速抢通	强震损坏及时抢通
Ⅴ	弱	其他区域	灾害点零星分布，公路基本可通行	强震损坏快速抢通

5.2.2.1 高速远程滑坡灾害应对

汶川地震诱发大量高速远程滑坡等大型滑坡灾害，主要分布在中央主断裂上盘，以大段掩埋公路，或形成堰塞湖大段淹没公路为特征，灾害体规模巨大，防治困难，本项目主要总结分析高速远程滑坡发生部位、影响范围角度，研究其防治对策。

汶川地震区发育的高速远程滑坡灾害点较多，仅对国省干线和典型县乡道路进行分析，主要灾害点见表 5-2。

表 5-2 公路沿线主要高速远程滑坡灾害表

Table 5-2 The main high - speed remote landslide hazard along the road

名 称	位 置	对公路危害
牛圈沟高速远程碎屑流	映秀镇牛圈沟，中央主断裂上盘	碎屑流堆积于沟床内，后期泥石流掩埋便道
老虎嘴滑坡	G213 线老虎嘴	掩埋公路，形成堰塞湖淹没公路约 1 200m
岳家山滑坡	什邡至青牛沱公路，中央主断裂下盘	掩埋公路
陈家坝滑坡	S105 线陈家坝	掩埋公路
平通 1 号滑坡	S105 线平通	掩埋公路，形成堰塞湖淹没公路
平通 2 号滑坡	S105 线平通	掩埋公路
平通 2 号滑坡	S105 线平通	掩埋公路，形成堰塞湖淹没公路
东河口滑坡	东河口	掩埋公路，形成堰塞湖淹没公路

高速远程滑坡灾害规模巨大，但一般发生于发震断裂上盘，具有分布范围窄、发生频率低的特点，且主要发生于地貌突出部位，对该类灾害防治对策如下。

（1）新建高等级公路应避免平行活动断层布线，尤其是当上盘有高陡斜坡、地貌突出部位的段落，危险性高，因此新建高等级公路应垂直断裂带布线，并避开地貌突出部位。

（2）已建公路和新建低等级公路，可在灾害发生后临时在滑坡体上通过，并尽可能规划绕行线路。

5.2.2.2 高位崩塌落石灾害应对

高位崩塌落石灾害是汶川地震区最为常见、危害巨大的一类灾害，往往造成下方桥梁被砸毁、路基被掩埋的严重灾害。

从高位崩塌落石灾害的防治来讲，主要采取如下两种对策措施。

（1）避让，即在河谷中部，远离崩塌灾害源的河谷阶地通过。

如图 5-1 所示，上方陡坡崩塌失稳，崩塌堆积物一般堆积在斜坡堆积区和下方平台堆积区，而之外则是安全区，路线可布设在安全区之内，或在平台区设置拦挡，增加安全区的范围。

（2）在斜坡下部，以明洞通过。

若河谷狭窄，无法在安全区布线，则可在斜坡堆积区前缘，以明洞形式通过，如图5-2所示。

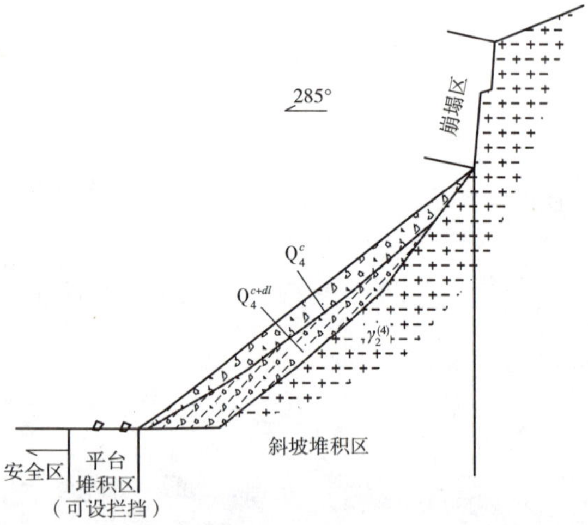

图5-1 典型高位崩塌灾害防治示意图——避让
Figure 5-1 Typical high collapse hazard prevention and control schematic——Avoidance

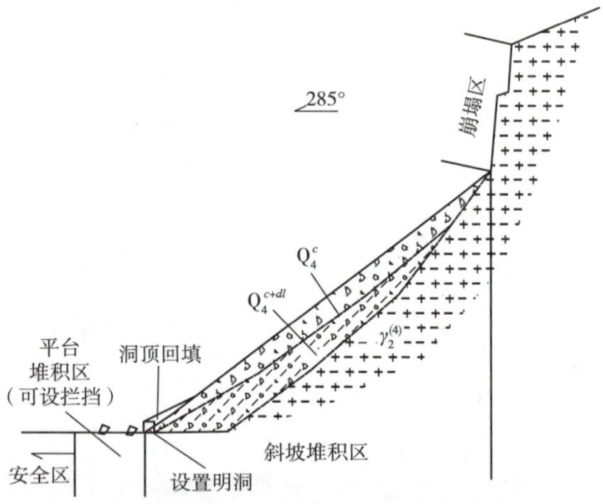

图5-2 典型高位崩塌灾害防治示意图——棚洞防治
Figure 5-2 Typical high collapse hazard prevention and control schematic——Shed tunnel control

5.2.2.3 高位土层及强风化岩体崩滑失稳、碎屑流灾害防治

高位土层及强风化岩体崩滑失稳、碎屑流灾害，同样为汶川地震区最为常见、危害巨大的一类灾害，往往造成下方路基及构造物被埋。

从灾害防治来讲，基本与高位崩塌落石灾害应对措施相似。

5.2.3 桥隧构造物崩滑灾害应对对策 Disaster countermeasures for landslide of tunnel structures

5.2.3.1 桥梁构造物崩滑灾害防治对策

根据汶川地震桥梁被损毁情况，其防治对策如下：

（1）桥位应尽量垂直河流、沟谷布设，减少受上方斜坡失稳块石冲击面积。

（2）桥位应避开高陡斜坡、上方有覆盖土层及强风化层斜坡、地貌突出部位，应选择上方斜坡地面横坡较缓、坡面平顺、基岩裸露部位。

（3）可能受上方落石威胁桥梁，应加强桥面和桥墩防护，采取避免受撞击的措施，尤其是桥墩。

5.2.3.2 隧道构造物崩滑灾害防治对策

根据汶川地震隧道洞门结构被损毁情况，其防治对策如下：

（1）隧道洞门上方斜坡为硬质岩陡坡，斜坡上覆盖有土层及强风化层，发育不利外倾结构面斜坡，均应作重点设防。

（2）隧道洞口的选择，应选择上方斜坡地面横坡较缓、坡面平顺、基岩裸露部位。

（3）隧道口若处在陡坡下方，应设置一定长度的明洞，并在明洞上方回填防冲击层。

5.3 震后次生泥石流灾害应对措施 Principles of secondary mudslides prevention after the earthquake

根据震后次生泥石流危害及发育特征，提出如下防治原则：

(1) 灾害极强烈区、强烈区，为泥石流灾害高发区，震后公路恢复重建中，应将泥石流灾害作为灾害防御重点。

(2) 隧道洞口，不宜布设在大型泥石流沟道下游，沟道上游洞口应高出河道一定高度，避免泥石流堰塞河道导致河水灌入隧道。

(3) 受坡面泥石流威胁段落，应采取排导为主，当设置拦挡时，应及时维修养护。

(4) 桥梁结构物通过次级沟谷泥石流，应在流通区跨越，若设在堆积区，尽量布设在堆积区前缘，且应有足够的净空。

(5) 针对震后泥石流先洪水后泥石流以及规模巨大等特点，应调整和优化泥石流治理工程结构形式。设计时应掌握的原则为：

①“8·13”泥石流使灾区多条沟的谷坊坝群和拦挡坝被彻底摧毁，经分析总结认为在物源丰富的泥石流沟，应尽可能采用钢筋混凝土拦挡坝。拦挡坝基础要尽可能进入基岩，若因覆盖层太厚不能进入基岩时，则应尽量采用桩基承台基础。尽可能用格栅坝代替实体坝，给先到的洪水留出足够的过流通道，避免洪水的冲刷和坝体被饱水的土石“涨爆”。

②为防止拉槽深切侵蚀，坝内应适当回填，坝前应作副坝和护毯。泥石流过流沟道内应尽量采用钢筋石笼护底、护坡。

③在发生超过泥石流设防范围的泥石流灾害时，及时的预警报可以最大限度地减轻人员伤亡。在泥石流预报模型的基础上，建立多点降雨监测网络点，实时监测大范围的降雨变化，及时汇报和传达各泥石流流域所处的降雨临界范围，一旦超过警戒点立即报警疏散危险范围内群众，将人员伤亡减少到最低限度。

④通过遥感解译和排查，对灾区可能暴发大规模泥石流且可能对重要城镇构成严重威胁的泥石流沟谷，应建立泥石流灾害专业监测预警体系。通过对局地降雨量，泥石流暴发的地声、泥位，暴发影像等的全天候动态监测，实现对泥石流暴发的科学预警预报，主动防范地质灾害，确保相关人员的生命财产安全。

5.4 小结 Summary

(1) 通过地震地质灾害发育规律及影响因素统计分析，提出了高烈度地震山区公路选线原则，供公路选线参考。

(2) 给出了不同崩滑灾害发育程度分区的灾害防治对策。根据高速远程滑坡、高位崩塌落石、高位土层及强风化岩体崩塌失稳、碎屑流等典型灾害特征，给出了各类灾害防治对策，以及桥梁、隧道、泥石流灾害防治原则和对策，供地震地质灾害防治参考。

第6章 本篇结语
Chapter 6 Conclusion of this part

(1) 汶川地震发生于青藏高原东缘龙门山构造带，在地貌上处于青藏高原和四川盆地过渡带，区内峡谷深切，岸坡陡峻，地震前即为崩滑灾害高发区，汶川地震诱发大量崩塌及滑坡灾害，给灾区公路造成严重损毁。本书在大量崩塌滑坡地质灾害调查研究基础上，选择典型崩塌、滑坡及泥石流灾害点，分析论述地震崩塌滑坡及震后泥石流灾害机理。

(2) 地震崩滑灾害是汶川地震区主要地质灾害形式，地震力作用下的斜坡失稳灾害，与常规重力、降雨作用下的斜坡失稳灾害有显著的不同，最为显著的特点是动力条件下的岩体拉裂破坏特征。地震诱发斜坡失稳灾害类型极为丰富多样，其中高速远程滑坡、高位崩塌、土层及强风化岩体失稳（山扒皮）、高位块石抛射是几种比较典型、有代表性的灾害形式。

(3) 汶川地震诱发大量滑坡灾害，但其滑坡灾害呈现出一系列与通常重力环境下地质灾害迥异的特征。主要表现为：失稳前独特的震动拉裂现象；特殊的溃滑失稳机制；超强的动力特性和大规模的高速抛射与远程运动。通过对汶川地震区的典型滑坡进行分析，结果表明，强震条件下滑坡的发生主要包括山体震动拉裂、高速启程、远程运动等阶段。根据成因，可将汶川地震滑坡分为拉裂—顺走向滑坡、拉裂—顺层滑坡、拉裂—水平滑移、拉裂—散体滑移、拉裂—剪断滑移五种类型。

(4) 在强震作用下，崩塌变形破坏的基本机制也属于强震下的拉裂破坏效应，斜坡主要表现为以拉裂破坏为主的特征，山体受到的拉裂效应非常明显，坡体表面和后缘常常发育宽大沟深的拉裂缝，变形失稳机制可以归结为拉裂—倾倒型、拉裂—滑移型、拉裂—错断、拉裂—溃散、拉裂—溃屈、拉裂—抛射、震动—滚动等。

(5) 汶川地震诱发大量崩塌滑坡灾害，崩滑物质堆积于沟谷、斜坡坡面，为后期泥石流灾害提供了丰富的物源。地震发生后，每年均发生大量的泥石流灾害，震后泥石流灾害，主要表现为坡面泥石流灾害和沟谷型泥石流灾害，在数量上，坡面泥石流较多，在规模和危害上，沟谷型泥石流较大。

从震后5年泥石流发育情况看，震后泥石流主要有两个高发区，一是北川—南坝—东河口一线，中央主断裂上盘，寒武系碎屑岩区；二是映秀北川段，中央主断裂与后山断裂之间，侵入岩体、灰岩分布区，以及前山断裂与中央主断裂之间，灰岩分布区。

震后泥石流灾害具有灾害易发、灾害群发、灾害突发、危害巨大四个特点。

(6) 在汶川地震地质灾害发育规律、影响因素总结分析基础上，提出了高烈度地震区公路选线原则和汶川地震区公路沿线地质灾害防治对策，供高烈度地震区公路路线方案选择和地震灾区灾害防治参考。

（7）本书对崩塌滑坡灾害机理的分析，基于大量震害现象的调查分析以及典型灾害点的数值模拟分析。对于山区公路抗灾防灾，最为关键的是灾害发生可能性及对公路危害的判别，需在本书研究基础上进一步深入。

（8）震后泥石流灾害机理复杂，本书结合典型实例进行了初步研究，由于泥石流灾害的长期性和复杂性，应选择典型泥石流沟谷开展长期监测和研究。

第二篇　公路路基震害分析

Part 2　Analysis of earthquake-induced subgrade damage of road

第7章 概 述
Chapter 7 Introduction

7.1 汶川地震公路路基震害综述 Overview of seismic hazard of highway subgrade in Wenchuan earthquake

“5·12”汶川地震发生后，四川、甘肃、陕西三省交通运输厅立即组织技术人员对通往地震重、极重灾区公路进行应急调查和检测，在震后调查的7 081km公路中，路基震害总体较为严重，共调查路基震害工点1 488处，其中，路基本体震害579处，支挡结构震害375处，边坡震害534处。包括路基震害的地震震害严重制约了救灾人员和救援物资快速进入灾区，使公路工程未能及时起到“生命线”的作用[30]。此次地震造成公路巨大损坏，但是为开展公路工程路基震害的机理分析工作提供了宝贵的资料。

7.1.1 支挡结构震害概述 Overview of seismic hazard of retaining structure

支挡结构特指用来支撑、加固填土或山坡体，防止其坍滑，以保持其稳定的一种建筑物结构，其中包括重力式挡土墙、加筋土挡土墙、桩板墙等不同结构类型，如图7－1所示。

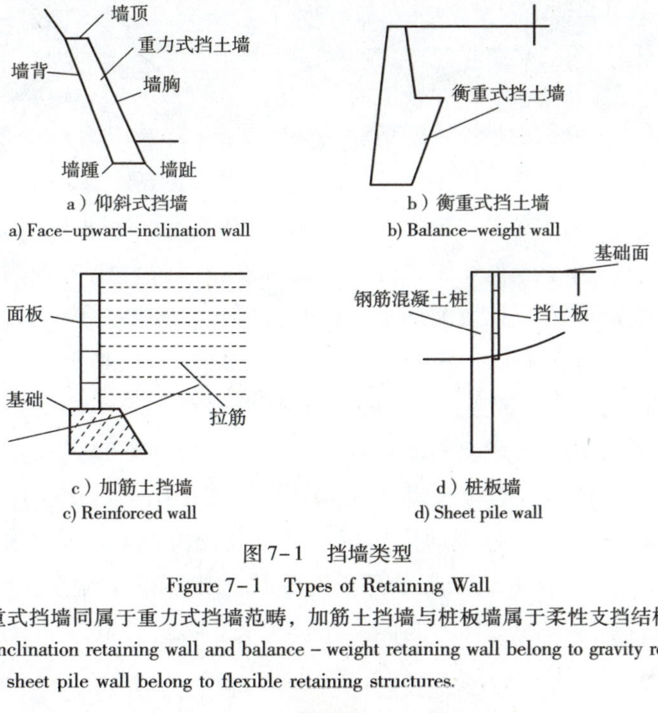

a）仰斜式挡墙
a) Face-upward-inclination wall

b）衡重式挡土墙
b) Balance-weight wall

c）加筋土挡墙
c) Reinforced wall

d）桩板墙
d) Sheet pile wall

图7-1 挡墙类型

Figure 7-1 Types of Retaining Wall

注：仰斜式挡墙与衡重式挡墙同属于重力式挡墙范畴，加筋土挡墙与桩板墙属于柔性支挡结构。

Note: Both face - up - inclination retaining wall and balance - weight retaining wall belong to gravity retaining wall; reinforced retaining wall and sheet pile wall belong to flexible retaining structures.

在汶川地震中支挡结构发生震害的模式有：垮塌、墙身剪断、整体倾斜、结构表面变形开裂等直接破坏模式；另外，由滑坡、崩塌等次生地质灾害造成的支挡结构被掩埋或砸坏也是主要的破坏模式。

支挡结构破坏主要发生在Ⅸ度及以上烈度区域，有少数破坏发生在Ⅶ、Ⅷ度区内。按照挡墙的结构形式，灾区支挡结构主要分为重力式挡墙、加筋土挡墙和桩板墙三类。调查结果显示，发生破坏的支挡结构绝大部分为重力式挡墙，而属于柔性支挡结构的加筋土挡墙和桩板墙的破坏较少，仅有不到2%。按照设置位置，支挡结构可分为路堑墙与路肩墙（上挡与下挡）。从统计结果来看，支挡结构的破坏以路堑墙破坏为主[31]，且主要发生在土质类地基上[32]。

按砌筑方式的不同，挡墙分为混凝土挡墙和浆砌挡墙，其中浆砌挡墙破坏数量占绝大多数，并且浆砌挡墙中的路堑式挡土墙震害数量居多。值得一提的是，山区公路多数以浆砌砌筑为主，其基数大和施工质量不均匀是导致震害比例较高的原因之一。

在Ⅶ和Ⅷ度烈度区的支挡结构总体上受损较轻，在Ⅸ度及以上高烈度区，混凝土挡墙的抗震性能明显高于浆砌挡墙。

7.1.2 路基本体震害概述 Overview of seismic hazard of subgrade

路基本体按填挖方情况一般分为路堤、路堑和半挖半填三种类型，具体路基形式见图7-2。本书主要针对路堤和半填半挖两种路基本体的震害进行调查分析，路堑类型归类到路基边坡震害部分。

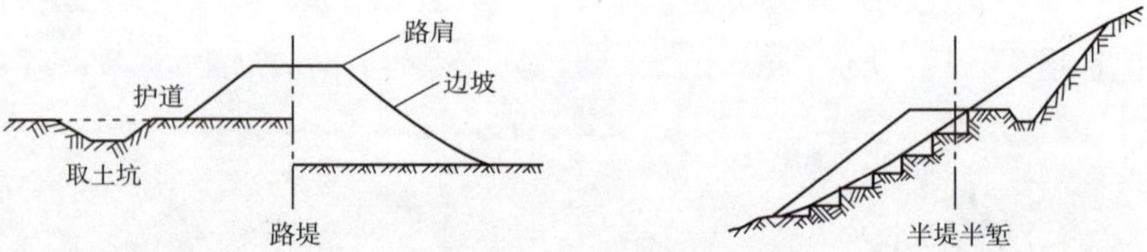

图7-2 路基形式

Figure 7-2 Forms of subgrade

汶川地震公路路基本体震害共558处[33]，震害类型统计见图7-3，部分震害工点具有多种破坏叠加类型，如同时具有开裂、隆起等破坏现象。统计结果表明，路基沉陷、开裂及掩埋三类震害的数量最多，其余破坏类型的数量较少，主要原因是灾区的大部分公路是早期修建的，压实度偏低；其次，灾区大部分公路的路基填料是土石混合体，而土石混合体在地震力的持续作用下会出现震陷现象，这样使路基产生了不均匀沉降，路基的不均匀沉降又继而导致路基的沉陷、开裂等破坏现象。

路基沉陷、开裂机理最近也被振动台试验结果证实，振动台试验结果表明若土石混合体的压实度小于90%，路基在强烈地震作用下将出现较大震陷，反之震陷减小。若路基压实度达到或超过95%，路基在地震动作用下几乎不出现震陷。与路基沉陷和开裂相比，掩埋震害主要来源于路堑边坡的破坏，与路堤本体无关。因此，路基沉陷和开裂两种震害类型将是路基本体研究的主要内容。

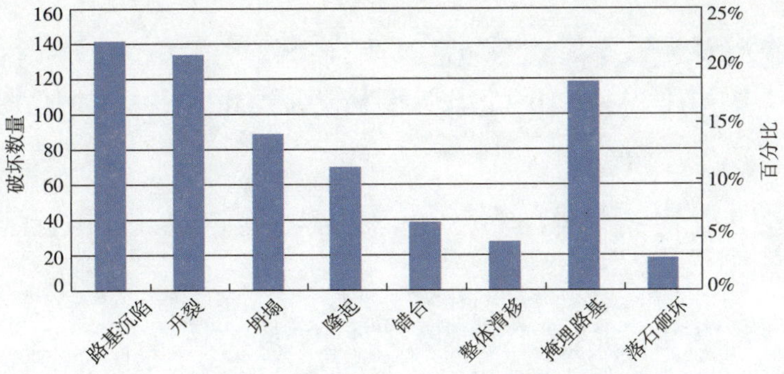

图7-3 路基本体各类震害统计图

Figure 7-3 Statistical diagram of the quantity of various damages

7.1.3 路基边坡震害概述 Overview of seismic hazard of subgrade slope

路基边坡是公路修建时进行开挖或填筑，在路基两侧形成的边坡。根据填挖方的不同分为路堑边坡与路堤边坡（即上边坡与下边坡）。

边坡防护结构是指设置在路基边坡，对边坡起加固稳定作用的结构。一般的防护结构有锚杆、锚索、主（被）动网、挂网喷浆、护面墙、浆砌护坡等。

在调查和统计中，将路基边坡和边坡防护结构都划归到路基边坡类，所以按照防护措施的设置与否，路基边坡可分为有防护结构与无防护结构两大类。防护结构是否设置，直接影响到地震对路基边坡造成的破坏程度。调查表明，无防护结构的边坡震害数量比设置防护结构边坡的震害数量约高出1倍，在高烈度区这一差别更为明显。

遭受破坏的防护类型主要有实体护面墙、喷浆护坡、主（被）动网、框架梁锚杆、锚索等几大类。护面墙主要发生了垮塌、开裂破坏；喷浆护坡主要为剥落、开裂破坏；主（被）动网主要发生被崩塌落石冲破；框架梁一般发生开裂与变形破坏，而锚杆锚索破坏主要为锚头损坏失效等现象。值得一提的是，实体护面墙一般是为了保护各种软质岩层和较破碎岩体的挖方边坡以及坡面易受降雨冲蚀的土质边坡，免受大气降水影响而修建的墙体，因此与挡土墙不同，护面墙没有支挡结构抗震作用，在地震作用下相对其他边坡防护结构其破坏程度与数量更为严重。

路基边坡震害与支挡结构和路基本体两类结构类似，主要发生在Ⅸ度及以上烈度区，Ⅶ度及以下烈度区没有明显的震害现象。

在边坡岩土类型方面，岩质边坡的灾害数量约占总灾害数量的50%，其原因是在地震作用下硬质岩边坡易发生崩塌、落石等灾害，这也是汶川地震中边坡灾害的特点之一。

汶川地震边坡灾害受坡度控制，灾害集中发生在坡度较大区域。基于5°间隔对坡度进行的统计分析结果表明，震害数量随着坡高和坡度的增大呈上升趋势，坡度大于40°的边坡震害数量最多。另外，统计结果显示，线路走向平行于发震断裂带的边坡破坏数量比垂直于发震断裂带的边坡破坏数量大[34]。

7.2 汶川地震公路路基震害特点 Characteristics of seismic hazard of highway subgrade in Wenchuan earthquake

7.2.1 支挡结构震害特点 Characteristics of seismic hazard of retaining structure

(1) 支挡结构震害主要发生在Ⅸ度及以上烈度区域。

(2) 支挡结构震害主要发生在重力式挡土墙中，柔性支挡结构在汶川地震中表现出了良好的抗震性能。路堑墙破坏较路肩墙严重，这与路基边坡发生大量震害直接相关。

(3) 土质地基上修筑的挡墙在地震中抗震性能较弱。

(4) 支挡结构的临空面法向与发震断裂带垂直时越容易发生破坏，当趋于平行时安全性较高。

(5) 受地震直接作用，挡墙主要发生垮塌、变形开裂和倾斜震害；另外，在高烈度区，边坡垮塌对挡墙造成的冲毁、掩埋、砸坏等破坏也同样严重。

7.2.2 路基本体震害特点 Characteristics of seismic hazard of subgrade

(1) 路基本体震害主要发生在半挖半填路基和斜坡路堤上。

(2) 路基本体的震害大部分集中于山腰线路段，其次是坡脚线路段，少数发生在山脊线路段。

(3) 相比岩质地基，修筑在土质地基上的路基本体震害更为严重。

(4) 受地震直接作用的路基本体震害主要为沉陷、开裂。

7.2.3 路基边坡震害特点 Characteristics of seismic hazard of subgrade slope

(1) 路基边坡震害与距震中及发震断裂的远近有密切关系。震害主要发生在Ⅸ度及以上高烈度地区，而Ⅷ度及以下烈度区的震害数量与严重程度都明显下降。

(2) 设置适当的防护结构能显著减小地震对边坡造成的震害。实施了防护工程的边坡也有破坏差异，需要根据边坡的岩性、风化程度等综合选择合适的防护措施。

(3) 岩质边坡震害数量约占边坡震害的50%，在地震作用下易发生崩塌性滑坡、崩塌、落石震害。

(4) 震害数量随着坡度的增大呈上升趋势，坡度大于40°的边坡是防护的重点。

(5) 线路走向平行于发震断裂带的边坡震害数量比垂直于发震断裂带的边坡震害数量大。

7.3 公路路基震害分析研究现状 Current researches on seismic hazard of highway subgrade

路基震害主要表现为沉陷、开裂、隆起、脱空、掩埋及挤压破碎变形等，集中分布在高填路堤、半挖半填、斜坡路堤等路段，破坏原因较复杂。

据以往的震害调查，地震对路基的破坏主要有两种类型：一类是地震动直接作用导致的路基变形破坏；另一类是地震诱发的次生地质灾害进一步造成路基变形、滑动、被砸毁、路面岩土体堆积及掩埋等震害。一般而言，地震动的直接作用是造成公路路基变形和滑塌的主要原因，而地震诱发的次生地质灾害则加剧了公路震害和扩大了震害的影响范围。地震动造成路基破坏的原因主要有以下几种：

（1）在P波作用下，地面会产生上下震动，引起路基土体的震动密实，从而导致路面下沉。

（2）在S波作用下，路基左右摇摆，引起路基本体沿两侧自由边界发生局部或整体蠕滑、坍滑，支挡结构倾斜，造成路面张拉裂缝、错位、错台等。

（3）在地震行波效应下路堤发生扭动，引起路面的扭曲和断裂，一些路段出现了位于路面中间的纵向裂缝，一般情况下路面将出现多组变形裂缝。

目前，国内外专家已对路基震害资料进行了收集、整理、分析，建立了相应的数据库，并利用分类分析法将路基震害分为路基本体、支挡结构和路基边坡三类[33]。目前，路基边坡、支挡结构的动力稳定性问题还在探索之中，广泛应用的分析方法有：拟静力法、Newmark 法、数值分析法、概率分析法以及试验法等[35-37]。

①拟静力法

拟静力法实质上是将地震力简化为在水平或垂直方向上作用着常加速度而产生的惯性力，并将这个惯性力作为静力作用在结构物上（如边坡、挡墙）。根据极限平衡理论，将所有的力作用在需要分析的结构物上然后计算稳定系数。这个分析方法实质上与静力稳定分析方法完全相同，所采用的方法是由静力稳定分析方法拓展而来的，只是添加了一个反映地震作用的地震系数，因而十分简便[38]。

拟静力法虽然简单，但也存在许多缺点：拟静力法简化较多，过于粗略。例如，Seed[39]曾经对拟静力法的不足进行过详尽的讨论，他指出：a 惯性力不是永久不变的，也不是单向的，而是在量级上和方向上有快速的波动；b 即使边坡的稳定性系数暂时小于1，也不一定会导致边坡的整体失稳，而只会导致边坡产生一定的永久位移。沈珠江等[40]指出：拟静力法的缺点是十分明显的，它完全无视地震加速度时空分布的不均匀性，而最主要的是，尚没有一个土工建筑物破坏实例证明地震惯性力起了决定性的作用。实践证明，用拟静力法设计往往低估含易液化土坡破坏的可能性，而对无液化可能的边坡，则往往高估其破坏的可能性。通常，地震动特性用峰值、频谱和持时三要素来描述，拟静力法的根本缺陷是未能考虑地震动的频谱特性和持时的影响。

②Newmark 滑块分析法

拟静力法只提供了一个稳定性指标（安全系数），而缺乏与破坏面相关联的变形信息，目前，计算永久地震位移常采用 Newmark 滑块模型[41]。用滑块模型计算位移的思想是 Newmark 于 1965 年在第五届朗肯（Rankin）讲座上针对坝坡提出来的，主要基于如下假定：潜在滑动体是完全刚性的；滑块与滑面间具有完全塑性应力—应变关系；破坏形状是平面或圆弧面，而计算的基本方法是将超过滑动体屈服加速度的加速度响应作两次积分即可估算滑块的滑动位移。

Newmark 滑块模型在很多实际边坡中得到了应用。Taylor Larry R[42]（1995）对有黏性土界面的加州某固体垃圾场的覆盖层进行地震稳定性分析，根据界面剪切试验得到的屈服加速度，采用 Newmark 分析法对土与界面上的屈服位移进行了计算，对比不同覆盖物的计算屈服加速度和变形分析结果，获得了不同覆盖物的预期结果，提出了安全经济的设计方法。

国内关于 Newmark 分析法的研究也很多，其中具有代表性的有：王思敬[43]基于 Newmark 分析法提出的边坡块体滑动动力学方法；王思敬、张菊明[44]通过试验，提出运动起始摩擦力和运动摩擦力的概念，并在振动台上测得花岗岩光滑节理面的动摩擦系数与运动速度的关系；在此基础上，王思敬等又推导了楔形体情形下和层状山体情形下的三维动力反应方程式[45]。

③数值分析法

近年来，随着计算机的迅速发展，数值分析方法等到广泛应用。目前，国内外对边坡地震稳定性分析常采用的数值分析方法有：有限元法、离散元法、快速拉格朗日元法，以及边界元法。以这些计算方法为原理，很多计算软件已经被开发应用，并且都趋于成熟。

a. 有限元法

有限元法是最早用于岩土体动力分析的数值方法。自从 Clough 和 Chopra[46]采用有限元分析土坝的地震反应以来，有限元法已经在岩土地震反应分析中获得了广泛应用和发展。由于有限元法不但可以应用总应力分析法，而且还可以用有效应力分析法，同时可以考虑复杂地形，土的非线性、非均质性、弹塑性等因素的影响，具有较好分析土的自振特性及土体各部分的动力反应能力，因此，有限元法已经成为动力分析中最重要的分析方法。

薄景山[35]用时域集中质量显式有限元方法结合多次透射公式，研究了无限域中斜坡在动力作用下的位移场和应力场，通过计算斜坡多个滑面上稳定系数随时间的变化历程，给出确定土斜坡最小稳定系数的方法；吴兆营[47]等采用有限元计算了某岩体边坡的动力安全系数时程，并给出时间加权平均安全系数。张彦等[48]针对目前公路路堤不断增高的趋势，分别利用拟静力法和有限元法对 25m 以上的高填方路堤进行了地震作用下的稳定性分析，探讨得出了高填方路堤的地震动力放大系数公式。

b. 离散元法

离散元法是 Cundall. P. A[49]（1971）提出的。这种方法特别适用于节理岩体的应力分析，在采矿隧道、边坡及基础工程方面均有重要应用，它的一个突出功能是在反映岩块之间接触面的位移、分离与倾翻等大位移的同时，又能计算岩块内部的变形与应力分布。

在求解动力问题方面，Lemos 发展了离散元动力分析程序，可用于计算岩石工程的地震响应问题以及混凝土大坝—地基动力相互作用问题，Iwashita 与 Hakuno 研究了岩石陡坡的动力稳定过程，Meguro 与 Hakuno 利用离散元模型研究混凝土结构的地震破坏过程，也取得了一定的进展。

在我国，离散元方法的研究与应用开始于20世纪80年代中期，王泳嘉[50]在我国首次把这一方法应用于分析节理岩体，对金属矿山的放矿进行了数值模拟，对自然崩落机制进行了研究。李世海等[51]利用离散单元法对三峡永久船闸高边坡进行了数值模拟。陶连金等[52]应用动力离散元进行了某节理岩体边坡的永久位移，并对其进行了稳定性评价。

此外，其他的数值分析方法如非连续变性方法（DDA）、流行元法、边界元法以及它们之间的耦合关系，限于篇幅不再赘述。

④试验法

除了数值计算方法外，试验法也是非常重要的手段之一。试验法在满足相似律的条件下，能够较真实、直观地反映岩土体的薄弱环节及渐进破坏机理和稳定性程度，便于直接判断路基的地震稳定性，同时也是对各种数值模拟结果的检验和对照。

王思敬[42]最早通过振动模拟试验探索了岩石块体运动时单一滑动面的摩擦特性等，取得了一些有重要价值的研究成果。王存玉[53]在二滩拱坝动力模型试验中发现，岩石边坡对地震加速度不仅存在竖向的放大作用，而且还存在水平向的放大作用。翟阳等[54]采用单一频率的振动对土坝边坡进行了振动台试验，分析了振动条件下边坡对土坝抗滑稳定性的影响，给出了边坡与破坏加速度的关系式。Wartman[55]对黏土边坡也进行过振动台试验研究，并与Newmark滑块分析法的计算结果进行比较。

总的来说，通过试验方法开展边坡稳定性研究的工作相对较少，对试验的相似律及相似材料的选择等缺乏深入研究，因此应深入开展这方面的研究，为重要工程的应用提供必要的技术支持。

⑤概率分析法

在动力稳定分析中存在很多不确定因素，如输入地震动的随机性，材料特性的随机性等，这些随机性和模糊性对计算结果有很大影响，在分析时有必要考虑这些随机性的影响，因此出现了地震概率分析方法。

Halatchev. Rossen. A[56]（1992）提出了一种用于堤坝和边坡地震稳定性分析的概率方法。在他的研究中考虑了地震力的水平和垂直分量，即地震力具有任意倾角；土体剪切强度参数假定为正态分布，并由Monte－Carlo模拟确定；破坏概率由地震系数确定；地震系数视为一个随机量，并将其应用于露天矿边坡稳定性分析中。AI－Homoud A S（2000）利用安全系数和边坡的临界位移提出了地震力作用下土体边坡和堤坝的概率三维稳定性分析模型[47]。

7.4 本篇主要内容 Research content of this article

通过对国内外已有研究成果的总结，可以发现，目前国内外就公路路基震害机理已开展了一些研究，且分析方法及手段多样，并取得了一系列成果，但是，还缺少利用系统化的研究方法开展公路路基震害机理的研究，例如，把震害调查统计资料与数值分析、理论分析、大型试验相结合的研究方法，因此研究手段总体来说较单一。此外，相比于国外，由于试验技术的复杂性以及较高的成本，在国内利用试验手段进行路基与支挡结构抗震研究的还较少。总体上看，我国目前对公路路基震害机理的认识与在抗震设防对策的研究等方面仍存在不足，如对挡墙地震土压力合力作用点高度、地震动参数对挡墙震害的影响、桩板结构抗震工作机理等问题仍认识不清。因此，开展对公路路基震害机理分析具有十分重要的意义，本书采用的分析方法及研究内容如下。

（1）分析方法

结合汶川地震公路路基震害调查结果，选取典型震害类型工点开展物理模型试验和数值模拟，分析路基震害及抗震机理，对现行抗震设防标准进行评价，并在此基础上提出抗震设防对策。

（2）主要研究内容

①通过对汶川地震公路路基震害调查与统计，总结分析公路路基震害的一般性规律，并分别对支挡结构、路基本体和边坡震害机理进行定性分析。

②结合震害调查资料，针对支挡结构破坏数量最多的重力式挡墙，对浆砌类与混凝土类挡墙分别进行震害机理研究，在重力式挡墙震害机理研究的基础上提出新型耐震型重力式挡墙。

③选取典型加筋土挡墙震害工点，结合调查资料，利用数值分析手段开展震害机理分析研究。在此基础上，通过对单级路肩和单级路堤形式的加筋土挡墙震害机理研究，拓展加筋土挡墙的研究成果。

④选取典型桩板式抗滑挡土墙震害工点，结合调查资料，利用数值分析手段分析震害机理，并利用振动台试验，进一步揭示桩板式抗滑挡土墙的抗震工作机理。

⑤选取典型路堤震害工点，结合调查资料，利用数值分析手段分析其震害机理与抗震机理。

⑥结合震害调查资料，对不同震害类型的路基边坡震害进行机理分析。

⑦基于对路基震害调查资料的整理、统计、分析，震害机理研究成果，提出高烈度山区公路路基抗震设防对策。

第 8 章　路基支挡结构震害机理分析
Chapter 8　Analysis of seismic hazard mechanism for retaining structure

8.1　引言 Introduction

汶川地震震中烈度高达Ⅺ度，并以四川省汶川县映秀镇和北川县县城两个中心呈长条状分布，面积约 2 419km²。其中，映秀Ⅺ度区沿汶川—都江堰—彭州方向分布，北川Ⅺ度区沿安县—北川—平武方向分布。

调查的支挡结构震害数据显示，支挡结构震害主要发生在Ⅸ度及以上烈度区内，有少数破坏发生在Ⅶ和Ⅷ度区内，见表 8-1，说明支挡结构的破坏与地震烈度密切相关，高烈度地区由于地震土体惯性力较大，易造成支挡结构破坏。

表 8-1　各烈度区破坏数量及百分比

Table 8-1　Quantity and percentage of damage in different seismic Intensity zones

烈　度　区	破坏总数（处）	百分比（%）
Ⅸ - Ⅺ	304	81.1
Ⅷ	13	3.5
Ⅶ	48	12.8
Ⅵ	10	2.7

发生震害的支挡结构以重力式路堑挡墙为主，据统计，重力式挡墙的破坏数量占支挡结构破坏总数的 98.9%，见图 8-1，其中，58% 为路堑式挡土墙，42% 为路肩式挡墙，典型受损重力式挡墙如图 8-2 所示。加筋式挡墙与抗滑桩（桩板式挡墙）的破坏比例非常小，见图 8-3。上述现象说明柔性支挡结构由于其变形协调性较好，相对于刚性支挡结构具有良好的抗震性能，当然这一数据也与加筋挡墙和抗滑桩在震区数量较少有关。

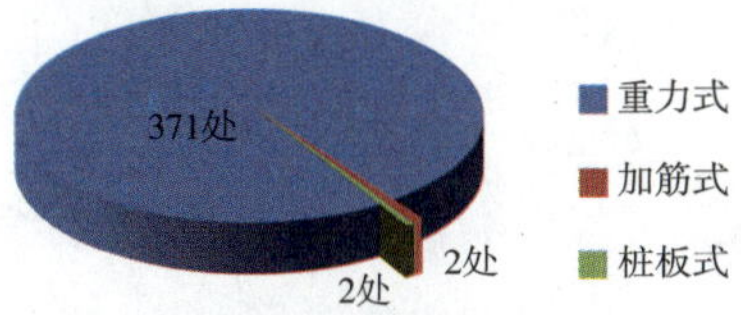

图 8-1　支挡结构各类型的破坏数量

Figure 8-1　Quantity of damage on different types of retaining structures

重力式挡土墙破坏类型大致可分为垮塌、剪断、倾斜、滑移、表面产生变形开裂、边坡垮塌掩埋、地基下沉以及其他类型破坏等[58]。

垮塌类破坏主要表现为挡墙墙身垮塌、墙后土体滑移或墙后边坡滑塌。其中，垮塌类包括整体垮塌和局部垮塌两种，由于局部垮塌数量较多，因此垮塌类的数量较大。垮塌的主要原因是由于墙后土体在地震作用下土压力作用急剧增大，以致超过挡墙抗滑或抗倾能力，从而发生垮塌，另一原因是由于墙后边坡滑坡，直接冲毁挡墙。

图 8-2　受损的重力式挡墙
Figure 8-2　Damaged gravity retaining wall

图 8-3　受损的加筋挡墙（左）、桩板墙（右）
Figure 8-3　Damaged reinforced retaining wall (left), sheet pile wall (right)

变形开裂类破坏主要表现为挡墙墙身出现裂缝、鼓胀现象。主要原因是由于墙后土压力作用增大，超过挡墙墙身的抗剪能力，导致挡墙墙身出现裂缝、鼓胀现象，一般这种破坏类型出现在浆砌和干砌挡墙中。

倾斜类破坏主要表现为挡墙墙身向外倾斜，墙顶产生位移震害。主要原因是由于地震中墙后土压力作用增大或土质地基的沉降引起墙体发生外倾。

掩埋类破坏主要表现为挡墙墙体被岩土体全部掩埋。由于墙后边坡在地震作用下发生滑坡崩塌等破坏，崩滑的岩土体把挡墙全部掩埋。

砸坏类破坏主要为路堑边坡崩塌滑落的块石对挡墙造成的破坏，属于次生灾害作用。

剪切类震害主要表现为挡墙墙身被剪断，使上半部分移出。常发生在浆砌和干砌挡墙中，发生该类破坏主要是由于挡墙墙体局部抗剪强度不足。

其他类震害包括挡墙施工缝产生错台、墙面板脱落等，各类震坏及其数量见表 8-2。

为了对震害机理有进一步的认识，对 313 处有震损的重力式挡墙的砌筑方式进行了归类统计，总体上可分为浆砌、干砌和片石混凝土三种。在地震作用下，挡墙的破坏以浆砌砌筑方式为主，占破坏总数的 74%，而片石混凝土挡墙的震害占 21%，见表 8-3。

值得注意的是，山区公路中一般不推荐挡墙采用干砌砌筑，主要为浆砌与片石混凝土。因此，在干砌砌筑挡墙基数远远小于另外两种砌筑方法的情况下，统计得到 4.5% 的百分比不能说明干砌砌筑的挡墙抗震性优于其他两类砌筑挡墙。

表8-2　挡墙震害数量及百分比

Table 8-2　Quantity and percentage of damaged retainning walls

破坏类型	震害数量	百分比（%）
垮塌	159	40.3
变形开裂	101	25.6
倾斜	66	16.7
掩埋	28	7.1
落石砸坏	17	4.3
剪断	14	3.5
随路基下沉	7	1.8
其他破坏	3	0.8

表8-3　不同砌筑方式挡墙的震害数量及百分比

Table 8-3　Quantity and percentage of damaged retainning walls built with different masonry methods

砌筑方法	震害总数	百分比（%）
浆砌	232	74.1
混凝土	67	21.4
其他	14	4.5

另外，土质地基上的挡墙震害数量明显较岩质和上土下岩质多，见表8-4。对于浆砌和混凝土类挡土墙的震害机理将在此后章节详尽阐述。

表8-4　不同地基条件挡墙的震害数量及百分比

Table 8-4　Quantity and percentage of damaged retaining walls with different foundation conditions

地基条件	震害总数	百分比（%）
土质	128	58.4
上土下岩	42	19.2
岩质	49	22.4

支挡结构的震害除了与烈度区分布、公路等级、砌筑方式、结构类型和地基条件等因素密切相关外，还受其他因素影响，诸如与断裂带的夹角关系等。

将破坏路堑挡墙的走向与断裂带直线进行比较，得出挡墙走向与断裂带走向的夹角关系，如图8-4所示。

图8-4表明，当支挡结构所处的线路走向与断裂带平行时，支挡结构的震害数量较大，随着工点路段走向与断裂带夹角增大，支挡结构的震害数量逐渐减少。即挡墙临空面法向垂直于断层，震害更严重。上述结果说明挡墙的破坏与断裂带的相对位置有紧密关系，也说明了规范只考虑垂直于挡墙地震荷载的合理性。

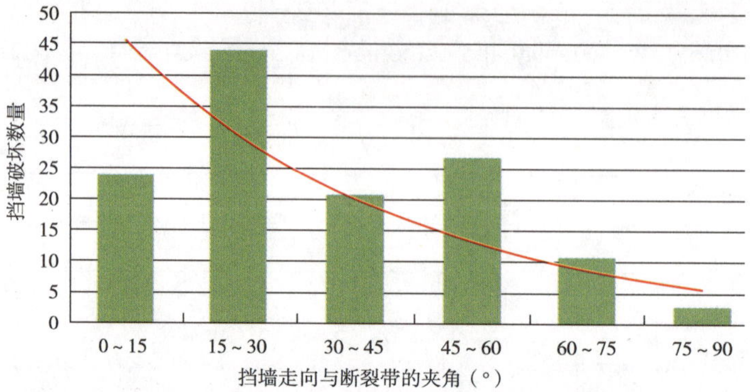

图 8-4 挡墙走向与断裂带直线的夹角关系

Figure 8-4 Relationship of the included angle between strike direction of retaining wall and straight line of the fracture zone

注：图中横坐标表示挡墙走向与断裂带直线的夹角，纵坐标表示挡墙破坏的数量，曲线表示对每组数据进行回归分析后得到的趋势线。

Note: in the above figure, abscissa symbolize the included angle between the strike direction of retaining wall and straight line of fault; the vertical ordinate symbolize the quantity of retaining wall damaged; and the curve symbolize the rend line obtained from doing regression analysis on each group of data.

8.2 重力式挡墙震害机理分析 Analysis on the seismic hazard mechanism of gravity retaining wall

汶川地震路基震害现场调查统计结果显示，重力式挡墙在所有发生震害的支挡结构中占有比例非常大，占支挡结构破坏总数的98.9%，其中，又以浆砌类挡土墙为主，占重力式挡墙破坏总数的71%，片石混凝土类挡墙占23%。因此，本书首先重点选取了最为典型的重力式浆砌类挡墙对其震害进行类型划分，并分别分析其震害模式和动力失稳机理[59]，在此基础上，针对占主流发展趋势的片石混凝土类挡墙震害及抗震机理进行了深入分析[60]。

8.2.1 浆砌挡土墙震害机理分析 Analysis on the seismic hazard mechanism of mortar rubble retaining wall

现场调查的浆砌挡土墙震害见图8-5，该图显示浆砌挡土墙的震害类型主要有垮塌、剪断、倾斜、滑移、表面产生变形开裂、边坡垮塌掩埋、下沉以及其他震害类型等，但是垮塌、变形开裂、倾斜占较大比例，为主要的震害类型，以下针对这三个震害类型分析其震害机理。

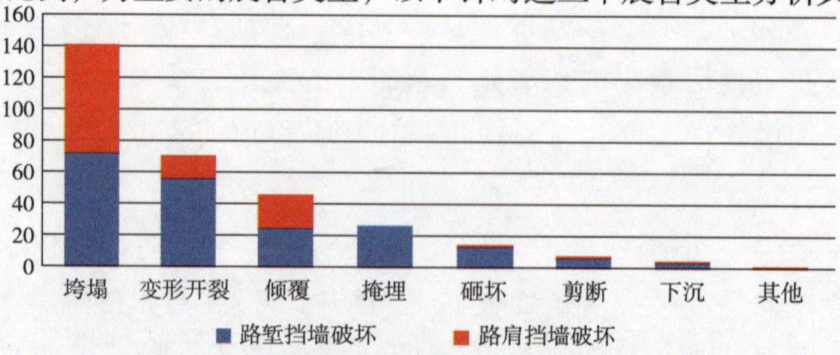

图 8-5 震害类型中路堑、路肩支挡结构的比例

Figure 8-5 Quantity of damaged retaining wall for cutting and shoulder in different types of seismic hazards

(1) 垮塌震害

从垮塌震害的现场发现，一些垮塌的浆砌挡墙本身施工质量存在一定问题，例如在墙面显示出具有较好的砂浆，但是在内部砂浆不足，影响了浆砌挡墙的整体性，在地震作用下这种浆砌挡墙极易产生垮塌；砂浆强度不满足设计要求影响了浆砌挡墙的抗剪强度，例如在一些现场很容易用钢尺剥落砂浆；砂浆不饱满和散浆死浆，降低了挡墙的整体抗压、抗拉、抗剪强度。另外，砌筑工艺差，石料不合格也是影响挡墙整体强度的重要原因之一[61]。

整体垮塌的浆砌挡墙的地基主要是土质地基，在地震作用下由于地震动土压力增大导致倾斜力矩增加，使墙趾处地基所受压力增大，而土质类地基的容许承载力较小，抗倾斜力矩较低，因此墙体易发生倾斜直至整体垮塌。整体垮塌的浆砌挡墙随地震烈度的增加，垮塌的数量亦增加，其原因是随着地震烈度的增加，墙背土压力迅速增大，因此浆砌挡墙的垮塌数量也迅速增加。为了说明这个现象，图8-6给出了一个振动台试验得到的土压力与地面峰值加速度的关系曲线。由图可知，随着地面峰值加速度增加，墙背土压力迅速增加。其次，地震波随墙高增加也出现放大效应，由此产生土压力作用点上移，即土压力作用点大于0.33H（H表示挡墙的墙高）的现象，从而成为导致墙体发生整体垮塌的重要原因之一[62-63]。

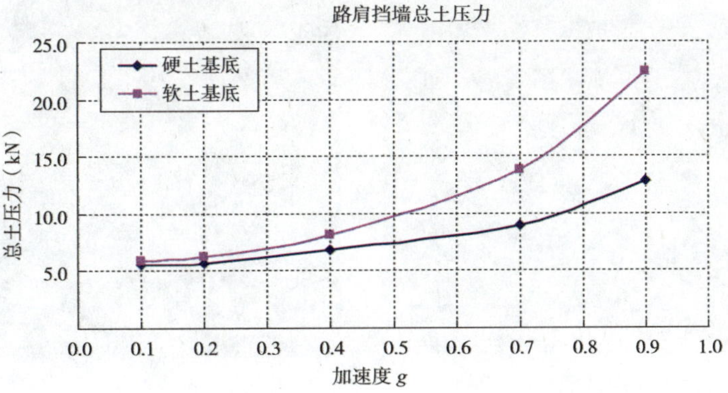

图8-6　振动台试验得到的土压力与地面峰值加速度的关系

Figure 8-6　Relationship between earth pressures obtained from shaking table test and the peak ground acceleration

从挡墙震害统计可知[64]，上边坡挡墙（路堑挡墙）的震害数量大于下边坡挡墙的震害数量［图8-7a)］，原因是许多上边坡挡墙墙背为土石混合堆积体或强风化层，在地震作用下，土体与岩体的交界面易形成滑动面，造成挡墙承受滑坡推力作用，而不是墙背填土的土压力作用，因此这个调查结果可以说明目前对于滑坡地震力的研究还存在不足。

调查发现，浆砌挡墙不仅发生整体垮塌，另有部分墙顶发生局部松动及小规模垮塌［图8-7b)］，主要原因是：一方面挡墙施工质量不均匀；另一方面局部垮塌边坡上落石冲击挡墙顶部所致，因为在强烈的冲击力作用下，浆砌挡墙的抗剪能力不足，导致墙体局部垮塌，例如，在挡墙破坏最严重的国道213线都江堰—映秀段的调查中发现，落石造成多处挡墙墙顶局部垮塌［图8-7c)］。

对下边坡而言，挡墙的震害主要表现在：①地基的不均匀下沉导致路肩墙局部下沉［图8-7d)］，原因有两个方面：一是地基由软弱土组成，在地震作用下产生了震陷；二是地基由土石混合体组成，在地震作用下产生了震陷；②由于挡土墙的抗剪能力不足和施工质量缺陷，导致墙顶出现局部垮塌［图8-7e)］，另外路肩挡墙倾斜［图8-7f)］同路堑挡墙类似，也会在墙顶产生局部小范围垮塌。

图8-7　挡墙现场工点垮塌震害

Figure 8-7　Seismic hazards of collapse at damaged spots of retaining walls

（2）变形开裂震害

浆砌挡墙受到地震力作用，墙体产生裂缝、鼓胀以及剪出等震害。局部裂缝由不同的原因产生，在地震力作用下，墙背土压力增大是主要原因，其次，施工质量不均匀以及地下水、雨水等的侵蚀作用造成墙体局部砂浆剥落、弱化等，致使墙体局部抗剪强度降低，这些因素导致浆砌挡墙局部裂缝，见图8-8。

局部鼓胀震害是浆砌挡墙另一类震害现象，产生的原因主要在围绕土压力作用点的局部位置发生鼓胀。同时，浆砌挡墙的局部鼓胀震害为确定实际震害挡土墙土压力作用点的位置提供了一定的参考。

剪出震害是浆砌挡墙的震害之一。剪出震害主要发生在墙体施工面，其原因是在后续的施工开始前，对前次施工面没有进行足够的施工面粗糙处理，形成了一个剪切弱面，在较大的地震力作用下，剪切弱面已经无法提供足够的抗剪能力，致使剪切弱面的上部墙体被剪出。

（3）倾斜震害

浆砌挡墙的倾斜变形是最常见的挡墙震害之一。倾斜震害出现的主要原因是：在地震作用下挡土墙墙背所受地震土压力增大，并且土压力作用点上移，使挡墙的倾斜力矩增大，促使挡墙发生倾斜震害。此外，从挡墙震害调查发现，土质地基上的挡墙震害数量明显较岩质地基上多，这个调查结果对挡墙倾斜震害提供了较好的解释。由于在墙趾处地基所承受的压力增大，而土质类地基容许承载力较小，已发生地基变形[62]，因此，建造在土质类地基上的挡墙更易发生倾斜震害，见图8-9。关于挡墙地基软硬程度对墙体倾斜震害影响的振动台试验结果将在混凝土挡墙的震害机理进一步介绍。

图8-8　路堑挡墙变形开裂（墙高5m，浆砌块石砌筑）

Figure 8-8　Deformation and cracking of cutting retaining wall (Height of wall is 5m, built with rubble and mortar)

图8-9　国道213都江堰—映秀段K1015+840~800处挡墙倾斜（墙高8m，浆砌块石砌筑，墙顶位移50cm）

Figure 8-9　Inclination of retaining wall at K1015+840~800 of national road 213 between Du Jiangyan and Yingxiu section (Height of wall is 8m, built with rubble and mortar, and the top displacement of wall is 50 centimeters)

8.2.2 片石混凝土挡土墙震害机理分析 Analysis on the seismic hazard mechanism of concrete retaining wall

相对于浆砌类挡土墙，片石混凝土墙体强度较浆砌挡土墙高，因此破坏数量较少，且不易出现变形开裂、鼓胀类震害。片石混凝土挡墙的主要震害类型是倾斜和掩埋类震害，而掩埋类震害主要是上边坡崩塌、滑坡、溜坍等引起的，而与挡墙本身的抗震性能无关，因此本节仅就片石混凝土挡墙的倾斜震害类型机理进行阐述。

土质类地基的片石混凝土挡墙破坏数量较多，破坏机理与浆砌挡墙类似，主要由地震土压力引起的倾斜力矩增大和地基下沉引起。同样说明了以往的抗震设计对于挡土墙地震土压力合力作用点的高度估计偏低，导致设计倾斜力矩值偏低[65]。

8.2.3 片石混凝土挡墙震害机理的进一步分析 Advanced analysis on the seismic hazard mechanism of concrete retaining wall

现场调查发现，在高地震烈度区，不宜采用浆砌挡墙，宜采用片石混凝土或混凝土挡墙。虽然调查统计结果对揭示片石混凝土挡墙的破坏机理取得一些定性成果，但是仍然不足以深入揭示片石混凝土挡墙的震害机理。为此，室内研究借助最能直接反映挡墙地震响应特性的振动台试验对片石混凝土挡墙的震害机理进行了分析，并借此提出了新的耐震型混凝土挡墙。

针对汶川地震中重力式挡墙普遍存在倾斜震害的现状，本书提出了一种新型耐震型挡墙结构，即加筋重力式挡土墙，其原理是在重力式挡墙的上部设置加筋，通过加筋与土体间产生的摩擦力给墙体提供抗倾斜力矩，从而保证挡墙的抗倾斜稳定性。为了说明加筋重力式挡墙的抗倾斜能力，将把加筋重力式挡墙的振动台试验结果与普通重力式挡墙的振动台试验结果进行比较[66]。

试验模拟按设防烈度为Ⅷ度进行抗震设计，选取原型较具代表性高度的9.6m高重力式和加筋重力式挡土墙进行试验。经大量调研及系统分析，为使挡土墙在地震作用下有更好的抗倾斜稳定性，加筋重力式挡土墙墙背加筋位置距墙踵高度宜取（0.5～0.65）H（H为挡墙高）。经对试验数据处理和结果分析，进行如下比较。

（1）位移比较

当水平地震系数大于0.3后，普通挡墙的位移指标（即墙顶位移占墙高的比例）明显大于加筋挡墙的位移指标（图8-10），而图8-11说明，普通挡墙位移指标大的主要原因是它的转动百分比远远大于加筋挡墙的转动百分比，而墙体的平动位移百分比相差不大。这个对比结果说明加筋重力式挡墙在地震作用下具有较好的抗倾斜能力。

其次，从图8-11可以看出，随着水平地震系数的增加，普通挡墙与加筋挡墙转动百分比的差明显增加，说明在强地震作用下加筋重力式挡墙作用效果更好，例如当水平地震系数为0.4、0.7时，加筋重力式挡墙墙体转角比普通重力式挡墙减小了48.95%、47.37%。

若从墙体位移角度来看，在地震烈度为Ⅷ度及以下的区域，加筋、普通重力式挡土墙的抗震性能相差不大，按现行抗震规范设计的普通重力式挡土墙能满足抗震要求；在地震烈度为Ⅷ度及以上区域，普通重力式挡土墙发生较明显的倾斜位移，墙顶位移及墙顶转角随水平地震系数的增大而急剧增加，严重影响了挡土墙的抗震稳定性，此时宜采用加筋重力式挡土墙进行抗震设计。

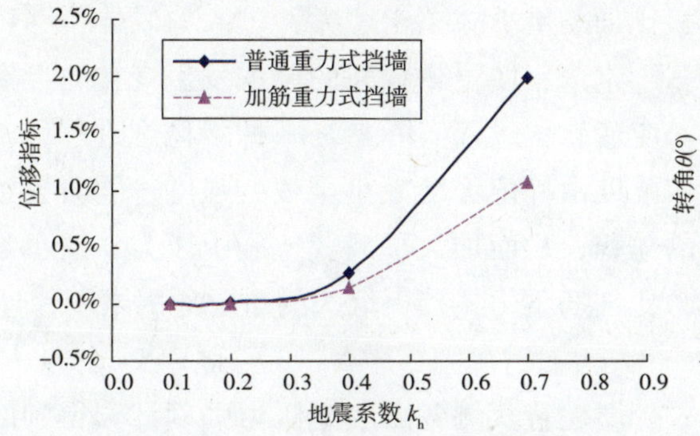

图 8-10　位移指标随地震系数变化

Figure 8-10　Relationship of the displacement index and the seismic coefficients

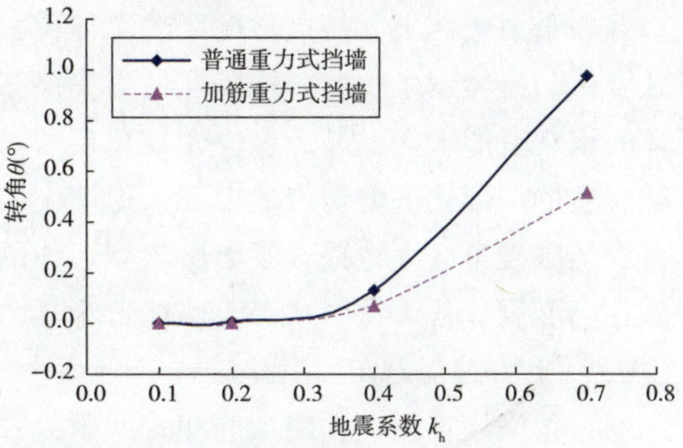

图 8-11　墙体转角随地震系数变化

Figure 8-11　Relationship of the wall rotation angle and the seismic coefficients

普通、加筋重力式挡土墙的位移分量百分比如图 8-12 所示。由图可见，普通、加筋重力式挡土墙的位移分量百分比差距较小，位移分量百分比均随水平地震系数的变化呈现相同规律：总体上，转动分量百分比占较大比例，随着水平地震系数的增大，平动分量百分比呈现上升趋势，当水平地震系数大于 0.4 时，位移百分比几乎不随水平地震系数变化。

此外，墙体位移分量受墙背加筋的影响不明显，挡土墙均以倾斜位移为主，地震系数较小时，挡土墙仅产生倾斜位移，随着水平地震系数的增大，墙体由转动的位移模式向转动与平动耦合的位移模式转变，墙体破坏模式为倾斜和滑移两种破坏模式的叠加[67]。

（2）墙背总土压力和动土压力比较

普通和加筋重力式挡墙实测的墙背总土压力和动土压力的对比结果见图 8-13。

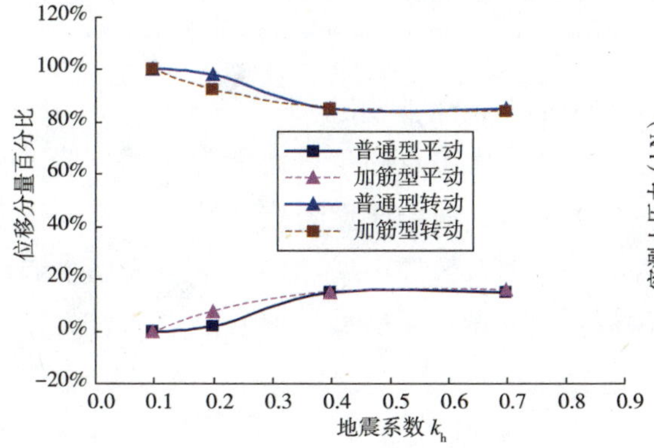

图 8-12　挡墙位移分量百分比

Figure 8-12　Percentage of the displacement component of retaining wall

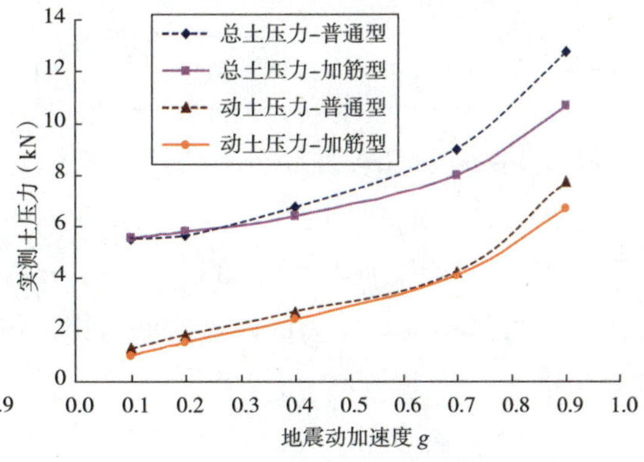

图 8-13　墙背实测土压力随地震动加速度变化

Figure 8-13　Change of measured earth pressures at back of the wall according to input seismic accelerations

从挡墙地震土压力角度来看，在地震烈度为Ⅷ度及以下的区域，普通、加筋重力式挡土墙总土压力差距不大，从抗震设计、施工等角度考虑，宜采用普通重力式挡土墙；在地震烈度超过Ⅷ度以上的区域，普通、加筋重力式挡土墙总土压力差距较大，此时宜采用加筋重力式挡土墙，降低墙体自重，减小圬工量，节约生产成本。

普通重力式挡土墙在高烈度区的墙体位移比加筋重力式挡土墙大，过大的墙体位移将导致墙体与土体发生脱离，地震惯性力等诸多因素作用使土颗粒间的位置发生变化，导致土体的宏观变形增大，易产生应变软化现象。应变软化过程实际上是一种不稳定过程，常伴随应变的局部化—剪切带的出现，这使土体强度由峰值强度减小至残余强度，同时导致墙背土体破裂角增大，提升了墙后土楔形体的体积，从而加大了墙背地震土压力，这也是导致在高烈度区普通重力式挡土墙墙背土压力比加筋重力式挡土墙大的重要原因之一[68]。

（3）土压力合力作用点比较

通过包络线算法，利用加筋和普通重力式挡墙墙背实测各点的土压力强度计算得到的土压力合力作用点及 M－O 理论计算值对比结果见图 8-14。

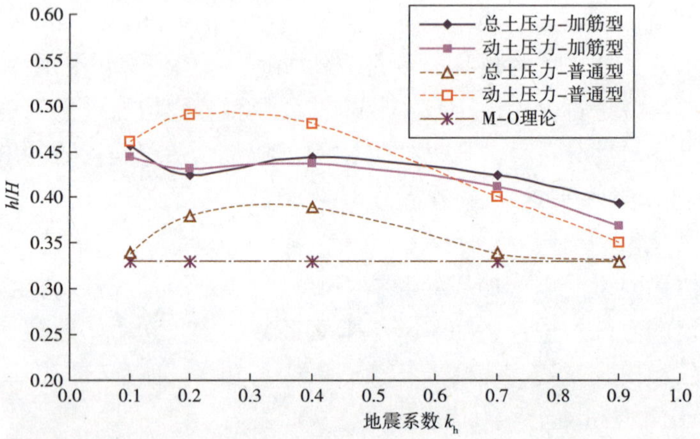

图 8-14 墙背土压力合力作用点随地震系数变化

Figure 8-14 Relationship of locations of resultant earth pressures at the back of wall and the seismic coefficients

注：h 为合力作用点至墙踵高度，H 为墙高。

Note：h is the height of resultant force from the base of the wall，H is the height of the wall.

由图 8-14 可知：加筋重力式挡土墙总土压力合力作用点高于普通重力式挡土墙，并且总土压力合力作用点的变化范围为（0.39～0.46）H，而普通重力式挡墙墙背总土压力合力作用点的变化范围为（0.33～0.39）H；水平地震系数较小时，加筋重力式挡土墙动土压力合力作用点与普通重力式挡土墙相比偏低；水平地震系数较高时，二者的合力作用点较为接近[60-64]。

（4）PGA 放大比

为研究墙后土体加速度放大比，在模型的两个竖直面①、②设置了加速度传感器，具体见图 8-15 和图 8-16，选取的加速度传感器在几何位置上具有如下特点：位于同一竖直面，与墙背距离相同，高程由高到低。选取距墙背最近的第①排加速度传感器进行研究。

普通与加筋重力式挡墙 PGA 放大比及其对比结果见图 8-17 ~ 图 8-19。

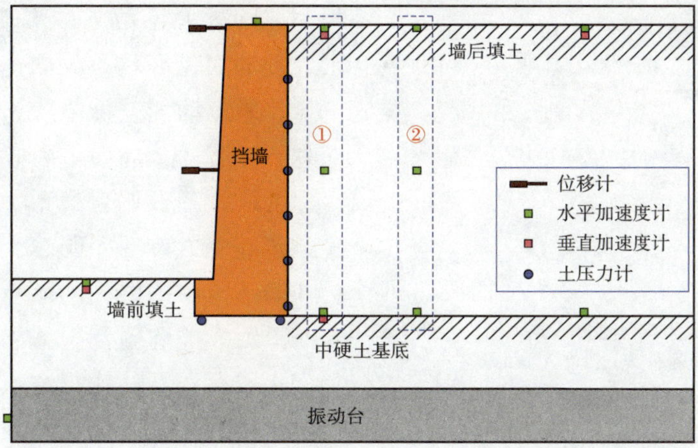

图 8-15　普通重力式挡墙加速度放大系数研究测点选取

Figure 8-15　Selection of survey point for research on magnification coefficient of the acceleration of the common gravity retaining wall

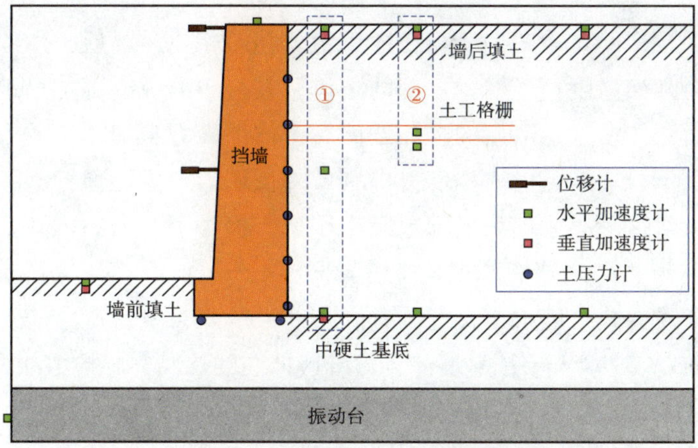

图 8-16　加筋重力式挡墙加速度放大系数研究测点选取

Figure 8-16　Selection of survey point for research on magnification coefficient of the acceleration of the reinforced gravity retaining wall

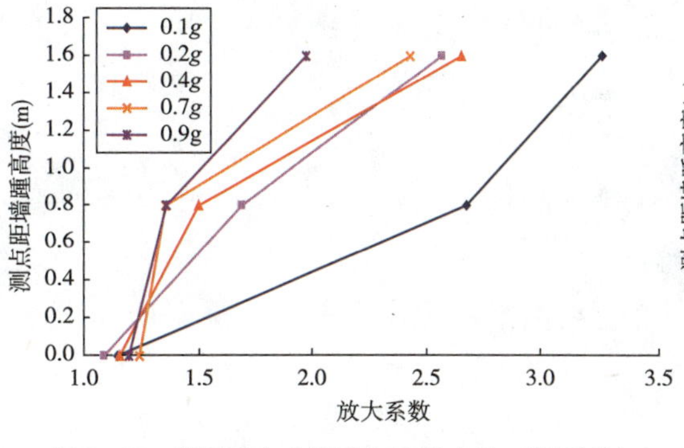

图 8-17　普通重力式挡墙 PGA 放大比（第①排）

Figure 8-17　PGA magnification ratio of common gravity retainning wall (the ① row)

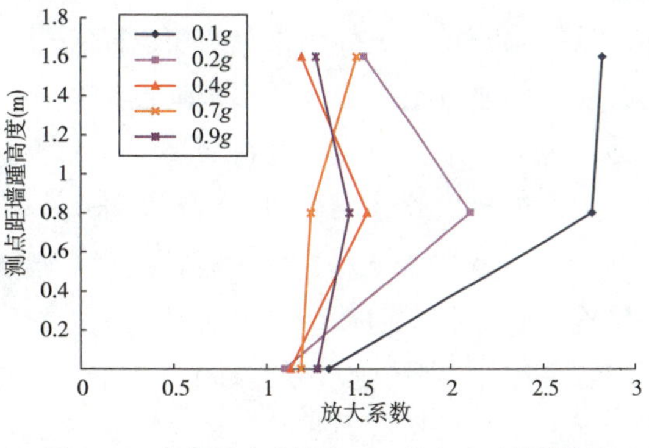

图 8-18　加筋重力式挡墙 PGA 放大比（第①排）

Figure 8-18　PGA magnification ratio of reinforced gravity retaining wall (the ① row)

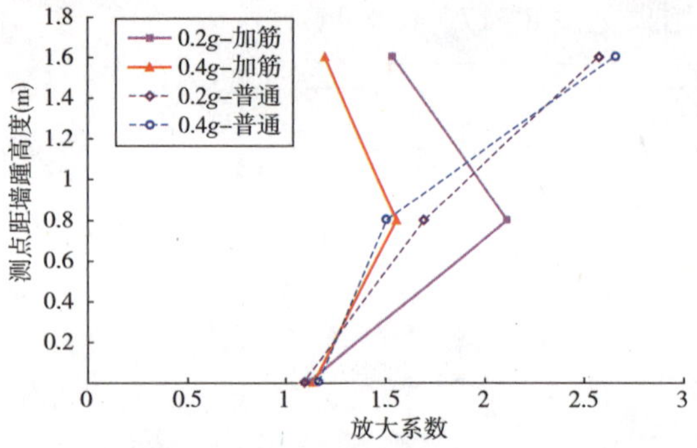

图 8-19 加筋及普通重力式挡墙 PGA 放大比对比图（第①排）

Figure 8 - 19 Comparison of the PGA magnification ratio between reinforced and common gravity retaining wall (the ① row)

图 8-17～图 8-19 显示：①墙后土体加速度放大系数与地震动加速度成反比，地震动加速度越小，加速度放大系数越明显；地震动加速度越大，加速度放大系数越不显著；②加筋重力式挡墙墙背土体加速度放大系数比普通重力式挡墙小，距墙踵越高，二者的差距越大；③对几何高度在墙踵与墙中之间的墙背填土，普通及加筋重力式挡墙墙背土体的加速度放大系数变化规律相同，均与该点距墙踵的高度成正比；对几何位置在墙顶与墙中之间的墙背填土，普通及加筋重力式挡墙墙背土体的加速度放大系数变化规律相反，对于普通重力式挡墙，墙背土体加速度放大系数仍与该点距墙踵的高度成正比；而对于加筋重力式挡墙，墙背土体的加速度放大系数与该点距墙踵的高度成反比。

上述现象表明，加筋重力式挡墙与普通重力式挡墙相比，墙后土体的加速度放大系数明显减小，特别对几何高度位于墙体上部的土体，其减小的程度更加显著。由于地震时墙背土压力是由墙后土体惯性力产生的，加之墙后土体惯性力与加速度放大系数成正比，这意味着在地震作用下，加筋重力式挡墙可以有效降低墙后土体的惯性力，尤其是上部土体的地震惯性力，大幅度减小了墙背上部地震土压力，提高了挡墙的抗倾斜能力。

（5）加筋和普通重力式挡墙抗震机理的异同点

①加筋和普通重力式挡墙抗震机理的共同点

加筋和普通重力式挡墙都要依靠墙体重力维持他们的抗倾斜和抗滑能力，并且两者的墙体位移均以转动位移模式为主。当地震加速度较小时，墙体位移模式为绕墙踵转动，发生墙体倾斜，随着地震动加速度的增大，墙体位移模式向转动与平动耦合的位移模式转变。

加筋和普通重力式挡墙的总土压力和动土压力均随地震加速度增加而增加，地震加速度越大，土压力增长的梯度越大。这个结果说明随着地震加速度增加，墙体位移随之增加，致使墙背填土破坏楔形体体积增加，并且破裂面上的强度从峰值强度过渡到残余强度，从而使墙背土压力随地震加速度增加而迅速增加。这个结果也说明为什么在Ⅸ度及以上烈度区会出现挡墙震害数量增多的现象[63]。

从振动台试验结果可知：墙背土压力合力作用点随地震动加速度的增大总体呈现降低的趋势，但是均高于《公路工程抗震设计规范》（JTJ 004—89）给定的 0.33H。这个试验结果很好地解释了为什么在挡墙设计中，稳定性主要由滑动控制，而汶川地震中混凝土挡墙的震害主要是倾斜震害的原因。

②加筋和普通重力式挡土墙抗震机理的不同点

加筋重力式挡墙依靠加筋与土体的摩擦效应，提高了加筋重力式挡墙的抗转动位移能力，因此加筋重力式挡墙墙体的位移小于普通重力式挡墙的墙体位移。当地震动加速度为

0.4g、0.7g 时，加筋重力式挡土墙墙体转角与普通重力式挡土墙相比减小 48.95%、47.37%。这个结果主要是由于随着墙体位移的增加，加筋重力式挡墙的加筋作用不断得到发挥，即加筋与土体间的摩擦力不断增大的结果。

当地震加速度小于 0.3g 时，墙体位移很小，加筋与土体间的摩擦力没有充分发挥，使加筋重力式挡墙的总土压力略高于普通重力式挡土墙，差距仅在 2% 以内；当地震动加速度大于 0.3g 时，普通重力式挡墙墙体与土体产生过大的相对位移，加筋重力式挡墙的加筋与土体间的摩擦力得到有效发挥，导致普通重力式挡墙墙背土压力比加筋重力式挡墙墙背土压力略大，例如当地震加速度为 0.4g、0.7g、0.9g 时，加筋重力式挡墙的总土压力与普通重力式挡土墙相比减小 5.3%、10.8%、16.4%。

由于加筋与土体间摩擦力的作用，加筋重力式挡墙的总土压力合力作用点高于普通重力式挡墙，加筋重力式挡墙的总土压力合力作用点变化范围为（0.39～0.46）H，而普通重力式挡墙的总土压力合力作用点变化范围为（0.33～0.39）H。当地震加速度较小时，加筋重力式挡墙的动土压力合力作用点与普通重力式挡墙相比偏低；当地震加速度较高时，二者的合力作用点较为接近。

（6）加筋重力式挡土墙抗震设计建议

在地震烈度为Ⅷ度及以下的区域，加筋、普通重力式挡土墙抗震性能相差不大，按现行抗震设计规范设计的普通重力式挡土墙能满足抗震需求，从设计、施工等角度考虑，宜采用普通重力式挡土墙进行抗震设计。在地震烈度为Ⅷ度以上的区域，宜采用加筋重力式挡土墙进行抗震设计，这样不仅可以提高挡土墙抗倾斜能力，加之与普通重力式挡土墙相比墙背地震土压力小的优点，还可以减少圬工数量，达到提高抗震性能与经济效益的双重功效。

8.3　加筋土挡墙的震害机理分析 Analysis on the seismic hazard mechanism of reinforced retaining wall

在汶川地震中加筋土挡墙总体表现较好，以国道 213 线都江堰—汶川段为例，全段共 9 处加筋土挡墙，仅 1 处由于地震动造成了明显破坏，即 20m 高的两级加筋土挡墙，约占此结构总数的 11.1%，震害比例较小。基于此，本书以这个 20m 高的两级加筋土挡墙为典型工点开展加筋土挡墙的震害机理分析，并在此基础上，通过对单级路肩和单级路堤形式的加筋土挡墙震害机理研究拓展加筋土挡墙的研究成果[69]。

8.3.1　典型工点震害机理分析—两级加筋土挡墙震害机理分析 Analysis on the seismic hazard mechanism of typical spot-two level reinforced retaining wall

（1）计算模型

所研究的加筋土挡墙位于国道 213 线都江堰—映秀段，该线路以高路堤通过山间谷地，该挡墙点位于曾家沟大桥附近，外侧为岷江，内侧靠山，原设计采用的抗震设防标准为Ⅶ度。原地基为第四系崩坡积碎石土和强风化白云岩，厚2～3m，下部为中风化的白云岩。该加筋土挡墙为双级复合加筋带挡墙。挡墙分两级施工，上墙高10m，下墙高10m。汶川地震时，在挡墙台阶处下方出现面板垮塌，筋带断裂震害，见图8-20。

图8-20　加筋土挡墙具体震害情况

Figure 8-20　Situation of detailed seismic hazard for reinforced earth retaining wall

运用有限元软件PLAXIS对加筋土挡土墙进行数值模拟，模型的几何尺寸和截面的材料特性见图8-21。

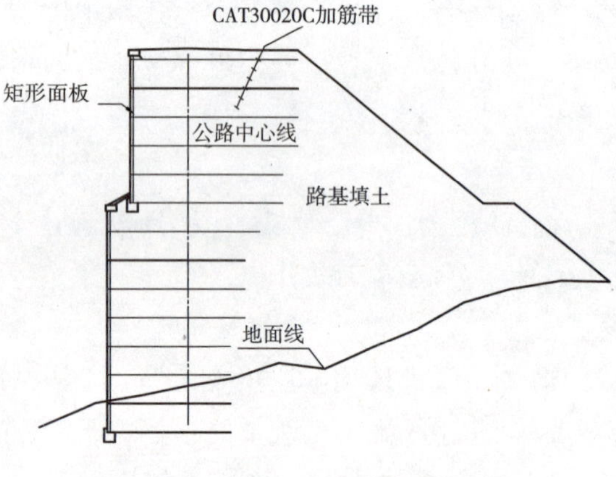

图8-21　结构示意图

Figure 8-21　Structure diagram

模型的主要材料参数通过土工试验及设计图纸得到，考虑该加筋土挡墙和卧龙台站距汶川地震活动断层的距离相近，为了真实反映汶川地震中该加筋土挡墙的抗震性能，因此在分析中选择由计算模型的底边界输入在汶川地震中卧龙台站实测的地震波。为了研究在不同地震烈度情况下加筋土挡墙的动力响应，通过归一化卧龙站地震波的峰值加速度得到峰值加速度为0.2g、0.4g的地震波，并在模型中分别施加以上三种地震波进行分析。

（2）结果分析

①位移特性

在不同峰值加速度的地震波作用下，该加筋土挡墙的墙体位移分布如图8-22所示。在汶川波作用下在接近下墙墙顶处（约1m处）发生了最大的墙体位移，位移量约80cm，而上墙最大位移发生在上墙墙顶，位移量约为70cm。从分析结果可知，距下墙墙顶约1m处是该加筋土挡墙最易发生破坏的位置，这个位置与该加筋土挡墙实际发生震害的位置基本一致，见图8-22。

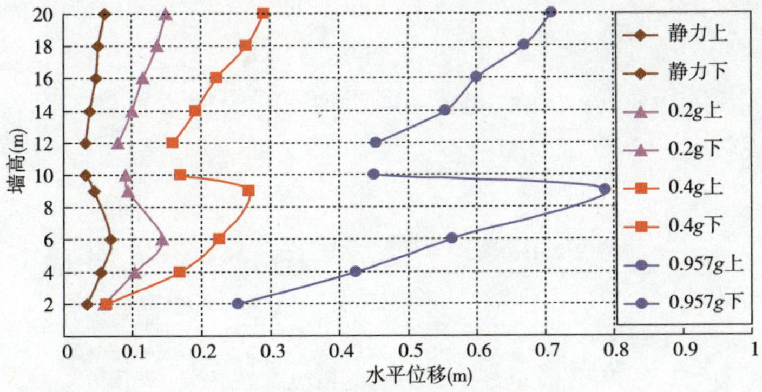

图 8-22　墙体水平位移分布曲线

Figure 8-22　Distributional curve for horizontal displacement of the wall

为了对该加筋土挡墙的震害机理有进一步的认识，汶川地震波被归一化为不同的峰值加速度（0.2g、0.4g），然后再对该加筋土挡墙进行抗震分析。分析结果表明，上下墙墙顶水平位移随峰值加速度的增加而增加，并且上墙的墙体位移模式是始终绕基础的转动，上墙绕基础的转角随峰值加速度的增加逐渐增大，上墙各点的水平位移沿墙高基本上呈线性分布；下墙的最大水平位移点随峰值加速度增加而逐渐升高。在静力和 0.2g 地震波作用下，下墙的最大水平位移出现在 6m 高度附近；在 0.4g 和 0.957g 地震波作用下，下墙的最大水平位移出现在 9m 高度附近。由各点的位移值与面板宽度间的关系可推知，在静力、0.2g、0.4g 地震波作用下挡墙没有发生破坏，但在 0.957g 地震波作用下下墙台阶处发生过大水平位移，造成墙体局部破坏。这一现象充分说明该挡墙按Ⅶ度设防却可以抵抗Ⅸ度地震，设计偏于保守，但是破坏现象说明在两级挡墙抗震设计时，应注意上墙与下墙的相互作用[70]。

②加速度

在挡墙面板后 0.2m 处自上而下布置 10 个加速度测点，计算结果见图 8-23。

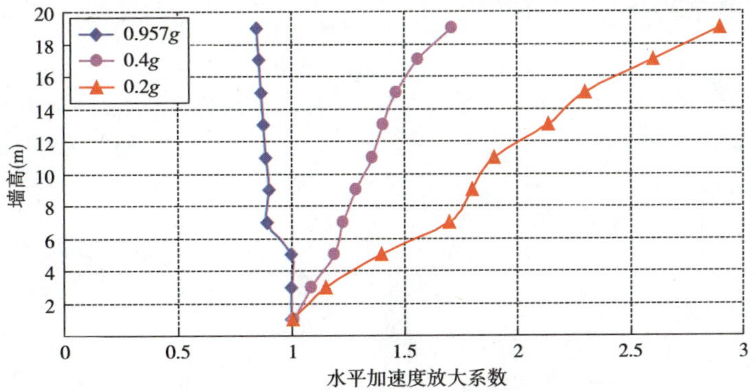

图 8-23　不同 PGA 下水平加速度放大系数

Figure 8-23　Magnification coefficient for horizontal acceleration under different PGA

从图 8-23 可知，随峰值加速度的增加，水平加速度沿墙高的放大效应逐渐降低，说明当峰值加速度达到一定数值后，墙后填土发生了塑性反应，例如在 0.957g 地震波作用下水平加速度沿墙高的放大系数在0.85～1之间，而在0.2g和0.4g地震波作用下水平加速度沿墙高的放大系数分别在1～3和1～2之间。

这个结果再次说明该加筋土挡墙的破坏源于地震峰值加速度过大，从而导致墙体位移引起墙背土体出现较大的塑性区。

③墙背土压力

有限元法计算结果与规范法计算结果进行了比较。比较结果见图8-24～图8-27。

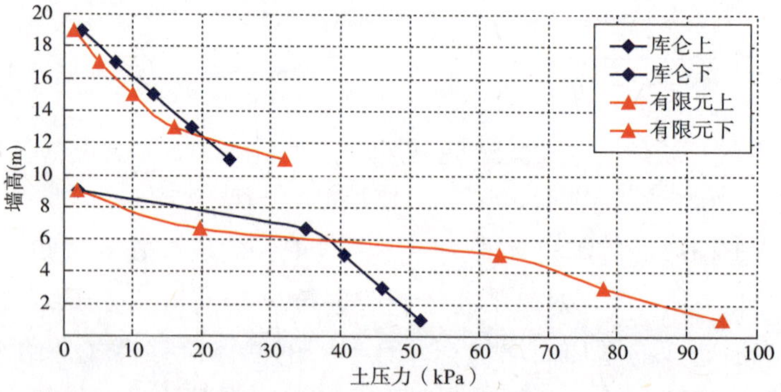

图8-24　静力作用下墙背土压力分布

Figure 8-24　Distribution of pressure on the wall－back under static function

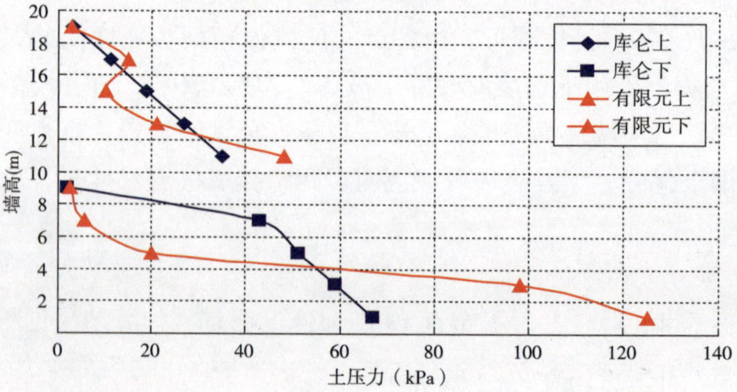

图8-25　0.2g地震波作用下墙背土压力分布

Figure 8-25　Distribution of pressure on the wall－back under function of PGA 0.2g seismic wave

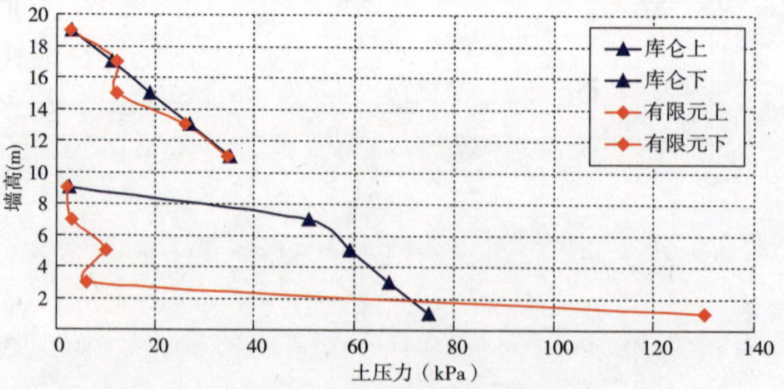

图8-26　0.4g地震波作用下墙背土压力分布

Figure 8-26　Distribution of pressure on the wall－back under function of PGA0.4g seismic wave

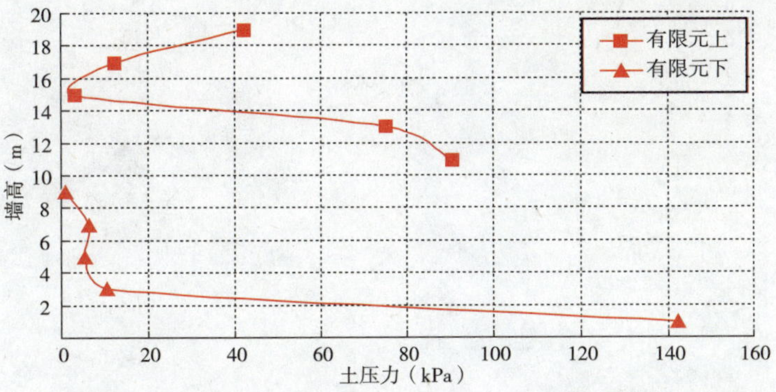

图8-27　0.957g地震波作用下墙背土压力分布

Figure 8-27　Distribution of pressure on the wall－back under function of PGA 0.957g seismic wave

注：地震烈度大于Ⅸ度时，物部—冈部公式失效，因此图8-27中不含有依据规范的计算结果。

Note：When the seismic intensity is over Ⅸ degree，the Mononobe－Okabe formula will be inefficient. hence in figure 8-27，there are no results which are calculated in accordance with the regulations.

从图8-24～图8-27可知，当仅考虑静力作用时，规范法和有限元法对上墙墙背土压力的计算结果非常接近；规范法与有限元法对下墙上部土压力的计算结果比较接近，而在下墙下部有限元计算结果小于规范计算结果；当地震动峰值加速度为0.2g时，上墙墙背地震土压力的有限元计算结果与规范计算结果基本一致，但是，在下墙两者相差较大，主要是在下墙上部有限元计算结果偏小。

出现上述现象的主要原因是：规范法无法考虑上墙在地震作用下对下墙上部局部范围的影响，而该影响使下墙上部墙体产生了位移，从而使下墙上部的地震土压力锐减，这个结果在0.957g地震波作用下下墙上部地震土压力反应更为明显，再次说明了上、下墙相互作用的重要性，同时说明了该两级加筋土挡墙的破坏主要是由于在拟静力法中无法较好地考虑上、下墙之间相互作用造成的[71]。

④破坏机理分析

由于加筋土挡墙的柔性特点，使其具有良好的抗震性能，在“5·12”汶川地震中，由于地震动原因仅发生1处加筋土挡墙的破坏事件。为了进一步说明该加筋土挡墙的破坏机理，现将有限元模拟结果与挡墙的真实破坏状况进行比较。具体计算结果如图8-28所示，挡墙实际破坏情况如图8-29所示。

通过比较图8-28与图8-29可知，有限元计算结果与实际破坏情况基本吻合，其震害原因是：a. 在破坏处由于应力集中现象，导致墙面板位移过大，这主要与台阶宽度太小有关（设计宽度1m）；b. 面板与拉筋带的连接处是沿筋带长度范围内最薄弱的区域，易于产生拉断；c. 上墙基础沉降量较大，挤压下墙顶部筋条使面板向后移动，而墙后填土为弹性模量较大的碎石土，阻碍面板向后移动，造成筋条受力过大，从而引起挡墙破坏。下墙顶部破坏区以下拉筋的抗拉拔力能有效地抵抗土压力，所以挡墙并未发生整体垮塌。

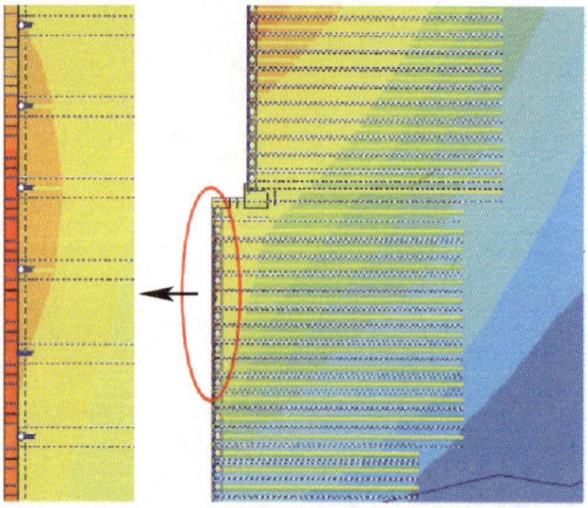

图 8-28 水平位移大样图（红色代表位移最大值）
Figure 8-28 Horizontal displacement

图 8-29 实际破坏图
Figure 8-29 Picture of actual damage

8.3.2 单级路肩加筋土挡墙抗震机理分析 Analysis on the seismic hazard mechanism of one level reinforced reinforced retaining wall on road shoulder

（1）计算模型

采用与两级加筋土挡墙相同的工程背景资料，依据相关的设计规范，利用有限元软件，建立数值计算模型，进行有限元动力分析，具体计算模型见图 8-30。该模型中加筋土挡墙墙高 10m，地基深 6m，拉筋间距为 0.5m。自墙顶向下 5m 处，拉筋长 10m；5 ~ 10m 处，拉筋长 9m。选用的土体参数、拉筋参数、地震波时程曲线与两级加筋土挡墙基本一致。

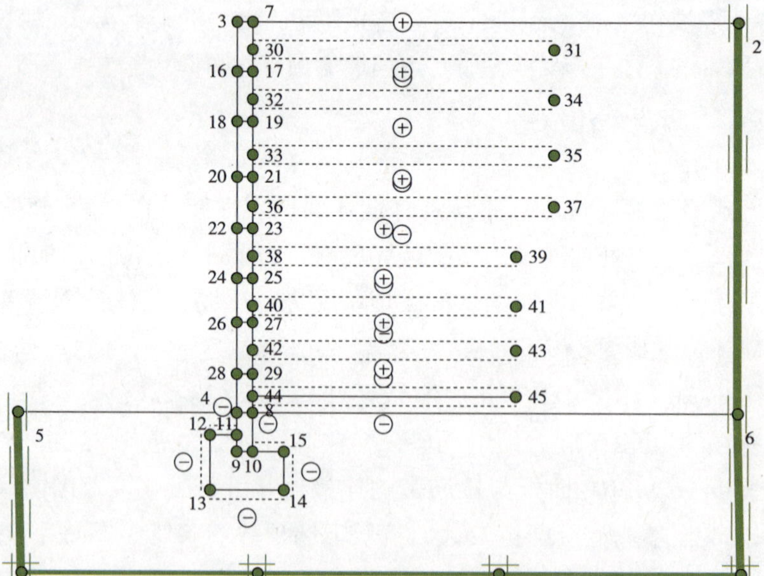

图 8-30 计算模型（示意图）
Figure 8-30 Calculation model (schematic diagram)

(2) 结果分析

①墙体水平位移

在不同峰值加速度地震波作用下，10m加筋土挡墙的墙体位移分布情况如图8-31～图8-33所示。

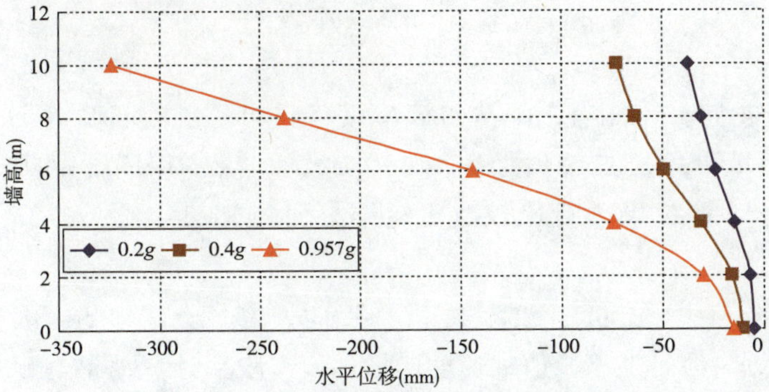

图8-31　不同地震波作用下挡墙的水平位移曲线

Figure 8-31　Curve for horizontal displacement of retaining wall under function of different seismic wave

图8-32　静力作用下加筋土挡墙的水平位移

Figure 8-32　Horizontal displacement of reinforced earth retaining wall under static function

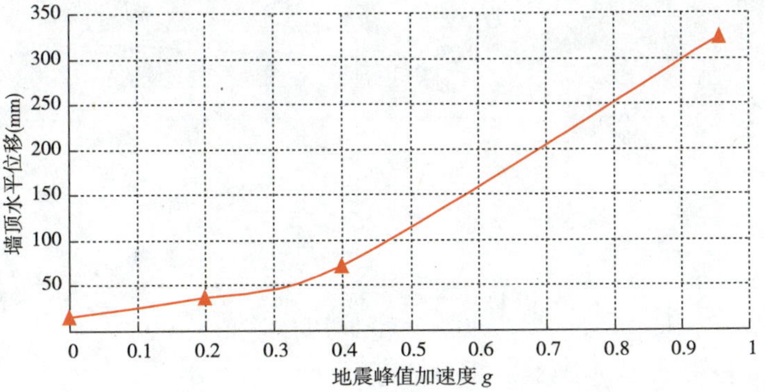

图8-33　不同地震波作用下墙顶位移分布曲线

Figure 8-33　Distributional of wall-top displacement under different seismic waves

注：图中输入波的峰值加速度为0，表示静力作用。

Note: In the figure, the peak acceleration of wave is 0, symbolizes the static function.

结合图8-31～图8-33可知，静力作用下加筋土挡墙面板出现“凸肚”变形。地震作用下加筋土挡墙面板的水平位移沿墙高基本上呈线形分布。墙体位移模式基本上不随峰值加速度的增加而变化，墙体始终为整体的“平动+绕基础的转动”。随峰值加速度的增加，墙体绕基础的转角逐渐增大，挡墙的整体平移量也越大。输入地震波的峰值加速度与墙顶的水平位移基本上呈抛物线关系。

出现上述位移模式的主要原因如下：在地震作用下，墙顶土体的惯性力较大，而加筋带的上覆土层较薄，筋带表面竖向应力较小，筋带提供的侧向摩阻力不足以抵抗侧向土压力和惯性力作用，而在墙体底部不仅筋带可以提供较大的侧向摩阻力，而且由于基础的约束作用，使墙体底部的位移较小。其次，在地震作用下，墙后填土的内摩擦角和内聚力随峰值加速度的增加而逐渐降低，又由于水平加速度的放大效应，因此墙顶部的土体参数降低较多，从而造成顶部位移较大。分析结果表明，即使在 0.957g 的地震作用下，墙顶的最大位移也仅达到 30cm，对于 10m 墙高的加筋土挡墙，这个最大位移不至于使该加筋土挡墙发生整体破坏。

②墙背土压力

与两级加筋土挡墙的分析方法相同，采用有限元法对该单级路肩加筋土挡墙墙背土压力进行分析。对该路肩加筋土挡墙分别施加峰值加速度为 0.2g、0.4g、0.957g 的地震波，并将有限元计算结果与规范计算结果进行比较。比较结果如图 8-34 ~ 图 8-36 所示。

由图 8-34 ~ 图 8-36 可知，当地震动峰值加速度不大于 0.4g 时，墙背土压力的有限元计算结果与规范计算结果基本一致，但是随着峰值加速度的增加，有限元计算结果与规范计算结果之间的差异略有增加。这个结果说明了为什么在汶川地震中几乎没有单级路肩加筋土挡墙破坏的原因。

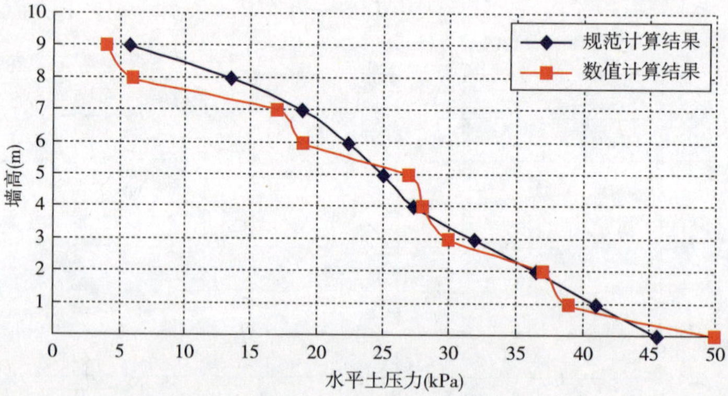

图 8-34 静力作用下墙背土压力分布

Figure 8-34 Distribution of wall - back earth pressur under static function

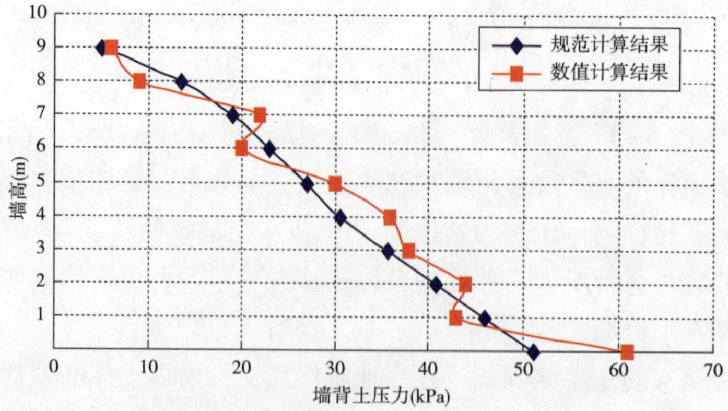

图 8-35 0.2g 地震波作用下墙背土压力分布

Figure 8-35 Distribution of wall - back pressure under function of PGA 0.2g seismic wave

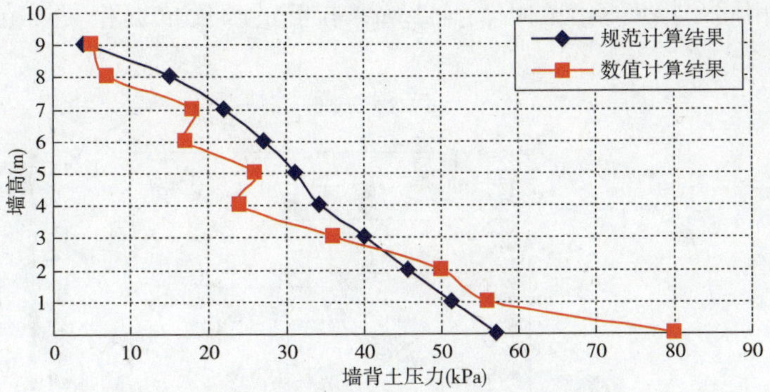

图 8-36 0.4g 地震波作用下墙背土压力分布

Figure 8-36 Distribution of wall - back pressure under function of PGA 0.4g seismic wave

③水平加速度

为了揭示水平加速度沿墙高随峰值加速度增加的变化特性，分别计算了在峰值加速度为0.2g、0.4g、0.957g 地震波作用下的水平加速度沿墙高的分布，见图 8-37。

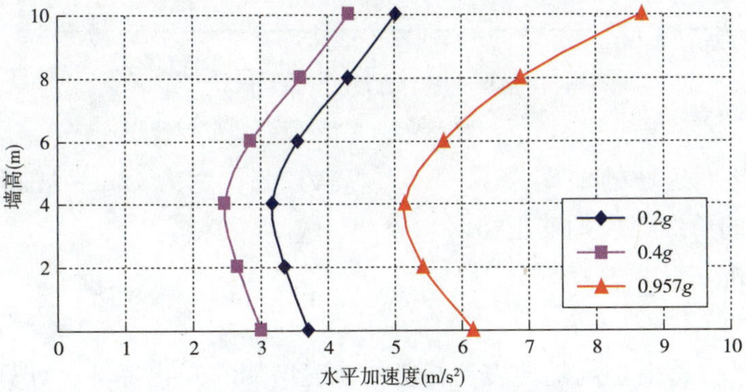

图 8-37 不同地震波作用下挡墙的水平加速度分布曲线

Figure 8-37 Distribution of horizontal acceleration under function of different seismic waves

由图 8-37 可知，在输入不同峰值加速度的地震波作用下，自墙底至 0.4 倍墙高范围内，水平加速度沿墙高逐渐减少，自 0.4 倍墙高至墙顶范围内，水平加速度沿墙高逐渐增加。在 PGA 为0.2g、0.4g 地震波作用下，水平加速度沿墙高均放大，在0.957g 地震波作用下，水平加速度沿墙高总体上减小。

出现上述现象的主要原因如下：加筋带对水平加速度具有阻断作用，由于加筋带—土体接触面上具有较多的塑性点，增大耗能，所以挡墙下部水平加速度沿墙高逐渐减小；在0.957g 地震波作用下，墙后填土内出现了大范围的塑性区，造成地震波的耗能增大，从而使水平加速度沿墙高整体上呈减小趋势。

8.3.3 单级路堤加筋土挡墙抗震机理分析 Analysis on the seismic hazard mechanism of one level reinforced reinforced retaining wall on embankment

（1）计算模型

本节所建的有限元模型、材料参数、边界条件等均与单级加筋土挡墙动力响应研究中的相关规定基本相同，挡墙模型的墙高为 14m，拉筋的长度依据相关规范进行设计，具体计算模型见图 8-38。

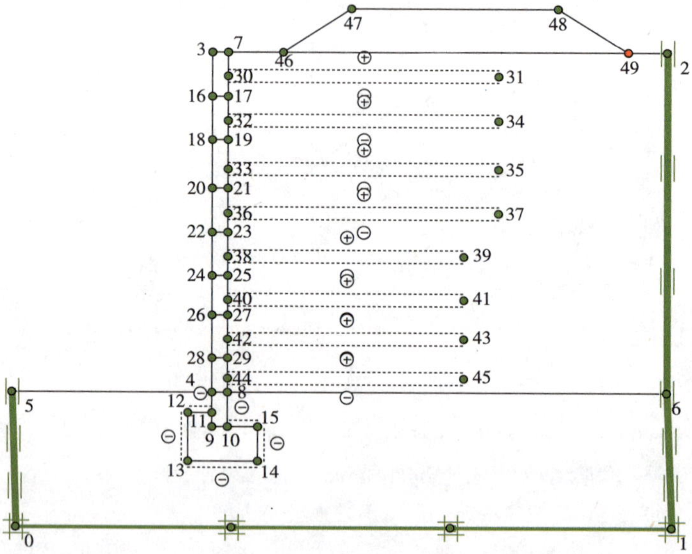

图 8-38 计算模型（示意图）
Figure 8-38 Calculation model (schematic diagram)

在该模型中路堤边坡的坡率为 1 : 1.5 ，高为 3m，宽为 12m，坡脚距墙顶的距离为 3.5m，其他尺寸同单级路肩加筋土挡墙。

（2）结果分析

①水平位移

为了研究水平位移沿墙高随地震动峰值加速度增加的变化特性，计算了峰值加速度为 0.2g、0.4g 地震波作用下水平位移沿墙高的分布情况，计算结果见图 8-39。

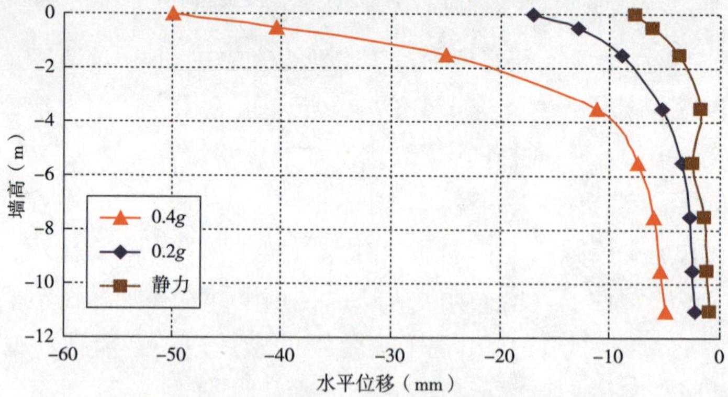

图 8-39 水平位移沿墙高的分布情况
Figure 8-39 Distribution of the horizontal displacement along the wall

由图 8-39 可得出以下结论：在地震作用下，单级路堤加筋土挡墙墙体水平位移沿墙高呈双曲线分布；在静力作用下，单级路堤加筋土挡墙墙体水平位移沿墙高基本上呈双曲线分布，但在墙体中部出现“凸肚”现象。出现上述现象主要是由于：a.根据水平加速度的计算结果，在地震作用下水平加速度沿墙高具有放大效应，而水平加速度的增加，则会引起墙面板及墙后填土水平惯性力的增加，墙后填土 c、φ 值的减小，筋—土间摩阻力即拉筋抗拉拔力的减小，造成拉筋的抗拉拔力不能有效抵抗地震土压力，从而使墙体产生较大的水平位移；b.在重力作用下，上部路堤产生的土压力造成了墙体顶部水平位移的增加，而加筋土挡墙的柔性特点决定了墙体中部“凸肚”现象的产生。

综合比较单级路堤加筋土挡墙与单级路肩加筋土挡墙地震的位移计算结果可知，在相同条件下，单级路堤加筋土挡墙和单级路肩加筋土挡墙的位移模式存在较大差异。因此，在进行单级路堤加筋土挡墙抗震设计时，应重视上部路堤对下部墙体动力响应的影响。

②土压力

为了研究地震土压力沿墙高随地震动峰值加速度增加的变化特性，计算了峰值加速度为0.2g、0.4g 地震波作用下地震土压力沿墙高的分布情况，并将数值计算结果与规范计算结果进行对比，具体结果见图8-40～图8-42。

由图8-40～图8-42可知：单级路堤加筋土挡墙地震土压力的数值计算结果与规范计算结果存在较大差异，且差异量随地震动峰值加速度的增加而增加；在挡墙的顶部、中部，规范计算结果均大于数值计算结果。相反，在挡墙底部，数值计算结果大于规范计算结果。

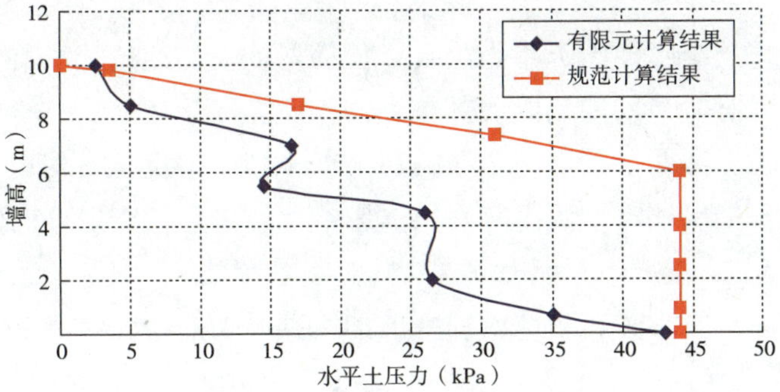

图8-40　静力作用下土压力分布曲线

Figure 8-40　Distribution for earth pressure under static function

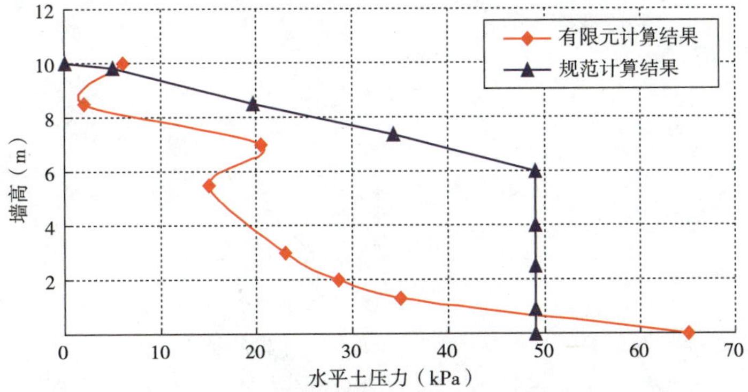

图8-41　0.2g 地震波作用下土压力分布曲线

Figure 8-41　Distribution for earth pressure under the function of PGA 0.2g seismic wave

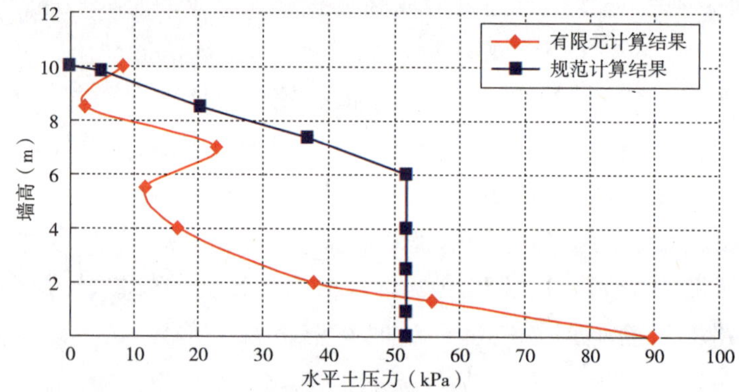

图 8-42 0.4g 地震波作用下土压力分布曲线

Figure 8-42 Distribution for earth pressure under the function of PGA 0.4g seismic wave

出现上述现象主要是由于：a.在运用规范计算时仅考虑了上部路堤的自重应力，而忽略了地震作用下上部路堤惯性力对墙体的影响。b.在挡墙的顶部、中部，规范计算结果大于数值计算结果，这与在运用规范计算时把上部路堤等效为均布线荷载，其对下墙的影响按 Boussinesq 理论进行求解有关。由于 Boussinesq 理论是建立在均质、连续、各向同性半无限弹性体的基础上，并且认为挡土墙是刚性体，这与实际不符。c.在挡墙底部，数值计算结果大于规范计算结果，这与在运用规范计算时没有考虑挡墙底部面板受到基础的约束有关。

因此，为了防止挡墙底部因土压力过大，拉筋长度不够而造成破坏，建议在进行单级加筋土挡墙抗震设计时适当增加挡墙底部拉筋的长度。

综合比较单级路堤加筋土挡墙与单级路肩加筋土挡墙地震土压力的计算结果可知，上部路堤对单级加筋土挡墙地震土压力存在较大影响，在进行抗震设计时应给予充分考虑。

③水平加速度

为了研究水平加速度沿墙高随地震动峰值加速度增加的变化特性，计算了峰值加速度为 0.2g、0.4g 地震波作用下水平加速度沿墙高的分布情况，分析结果见图 8-43。

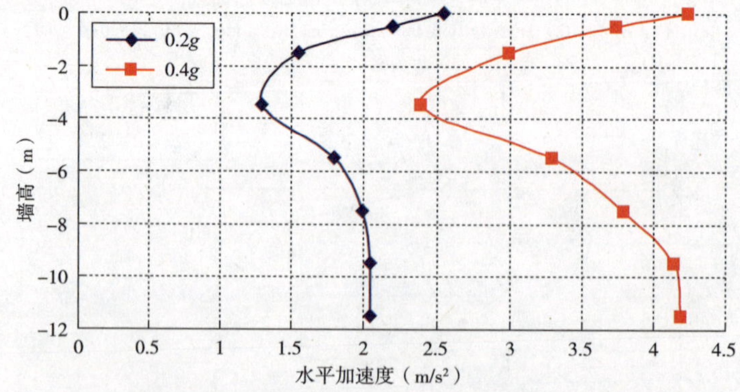

图 8-43 水平加速度沿墙高分布曲线

Figur 8-43 Distributional curve of horizontal acceleration along the wall

由图 8-43 可知，在输入峰值加速度为 0.2g、0.4g 地震波作用下，自墙底至 0.6 倍墙高范围内，水平加速度沿墙高逐渐减少，自0.6倍墙高至墙顶范围内，水平加速度沿墙高逐渐增加，水平加速度沿墙高总体上呈放大趋势。

（3）单级路肩与路堤加筋土挡墙对比分析

综合分析单级路肩加筋土挡墙与单级路堤加筋土挡墙水平加速度的计算结果可知，水平加速度沿墙高分布曲线中拐点的位置不同，一个位于0.4倍墙高处（路肩），一个位于0.6倍墙高处（路堤）。出现上述现象主要是由于单级路堤加筋土挡墙在上部路堤作用下，填土内部塑性点的范围增大，地震时耗能增多，而单级路肩加筋土挡墙则无上部附加荷载作用。

8.4 桩板式抗滑挡土墙的震害机理分析 Analysis on the seismic hazard mechanism of sheet pile retaining wall

在汶川地震中桩板式抗滑挡墙的总体表现较好，仅有3处桩板式挡墙由于地震动造成了轻微震害，震害主要表现为桩体发生倾斜变形，但未出现整体倾覆和整体垮塌震害。为分析这种支挡结构形式的动力响应特性及促进该支挡结构抗震设计的发展，选取国道213线K1016+800~K1016+835处的桩板式抗滑挡土墙为典型工况，并对其震害（抗震）机理进行分析。

8.4.1 典型工点震害机理分析 Analysis on the seismic hazard me chanism of typical spot

（1）计算模型

所选工点的山体坡面分布碎石土，公路路基开挖后，内侧修建了桩板式抗滑挡墙以保持上边坡的稳定性，见图8-44。在地震中抗滑桩发生外倾位移，桩体出现了轻微裂缝，但整体基本完好，桩后滑坡也基本稳定。利用ABAQUS软件对其进行震害机理分析[72]，建立的计算模型见图8-45。

图8-44 现场工况图

Figure 8-44 Picture of field situation

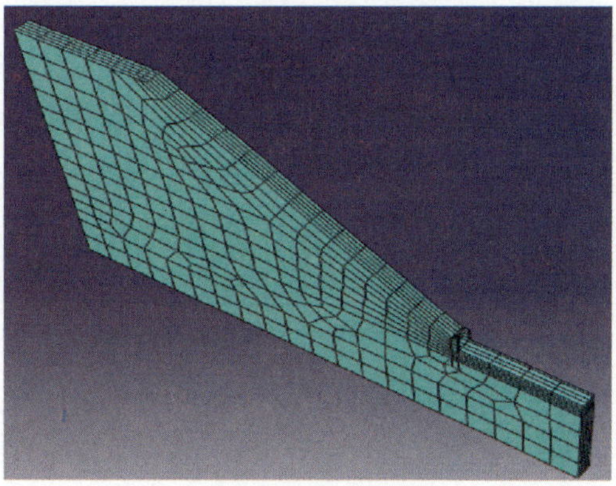

图8-45 三维网格图

Figure 8-45 Three - dimensional grid

计算模型本构模型采用 Mohr－Coulomb 模型，地震波选自“5·12”汶川地震中卧龙台站记录的东西向和竖向加速度分量，并从模型底部输入。

（2）结果分析

①水平位移

通过动力计算，利用时程分析得到的桩顶位移时程结果显示在图 8－46。

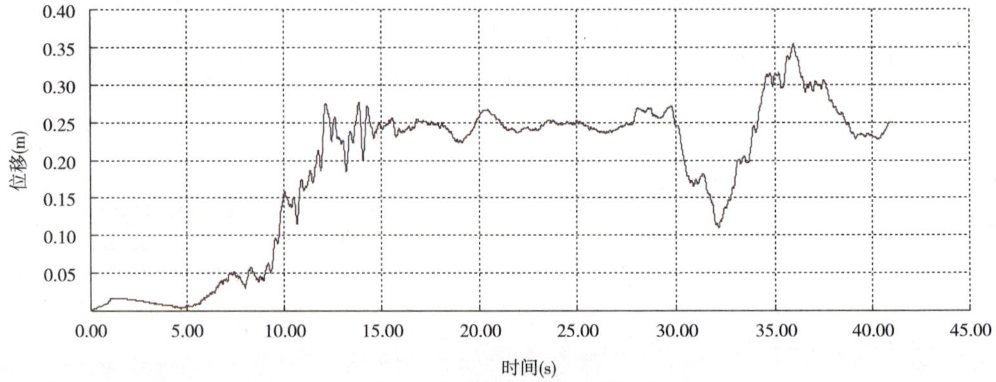

图 8－46 桩顶位移时程图

Figure 8－46 Time history for displacement of the pile top

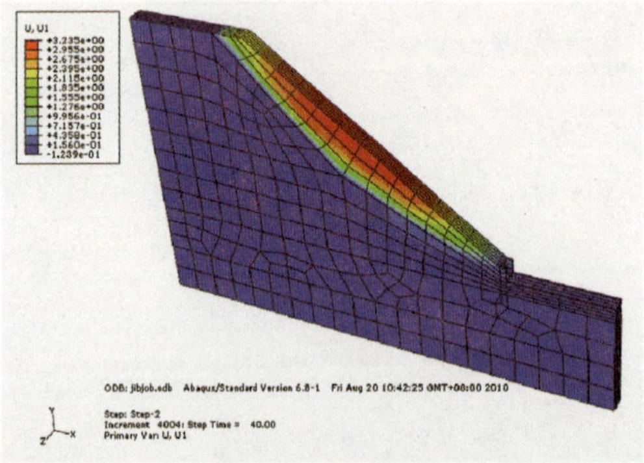

图 8－47 汶川波—桩板墙水平永久位移云图

Figure 8－47 Horizontal permanent displacement of the sheet pile wall under function of Wenchuan seismic wave

由图 8－46 可见，在地震作用下桩板式抗滑挡土墙的失效本质上是地震荷载以足够大的幅值在特定方向对桩板式抗滑挡土墙进行反复作用，使桩身损伤并不断产生累积变形的结果。而通过震害调查发现，此工点在汶川地震中呈刚性变形特征，桩身发生外倾位移，桩顶的最大倾角为 3.5° 左右，计算的桩顶永久位移为 25.0cm，与实际震害情况基本一致，这个计算结果重现了此工点的破坏情况。在此基础上，通过计算反演，进一步分析了桩板墙的震害破坏机理[73]，分析模型见图 8－47。

②土压力计算

此外，一般滑坡的推力计算示意见图 8－48，过程如下：

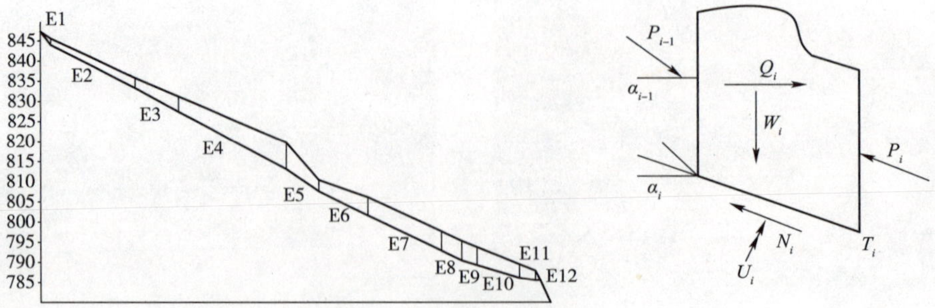

图 8－48 滑坡推力计算示意图

Figure 8－48 Schematic diagram for calculation of landslip thrust

由于在规范中没有专门针对桩板墙的地震综合影响系数说明，在这里仅参照抗滑桩规范的要求取地震综合影响系数为0.25。

由有限元分析可知，输入时程的水平最大加速度为0.957g，此值直接用于计算桩背土压力。抗滑桩桩背土压力的计算结果见图8-49。

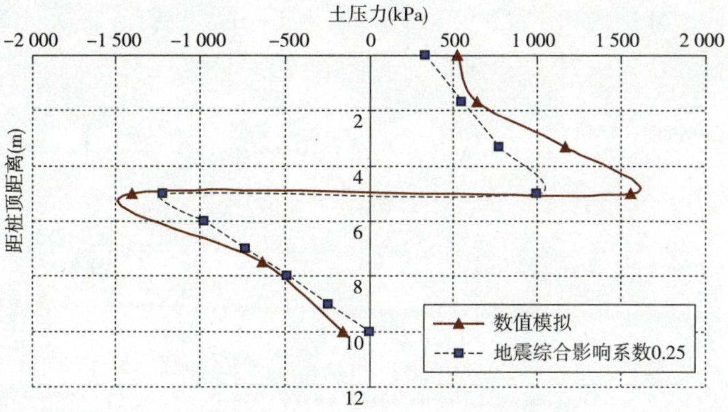

图8-49　抗滑桩桩身土压力与规范对比图

Figure 8-49　Comparison of earth pressure on sheet pile from calculation of finite element method and code

可以看出，若取地震综合影响系数为0.25时，按照规范计算得到的抗滑桩桩背土压力分布与有限元数值模拟结果有一定差距。一般来说，若取地震综合影响系数为0.25，按规范计算得到的桩背土压力偏小，说明取地震综合影响系数C_z为0.25的规范算法是偏于危险的[74]。

为此，本书试图通过调整地震综合影响系数方法来把规范计算结果拟合到有限元数值模拟的结果中，通过这种方法检验C_z的合理取值。基于上述观点，分别取$C_z=0.3$、0.35、0.4，并用规范方法分别计算桩背的土压力分布，之后再与有限元模拟的结果进行比较[75]。比较结果见图8-50。

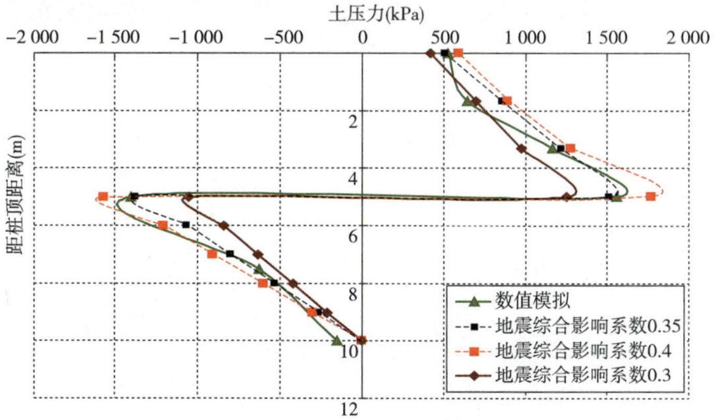

图8-50　不同地震系数下的土压力对比图

Figure 8-50　Comparison diagram of earth pressure under different seismic coefficients

由图8-50可以看出，当地震综合影响系数分别取0.3、0.35、0.4时，用拟静力法计算的嵌固段抗力随地震综合影响系数的增加逐渐接近有限元数值模拟的结果；对于滑坡所产生的土压力而言，当地震综合影响系数等于0.35时，两者较接近，而地震综合影响系数等于0.4时，规范方法计算的结果略偏大。综合上述分析，在目前的情况下，可以认为当使用静力法计算抗滑桩桩背土压力分布时，地震综合影响系数取0.4为宜。

为探讨桩板式抗滑挡土墙在不同烈度下的抗震表现，分别施加同比缩小的汶川地震时卧龙站地震波，PGA分别为0.15g、0.3g、0.4g和0.6g，进行有限元计算，探讨规范中采用地震综合影响系数 C_z =0.25的合理性，见图8-51～图8-54。

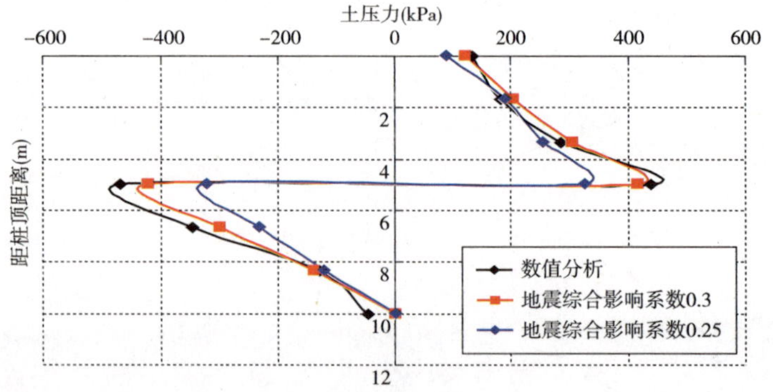

图8-51　Ⅶ度区土压力对比

Figure 8-51　Comparison of earth pressures in 7 degree zone

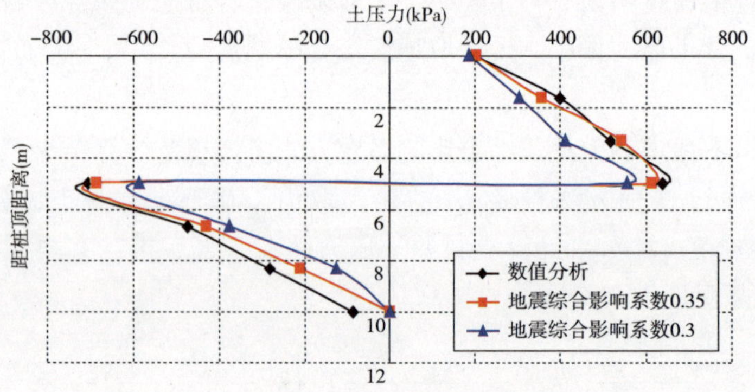

图8-52　Ⅷ度区土压力对比

Figure 8-52　Comparison of earth pressures in 8 degree zone

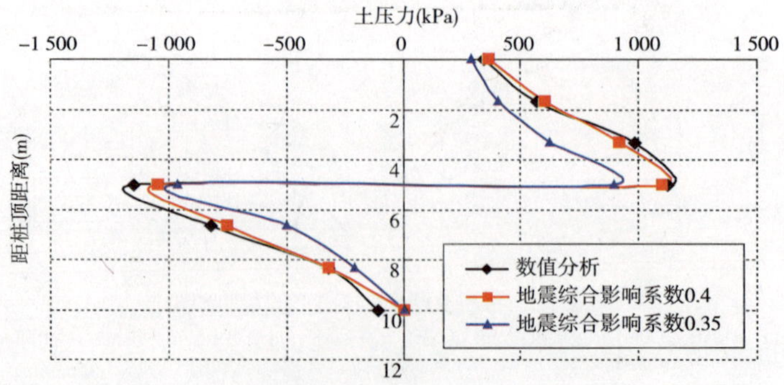

图8-53　Ⅸ度区土压力对比

Figure 8-53　Comparison of earth pressures in 9 degree zone

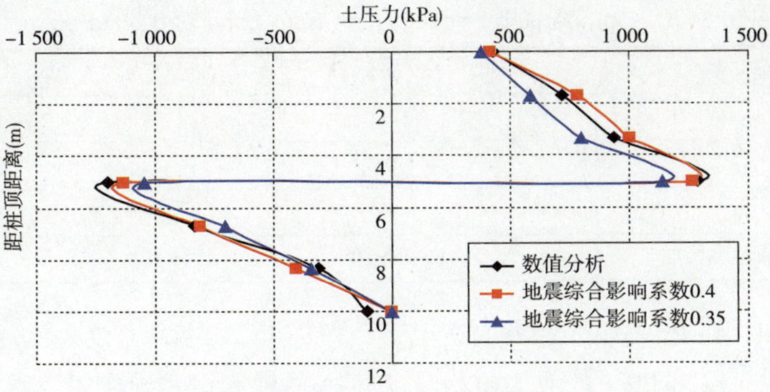

图 8-54　Ⅸ度以上烈度区土压力对比

Figure 8-54　Comparison of earth pressures in zones with seismic Intensity over 9 degree

由图 8-54 可见，当地震烈度 < Ⅸ度时，由于输出 PGA 的放大比相对于 PGA 的输入占主导作用，地震综合影响系数随烈度的增大而增大。而当地震烈度 ≥ Ⅸ度时，输出的 PGA 的放大比反而在减小，地震综合影响系数不再增大，且计算结果表明，对于地震综合影响系数的取值，Ⅶ度区取 0.3、Ⅷ度区取 0.35、Ⅸ度及以上烈度区取 0.4 最接近数值计算结果。

③PGA 放大效应

桩板墙震害与墙后潜在滑坡体的滑坡推力密切相关，而滑坡推力受地震加速度、滑体方量、重度、滑面倾角、黏聚力 c、内摩擦角 φ 等的综合影响[76]。因此，在地震作用下，地震加速度在滑坡体中的表现就尤为重要，沿山体竖向高度取若干点，分别计算 EW 水平向 PGA 的放大比，其结果见图 8-55。从图 8-55 可知，PGA 放大比呈先放大后减小又放大的趋势，可判定坡体上部在 PGA 放大比曲线拐点位置出现滑动，滑面岩土体剪切强度的降低对 PGA 放大起到一定的隔断作用。随着地震动加速度的增大，滑体 PGA 放大比反而逐渐减小，这与土体塑性区范围的扩大有着密切的联系，见图8-56。但是总体上看，坡体面的 PGA 放大比均大于 1，表 8-5 为规范计算结果与有限元计算结果对比表。

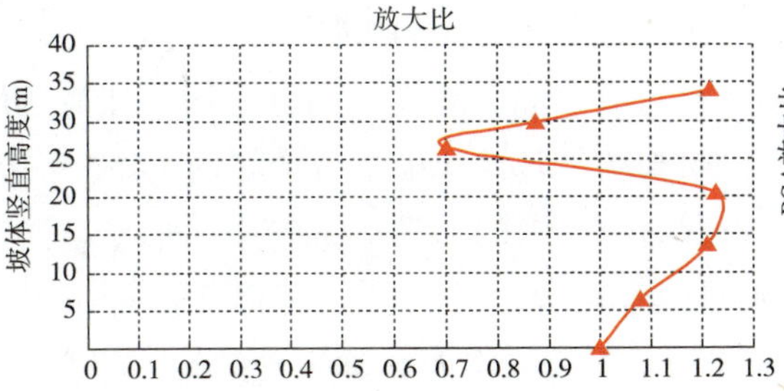

图 8-55　汶川波—EW 向 PGA 放大

Figure 8-55　Wenchuan wave EW magnification toward PGA

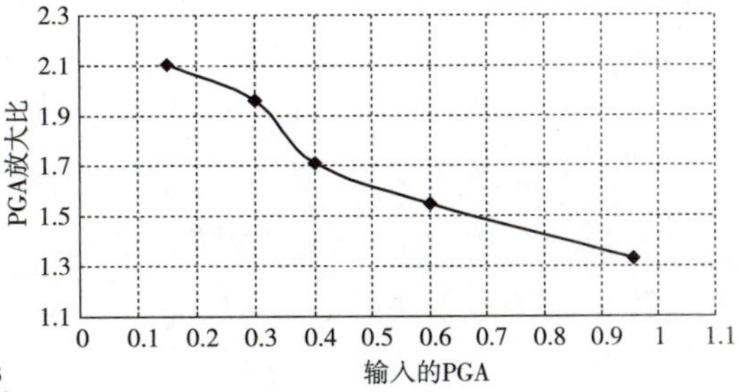

图 8-56　PGA 放大比与地震系数的相关曲线

Figure 8-56　Correlation curve for PGA magnification ratio and seismic coefficient

表 8-5 规范计算结果与有限元计算结果对比

Table 8-5 Comparison of calculation from code and finite element

烈 度	PGA 放大比	地震综合影响系数
Ⅶ度（0.15g）	2.1	0.3
Ⅷ度（0.3g）	1.95	0.35
Ⅸ度（0.4g）	1.71	0.4
大于Ⅸ度（0.6g/0.957g）	1.54/1.33	0.4

通过分析得知，在 PGA 输入增大的情况下，滑体 PGA 的输出放大比逐渐减小。当地震烈度 < Ⅸ度时，由于输出 PGA 的放大比相对于 PGA 的输入占主导作用，所以静力法计算时，地震综合影响系数随烈度的增大而增大。而当地震烈度 ≥ Ⅸ度时，随着输入 PGA 的增大，输出的 PGA 放大比反而减小，这时输入的 PGA 占主导作用，所以规范计算时，当 ≥ Ⅸ度时，通过计算分析，地震综合影响系数取 0.4 不再增大也能保证工程设计结果偏于安全。

8.4.2 桩板式抗滑挡土墙抗震机理的进一步分析 Advanced analysis on the seismic hazard mechanism of sheet pile retaining wall

为了更好地揭示桩板式抗滑挡土墙的抗震工作机理，室内研究借助最直接的研究手段——振动台试验对桩板式抗滑挡土墙进行了进一步的分析。试验选取原型为高 10m 的桩和 6m 的挡土板模型，模型缩尺比例为 1∶10。其中一个模型为普通桩板墙，另一个为预应力锚索桩板墙。

（1）试验模型

试验采用刚性土箱作为试验模型箱，内部尺寸为 3.5m × 1.5m × 2.1m（长 × 宽 × 高）。为利于观测破坏现象，也为消除箱侧壁的摩擦约束，模型箱两侧安装了 12mm 厚的有机玻璃，并在两侧均匀涂抹凡士林。

试验选取原型为高 10m 的桩 + 长 6m 的挡土板模型，模型缩尺比例为 1∶10。根据白金汉的 π 定理导出的相似比，试验选取桩长 1m + 高 0.6m 的挡土板桩板墙模型，桩底封堵，桩顶出线，螺栓连接，以便于拆卸安装土压力计。滑体和基岩材料用配制土模拟，分层压实，保证基岩及滑体的密实度达到设计标准。锚索用 Q235 钢片模拟，表面安装应变片，与部分钢片预先浇筑在一起，直径 80mm。为了增加嵌固段的摩擦力，在钢片表面凿出孔洞。试验加载开始前，通过传感器施加预应力。锚索桩板墙模型的桩结构设计与滑体和基岩选用材料及压实方式相同。现以锚索桩板墙为例，其结构模型设计如图 8-57 所示。

试验拟采集的数据包括：位移、加速度、土压力、锚索轴力等。试验中，选择与模型所在场地具有类似条件的已有数字化汶川强地震记录作为输入，并按相似律进行压缩处理。考虑从 x 向（横向垂直线路走向）、z 向（竖向垂直线路走向）输入地震动加速度。

（2）结果分析

①位移

根据震害调查结果，桩板式抗滑挡土墙在汶川地震中的震害主要表现在发生刚性的外倾位移，可将其在地震下的运动模式假定为绕某点（桩转动中心）的转动[77]，其运动模式见图8-58。

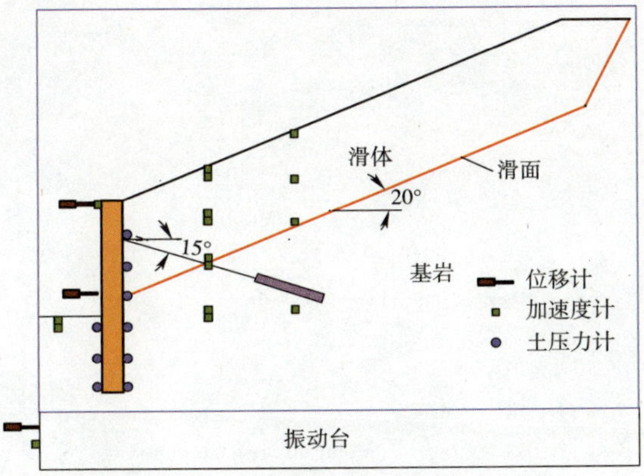

图8-57　锚索桩板墙模型试验设计示意图

Figure 8-57　Schematic diagram for test design of model of prestressed anchor sheet pile wall

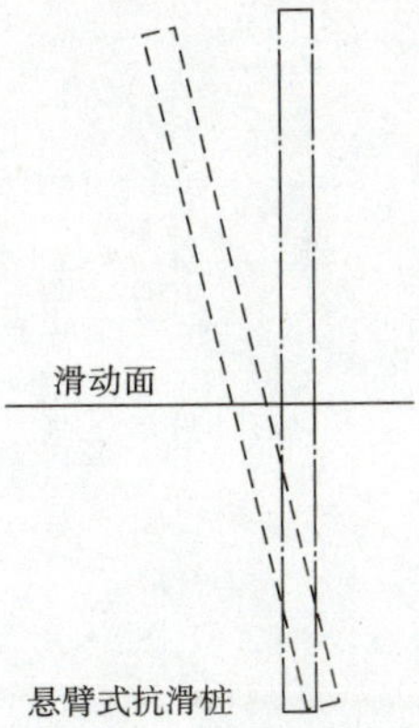

图8-58　悬臂式刚性抗滑桩运动模式

Figure 8-58　Movement mode of cantilever-type rigid sheet pile wall

为研究其位移与输入地震波PGA和结构形式的关系，将双向加载情况下桩板墙和预应力锚索桩板墙模型的桩顶、桩中位移及转点距桩顶深度与输入地震波关系进行比对，见图8-59～图8-61。

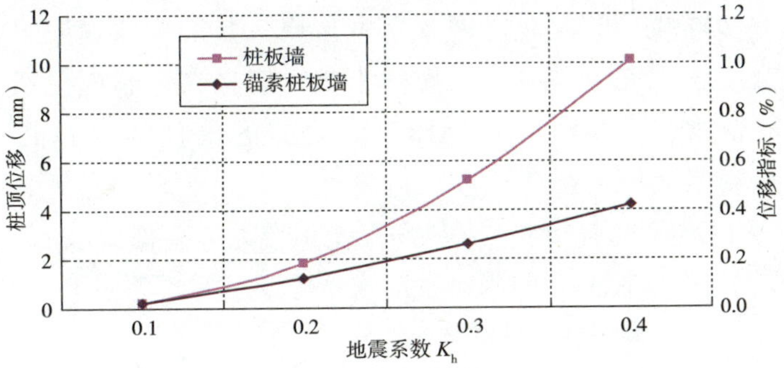

图8-59　桩顶位移及位移指标与地震系数关系

Figure 8-59　Relationships between pile-top displacement, displacement index and seismic coefficient

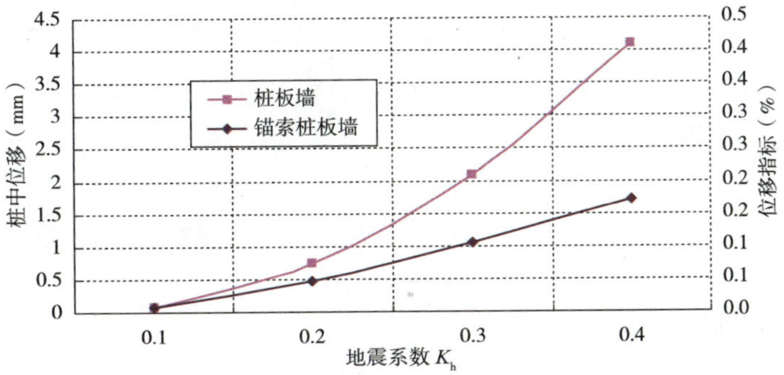

图8-60　桩中位移及位移指标与地震系数关系

Figure 8-60　Relationships between displacement at middle of the pile, displacement index and seismic coefficient

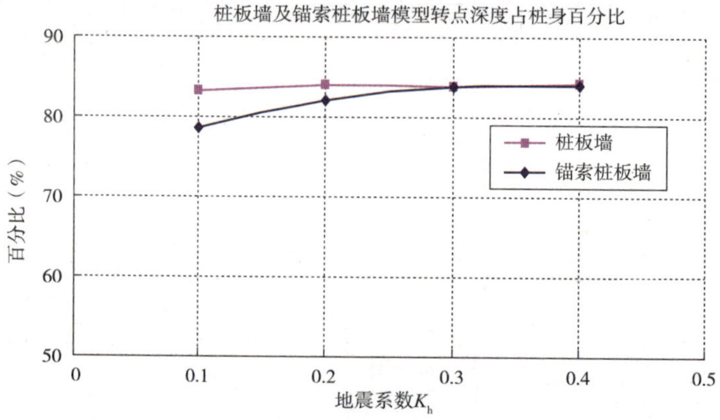

图 8-61 转点距桩顶深度占桩身百分比与地震系数的关系

Figure 8-61 Relationships between seismic coefficient and the percentage of the depth from turning point to top of the pile divided by the total length of the pile

由图 8-60 和图 8-61 可见，桩板墙及锚索桩板墙模型的桩顶及桩中位移随地震系数的增大而增加，在地震系数为 0.1g 时，二者差距很小，为 0.2g 及 0.3g 时，差距仍不明显，随着地震系数的增大，普通桩板墙位移迅速增大，特别是当地震系数为 0.4g 时，普通桩板墙位移达到预应力锚索桩板墙的 2.4 倍。

综上分析，预应力锚索桩板墙在Ⅸ度以下地震烈度区域的抗震性能较普通桩板墙并未体现出很大的优越性，但在地震烈度Ⅸ度区域，其优势体现明显。这主要是由于伸入坡体内一定深度的锚索将抗滑桩与坡体牢牢地联系在一起而形成一个整体。在强烈地震波作用下，锚索、桩和边坡岩土体三者之间的位移和变形能够较好地协调一致，同时有效地遏制了滑带土抗剪强度的降低[78]。

由图 8-61 可见，锚索预应力和其限位作用使预应力锚索桩板墙的转点深度较普通桩板墙的转点深度浅，有效地控制了结构对桩前岩土体压应力的增加。

②加速度

为研究桩后滑床和滑体中的土体加速度放大效应，以桩板墙模型为例，选取同一垂直面、由低至高的一排测点，将桩后土体埋设加速度计的测试时程峰值与桩前土体中埋设加速度计（相当于自由场加速度）的测试峰值进行比值后作为放大比，然后分析其与相对高程的关系。图 8-62 为加速度计在台面输入不同 PGA 地震波作用下的水平加速度放大比关系；图 8-63 为加速度计在台面输入单向水平和水平、竖直双向地震波时的水平加速度放大比关系；图 8-64 为加速度计在台面输入不同 PGA 地震波作用下的竖直加速度放大比关系。

总体上来看，水平和竖直加速度放大比均与输入地震波 PGA 和相对高程有关，二者均随输入荷载的增大而变大，随相对高程的增大而变大；当 PGA$\geq$0.2g 时，滑体中埋深 0.25m（即位于滑体中间位置）的加速度放大比比滑面上和滑床中的加速度放大比有所减小。

在台面输入水平单向地震荷载时，滑床中测点（相对高程 0.2m）的水平加速度放大比较台面输入双向荷载时大，且总体上随相对高程的增大而增大，随输入荷载的增大而增大，但变化趋势较输入水平竖直双向地震荷载时平缓，说明竖向地震荷载对水平加速度有放大作用。

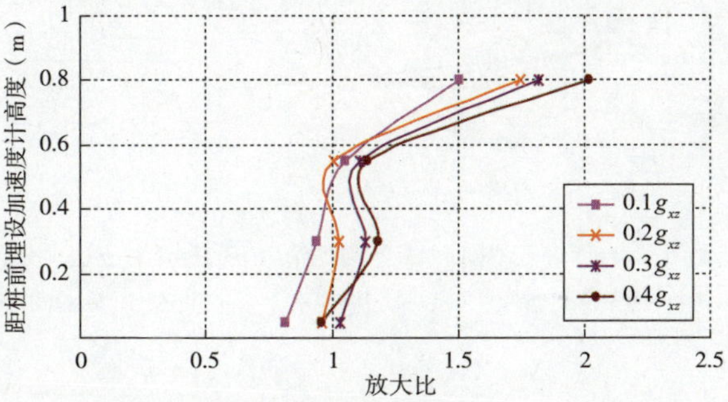

图 8-62　台面输入不同 PGA 地震波作用下的水平加速度放大比

Figure 8-62　Magnification ratio of horizontal acceleration under the function of input different PGA seismic wave

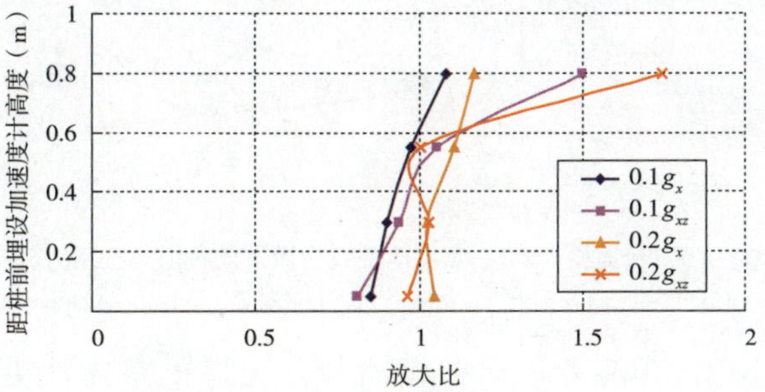

图 8-63　台面输入单向和双向地震波对比的水平加速度放大比

Figure 8-63　Magnification ratio of horizontal acceleration with input unidirectional and bidirectional seismic wave as comparison

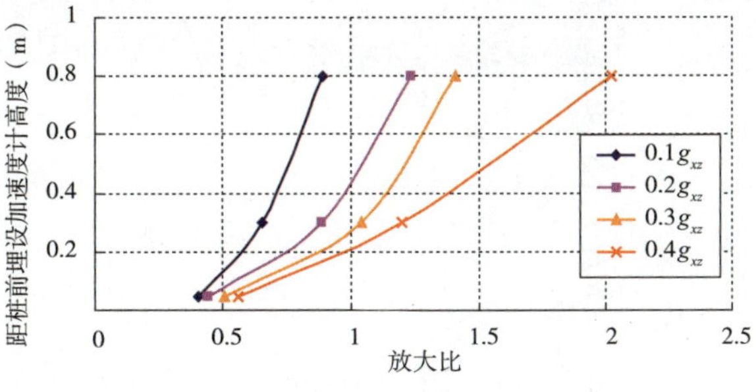

图 8-64　台面输入不同 PGA 地震波作用下的竖直加速度放大比

Figure 8-64　Magnification ratio of vertical acceleration under the function of input different PGA seismic waves

③土压力

桩板墙及预应力锚索桩板墙桩背的总土压力和动土压力均呈 R 形非线性分布，桩前与桩背土压力强度均与输入地震波 PGA 成正比，原因是 PGA 增大，导致地震惯性力增大，滑坡推力增大，引起的桩身转动造成土体抗力增大。以普通桩板墙为例，总土压力强度分布曲线如图 8-65 和图 8-66 所示。

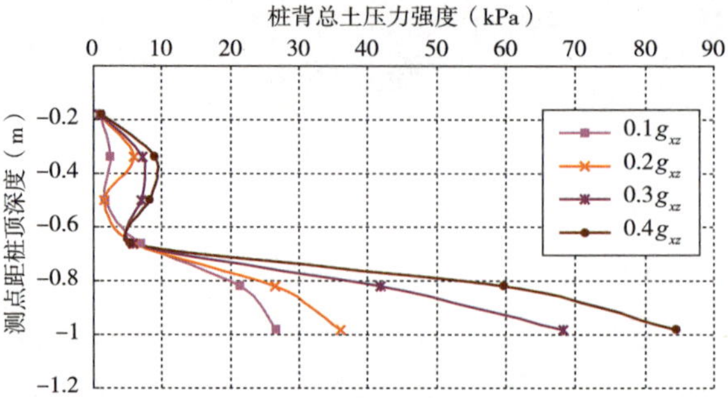

图 8-65　台面输入不同 PGA 地震波作用下的桩背总土压力分布

Figure 8-65　Distribution of total earth pressure on pile - back under the function of input different PGA seismic wave

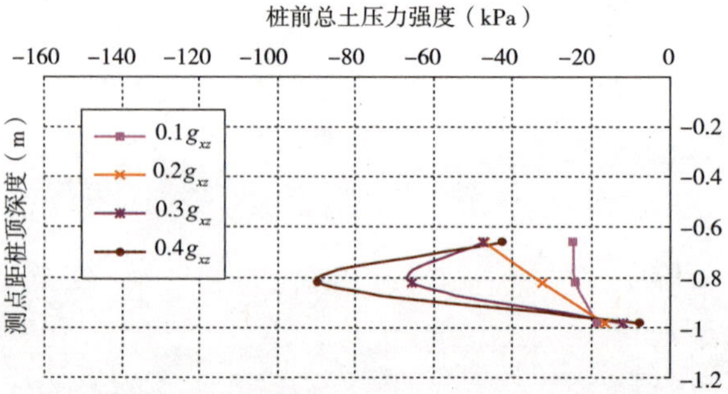

图 8-66　台面输入不同 PGA 地震波作用下的桩前总土压力分布

Figure 8-66　Distribution of total earth pressure on pile - front under the function of input different PGA seismic wave

由于锚索的限位作用，预应力锚索桩板墙与岩土体的整体性更好，变形协调更为一致，桩背所受地震土压力更大，见图 8-67。在相同加载工况下，桩背土压力较普通桩板墙大，特别在锚索位置动土压力增大明显，如图 8-68 所示。可见，其非嵌固段桩身内力较大，应加强非嵌固段的结构设计。

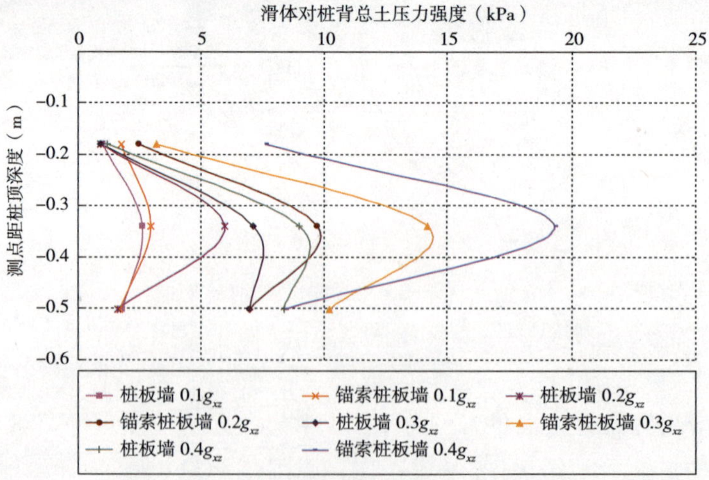

图 8-67　滑体对桩背的滑坡推力分布对比

Figure 8-67　Distribution comparison of the trust force from slip mass to pile back

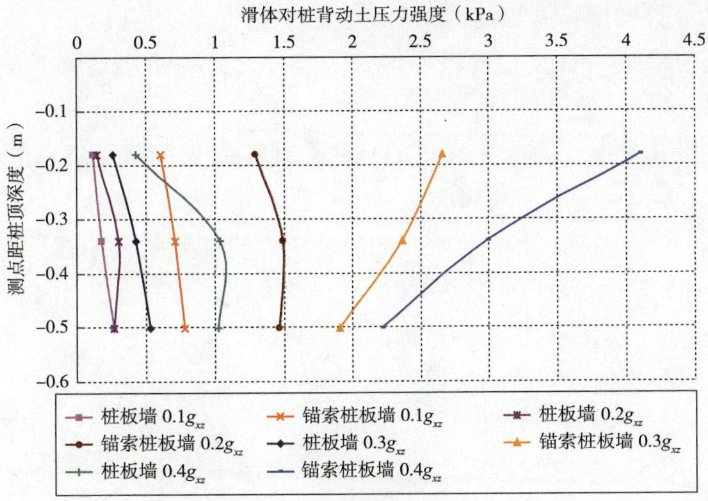

图8-68　滑体对桩背动土压力分布对比

Figure 8-68　Distribution comparison of the dynamic earth pressure from slip mass to pile back

对于嵌固段，由于锚索的限位作用，桩前土体抗力较普通桩板墙小，见图8-69。因此，嵌固段桩身所受剪力较小，结构设计可适当弱化[79]。

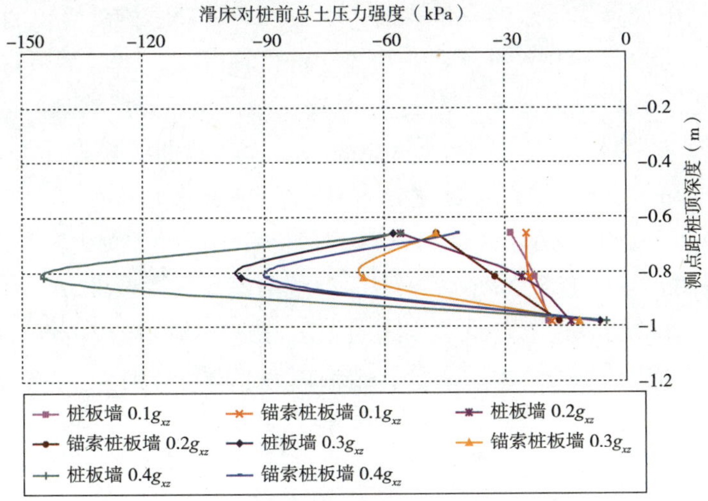

图8-69　滑床对桩前总土压力分布对比

Figure 8-69　Distributional comparison of total earth pressure from slip bed to pile - front

④桩板式抗滑挡土墙抗震设计建议

a.　桩板式挡土墙

目前，规范中对于桩板墙使用的弹性地基梁法关于静力情况下的计算步骤如下：

a）首先查明滑坡的原因、性质、范围、厚度，分析滑坡的稳定状态和发展趋势。

b）根据滑坡地质横断面及滑动面处岩、土的抗剪强度指标，计算滑坡推力。

c）根据地形、地质及施工条件等，确定设桩的位置和范围。

d）根据滑坡推力大小、地形及地层性质，拟定桩长、锚固深度、桩截面尺寸及桩间距。

e）确定桩的计算宽度，并根据滑体的地层性质选定地基系数。

f）根据选定的地基系数及桩的截面形式、尺寸，计算桩的变形系数及其计算深度，据以判断按刚性桩或弹性桩来设计。

g）根据桩底的边界条件，采用相应的公式，计算桩身各截面的变位、内力及侧壁应力等，并计算最大剪力、弯矩及其部位。

h）校核地基强度。若桩身作用于地基的弹性应力超过地层允许值或者小于其允许值过多时，则应调整桩的埋深，或桩的截面尺寸，或桩的间距，重新计算，直至符合要求为止。

i）根据计算的结果，绘制桩身的剪力图和弯矩图。

j）对于钢筋混凝土桩，要进行配筋设计。

地震情况下，对于滑坡推力的计算，《铁路工程抗震设计规范》（GB 50111—2006）[80]规定：在高烈度地震区，应考虑地震力的作用，将作用于滑体重心处的水平地震力引入计算，其方向指向下滑方向，其基本原理为“拟静力法”。对于桩板结构的抗震设计计算，规范中并没有计算说明。参考滑坡推力规定，可取地震情况下的水平地震荷载作为集中力作用在滑体上。

但对于抗震设计计算时的水平地震系数的取值，规范也没有规定和说明，如果参考挡土墙中国规范设计中地震综合影响系数取值，取为 $C_z=0.25$，则计算出的土压力沿桩身分布曲线如图 8-70～图 8-74 中红线所示。可见，静力情况下，试验结果与计算曲线较为接近，但是如果修正系数均取为 $C_z=0.25$，则 0.1g 工况下的计算结果略显保守，而随着地震系数的增大，0.2g～0.4g 工况下的计算曲线与试验实测曲线偏差越来越大，越来越偏于危险。因此，应对 C_z 进行修正，经过计算分析，建议 0.1g 时，C_z 取为 0.2，0.2g 和 0.3g 时，C_z 取为 0.35，0.4g 时，C_z 取为 0.4，修正后的曲线如图中黑线所示。

由图 8-70～图 8-74 可以看出，对于目前规范中提及的滑坡推力在地震情况下引入桩板墙的设计方法，在静力状况下，试验实测的土压力分布曲线与规范算法的分布曲线较为接近，可以认为此算法在静力情况下的计算结果较为合理。

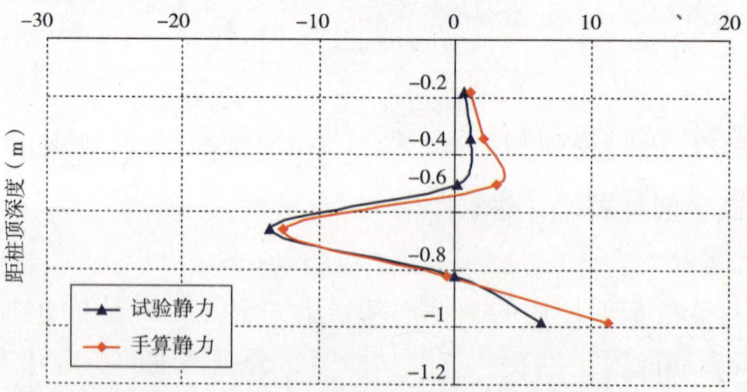

图 8-70 静力工况下计算与实测土压力沿桩身分布

Figure 8-70 Calculation and actual measurement of earth pressure distribution along the pile under static condition

在小震（试验中的 0.1g 加载）状况下，如果挡土墙的地震综合影响系数取为 $C_z=0.25$，则试验实测的土压力分布曲线比计算结果的分布曲线偏小，说明此时的综合地震系

数 $C_z=0.25$ 略显保守，建议 C_z 取为0.2。

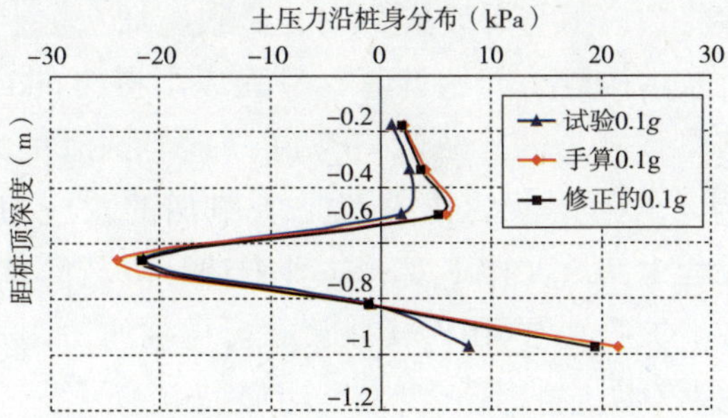

图8-71　0.1g工况下计算与实测土压力沿桩身分布

Figure 8 - 71　Calculation and actual measurement of earth pressure distribution along the pile under PGA 0.1g condition

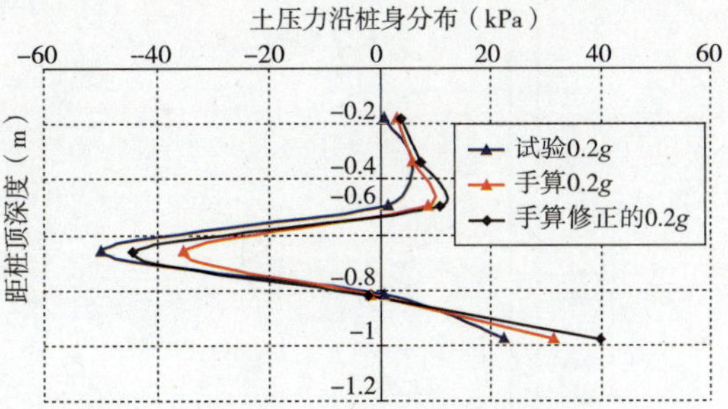

图8-72　0.2g工况下计算与实测土压力沿桩身分布

Figure 8 - 72　Calculation and actual measurement of earth pressure distribution along the pile under PGA 0.2g condition

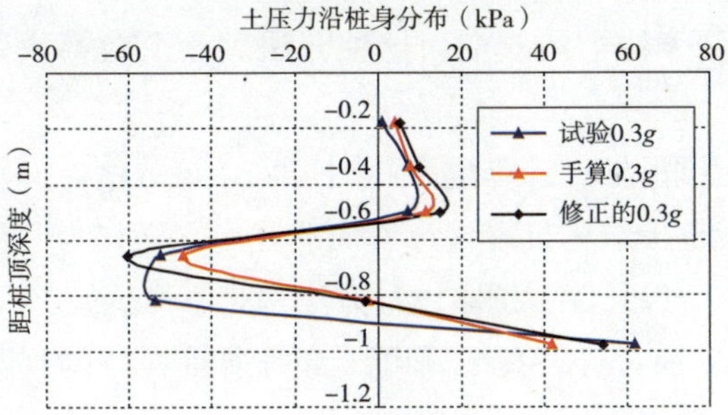

图8-73　0.3g工况下计算与实测土压力沿桩身分布

Figure 8 - 73　Calculation and actual measurement of earth pressure distribution along the pile under PGA 0.3g condition

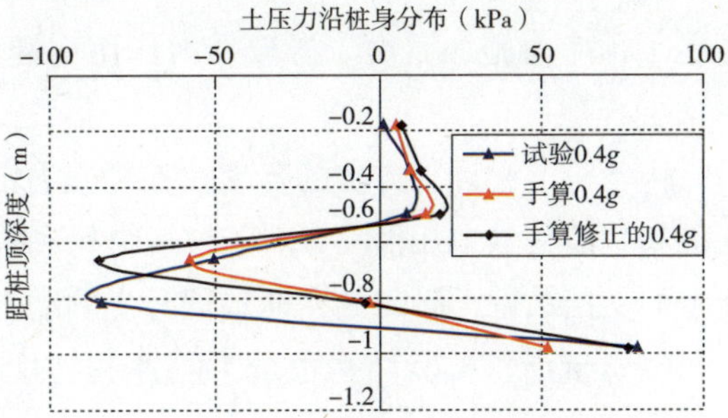

图8-74　0.4g工况下计算与实测土压力沿桩身分布

Figure 8 - 74　Calculation and actual measurement of earth pressure distribution along the pile under PGA 0.4g condition

但是，当地震荷载增大到0.2g及以上时，规范中 $C_z=0.25$ 引入的滑坡推力算法与计算结果十分接近，安全储备非常小，嵌固段桩身抗力的计算结果明显小于实测土压力值；且0.3g情况下，-0.82m测点土压力明显开始增大，这可能与此时-0.66m位置的桩前土体出现塑性破坏有关；0.4g加载工况下，这种现象尤为明显。同时这也说明，0.2g及以上工况时，对于嵌固段，此计算方法和综合地震系数取值产生的土体抗力比实测值偏小，偏于危险。

因此，从简化设计计算和提高安全保障的角度出发，建议在地震烈度Ⅶ度及其以上区域进行桩板墙抗震设计时，地震综合影响系数取值可以适当放大，此时修正的规范算法与试验实测土压力分布曲线如图中黑线所示。此时的滑坡推力分布曲线较实测稍大，可作为实际设计过程中的安全储备，滑面以下桩身所受土压力分布曲线二者比较接近，对于桩身的内力计算、结构设计和地基强度校核更具有实际意义。

b. 预应力锚索桩板式挡土墙

目前，预应力锚索抗滑桩的内力计算方法主要分为两种：即考虑锚索与桩的协调变形和不考虑锚索与桩的协调变形。

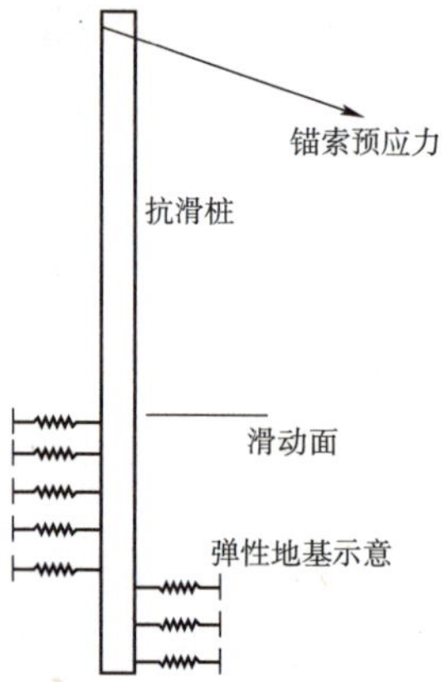

图 8-75 预应力锚索计算模型

Figure 8-75 Calculation model for prestressed anchor sheet pile wall

第一种计算方法的力学模型如图 8-75 所示，该法中直接将预应力与滑坡推力作为荷载施加在桩上，滑面以上按结构静力问题计算，滑面以下按 Winkler 弹性地基梁计算。此方法没有考虑锚索与抗滑桩的变形协调，认为锚索的拉力就是所施加的预应力，在工作过程中其值保持不变，这种方法计算较简单，但由于在滑坡推力作用下未考虑锚索与桩的协调变形，理论上有明显的不足。

第二种计算方法的力学模型也可参见图 8-75，该法也将预应力与滑坡推力作为荷载，但在计算滑坡推力作用时，考虑了锚索与抗滑桩锚索拉力的协调变形，因此锚索拉力在工作过程中是变化的，即考虑了预应力施加后由于滑坡推力作用引起的锚索内力的改变，这种方法理论上较第一种方法更合理[78]。

由于第二种计算方法的合理性，预应力锚索抗滑桩的计算也多趋向于采用该方法。但是规范和其他文献中几乎没有对于桩板结构和锚索桩板结构抗震设计方面的介绍，而作为一种新型的支挡结构，研究其在地震情况下的动力响应以及探讨抗震设计方法是必不可少的。

锚索抗滑桩按其结构也分为刚性和弹性桩分别对待，其区分可参考普通桩板墙的判断标准[81]。

目前，规范中没有介绍关于锚索桩板墙结构的抗震计算方法，因此，在前人工作的基础上，本书提出了同时考虑地震荷载作用和锚索作用下的桩板墙结构设计计算方法。

地震情况下，锚索与桩协调变形，锚索拉力在工作过程中是变化的，且桩背土压力是滑坡推力与锚索拉力共同作用的结果，也是不断变化的。参考目前地震情况下在滑坡推力“拟静力法”的基础上，对于桩非嵌固段仅仅由锚索拉力引起的土体抗力的计算，引入弹性地基梁处理方法。地震作用下的桩背土压力为仅滑坡推力和仅锚索拉力作用下的桩背土压力叠加结果，据此假定，最终的结构（包括锚索与桩）内力与变形和嵌固段地基反力即可叠加得到。

利用本方法，求得的静力情况下计算与试验对比曲线如图 8-76 所示，计算所得曲线较规范算法更接近实测曲线，说明在实际锚索桩板墙设计计算过程中，应该考虑锚索拉力的动态影响。

对于地震情况下的锚索抗滑桩的设计计算，几乎没有文献介绍，采用《新型支挡结构设计与工程实例》中介绍的地震情况下滑坡推力的计算方法，将地震力作为“拟静力”计算引入抗震计算中，然而对于锚索抗滑桩设计计算时综合地震系数的取值并没有规定，参考前文所述的普通桩板墙抗震设计方法，应对 C_z 进行修正，C_z 取为 0.25 时，土压力沿桩身分布曲线如图 8-77～图 8-80 中红线所示。可以看出，0.1g 时，计算所得土压力曲线略显保守，建议 0.1g 时 C_z 取为 0.15 进行修正，修正后的土压力分布曲线如图 8-77 中黑线所示，0.2g、

0. 3g、0. 4g 时，修正系数 C_z 取为 0. 25。运用此计算方法计算得到的静力状况下锚索轴力为 131. 4N，与试验实测的 131. 7N 接近，计算得到的各加载工况下的锚索轴力与试验实测轴力对比见图 8-81，两者差距较小，更体现了此动态设计方法的合理性[82]。

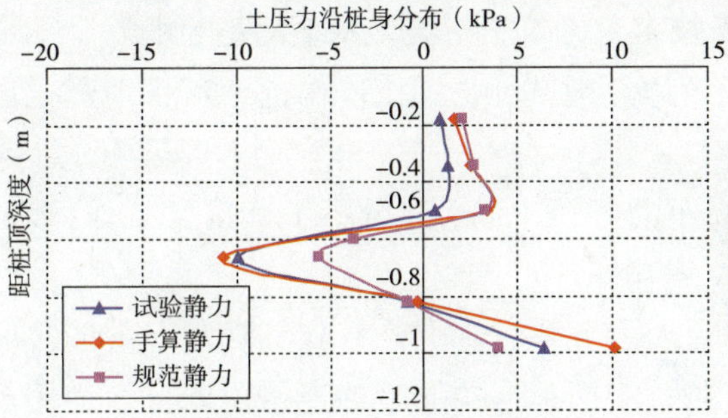

图 8-76　静力情况下计算与试验土压力沿桩身分布对比曲线

Figure 8-76　Comparison curve for calculating and tested earth pressure distribution along the pile under static condition

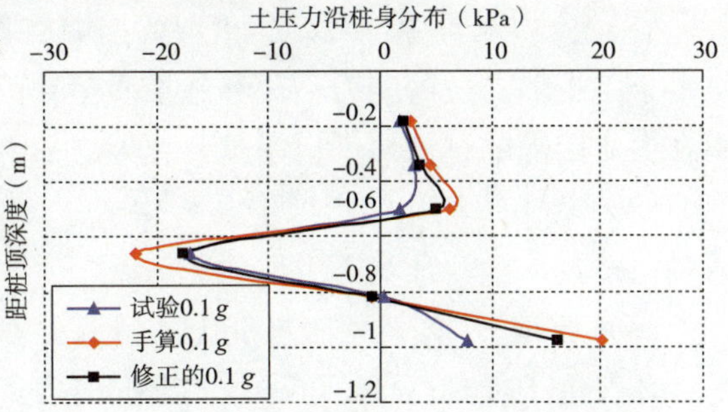

图 8-77　0. 1g 工况下计算与试验土压力沿桩身分布对比曲线

Figure 8-77　Comparison curve for calculating and tested earth pressure distribution along the pile under PGA 0. 1g condition

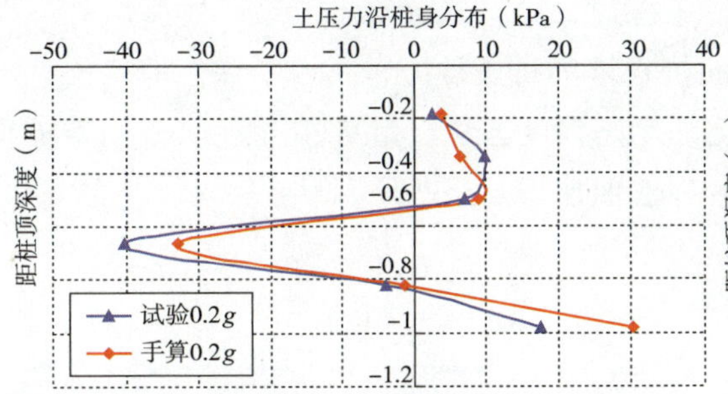

图 8-78　0. 2g 工况下计算与试验土压力沿桩身分布对比曲线

Figure 8-78　Comparison curve for calculating and tested earth pressure distribution along the pile under PGA 0. 2g condition

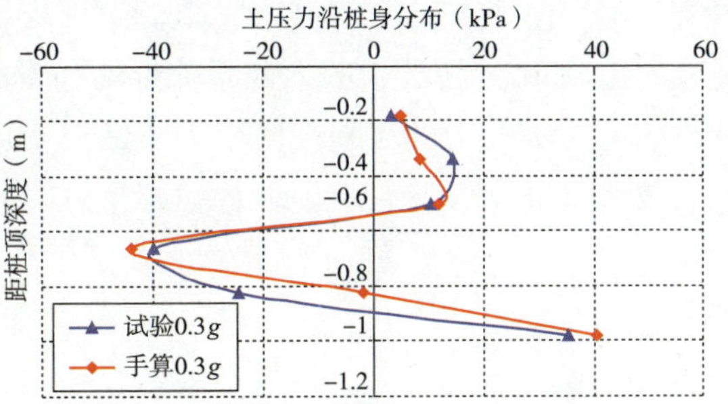

图 8-79　0. 3g 工况下计算与试验土压力沿桩身分布对比曲线

Figure 8-79　Comparison curve for calculating and tested earth pressure distribution along the pile under PGA 0. 3g condition

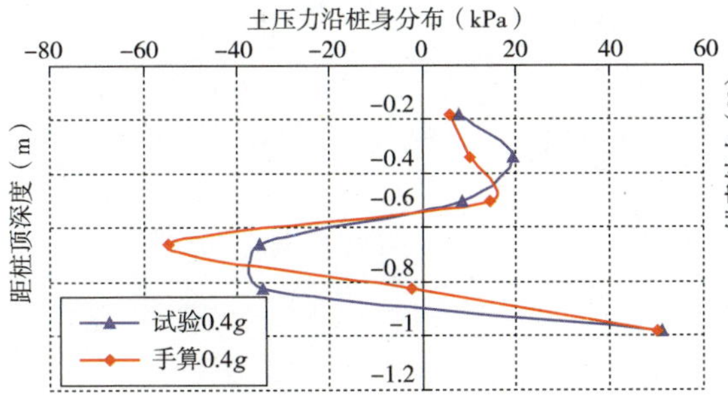

图 8-80　0. 4g 工况下计算与试验土压力沿桩身分布对比曲线

Figure 8-80　Comparison curve for calculating and testing earth pressure distribution along the pile under PGA 0. 4g condition

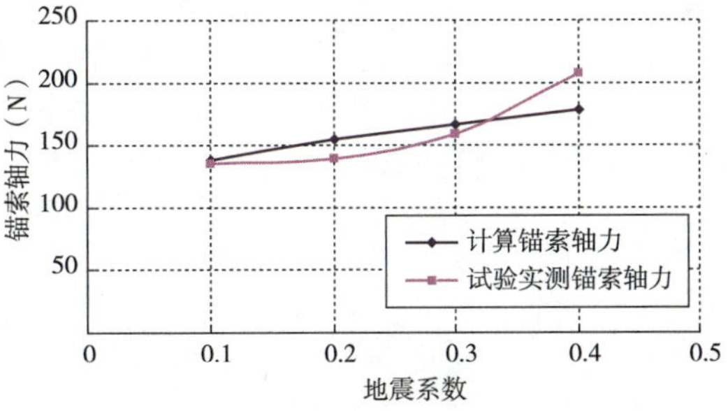

图 8-81　各加载工况下计算与试验锚索轴力对比曲线

Figure 8-81　Comparison curve of calculating and tested axial force of cable under different PGA seismic waves

8.5 小结 Summary

（1）汶川地震中，浆砌类重力式挡墙震害较多，修筑于土质地基上的更为严重，主要是由于挡土墙的抗剪能力不足和施工质量缺陷，以及地基不均匀沉降引起，对于地震土压力合力作用点的过低估计也是重要原因之一。

（2）提出了优化的新型耐震结构——加筋重力式挡土墙，并分析了其抗震工作机理，通过振动台试验验证其抗震性能。

（3）国道 G213 线两级加筋土高挡墙震害原因主要是：①上墙基础沉降及上下墙之间平台宽度过小（1m），导致下墙上半部应力集中；②面板与拉筋带的连接薄弱。在运用规范法进行两级加筋土挡墙设计时，应充分考虑上、下墙之间的相互作用，同时对于上、下墙之间的台阶应进行单独设计。单级路肩、路堤加筋土挡墙地震动位移模式不同，应充分考虑路堤土体对墙体位移的动力影响。

（4）针对目前规范中并没有桩板墙抗震设计的详细介绍现状，引入滑坡推力的“拟静力”算法，并对其综合地震系数的取值进行了探讨，结合试验给出了设计建议。

（5）对比分析了预应力锚索桩板墙和普通桩板墙的抗震性能，引入了弹性地基梁处理锚索引起滑坡推力变化和嵌固段土体抗力变化的动态设计方法，且应用于预应力锚索桩板墙的抗震设计中，并提出了综合地震系数的合理取值建议。

第9章　路基本体震害机理分析
Chapter 9　Analysis of seismic hazard mechanism for subgrade

9.1　引言 Introduction

汶川地震震害调查统计发现，路基本体的震害主要集中位于发震断裂带附近的Ⅸ度及以上烈度区内，震中映秀附近的两条线路省道S303映秀—卧龙段、国道G213线都江堰—汶川公路震害数量最多，程度最为严重。

对地震动区划图的分析可进一步发现，相对于Ⅸ度及以上烈度区，Ⅶ度区和Ⅷ度区的地震强度明显较小（Ⅶ度区的设计加速度是0.1g，Ⅷ度区是0.2g，而Ⅸ度区是0.4g），因此，可以进一步得到即使对于压实密度不高的土石混合体路基，在0.2g左右的地震力作用下路基本体的震陷也较小的结论，这也与调查结果相一致。

调查结果显示，有震害的路基本体主要以半挖半填路基为主，约占震害路基本体总量的50%，其他路堑和路堤震害数量相当。对于半挖半填路基而言，填土与既有地基之间存在天然的软弱结合面，因此在设计和施工规范中，特别强调了针对这个软弱结合面应采取必要的工程措施，例如开挖台阶等，然而在确定开挖台阶的尺寸上并没有考虑强地震力的作用，或许这是一个最重要的因素使填土与既有岩土体间已存在的潜在滑裂面，在地震力作用下产生了滑动，具体统计结果见图9-1。

根据公路通过山体的位置，把路基本体的震害大致划分为坡脚震害、山腰震害和山脊震害。由图9-2的统计结果可知，路基本体的震害大部分集中于山腰，其次是坡脚处，最后是山脊，当然此统计结果与路线大部分位于山腰处也有关系。由于公路在山体上所处的位置不同而产生如此之大的震害数量差的主要原因是：山体对地震波具有放大效应，若根据美国公路部门推荐的计算地震波放大效应的方法可知，山顶地震波是山脚地震波的2.5倍，因此可得到山腰的地震波放大是1.25倍，虽然山顶地震波放大了2.5倍，但是由于山顶岩体主要是以岩质为主并且以路堑通过，因此路基破坏较少，而山腰通常具有一定厚度的覆盖层或强风化层，因此形成的半填半挖路基较多，从而导致的震害较多。这个震害机理和统计结果说明对于位于山腰的路基应加强必要的抗震加固措施[83]。

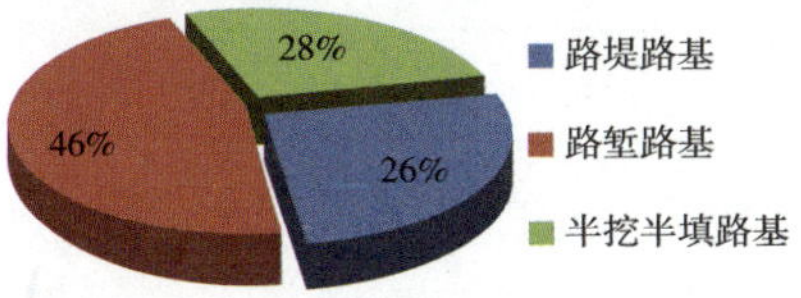

图9-1　各类形式路基的震害数量

Figure 9-1　Percentage of damaged subgrades

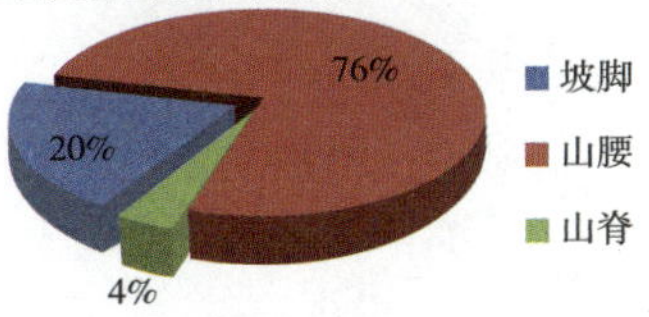

图9-2　震害路基所在位置

Figure 9-2　Locations of damaged subgrades

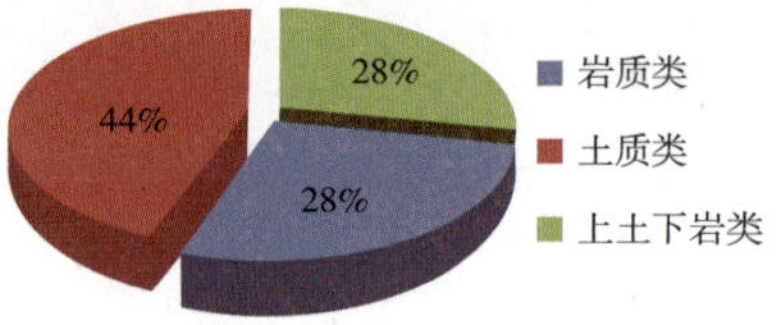

图 9-3　不同地质条件下路基本体的震害分布
Figure 9-3　Distribution of damaged subgrades under different geological conditions

在调查中，将地质环境划分为岩质、土质以及上土下岩三种类型分别进行统计。结果表明，路基震害主要发生于土质山体路段，占路基本体震害总量的44%，岩质和上土下岩类路段的路基本体震害数量相当，具体分布见图9-3。

出现上述现象的主要原因可归类为：①一般土质地基较松散，强度低，变形大，因此在强地震作用下易于引起震陷等震害，而地基震陷的宏观变形就是路基沉陷和路面开裂；②相对于岩石地基，土质地基具有对地震波放大的效应，一般放大比在1.2～2.0倍之间，由于在土质地基的地震力较大，易于引起震害；③在强地震作用下，由于土质地基的强度低，极易产生塑性变形，塑性变形导致了路基面变形增加。

总体上看，路基本体遭受的震害一部分源于地震直接作用，造成路基工点出现开裂、沉陷、隆起等破坏现象；另一部分是由于滑坡、崩塌等次生地质灾害对路基本体造成的落石、掩埋等破坏现象，具体震害数量及百分比见图9-4，各种震害现象相互伴随而生，具体震害伴随情况见图9-5，具体震害现象见图9-6。由图9-4可知，路基的沉陷、开裂以及掩埋三种震害类型的数量最多，其余类型的震害数量较少，这与地震的直接作用有关。掩埋路基和落石砸坏路基源于上边坡滑坡和上边坡崩塌所致，属于次生地质灾害，与路基本体的性质无关，因此不在此进一步讨论。

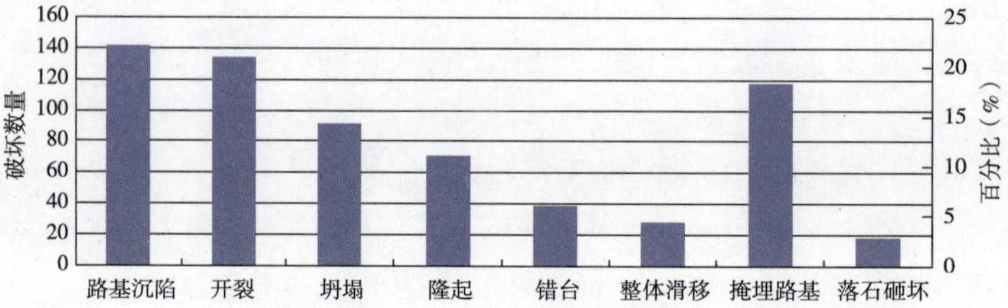

图 9-4　各类震害数量统计图
Figure 9-4　Statistical diagram for quantity of various seismic hazards

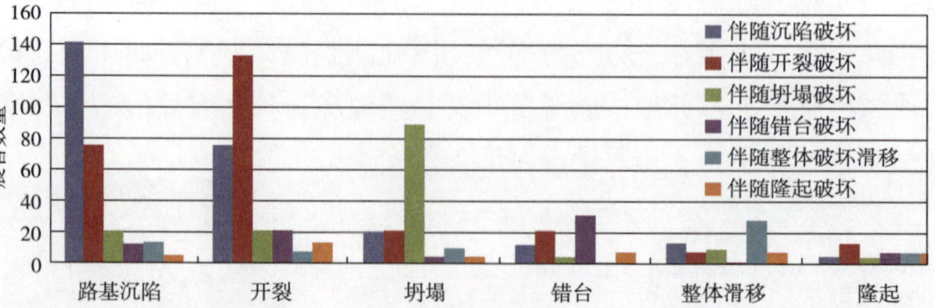

图 9-5　震害类型及其伴随震害统计
Figure 9-5　Statistics of types of seismic hazards and the accompany seismic hazards

a）沉陷震害
a) Subsidence

b）路基开裂
b) Subgrade cracking

c）坍塌震害
c) Collapse

d）错台震害
d) Faulting

e）隆起震害
e) Upheaval

f）整体滑移
f) Overall slipage

g）滑坡掩埋路基
g) Subgrade covered by landslip

图 9-6　典型工点的震害现象
Figure 9-6　Seismic hazards in typical damaged spots

（1）沉陷类

沉陷类震害是指在地震作用下由路基的局部塌陷或地基的下沉所引起的路面凹陷。这类震害主要集中于路堤和半挖半填式路基处，在土质、上土下岩路段发生较多。路基沉陷源于路基本体震陷和土质地基震陷以及由于较大地震力的作用而产生的路基塑性变形，因此沉陷震害多发生在路堤和半填半挖路基并且地基为土质地基为主。

(2) 开裂类

开裂类震害指由路基的不均匀变形导致路面开裂的现象，主要集中在路堤和半挖半填路基上，且在土质山体路段上多有发生，因此引起开裂震害的主要原因是路基沉陷，即包括路基震陷和地基震陷两个部分，另一个原因是路基边坡失稳，例如溜坍等产生局部路基滑动，使路面发生了剪切开裂，而后者更多地集中在半挖半填的路基上，主要是在设计中对强震作用下的填土和原岩土体接触面的抗震能力认识不足，所采取的抗震措施不恰当或施工不到位所致。

(3) 坍塌类

坍塌类震害主要表现为由于路堤边坡的局部失稳所产生的溜塌现象，该类震害也常发生在土质路堑路段上，本书主要探讨发生在路堤边坡的溜坍机理。路基填料属于散粒体，虽然路基在填筑压实后貌似固体，但其本质仍然是散粒体。在汶川地震灾区，大部分公路路堤由土石混合料填筑，他们属于典型的散粒体，因此在多次重复的地震力反复作用下，路基边坡，特别在路肩部分常首先出现溜塌，甚至在地震力过强时导致边坡坍塌震害。

(4) 错台

错台是指在水泥混凝土或沥青路面的接缝或裂缝破坏处，两板体产生相对竖向位移的现象，主要发生在土质山体路段及路堤。错台震害更多发生在桥台与路基的桥路过渡段，由于桥台后填料多为砂性土，在强震作用下发生较大的沉陷，另一个方面是由于桥台与台背后的填料在地震时的变形不一致引起。对于其他情况下的错台震害主要由于局部边坡的滑动导致滑动部分的路面相对于未滑动部分路面产生了错台，而局部边坡滑动主要由于局部边坡的抗剪强度不足和局部引起的地震波放大效应，例如在曲线凸出段。

(5) 整体滑移

整体滑移是指在地震作用下由路基本体与下层基岩之间相互错动所引起的破坏现象。整体滑移震害在此次汶川地震中发生次数较少，一般发生在沿河的公路，主要是路基边坡坡脚经受了长期的河流冲刷，削弱了边坡的抗震能力，在地震作用下出现边坡整体滑移现象。

(6) 隆起

隆起是指在地震作用下，由于路面以下土体发生不均匀沉降，使路面出现穹窿、拱曲的现象，主要发生在土质山体路段。隆起震害涉及不同程度，对于巨大的隆起，主要由于主断层在破裂过程中产生了局部的次生断层，而通过公路的次生断层使路面出现大的隆起，如图 9-6e) 所示，对于一般路面的隆起可能由于沿山修筑的公路地基存在较大的不均匀性，在地震作用下路基在纵断面变形的不一致性，使路面出现局部的隆起，而这种情况在此次汶川地震中尤其显著。

路基的震害除与烈度区分布、路基类型和地基条件等因素密切相关外，还受路基与断裂带的位置关系等其他因素的影响。

统计结果显示 [图 9-7b)]，在夹角 0°～90°的范围内，路基本体震害数量随夹角的增大而呈下降的趋势，说明工点的线路走向与断裂带越接近平行位置，震害工点数量越多，越接近于垂直关系，震害工点数量越小。

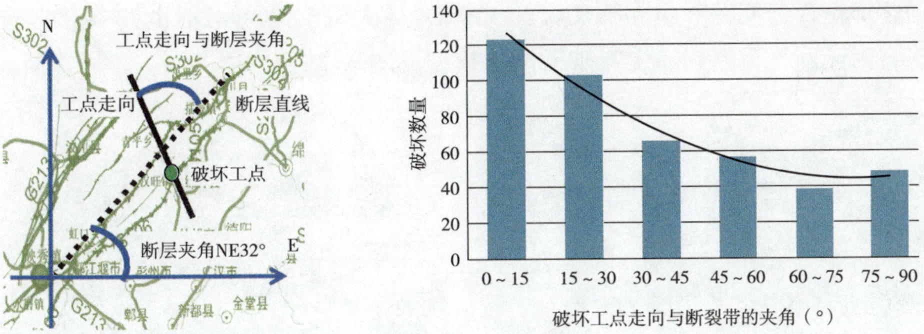

a）统计工点与断层关系方法示意图
a) Schematic diagram

b）统计图
b) Statistical diagram

图9-7　震害工点与断裂带关系
Figure 9-7　Relationship between the work points with seismic hazards and fracture zone

9.2　42m高路堤震害机理分析 Analysis of seismic hazards for the subgrade with the height as 42m

在汶川地震中土质路基本体的震害最为严重，但是，国道213线友谊隧道都江堰端出口处填方高度为42m的河谷路堤并未发生严重震害，仅在路面发生了部分沉降，因此有必要对其抗震机理进行研究。本书以该河谷路堤为原型，利用有限元软件ABAQUS建立了三维数值模型[84]，并对该高路堤施加了“5·12”汶川地震中实测的卧龙台站加速度时程进行地震响应分析。

为了深入研究该42m路堤的抗震机理及特性，从1999年台湾Chichi地震实测的加速度时程中选出一个卓越周期接近该路堤自振周期的地震记录对该路堤进行地震响应规律研究，其目的是说明在进行地震响应分析时，选择的地震记录最大幅值不仅要满足一定的要求，其卓越周期同样应满足一定的要求[85]。

9.2.1　计算模型 Model of Calculation

国道213线友谊隧道出口处的42m高路堤位于近似V形沟谷上，利用三维有限元模拟，对该河谷高路堤的地震响应进行分析，图9-8和图9-9表示该模型沿线路的纵剖面图和平面图。

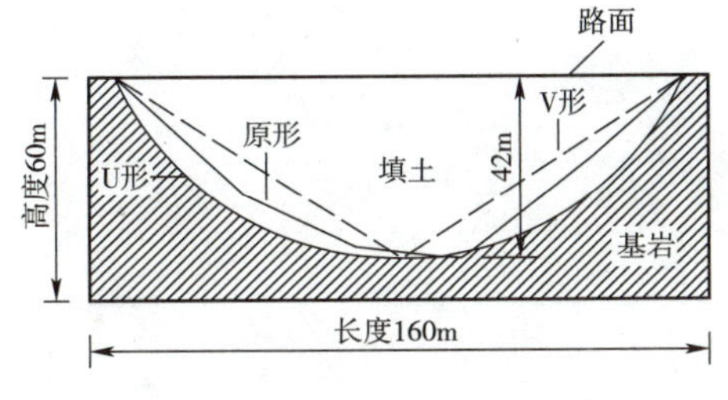

图9-8　模型路堤的纵剖面图
Figure 9-8　Longitudinal plan of model subgrade

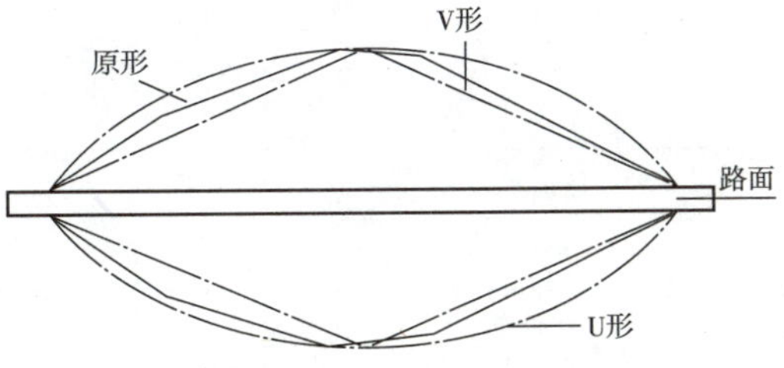

图9-9　模型路堤的平面图
Figure 9-9　Plan of model subgrade

根据路堤设计断面图，建立全长大约 150m，最大深度约为 42m 的河谷路堤有限元模型，河谷有限元网格模型和路堤有限元网格模型见图 9-10。

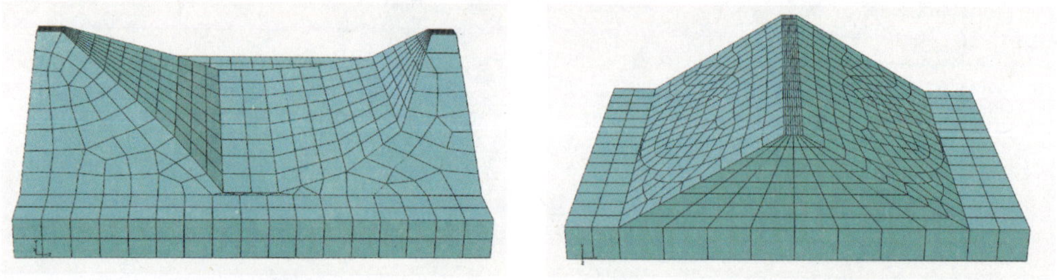

a）河谷网格图

a) Grid pattern of the river valley

b）路堤网格图

b) Grid pattern of the subgrade

图 9-10 模型有限元网格图

Figure 9-10 Grid pattern of mode finite element

9.2.2 计算参数 Parameters of calculation

有限元分析模型选用 Mohr-Coulomb 模型，通过对国道 213 友谊隧道出口处的高路堤填土进行静、动三轴试验，得到的动 Mohr 应力圆见图 9-11，根据试验结果绘制动强度 τ_d/σ_{3c}-N 关系曲线如图 9-12 所示。

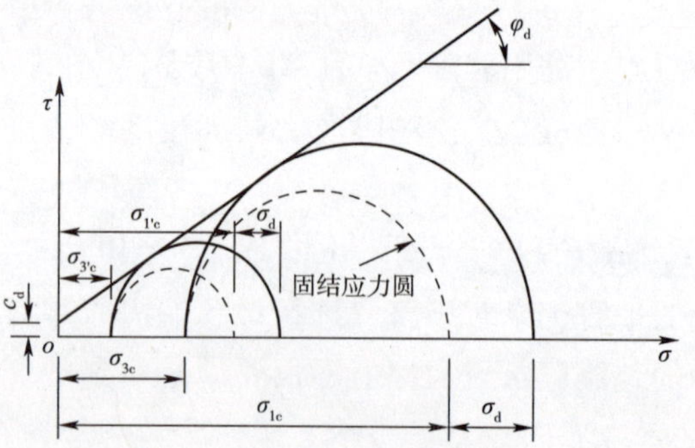

图 9-11 动 Mohr 应力圆示意图

Figure 9-11 Schematic diagram of mohr dynamic stress circle

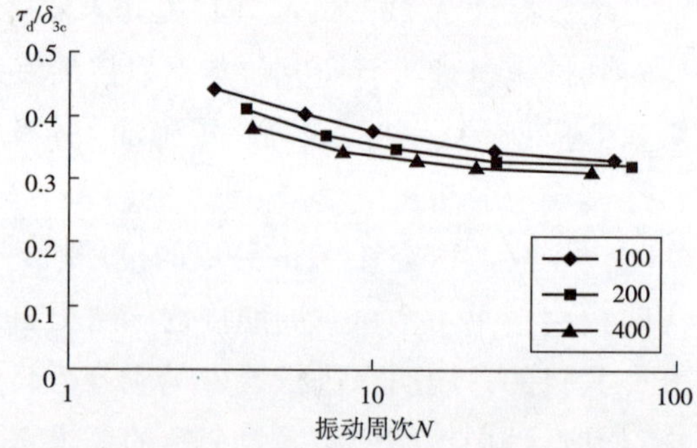

图 9-12 动强度试验 τ_d/σ_{3c}-N 关系曲线

Figure 9-12 Relation curve for dynamic strength test τ_d/σ_{3c}-N

边界条件采用一致的人工边界，即黏弹性边界，根据瑞利阻尼公式计算河谷高路堤的阻尼系数及自振周期，见表 9-1。

表 9-1 阻尼系数和自振周期表

Table 9-1 Damping coefficient and natural oscillation period

项 目	α	β	自振周期（s）
原型河谷填土	0.143	0.017 4	2.19

9.2.3 地震波的输入 Input seismic wave

选择“5·12”汶川地震中在卧龙台站记录的加速度时程和 1999 年台湾 Chichi 地震的

某台站加速度时程，为了说明高路堤在相同PGA，但卓越周期差别较大的地震动作用下的动力响应，将台湾波的加速度乘以一个系数，使其PGA与卧龙波的PGA相同。为了节约计算成本并易于进行计算结果的对比，将卧龙波和台湾波的持时分别控制在45s和30s，保证各自的峰值加速度在此时间段内。为了能够尽量反映现实情况，考虑三向地震加速度对填方路堤的影响，卧龙波和台湾波三向地震加速度时程曲线如图9-13所示。

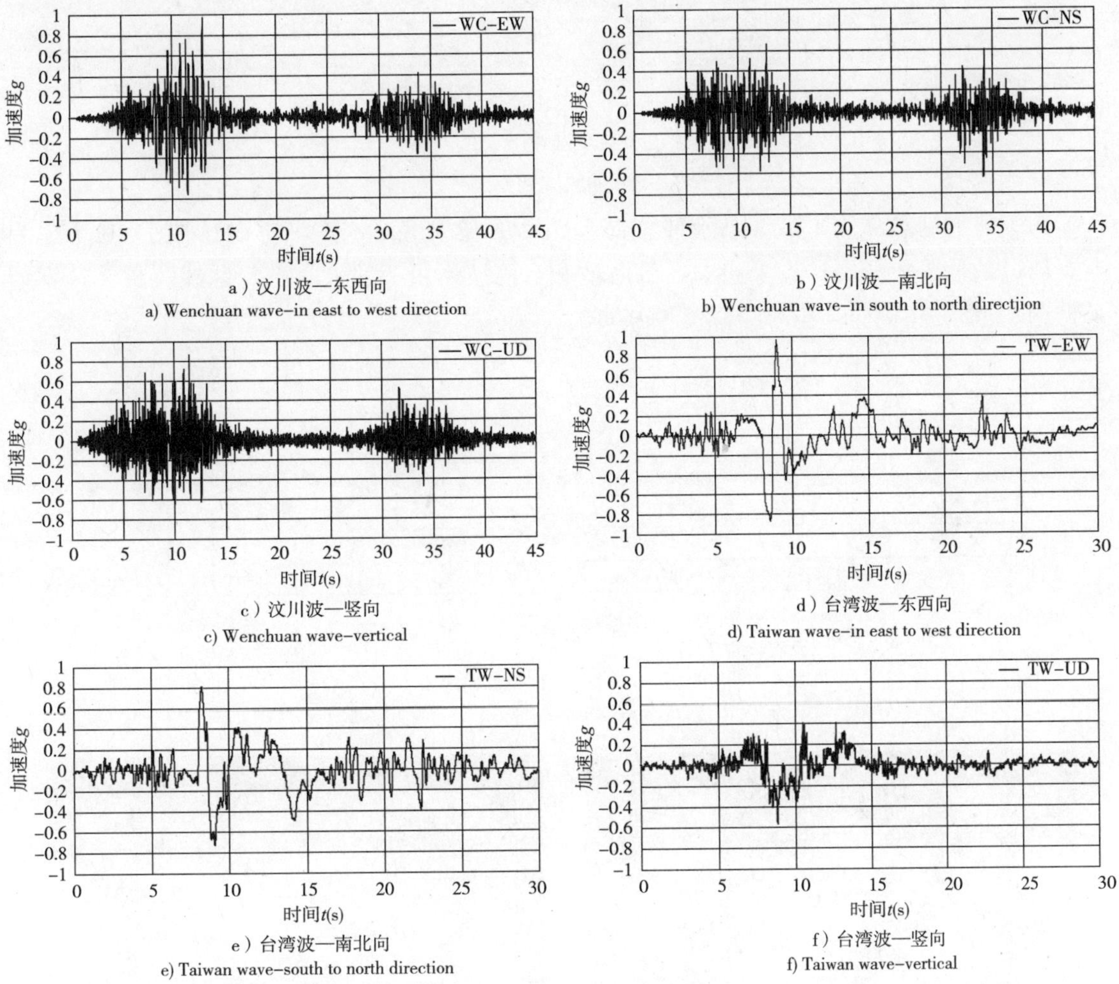

a）汶川波—东西向
a) Wenchuan wave-in east to west direction

b）汶川波—南北向
b) Wenchuan wave-in south to north directjion

c）汶川波—竖向
c) Wenchuan wave-vertical

d）台湾波—东西向
d) Taiwan wave-in east to west direction

e）台湾波—南北向
e) Taiwan wave-south to north direction

f）台湾波—竖向
f) Taiwan wave-vertical

图9-13　各地震加速度时程曲线
Figure 9-13　Time history for each seismic acceleration

为了说明卧龙台站记录的加速度时程和1999年台湾Chichi地震的某台站加速度时程在相同PGA，但特征周期差别较大的地震动响应差别，特计算出这两个地震记录三个分量的加速度响应谱，如图9-14所示。由图9-14可知，台湾波的卓越周期明显大于卧龙波的卓越周期。

9.2.4　结果分析 Analysis of result

（1）路面竖向沉降

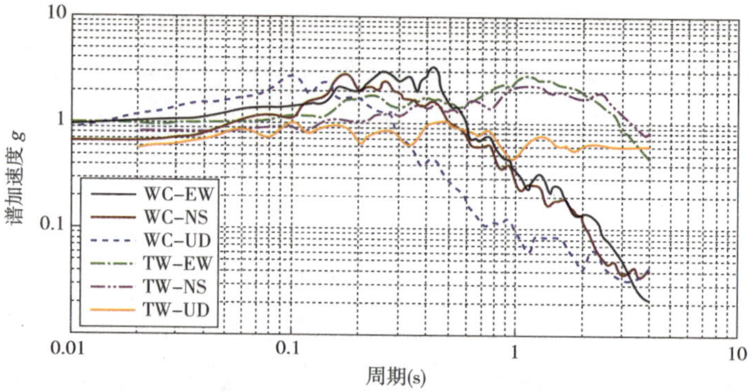

图9-14 加速度谱图

Figure 9-14 Spectra for acceleration

为了研究地震作用下沿线路延伸方向上路面的竖向沉降，在该方向选取了10个观测点，通过数值分析分别计算了路面在卧龙波和台湾波作用下的竖向沉降曲线，具体计算结果见图9-15，路堤竖向位移云图见图9-16。

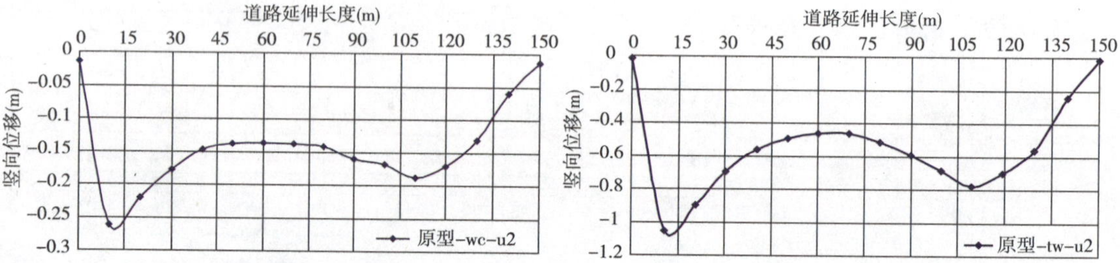

a）卧龙波—竖向位移

a) Wolong wave-vertical displacement

b）台湾波—竖向位移

b) Taiwan wave-vertical displacement

图9-15 路面竖向位移曲线图

Figure 9-15 Curve for vertical displacement of the roadbed

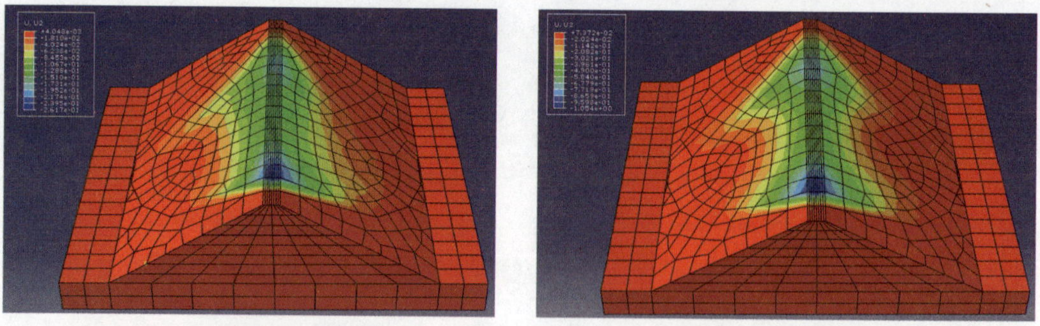

a）汶川波—路堤竖向永久位移云图

a) Wenchuan wave-cloud chart for vertical permanent displacement of the embankment

b）台湾波—路堤竖向永久位移云图

b) Taiwan wave-cloud chart for vertical permanent displacement of the embankment

图9-16 路堤竖向位移云图

Figure 9-16 Cloud chart for vertical displacement of the embankment

河谷路堤在卧龙波作用下的最大竖向位移约为27cm，而从汶川地震后现场实测的该路堤竖向位移约为20cm，比较有限元分析结果和实测的路堤竖向位移结果可知，两者比较接近，说明分析结果是可信的。对同样的河谷路堤模型用台湾波进行了激励，得到的最大竖向位移为1.1m，约为卧龙波的4倍。这个结果说明相同路堤结构（几何形状相同，材料参数相同，边界条件相同等）在不同地震波激励下得到的地震响应具有较大的差异性。

出现上述现象主要是由于台湾波的卓越周期与河谷路堤的自振周期相近，因此在台湾波激励下河谷路堤几乎发生了共振现象，从而使河谷路堤产生了较大的竖向沉降，而卧龙波的卓越周期与路堤结构物的自振周期相差较远，因此竖向位移量较小。

上述结果揭示出路堤具有如下几个地震响应特性：①对于高路堤而言，由于自振周期远比常见的地震动卓越周期长，因此在一般情况下高路堤的地震风险并不比低路堤高；②由于高路堤的边坡比低路堤的边坡缓并且具有必要的边坡防护措施，因此在强地震作用下高路堤也很少出现边坡溜坍、失稳等现象，这个分析结果说明在高烈度地震区用高路堤代替桥梁方案可能是一个较好的选择；③比较卧龙波和台湾波激励对该河谷路堤响应的影响可知，虽然这两个加速度时程有相同的最大加速度，但是由于卓越周期不同，计算得到的响应相差较大，这个结果说明在选择一组地震记录进行结构分析时，仅保证最大加速度相同是不够的，应该保证选择的输入地震记录具有的卓越频率与可能发生地震的卓越频率接近，这个问题在目前的抗震设计规范中还未涉及。

（2）不同烈度区峰值地面加速度（PGA）的放大效应

现行公路抗震设计规范中规定，Ⅶ、Ⅷ、Ⅸ度区的设防PGA分别为0.1g（0.15g）、0.2g（0.3g）和0.4g。若假设该42m河谷路堤位于Ⅶ、Ⅷ、Ⅸ度烈度区，则只要把汶川地震中卧龙台站时程记录的最大峰值地面加速度归一化到0.1g、0.2g、0.4g和0.6g，然后用归一化后的加速度时程激励该河谷路堤，就能探讨在不同烈度区该河谷路堤的地震响应特征。这里主要探讨该42m河谷路堤在地震作用下填土内加速度放大特性及塑性区的范围，具体分析结果见表9-2。

表9-2　中央断面沿路堤高度PGA放大比

Table 9-2　PGA magnification ratio of central section along the height of embankment

路堤高度（m）	0.1g	0.2g	0.4g	0.6g	0.975g
42.80	2.25	2.23	2.06	1.71	1.25
35.16	2.18	2.17	1.96	1.59	1.14
27.53	1.80	1.78	1.59	1.34	0.94
27.00	1.32	1.31	1.17	0.97	0.66
20.54	0.96	0.96	0.85	0.75	0.54
15.49	0.72	0.72	0.76	0.70	0.64
10.15	0.56	0.56	0.60	0.65	0.69
4.60	0.78	0.77	0.77	0.80	0.84
0.00	1.00	1.00	1.00	1.00	1.00

从以上计算结果可知，在输入的 PGA 小于等于 0.4g 时，该河谷路堤高度在 0～20m 范围内的 PGA 放大比小于 1，而随着高度的增加，PGA 放大比大于 1 并逐渐增大，可以认为此时路堤填土的塑性区在 0～20m 范围内。而当输入 PGA 大于等于 0.4g 时，塑性区的范围更大。在输入 PGA 等于 0.957g 时，填土的塑性区范围约为 0～30m。

对产生上述现象的原因分析如下：该河谷路堤可以被认为是一个一端固定的变截面悬臂梁，在下部激励的作用下该悬臂梁将产生左右摆动，因此形成距固定端较近的部分受到较大的力，在这个部分也易于发生塑性变形。虽然该河谷路堤并没有在下部形成固定端，而是路堤与地基的相互作用，但是这并没有改变上述对于塑性区形成范围的解释。从分析的结果可知路肩并没有出现塑性变形，地震后现场观察也未发生震害，说明该河谷路堤的路肩具有一定的抗震能力。比较Ⅶ、Ⅷ、Ⅸ度区的放大比可知，他们都发生在接近路堤顶面，而且随输入的峰值地震动越大，放大比在逐渐减小，实际上这个结果再次反映出随着峰值地震动增加塑性区增加，土体耗能能力增加，放大比减小。

（3）加速度谱放大

在工程设计中，往往只考虑峰值地面加速度（PGA）对结构物的影响，这不足以检验路堤结构的稳定性，而应当充分考虑各个谱周期加速度的放大效应，以确保高路堤建成后的安全可靠性。在这里只考虑河谷路堤在卧龙波作用下的水平向加速度谱的放大效应，路基中间断面的左 1/4 点、中点、右 1/4 点为监测研究点，并将此三点反应谱与地面输入谱进行比较，得出加速度谱放大比曲线，具体结果见图 9-17。

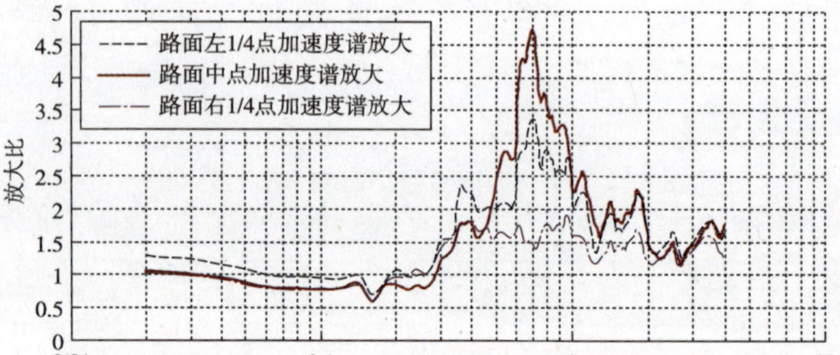

图 9-17 水平向加速度谱放大曲线

Figue 9-17 Amplification curve for horizontal acceleration spectrum

由图 9-17 可知，当周期大于 0.2s 时，谱加速度放大较为明显；当 T=0.7s 左右时，谱加速度放大比达到了最大值，主要是由于路基本体的自振周期在 0.7s 左右。比较左 1/4 点、中点、右 1/4 点的谱放大曲线可知，中点的放大比最大，并且左和右 1/4 点的谱放大幅值具有较大差距，这个不同源于该河谷路堤位于一个不对称的河谷中，中点受边界的影响最小，因此它的谱放大比最大，而左右 1/4 点受边界的影响不同（河谷不对称），所以所得到的加速度谱放大比不同，受边界影响较大的加速度谱放大比较小，而受边界影响较小的加速度谱放大比较大。

9.3　20m 半挖半填路堤震害机理分析 Analysis of seismic hazard mechanism for half-excavation-half-filling embankment with the height as 20m

调查数据结果表明，发生震害的路基本体主要以半挖半填路基为主，约占调查路基本体震害总量的 46%，路堑路基占 28%，路堤占 26%。针对这种情况，现选取国道 213 线上的一个半挖半填路基工点作为研究对象，利用数值分析手段进行震害机理研究。

9.3.1　计算模型 Model of calculation

选取 G213 线都汶路 K732 +560 处半挖半填路堤为原型进行建模，公路设计等级为二级，路基位于山腰，震害见图 9-18。路堤高 20m，路基宽度 8.5m，行车道宽度 7m，路肩宽度 2 ×0.75m。分别建立坡度为 1 : 1.5 和 1 : 1.75 的三维有限元模型进行计算对比分析，有限元模型见图 9-19。

图 9-18　工程现场震害图

Figure 9-18　Picture of seismic hazards in damaged spots

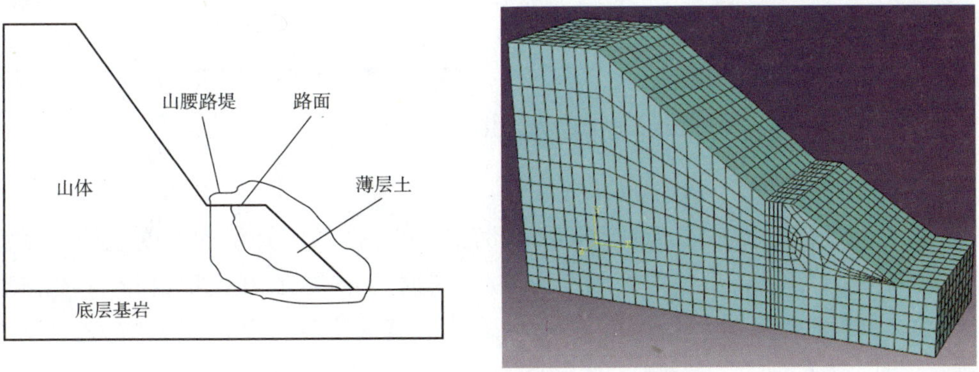

图 9-19　模型简化示意图

Figure 9-19　Schematic diagram of simplified model

9.3.2 计算参数 Parameters of calculation

计算本构模型采用Mohr-Coulomb 模型，参数选取见表9-3。地震波选择原型所在场地的“5·12”汶川地震中记录的卧龙波东西向和竖向加速度时程从模型底部输入。动力边界条件选用黏弹性人工边界，人工边界参数 α_T 与 α_N 在一定范围内取值均可以给出良好的计算结果，经过数值分析推荐使用表9-4中的数据。瑞利阻尼阻尼系数及自振周期见表9-5和表9-6。

表9-3 计算参数表

Table 9-3 Calculation parameters

项目	重度（kN/m^3）	弹性模量（kPa）	泊松比	黏聚力（kPa）	摩擦角（°）
填土	20	4.7×10^4	0.3	20	30
基岩	26	2.0×10^7	0.3	0	0

表9-4 三维人工黏弹性边界修正系数 α_T 与 α_N 的取值

Table 9-4 Value of mannuel elastic boundary correction factor α_T and α_N

人工边界参数	取值范围	推荐系数
α_T	1~2.0	1.33
α_N	0.5~1	0.67

表9-5 1∶1.5 路堤阻尼系数和自振周期表

Table 9-5 Damping coefficient and natural vibration period for 1∶1.5 embankment

项目	α	β	自振周期（s）
滑体	0.31	0.008	1.02

表9-6 1∶1.75 路堤阻尼系数和自振周期表

Table 9-6 Damping coefficient and natural vibration period for 1∶1.75 embankment

项目	α	β	自振周期（s）
滑体	0.626 5	0.005 86	0.74

9.3.3 结果分析 Analysis of result

（1）计算位移分析

通过ABAQUS软件分析计算得到路堤路面竖直方向的沉降随时间变化的曲线，见图9-20。从图中可以看出，当路堤坡度为1∶1.5时的永久沉降量为24cm左右，当路堤坡度为1∶1.75时的永久沉降量为19cm左右，其竖向永久位移云图见图9-21，通过与现场破坏图9-18对比可以看出，对于半挖半填的路堤，回填土部位在地震作用下容易受到破坏。

为了分析地震波在路堤中的传播规律，针对峰值加速度（PGA）的放大效应进行进一步的研究。描述PGA的放大比采用了用路堤中选定点的峰值加速度与输入地震时程峰值加速度的比值。图9-22显示了PGA放大比与路堤高度的关系，在图中所有的测试点选在路堤中心线上。

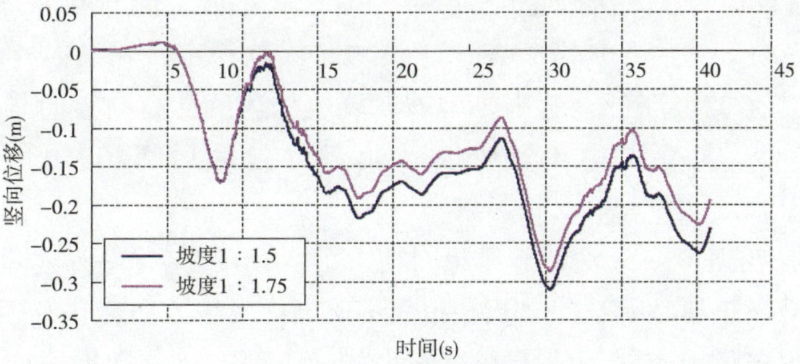

图9-20 位移时程曲线

Figure 9-20 Time history for displacement

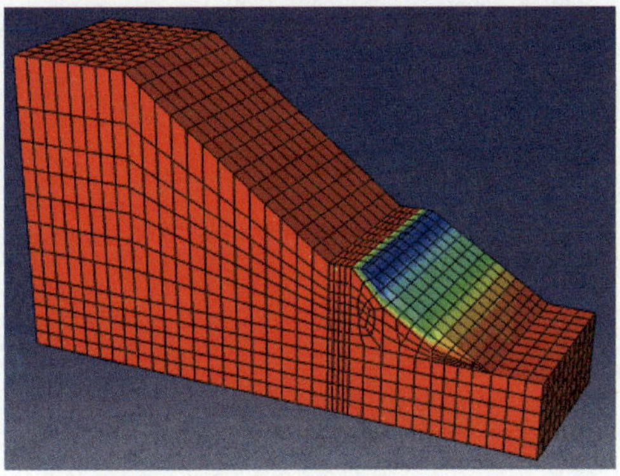

a)坡度为1：1.5的路堤竖向永久位移云图

a) Gradient as 1：1.5

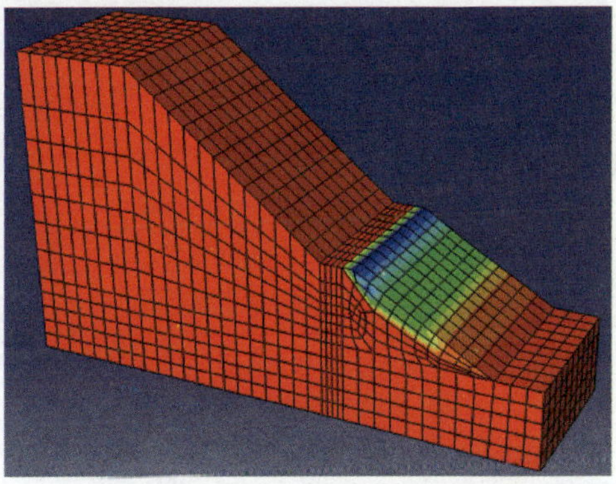

b)坡度为1：1.75的路堤竖向永久位移云图

b) Gradient as 1：1.75

图9-21 竖向永久位移云图

Figure 9-21 Cloud chart for vertical permanent displacement

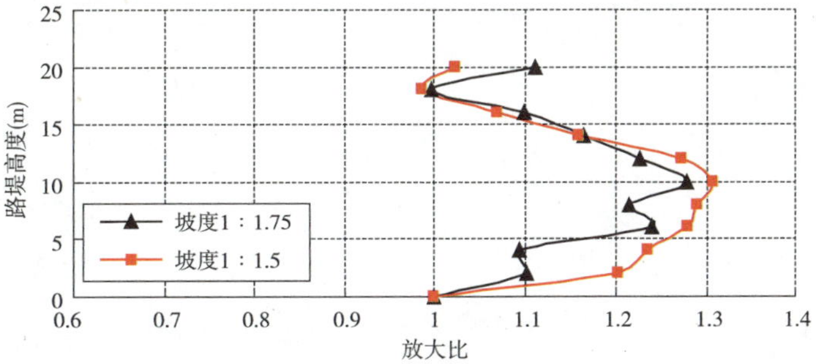

图9-22 PGA放大比

Figure 9-22 PGA magnification ratio

由图9-18可知，该工点在汶川地震中的主要破坏现象是路肩处存在路面开裂现象，而路面开裂主要是由路面以下土体不均匀沉降造成的。在半挖半填式路基中存在回填土与既有土体两种材料，地震作用下容易造成回填土沿既有土体表面的滑动，引起路基表面土体的不均匀沉降，而土体的不均匀沉降则会造成路基表面的开裂，使坡顶处出现大量的局部塑性变形区，从而引起 PGA 在此处的减小。

由图 9-20 与图 9-22 可知，在地震动峰值加速度为 0.957g 地震波作用下，当路堤坡比为 1∶1.5 时坡顶的永久沉降量为 24cm 左右，当路堤坡比为 1∶1.75 时坡顶的永久沉降量为 19cm 左右，这主要是由于坡比越缓，路堤越稳定，在地震作用下边坡的下滑力就越小，从而产生的沉降量就越小；地震动峰值加速度沿高度方向具有放大性，但是在坡顶处突然减小，主要是由于该处土体出现大量的局部塑性区，造成地震耗能增加[86]。

(2) 有限元法与 Newmark 法计算结果对比

由于地震荷载属于瞬时荷载，并且在很短的时间内发生方向变化，因此许多研究者认为地震荷载引起的破坏不应使用峰值地震动来描述，而应该使用地震引起的位移进行描述。在计算地震引起的边坡位移方法中，Newmark 方法是最常用的方法之一，但是在使用此方法时研究者普遍采用了地表地震动而没有考虑边坡对地震波的放大效应，然而这个放大效应可能促使边坡产生较大的位移[39,87]。为了解答上述问题，本书试图利用有限元法和 Newmark 法分别计算边坡的位移量，比较两个位移量的差异，寻找产生差异的原因，最终提出减少差异的方法。

在使用 Newmark 方法时，首先要计算临界加速度。路堤坡度为 1∶1.5 时的临界加速度为 $a_c = 2.9\text{m/s}^2$，坡度为 1∶1.75 时的临界加速度为 $a_c = 3.2\text{m/s}^2$。根据边坡滑动的力学机理可知，产生边坡滑动的条件是当地震加速度 $a > a_c$ 时，地震才能使边坡下滑。图 9-23 给出了输入的地震时程和对于坡比为 1∶1.5 和 1∶1.75 下的临界加速度。

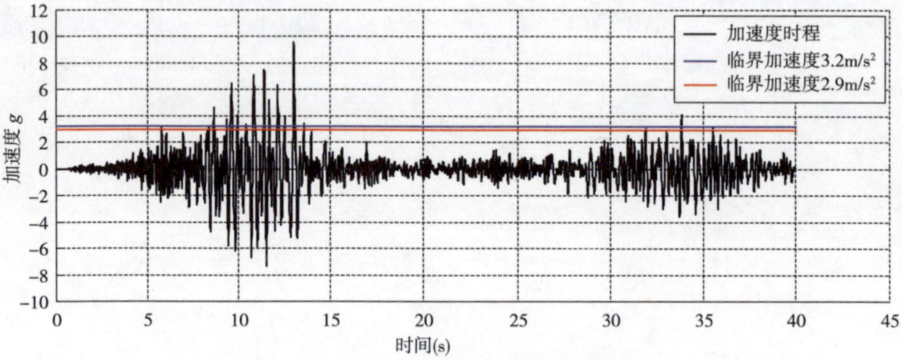

图 9-23 加速度时程曲线与临界加速度

Figure 9-23 Time history for acceleration and critical acceleration

在计算边坡滑移量时，采用了 Seed 等[39]的方法，即当加速度 $a > a_c$ 时，对加速度进行一次积分，得到滑体在下滑时的速度时程图，如图 9-24 所示。

在滑体下滑速度时程曲线的基础上，对速度沿时间进行一次积分，得到了滑体的位移时程曲线，见图 9-25。

从图 9-25 曲线中可以得到当路堤坡度为 1∶1.5 时的竖向永久位移为 13cm 左右，当路堤坡度为 1∶1.75 时的竖向永久位移为 10cm 左右。比较有限元分析结果与 Newmark 分析结果可以发现，相对于有限元分析结果，Newmark 法的分析结果偏小。

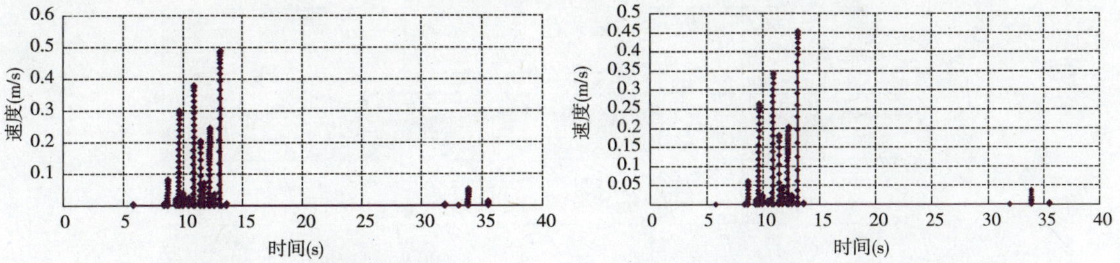

a）坡度为1：1.5的滑体速度时程

a) Velocity time history for slip mass with gradient as 1：1.5

b）坡度为1：1.75的滑体速度时程

b) Velocity time history for slip mass with gradient as 1：1.75

图 9-24　滑体速度时程曲线

Figure 9-24　Velocity time history for slip mass

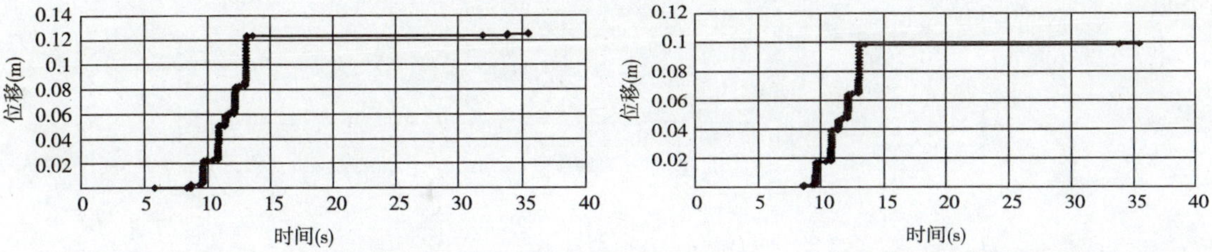

a）坡度为1：1.5滑体位移时程

a) Displacement time history of slip mass with gradient as 1：1.5

b）坡度为1：1.75滑体位移时程

b) Displacement time history of slip mass with gradient as 1：1.75

图 9-25　滑体位移时程

Figure 9-25　Displacement time history for slip mass

（3）考虑 PGA 放大后的 Newmark 分析结果

参考国内外研究成果，结合上述分析可知，路堤对加速度有不可忽视的放大作用，如果仅仅对原波进行 Newmark 法积分得到的位移是偏小的。为探讨 PGA 放大对边坡位移的影响，将原波分别放大 1.1、1.15、1.2、1.25 倍后进行边坡位移计算，得到放大后的时程曲线见图 9-26。

①路堤坡度为 1：1.5 的分析结果

PGA 放大后通过 Newmark 法积分后的速度时程曲线见图 9-27，位移时程曲线见图 9-28。

可以得出，对于坡度为 1：1.5 的路堤，在 PGA 放大 1.1 倍时的竖向永久位移为 16cm 左右，PGA 放大 1.15 倍时的竖向永久位移为 19cm 左右，PGA 放大 1.2 倍时的竖向永久位移为 22cm 左右，PGA 放大 1.25 倍时的竖向永久位移为 25cm 左右。从分析结果可知，当 PGA 放大倍数为 1.25 倍时，有限元数值分析结果与采用 Newmark 法计算的竖向永久位移结果十分接近，说明应该考虑地震波的放大效应[88]。

②路堤坡度为 1：1.75 的分析结果

与路堤坡度 1：1.5 情况相同，输入地震时程分别被放大 1.1、1.15、1.2、1.25 倍，放大后输入时程通过 Newmark 法积分后的速度时程曲线见图 9-29，位移时程曲线见图 9-30。

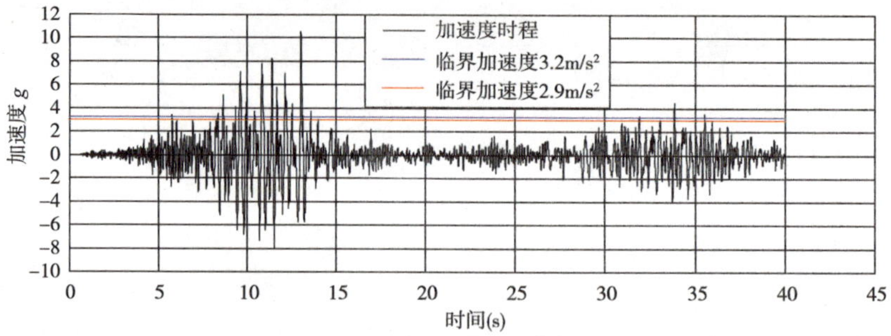

a）PGA放大1.1倍

a) PGA amplified by 1.1 times

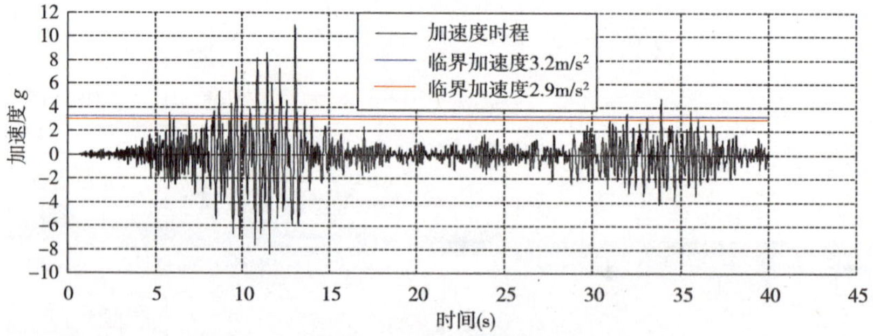

b）PGA放大1.15倍

b) PGA amplified by 1.15 times

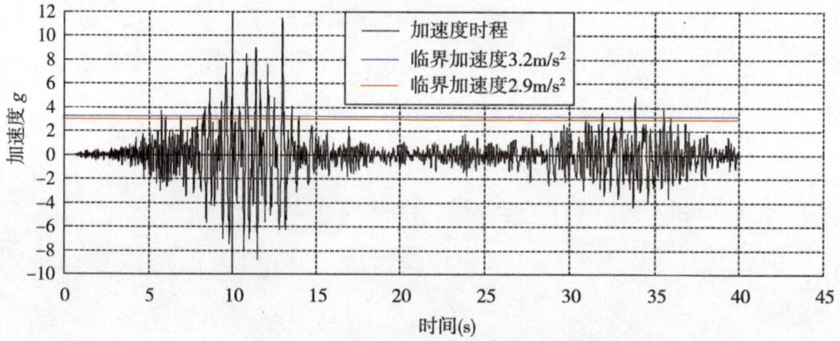

c）PGA放大1.2倍

c) PGA amplified by 1.2 times

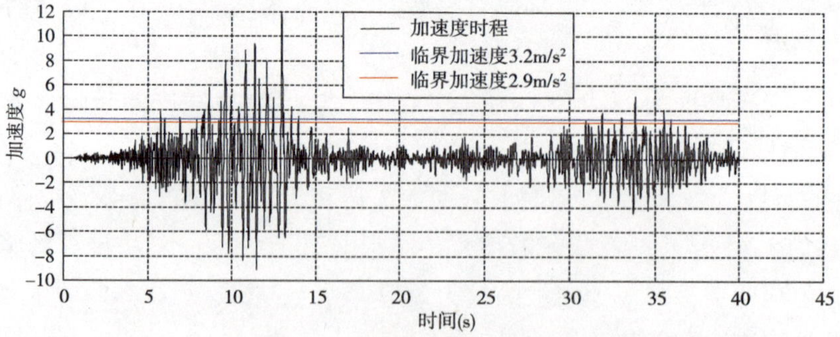

d）PGA放大1.25倍

d) PGA amplified by 1.25 times

图 9-26 PGA 放大后的时程曲线与临界加速度

Figure 9-26 Time history and critical acceleration after PGA amplification

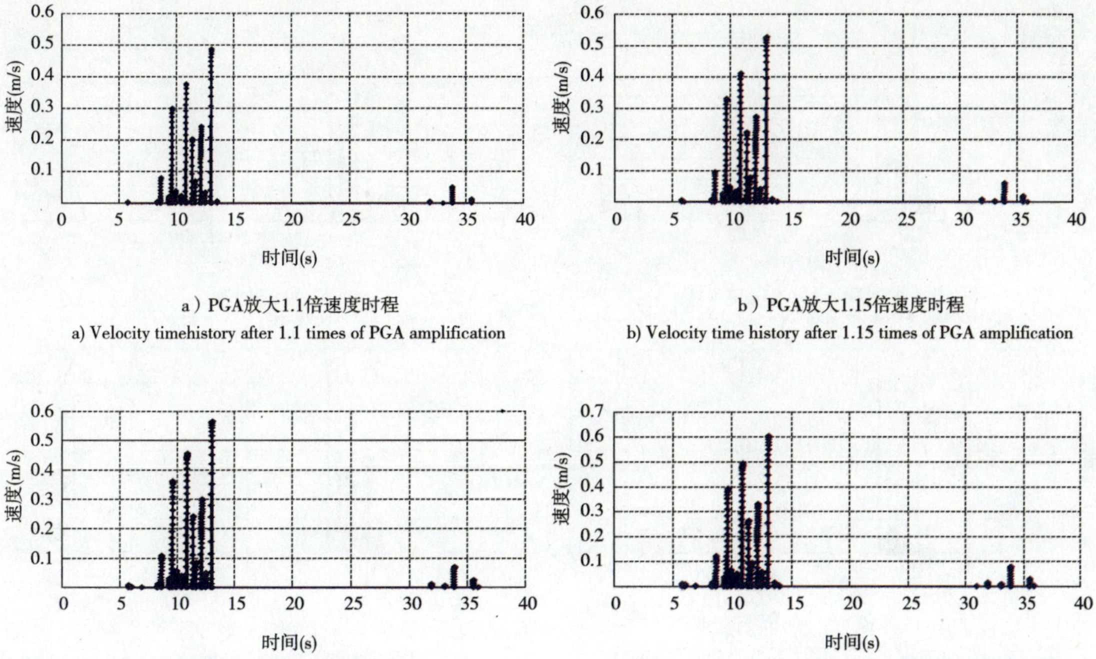

a）PGA放大1.1倍速度时程

a) Velocity timehistory after 1.1 times of PGA amplification

b）PGA放大1.15倍速度时程

b) Velocity time history after 1.15 times of PGA amplification

c）PGA放大1.2倍速度时程

c) Velocity time history after 1.2 times of PGA amplification

d）PGA放大1.25倍速度时程

d) Velocity time history after 1.25 times of PGA amplification

图 9-27 坡度 1：1.5 PGA 放大后速度时程

Figure 9-27 Velocity time history of PGA amplification with gradient as 1：1.5

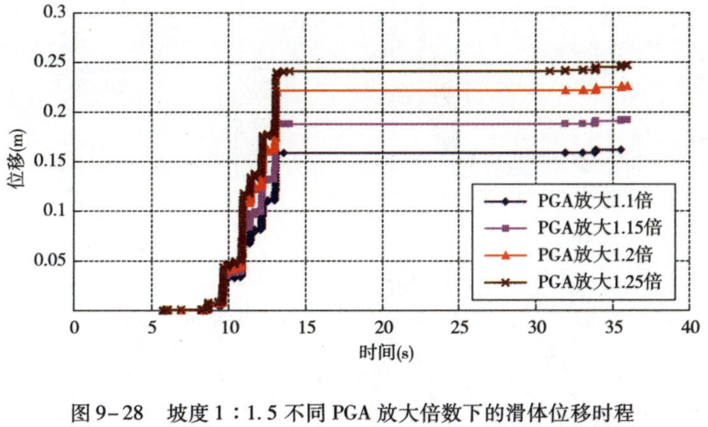

图 9-28 坡度 1：1.5 不同 PGA 放大倍数下的滑体位移时程

Figure 9-28 Displacement time history of slip mass under different PGA amplification factors with gradient as 1：1.5

分析对比结果显示，当放大比为 1.25 时，有限元分析结果与 Newmark 法得到的竖向永久位移十分接近，此结果与坡度为 1：1.5 的结果基本相同。

③输入地震时程放大后有限元法与 Newmark 法计算结果对比

在不同时程放大比下，将两种不同坡率路堤的位移计算结果与有限元计算结果进行对比，对比结果见表 9-7。

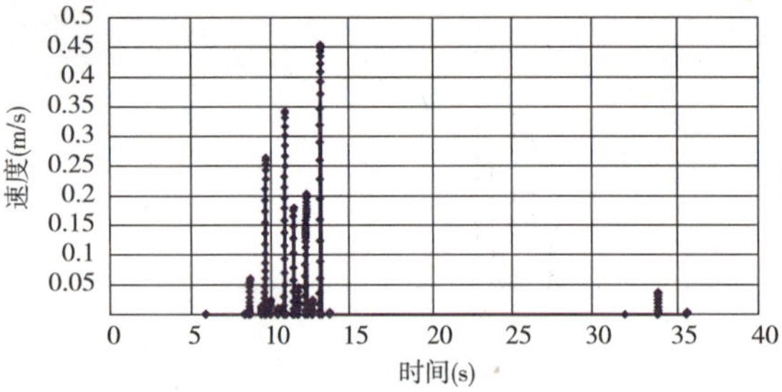

a）PGA放大1.1倍速度时程

a) Velocity time history with 1.1 times of PGA amplification

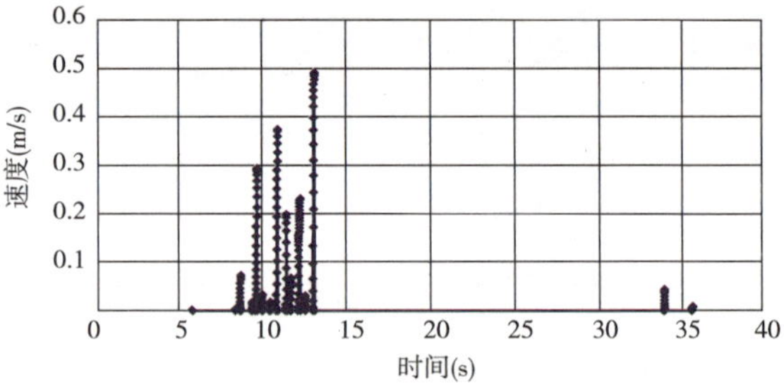

b）PGA放大1.15倍速度时程

b) Velocity time history with 1.15 times of PGA amplification

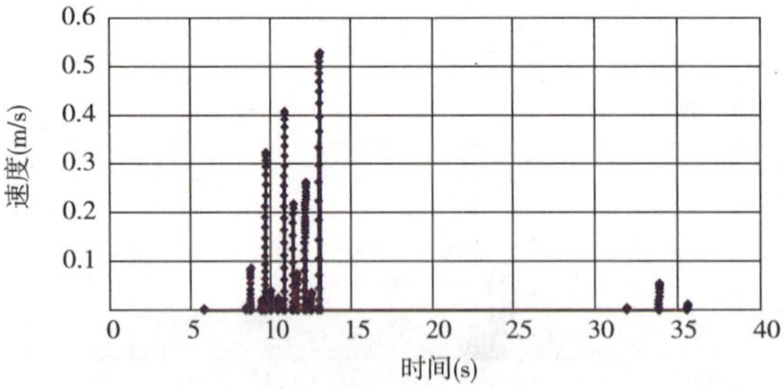

c）PGA放大1.2倍速度时程

c) Velocity time history with 1.2 times of PGA amplification

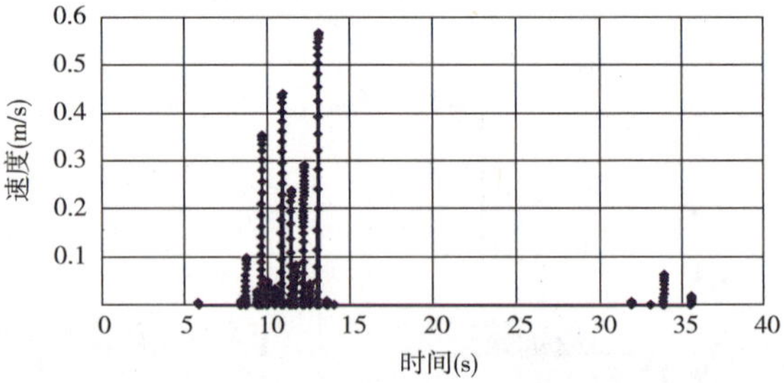

d）PGA放大1.25倍速度时程

d) Velocity time history with 1.25 times of PGA amplification

图 9-29　坡度 1：1.75PGA 放大后速度时程

Figure 9-29　Velocity time history after PGA amplification with gradient as 1：1.75

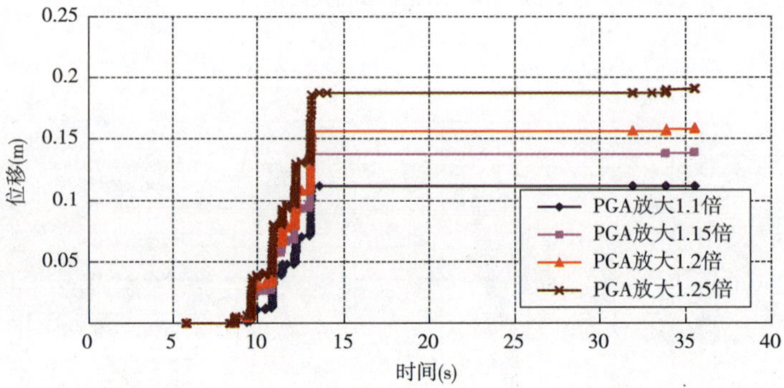

图 9-30　坡度 1：1.75 不同 PGA 放大倍数下的滑体位移时程

Figure 9-30　Displacement time history of slip mass under different PGA amplification factors with gradient as 1：1.75

表 9-7　有限元数值分析与 Newmark 法分析结果对比

Table 9-7　Comparison of analysis results from finite element and newmark

路堤高度（20m）	有限元数值模拟		Newmark 分析法			
	位移（cm）	PGA 放大	位移（cm）	PGA 放大 1.15 倍位移	PGA 放大 1.2 倍位移	PGA 放大 1.25 倍位移
坡度 1：1.5	24.6	1.30	13.8	19.4	22.6	25.3
坡度 1：1.75	19.1	1.27	10.2	14.3	16.8	19.4

从图 9-30 和表 9-7 中可以得出，对于坡度为 1：1.75 的路堤，当 PGA 放大 1.1 倍时

的永久位移为 12cm 左右，PGA 放大 1.15 倍时的永久位移为 14cm 左右，PGA 放大 1.2 倍时的永久位移为 16cm 左右，PGA 放大 1.25 倍时的永久位移为 19cm 左右。从上述比较可知，当 PGA 放大倍数为 1.25 倍时，有限元数值分析结果与 Newmark 法的计算结果比较接近，由此说明采用 PGA 放大 1.25 倍的方法是合理的。

从比较分析可知，坡度为 1∶1.5 的滑移量比坡度为 1∶1.75 的路堤大，其原因是：相对于坡度为 1∶1.75 路堤的临界加速度 $a_c = 3.2\text{m/s}^2$，坡度为 1∶1.5 路堤的临界加速度 $a_c = 2.9\text{m/s}^2$，很显然，坡度为 1∶1.5 的路堤边坡比坡度为 1∶1.75 的路堤边坡更易滑移，因此在地震动力作用过程中，坡度为 1∶1.5 的路堤边坡的滑移量就更大。

从上述分析的结果可知，对输入的地震动放大 1.25 倍可能有助于提高 Newmark 法的分析精度。

9.4 小结 Summary

（1）路基本体遭受的震害源于地震直接作用和次生地质灾害作用，不同的作用造成不同类型的震害，震害严重程度受路基结构类型、压实程度、地形地貌等条件的影响。

（2）路基本体抗震性能与其所处地理位置的地形地貌条件、路堤填料的性质、抗震加固措施，以及本体的动力特性和输入地震动参数等有关。G213 线 42m 高路堤耐震机理：V 形河谷对抗震有利，基底较为平缓且进行了地基处理；路堤加筋（土工格栅）及边坡骨架防护有效提高了路堤的抗震性能；路堤的自振周期与地震卓越周期相差大，没有发生共振。

（3）半挖半填路基震害在路基本体震害总量中所占比例最大，对 G213 线一 20m 高的半挖半填典型工点进行了震害机理分析，其主要震害原因：沿填筑面滑动；浅表层产生塑性区，发生溜坍，边坡比变缓，塑性区减小；填挖部分的差异沉降引起路基开裂错台。

（4）进行了有限元法与 Newmark 法的地震位移对比计算，受加速度放大效应影响，运用 Newmark 法对路堤进行位移分析时，对输入的地震动放大 1.25 倍计算具有更高精度。

第 10 章 路基边坡震害机理分析
Chapter 10 Analysis of seismic hazard mechanism of subgrade slope

10.1 引言 Introduction

地震诱发边坡震害的分布主要受地震强度、地形、地层岩性、坡体结构等条件的影响，由于地形地貌条件、岩性条件和坡体结构条件的差异，地震边坡灾害表现出不同的特征，其破坏方式、发展趋势都表现出极大的不同[89,90]。

10.1.1 烈度区影响 Influence of region with different seismic intensity

边坡震害是汶川地震造成的分布范围最广、最严重的震害之一，位于地震烈度Ⅸ度及以上区域的公路边坡震害尤为明显，详见表 10-1。

表 10-1 震害数量与烈度区分布关系

Table 10-1 Relationship between quantity of seismic hazards and distribution of intensity zones

烈 度 区	边坡震害数量	占总震害的百分比
Ⅸ度及以上	420	78.7
Ⅷ度	60	11.2
Ⅶ度	54	10.1

对于硬质边坡岩体，内部已存在节理面、软弱结构面等“内伤”，在地震力作用下，这些原有的存在于岩土体的“内伤”发生扩张、松动，直至发生崩塌、溜坍等震害。在这个过程中，竖向地震力对岩土产生了拉伸作用，而水平地震力对岩体产生了剪切作用，又由于在Ⅸ度及以上烈度区竖向和水平力较大，因此许多硬质岩体的崩塌等震害发生在Ⅸ度及以上地震烈度区。对于土质边坡，由于土体是散粒体，因此在地震力作用下土质边坡更多地被震松，导致发生边坡溜坍等震害。

10.1.2 岩土类型影响 Influence of types of rock and soil

岩土体是产生边坡震害的材料基础，一般来说，各类岩、土体都有可能构成滑动体，因为他们的结构松散，抗剪强度和抗风化能力较低。在地震作用下岩土体结构易发生变形，产生灾害。对不同烈度区内的边坡岩土类型进行研究后发现，区内的边坡岩土类型可分为岩质、土质、上土下岩三类。各类岩土类型边坡震害的分布见表 10-2。

表10-2 震害数量与岩土类型的百分比关系

Table 10-2 Relationship between quantity of seismic hazards and types of rock and soil

岩土类型	破坏总数	百分比（%）
岩质	251	47.0
土质	129	24.2
上土下岩	154	28.8

岩质边坡破坏数量占了近乎总破坏数量的一半，岩质边坡震害按类型大致可分为崩塌性滑坡、崩塌、落石（飞石）三种类型：并且这些震害多发生在花岗岩、闪长岩、石灰岩、砂岩等硬质岩类组成的高陡边坡[91]；土质边坡（松散层）为基岩强风化层、第四系覆盖层或松散堆积体边坡在地震作用下产生崩滑、溜坍[83]。

从表10-2可知，岩质边坡的震害数量明显多于土质和上土下岩的情况，分析原因是汶川地震动包含较强的高频振动部分，而较强的高频振动易于使具有"内伤"的硬质岩体发生崩塌震害等，又由于汶川地震动含有较强的高频振动，因此土质边坡的破坏相对较少，而由于上土下岩类型存在岩土交界面（弱面），因此这个类型也存在一定比例的震害[92]。

10.1.3 坡高与坡度影响 Influence of height and gradient of slope

坡高、坡度都是影响边坡稳定的重要因素，一般情况下，即使没有地震的影响，坡度越大的边坡也越容易发生地质灾害，坡度直接决定边坡的应力分布。随着地形坡度的增大，可能引起滑动面的坡体结构面倾角也会增大，从而导致边坡的稳定性降低。调查统计区域内边坡总体灾害数量随坡度和坡高的变化关系如图10-1和图10-2所示。

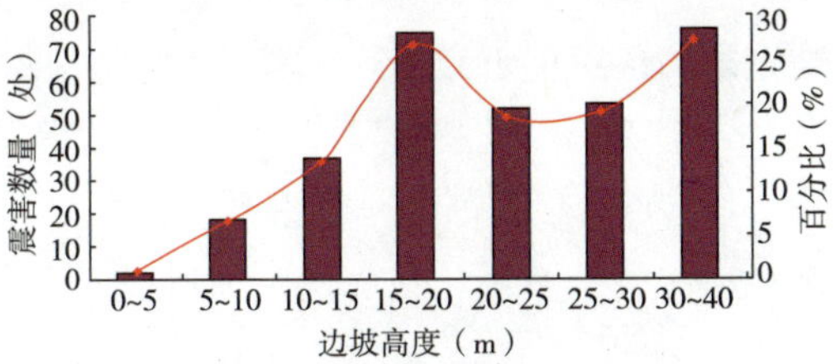

图10-1 坡高与震害数量关系图

Figure 10-1 Relationship diagram for height of slope and quantity of seismic hazards

注：图中横坐标表示坡面防护坡高范围，左侧纵坐标表示震害数量，右侧坐标表示百分比，红色曲线为百分比线。

Note: In the above diagram, horizontal ordinate symbolizes range for height of slope of sloce surfade protection, the vertical ordinates on left symbolizes quantity of seismic hazards, vertical ordinates on the right symbolizes the percentage, red curve symbolizes percentage line.

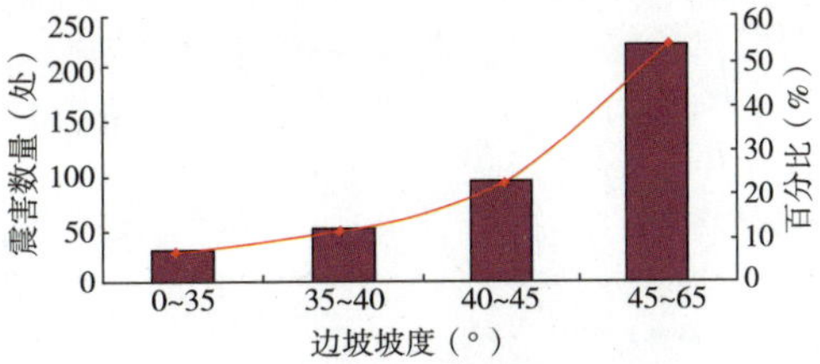

图10-2 坡度与震害数量关系图

Figure 10-2 Relationship diagram for gradient and quantity of seismic hazards

注：图中横坐标表示坡面防护坡度范围，左侧纵坐标表示震害数量，右侧坐标表示百分比，红色曲线为百分比线。

Note: In the above diagram, horizontal ordinate symbolizes range for height of slope of slope surface protection, the vertical ordinates on left symbolizes quantity of seismic hazards, vertical ordinates on the right symbolizes the percentage, red curve symbolizes percentage line.

图 10－1 反映的是边坡灾害数量在不同坡高段上的分布情况。由于路基“红线”内路堑边坡高度多为 40m 以下，故对小于 40m 的边坡震害进行了统计。从图中可知，随着边坡高度的增高，震害数量也在增加，与灾区震害分布规律一致。

图 10－2 反映的是边坡灾害数量在不同坡度段上的分布情况。由于路基“红线”范围内的边坡坡度多为小于 65°，故对小于 65°的边坡进行了统计。从图中可知，地震引起的边坡灾害主要集中在 35°～65°，在小于 65°范围内，震害数量随着坡度的增大呈上升趋势。坡度大于 40°的边坡是防护的重点。

10.1.4 与断裂带关系 Relationship with fault zone

近似认为龙门山中央发震断裂带为一条穿过映秀和北川，方向为北偏东 32°的直线。以此直线为基准，研究区域内调查统计了各震害点所在线路的走向，将线路走向与断裂带直线夹角范围分为 9 个等级：0～10°，10°～20°，20°～30°，30°～40°，40°～50°，50°～60°，60°～70°，70°～80°，80°～90°。图 10－3 显示边坡灾害数量随线路走向与断裂带直线间夹角增大呈下降趋势，即边坡临空面位于垂直于断层时，地震动作用最大，对路基边坡造成的震害也最大。

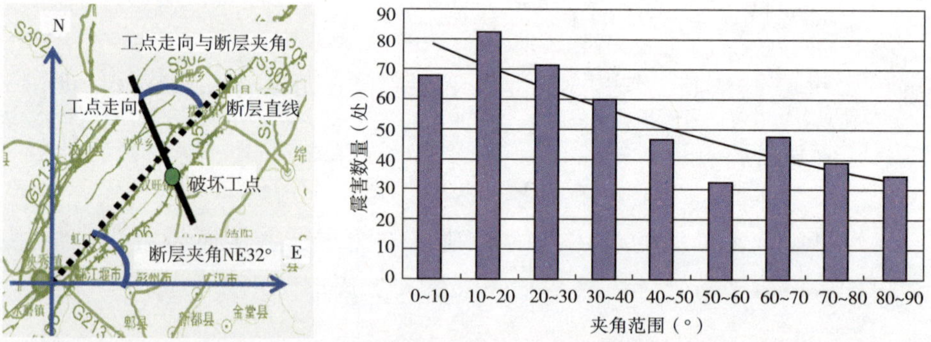

图 10－3 边坡灾害数量沿线路走向与断裂带直线夹角间的关系

Figure 10－3 Relation between the quantity of hazards for slope along the route and the straight included angle of fracture zone straight line

注：图中横坐标表示线路走向与断裂带直线的夹角，纵坐标表示坡面防护破坏的数量。

Note: In the above diagram, horizontal ordinate symbolizes the included angle between strike of the route and straight line of fracture zone, while the vertical ordinate symbolizes the quantity of damaged slope protection.

10.2 溜坍震害机理分析 Analysis of seismic hazard mechanism for slide-collapse

溜坍震害主要发生在土质类边坡。对于坡比相对较缓（缓于 1∶0.75）的土质边坡，由于其自身（特别是表层覆盖层）稳定性很差，地震力导致表层较为松散的角砾土松动，顺坡面运动，最后堆积于坡脚，坍塌物堆积在道路上，影响行车，这类边坡震害遇暴雨等诱发因素可能进一步滑塌[93]，见图 10－4。

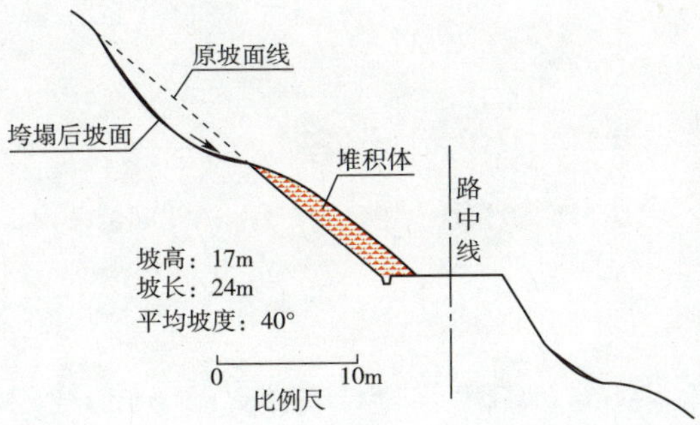

图 10-4　路堑土质边坡溜坍

Figure 10-4　Slide - collapse of soil slope for cutting

10.3　小结 Summary

（1）竖向地震的拉伸作用和水平地震的剪切作用导致路基边坡岩土体发生震害，由于在Ⅸ度及以上烈度区竖向和水平力较大，边坡震害多发生在Ⅸ度及以上地震烈度区。

（2）汶川地震动包含较强的高频振动部分，易使具有“内伤”的硬质岩体发生崩塌震害等，土质边坡的破坏相对较少，上土下岩类型边坡由于存在岩土交界面存在一定比例的震害。

（3）土质边坡的溜坍主要因为边坡多为碎石土等松散体，地震作用下易使其发生顺坡滑动破坏。随着边坡高度的增大，震害数量也在增加；同时震害数量随着坡度的增大呈上升趋势，坡度大于 40°的边坡是防护的重点。

（4）对震害点所在路段走向与断裂带夹角进行统计分析，在线路走向平行于断裂带的边坡震害数量比垂直于断裂带的边坡震害数量较大，主要是因为地震动方向垂直于边坡临空面时所产生的破坏力更大。

第 11 章 路基抗震设防对策
Chapter 11 Seismic fortification strategy of subgrade

11.1 路基支挡结构抗震设防对策 Seismic fortification strategy for retaining structures of subgrade

11.1.1 一般设防对策 General fortificaiton strategy

（1）由汶川地震震害调查资料可知，在Ⅸ度及以上烈度区有大量支挡结构（特别是重力式挡墙）发生了墙体倾斜位移，并且位移量远超过主动土压力所致位移，然而这些发生了位移的支挡结构并没有影响应急抢险工作[94]，从这个角度看，在Ⅸ度及以上烈度区应允许支挡结构发生一定的位移，位移控制量可参考本书建议的挡墙抗震性能设计中的位移指数。

（2）据调查统计，汶川地震中，Ⅸ度及以上烈度区有大量挡墙破坏，结合振动台试验成果，建议距地震断裂带 15km 范围内的重要支挡结构，其抗震设计需进行研究或参考日本规范[95]，并根据具体情况进行设计。

可根据地震发生概率及规模将地面运动分为两个等级，分别记为 L_1 地震（发生概率较大，中等级别地震动的地震）和 L_2 地震（发生概率极小，地震动等级较高的地震）。L_1 地震下，挡土墙地震主动土压力的计算采用物部—冈部公式；L_2 地震下，挡土墙地震主动土压力的计算采用修正的物部—冈部公式。L_1 地震及 L_2 地震下的主动土压力计算公式形式相同，只是主动土压力系数计算方法不同。根据区域、地基种类、结构固有周期及地震动衰减特性对峰值地震加速度进行修正得到设计水平地震系数 k_h，忽略竖向地震的影响。其计算公式如式（11-1）~式（11-3）所示。

①主动土压力计算式：

$$p_{AE}=\left[\frac{1}{2}\gamma\cdot H^2\cdot K_{AE}+\frac{q\cos a}{\cos(\alpha-\beta)}H\cdot K_{AE}\right] \tag{11-1}$$

②L_1 地震主动土压力系数 K_{AE}：

$$K_{AE}=\frac{\cos^2(\varphi-\alpha-\theta)}{\cos^2\alpha\cos(\alpha+\delta+\theta)\left(1+\sqrt{\frac{\sin(\varphi+\delta)\sin(\varphi-\beta-\theta)}{\cos(\alpha+\delta+\theta)\cos(\alpha-\beta)}}\right)^2} \tag{11-2}$$

③L_2 地震主动土压力系数 K_a：

$$K_a=\frac{\cos(\psi-\varphi)(1+\tan\alpha\tan\alpha)(1+\tan\alpha\tan\beta)[\tan(\psi-\varphi)+\tan\theta]}{\cos(\psi-\varphi-\alpha-\beta)(\tan\psi-\tan\beta)} \tag{11-3}$$

（3）汶川地震中大量挡墙发生倾斜破坏，建议适当设置抗倾覆的水平约束，如本书提到的加筋重力式挡墙，或者增加墙趾台阶宽度，提高墙体的抗倾覆能力，降低震害，并且建议采用加筋重力式挡墙或其他具有较强抗倾斜能力的墙体。

(4) 拟静力法虽然存在未考虑地震波时空分布的不均匀性，以及结构与场地的动力特性等缺陷，但是，由于其简便实用，仍然被广泛采用，此方法最大的挑战在于地震综合影响系数如何合理取值。汶川地震中土质类地基挡墙震害严重，岩质地基挡土墙破坏数量较少，结合振动台试验成果，建议考虑不同的地基条件对综合影响系数 C_z 进行取值，岩石地基取值降为0.2，非岩石地基取值仍为0.25，并且，在高地震烈度区，建议在土质地基上修建挡土墙时应加强地基处理措施[96]。

(5) 汶川地震震害调查结果表明挡土墙破坏主要以倾斜位移为主，因此合力作用点高度取1/3H是片面的，再结合振动台试验成果，建议对挡土墙合力作用点的取值进行调整[97]，取值建议见表11-1。

表11-1 挡土墙合力作用点

Table 11-1 Locations of resultant earth pressures for retaining wall

合力作用点 (h/H)	地震总土压力	地震动土压力
	0.33～0.39	0.35～0.49

注：H为挡土墙高度（m）；h为合力作用点至墙底的高度（m）。对于Ⅷ度及以上烈度区的重要挡墙合力作用点取上限，一般挡墙的合力作用点取中值。对于Ⅷ度以下烈度区的挡墙合力作用点取下限。

Note：H symbolizes the height of the retaining wall (m); h symbolizes the height of locations of resultant earth pressures to bottom of the wall (m); as for the important retaining wall which is over Ⅷ degree, take the up limit value for resultant force working point, while for common retaining wall, take middle value for resultant force working point; as for the retaining wall which are in zones with intensity below Ⅷ degree, take the bottom value limit for resultant force working point.

(6) 汶川地震中垮塌破坏的挡墙以浆砌为主，变形开裂破坏的挡墙主要发生在浆砌和干砌挡墙，建议浆砌片（块）石挡土墙严格控制施工质量，并不宜在Ⅷ度及以上烈度区应用，当地震烈度为Ⅷ度及以上时，挡墙应采用片石混凝土或混凝土整体浇筑，并加强水平施工缝的结合强度。

(7) 汶川地震灾害调查结果表明，柔性支挡结构具有较好的抗震性能（加筋土挡墙和桩板墙），而重力式挡墙的抗震性能表现较差，因此在抗震支挡结构选择中，应尽量选用桩板墙等柔性支挡结构，并可参考本书建议的桩板式抗滑挡土墙的抗震设计方法进行设计。

(8) 对于高填方路基，在选择支挡结构形式时，建议优选框架锚杆挡墙和桩基托梁重力式挡墙。

(9) 在高烈度区两级加筋土挡土墙的抗震设计中，两级间的水平台阶宽度应不小于2m，同时上墙对下墙的地震作用在设计中要给予足够的考虑。

11.1.2 加筋重力式挡墙抗震设计方法 Aseismic design method for gravity reinforced retaining wall

(1) 概述

加筋重力式挡土墙是在传统的重力式挡土墙基础上进一步开发出的新型支挡结构，已申请了国家实用新型专利（专利号：ZL 2009 2 0243613.2）。在地震烈度为Ⅷ度以上的区域，采用加筋重力式挡土墙进行抗震设计，不仅可以提高挡土墙抗倾斜能力，还可以减少圬工数量，达到提高抗震性能与经济节约的双重功效。

（2）工作原理

加筋重力式挡土墙工作原理见图 11-1，以墙趾为坐标原点，地震系数为 k_h，挡土墙重力为 W，墙身质心处的水平地震力为 k_hW，墙体质心坐标为（x_c，y_c）；墙背摩擦角为 δ_0，墙背的地震土压力为 P_{AE}，作用点距墙底高度为 h；基底宽度为 B，基底填土内摩擦角为 φ_b，基底抗滑力为 F_s；墙背拉筋装置与基底平行，拉筋装置距墙踵高度为 h_0，地震作用下拉筋的抗拉力记为 F，假设普通重力式挡土墙按现行抗震规范设计，抗滑动稳定安全系数为 K_c，抗倾斜稳定安全系数为 K_0，墙背摩擦角为 δ，将原普通重力式挡土墙墙背设置加筋装置得到加筋重力式挡土墙，假设其抗滑动稳定安全系数为 K_c^*，抗倾斜稳定安全系数为 K_0^*，假设加筋后墙背的地震土压力仍为 P_{AE}，根据力学平衡计算如下。

抗滑稳定系数：

$$K_c = \frac{(W + P_{AE}\sin\delta)\tan\varphi_b}{k_h W + P_{AE}\cos\delta},\ K_c^* = \frac{(W + P_{AE}\sin\delta_0)\tan\varphi_b + F}{k_h W + P_{AE}\cos\delta_0}$$

抗倾稳定系数：

$$K_0 = \frac{W \cdot x_c + P_{AE}\sin\delta \cdot B}{k_h W \cdot y_c + P_{AE}\cos\delta \cdot h},\ K_0^* = \frac{W \cdot x_c + P_{AE}\sin\delta_0 \cdot B + F \cdot h_0}{k_h W \cdot y_c + P_{AE}\cos\delta_0 \cdot h}$$

由于墙背摩擦角为 δ_0 与 δ 差别很小，因此，经整理得：

$$K_c^* = K_c + \frac{F}{k_h W + P_{AE}\cos\delta},\ K_0^* = K_0 + \frac{F \cdot h_0}{k_h W \cdot y_c + P_{AE}\cos\delta_0 \cdot h}$$

由于 $\frac{F}{k_h W + P_{AE}\cos\delta} > 0$，$\frac{F \cdot h_0}{k_h W \cdot y_c + P_{AE}\cos\delta_0 \cdot h} > 0$，则有 $K_c^* > K_c$，$K_0^* > K_0$。

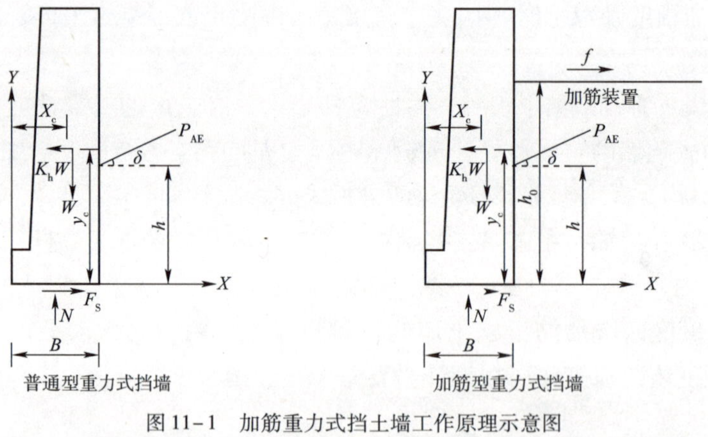

图 11-1　加筋重力式挡土墙工作原理示意图

Figure 11-1　Schematic diagram for operating principle of reinforced gravity retaining wall

（3）抗震设计方法

设挡土墙高为 H，挡土墙墙背直立，墙后填土无地面荷载，墙后填土为砂土，不设土工格栅时，墙背与土体的摩擦角为 δ，加筋后的墙背摩擦角为 δ_0。挡土墙在主动土压力作用下向前位移（平移或转动），当墙后填土处于极限平衡状态时，填土内产生一滑裂平面 AB，与竖直线夹角为 θ。此时，形成一滑动楔体 ABC，如图 11-2 所示。地震惯性力 k_hW

作用在假设破裂棱体 ABC 重心上，方向水平，地震角为 η；滑裂面 AB 上的反力 R，大小未知，作用方向与 AB 法线顺时针成 φ 角（φ 为土的内摩擦角）；墙背对土体的反作用力为 P_{AE}，可简化分解为分别由土体主动土压力引起的反作用力 E 和土工格栅摩擦力引起的反作用力 $\sum T_i$。根据力的平衡原理，土楔体力多边形见图 11-3。

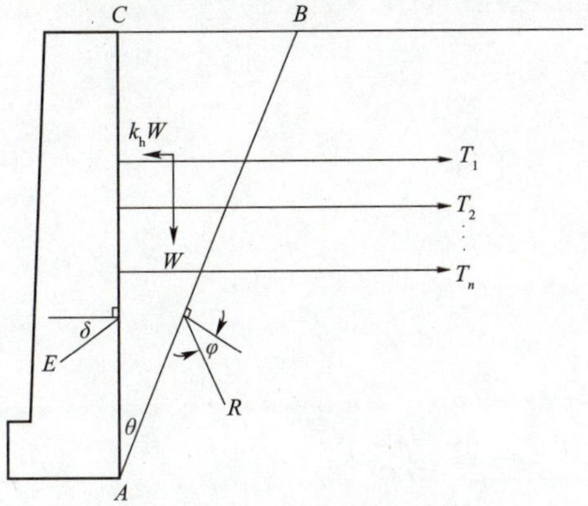

图 11-2　结构受力示意图

Figure 11-2　Structure force diagram

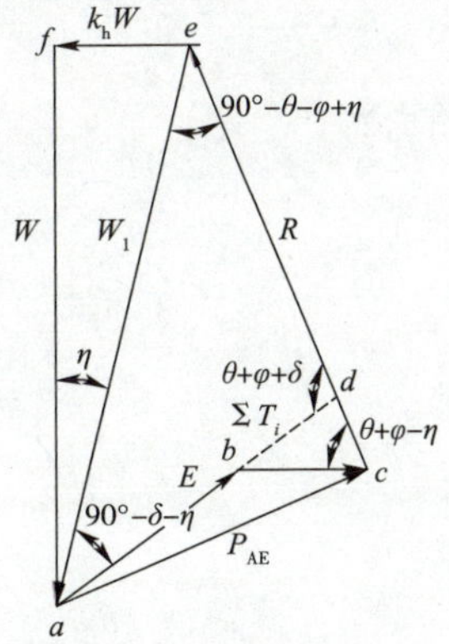

图 11-3　楔体力多边形图

Figure 11-3　Polygon drawing for wedge

$$\tan\theta = -\tan(\varphi+\delta) + \sqrt{\tan(\varphi+\delta)\left[\tan(\varphi+\delta)+\frac{1}{\tan(\varphi-\eta)}\right] - \frac{2\sum T_i \cdot \cos\eta \cdot \sin(\delta+\eta)}{\sin(\varphi-\eta)\cos(\varphi+\delta)\gamma H^2}} \tag{11-4}$$

关于 T_i 的确定，单位宽度挡土墙的土工格栅摩擦力为：

$$T_i = 2\gamma \cdot h_i \cdot L_{ai} \cdot f \cdot b_i \tag{11-5}$$

式中：γ——填土重度；

f——土工格栅与填料之间的摩擦系数，应根据现场抗拔试验确定，如果没有试验数据，可采用 0.3 ~ 0.4；

h_i——第 i 层土工格栅至墙顶的距离；

T_i——第 i 层土工格栅产生的摩擦力；

b_i——单位宽度挡墙范围内，第 i 层土工格栅与填土的接触宽度；

L_{ai}——第 i 层土工格栅在破裂面两侧延伸至填土中的长度。

取土工格栅折减后的横向抗拉强度为 $K\sigma_i$，则 L_{ai} 应满足下式：

$$L_{ai} = \frac{K\sigma_i}{2\gamma \cdot h_i \cdot f \cdot b_i} \tag{11-6}$$

式中：σ_i——土工格栅抗拉强度；

K——土工格栅抗拉强度折减系数，取 0.5 ~ 0.75。

土工格栅无效长度 L_{fi} 采用第 i 层土工格栅处破裂面与墙背的距离长度计算。

因此，土工格栅的设计计算长度为：

$$L_i = L_{fi} + L_{ai} \tag{11-7}$$

墙背对土体的实际反作用力水平分力：

$$P_{AEx} = \sum T_i + E_a \cdot \cos\delta \tag{11-8}$$

墙背对土体的实际反作用力竖直分力：

$$P_{AEy} = E_a \cdot \sin\delta \tag{11-9}$$

墙背对填土的实际反作用力 P_{AE} 和摩擦角 δ_0 为：

$$P_{AE} = \sqrt{P_{AEx}^2 + P_{AEy}^2} \tag{11-10}$$

$$\delta_0 = \arctan\left(P_{AEy}/P_{AEx}\right) \tag{11-11}$$

重力式加筋挡土墙抗滑动稳定系数 K_c^* 为：

$$K_c^* = \frac{(W + P_{AE}\sin\delta_0)\ \tan\phi_b + F}{k_h W + P_{AE}\cos\delta_0} \tag{11-12}$$

抗倾斜稳定系数 K_0^* 为：

$$K_0^* = \frac{W \cdot x_c + P_{AE}\sin\delta_0 \cdot B + F \cdot h_0}{k_h W \cdot y_c + P_{AE}\cos\delta_0 \cdot h} \tag{11-13}$$

设计要求：$K_c^* \geqslant 1.1$，$K_0^* \geqslant 1.3$。

11.1.3 桩板式挡土墙抗震设计方法 Aseismic design methods for sheet pile retaining wall

关于抗滑桩的类型判断如下。

（1）按“K”法计算时，有：

当 $\beta h_2 \leqslant 1.0$，属刚性桩；

当 $\beta h_2 \geqslant 1.0$，属弹性桩。

其中：h_2 为桩在滑动面以下的深度（m）；β 为桩的变形系数（m^{-1}）。

$$\beta = \left(\frac{KB_P}{4EI}\right)^{\frac{1}{4}} \tag{11-14}$$

式中：K——侧向地基系数，不随深度而变（kN/m^3）；

B_P——桩的正面计算宽度（m）；

E——桩的弹性模量（kPa）；

I——桩的截面惯性矩（m^4）。

（2）按“m”法计算时，有：

当 $\alpha h_2 \leqslant 2.5$，属刚性桩；

当 $\alpha h_2 > 2.5$，属弹性桩。

其中，α 为桩的变形系数，以 m^{-1} 计，按下式计算：

$$\alpha = \left(\frac{mB_P}{EI}\right)^{\frac{1}{5}} \tag{11-15}$$

式中：m——地基系数随深度变化的比例系数（kN/m^4）；

B_P——桩的正面计算宽度（m）。

对于矩形截面桩，$B_P=b+1$，b 为桩的实际宽度（m），当 $b>1$m；

对于圆形截面桩，$B_P=0.9(d+1)$，d 为桩的实际直径（m），当 $d>1$m。

（3）将作用于滑体重心处的水平地震力引入计算，其方向指向下滑方向。建议 0.1g 时，C_z 取为 0.2；0.2g 和 0.3g 时，C_z 取为 0.35；0.4g 时，C_z 取为 0.4[97]。

11.1.4 预应力锚索桩板式挡土墙 Prestressed anchor sheet pile retaining wall

（1）概述：地震情况下，锚索与桩协调变形，锚索拉力在工作过程中是变化的，且桩背土压力是滑坡推力与锚索拉力共同作用的结果，也是不断变化的[98]。参考目前地震情况下在滑坡推力的“静力法”基础上，对于桩非嵌固段仅仅由锚索拉力引起的土体抗力的计算，引入弹性地基梁处理方法。地震作用下的桩背土压力为仅滑坡推力和仅锚索拉力作用下的桩背土压力叠加结果，据此假定，最终的结构（包括锚索与桩）内力与变形和嵌固段地基反力即可叠加得到[99]。

（2）建议 0.1g 时，C_z 取为 0.15；0.2g、0.3g、0.4g 时，修正系数 C_z 取为 0.25。

11.1.5 基于性能的抗震研究 Research on seismic design based on performance

拟静力法的缺陷是十分明显的，稳定性系数计算值暂时小于 1 只会导致结构和土体产生一定的永久位移，并不意味着支挡结构丧失服务能力，支护效果真正取决于结构的变形以及自身的工作状态，因此，基于结构性能的抗震设计理论诞生。

该理论由美国科学家和工程师首先于 20 世纪 90 年代提出[100]，基本思想是以结构抗震性能分析为基础进行结构设计的，针对每一种设防水准（例如 50 年超越概率为 63.2%、10% 和 2% 的地震动），将结构的抗震性能划分成不同等级，采用合理的抗震性能目标和合适的结构抗震措施进行设计。

构造物抗震性能要求规定如下。

性能要求Ⅰ：地震后构造物发生轻微损坏或不损坏，能够保持其正常使用功能；结构处于弹性工作阶段，即“小震不坏”。

性能要求Ⅱ：地震后构造物可能发生损坏，但是经修补之后，短期内即可恢复正常使用功能；结构处于非弹性工作阶段，即“中震可修”。

性能要求Ⅲ：地震后构造物可能产生较大破坏，但不会出现整体倒塌现象，经工程抢修后可限速通车；结构处于弹塑性工作阶段，即“大震不倒”。

目前关于公路支挡结构抗震性能设计判别标准的研究甚少，因此有必要结合已有的研究成果，对其性能设计判别标准提出参考。

文献［101］根据对汶川地震中支挡结构破坏状态的调查和实测数据，提出了抗震性能的要求和量化指标，见表 11-2。

表 11-2 重力式挡土墙的抗震性能评价标准

Table 11-2 Seismic performance valuation criteria of gravity retaining wall

位移控制	使用功能	损伤程度	量化指标
性能要求Ⅰ	正常使用	不损坏或轻微损坏	位移指数≤1.0%
性能要求Ⅱ	短期恢复正常使用	局部损坏	位移指数≤3.5%
性能要求Ⅲ	抢修可限速通车	墙体较大变形，不出现倒塌	位移指数≤6.0%

文献［102］结合国内外土工结构与海工结构中关于性能标准的规定，考虑结构自身的工作性能提出的桩板式抗滑挡土墙“三级设防”标准见表 11-3。

表 11-3 桩板式抗滑挡土墙的抗震性能评价标准

Table 11-3 Seismic performance valuation criteria of sheet pile anti-sliding retaining wall

挡墙类型	震害级别		Ⅰ	Ⅱ	Ⅲ	Ⅳ
刚性转动	桩顶残余位移指数		<1%	1%~3.5%	3.5%~10%	>10%
挠度变形	桩顶残余位移指数		<1.5%	N/A	N/A	N/A
	动力的应力应变响应	悬臂段	弹性	发生塑性变形（小于延性指数）	发生塑性变形（小于延性指数）	发生塑性变形（超过延性指数）
		嵌固段	弹性	弹性	发生塑性变形（小于延性指数）	发生塑性变形（超过延性指数）

目前关于支挡结构基于性能的抗震设计研究仍不多，本书结合已有成果只对性能设计标准进行了探讨，但由于该方法能够考虑人们对结构抗震性能存在的多种不同要求，可以使结构的抗震设计达到人们预估的性能目标。因此，基于性能的抗震设计必将成为支挡结构抗震设计的发展趋势。

11.2 路基本体抗震设防对策 Aseismic fortification strategies for subgrade

（1）据汶川地震震害调查结果，路基本体的破坏集中发生在基本烈度Ⅸ度及以上烈度区的线路上，且该区段中的省道、乡县公路破坏最为突出，建议在这些烈度区加强路基的抗震措施，例如采用多层加筋材料加强路基整体和边坡。

（2）汶川地震震后调查发现，填筑于地面横坡较陡稳定斜坡上的路基，在地震时容易发生沿基底面的坍塌。此外，半挖半填路堤也极易破坏。因此，建议对于半挖半填路基和斜坡路堤，应加强基地处理或采用加筋或支挡措施加强。

（3）汶川地震中岩质类地基的山坡发生破坏比例较小，建议考虑不同的地基条件对综合影响系数 C_z 进行取值，岩石地基取值降为 0.2，非岩石地基取值仍为 0.25。同时建议加强地基处理，可根据具体情况适当采取换土、反压护道、降低填土高度、取土坑和边沟浅挖宽取并远离路基、保护路基与取土坑之间的地表植被和地基加固（砂桩、碎石桩、石灰桩、强夯等）等措施。

（4）汶川地震中沉陷、开裂和掩埋是主要路基震害。其沉陷、开裂震害与填料性质和填土的密实度密切相关，故为避免沉陷和开裂灾害，建议压实度至少大于0.9，最佳达到0.95以上；为避免掩埋灾害，要加强上部边坡的抗震防护。对于Ⅸ度及以上烈度区的砂类土填筑路基，除应控制压实和坡面防护外，建议对路堤上1/3边坡采用加筋措施，提高防溜坍能力。

（5）对于路堤在地震作用下的位移估计建议采用Newmark分析法，考虑加速度随路堤高程的放大效应，同时结合工程经验与有限元分析结果，建议在分析时，对加速度放大1.25倍后进行计算有更高的准确度。

（6）对于高填方路堤在抗震设计时，应根据实际情况着重对塑性变形区域进行加固处理，塑性区范围以及最大塑性高度参见本书42m高路堤的分析结论。

11.3 路基边坡抗震设防对策 Aseismic fortification strategies for slope of subgrade

（1）在路堑边坡震害中，崩塌、溜坍等震害主要集中在坡度大于40°的范围内，建议对于此范围内的边坡，特别是路堑边坡，应加强坡面防护，例如采用框架锚杆（锚索）、锚杆挂网喷浆等措施。

（2）无防护类型的坡面极易破坏，因此，建议对在Ⅸ度及以上烈度区、坡高大于10m的所有边坡采取防护措施。

（3）汶川地震震害调查表明实体浆砌护面墙的抗震效果不佳，尤其以岩质坡面为甚，建议采用适当加厚的护面墙，并提高砌筑质量。

（4）路基坡面破坏数量随线路走向与断裂带直线间角度增大而减小，即近乎平行于断裂带的坡面破坏数量比垂直于断裂带的坡面破坏数量大，建议对距断裂带小于15km，并且线路走向与断裂带夹角在0～20°范围内的坡面加强防护。

（5）对于Ⅸ度及以上烈度区高于10m的路堤，建议对路堤上1/3的边坡采用加筋措施，提高防溜坍能力。

11.4 小结 Summary

（1）对于重力式挡墙，建议增加水平约束降低震害，并给出了不同地基条件下地震综合影响系数和合力作用点高度的取值建议。基本烈度为Ⅷ度及以上时，不宜采用浆砌类挡墙，Ⅸ度及以上烈度区的挡墙抗震设计应专项研究。

（2）提出了抗震性能表现良好的支挡结构（如加筋重力式挡土墙、桩板墙和预应力锚索桩板墙）抗震设计方法。

（3）对于路基本体的加固措施多采用加强基地处理、加筋或支挡措施等，地基处理措施有换土、反压护道、降低填土高度、取土坑和边沟浅挖宽取并远离路基、保护路基与取土坑之间的地表植被和地基加固（砂桩、碎石桩、石灰桩、强夯等）等。建议压实度至少大于90%，对路堤上1/3的边坡等塑性变形区域采用加筋措施。

（4）对于坡度大于40°的边坡，特别是路堑边坡，应加强坡面防护，例如采用框架锚杆（锚索）、锚杆挂网喷浆等措施，对距断裂带小于15km，并且线路走向与断裂带夹角在0～20°范围内的坡面应加强防护。

第 12 章　本 篇 结 语
Chapter 12　Conclusion of this part

通过对汶川地震灾区的四川、甘肃和陕西三省的国省道干线、典型县乡道路公路路基震害进行调查，对约 7 081km 的路基震害特点进行了统计分析，并在此基础上，通过理论研究、数值模拟、大型振动台模拟试验等研究手段，揭示了典型路基工点的震害致灾和抗震机理，提出了路基抗震设防对策，主要结论如下。

（1）结合汶川地震震害调查分析，发生位移的支挡结构不一定丧失抗震服务能力，建议Ⅸ度及以上烈度区应允许支挡结构发生一定的位移，位移控制量可参考本书 11.1.5 节建议的挡墙抗震性能设计位移指数。

（2）地震作用下土压力或墙后下滑力增大，合力作用点上移，是重力式挡土墙震害的主要原因。通过振动台试验及计算分析，建议设置水平约束或增加墙趾宽度降低震害，并给出了不同地基条件下地震综合影响系数和合力作用点高度的取值建议，参见本书 11.1.1 节。基本烈度为Ⅷ度及以上时，不宜采用浆砌类挡墙，Ⅸ度及以上烈度区的挡墙抗震设计应专项研究。

（3）G213 线两级加筋土高挡墙震害原因主要是：上墙基础沉降及上下墙之间平台宽度过小（1m），导致下墙上半部应力集中；面板与拉筋带的连接薄弱。单级路肩、路堤加筋土挡墙地震动位移模式不同，应充分考虑路堤土体对墙体位移的动力影响。

（4）桩板墙（包括锚索桩板墙）因嵌固作用，其抗倾斜能力强，水平变位后桩后土压力急剧减小，虽有明显倾斜，但不易倒塌，结合振动台试验，本书提出了地震综合影响系数的合理取值建议，参见 11.1.3 和 11.1.4 节。

（5）路基本体遭受的震害源于地震直接作用和次生地质灾害作用，不同的作用造成不同类型的震害，震害严重程度受路基结构类型、压实程度、地形地貌等条件的影响。路堤加筋（如土工格栅等）及边坡骨架防护能有效提高路堤的抗震性能；路堤的自振周期与地震卓越周期相差大是高路堤震害较小的原因之一。

（6）探明了半填半挖路堤震害机理：地震作用下沿填筑面（或土体内部软弱面）滑动；填挖部分的差异沉降引起路基开裂、错台；边坡浅表层出现塑性区，发生溜坍。

（7）汶川地震产生的地震动加速度谱在长周期段偏低，而在短周期段较高，解释了汶川地震中岩质边坡较多的崩塌，而土质边坡发生滑坡较少的原因。

（8）提出了抗震性能表现良好的支挡结构（如加筋重力式挡土墙、预应力锚索桩板墙）的抗震设计方法。

（9）总结了高路堤的塑性区范围及加固区域，提出了路基本体的抗震措施，并提出了 Newmark 滑块位移分析法应考虑高程放大效应的修正建议。

（10）提出了路基边坡坡高与坡度的重点防护范围，并建议了防护措施。

地震下公路路基遭受破坏的原因是复杂的，受材料特性、结构形式、几何位置、地形地貌条件、场地条件、地震动衰减特性等因素影响。本书对公路路基震害的机理进行了初步的分析，但仍存在许多不足，进一步完善的方面有待相关学者继续研究，主要如下：

（1）震害机理分析多从力学平衡条件出发，对于地震动特性的影响考虑不足，仍需要深入研究。

（2）对于公路路基震害的抗震设防对策研究，仍然采用了拟静力法，但是通过研究发现了它的不足，提出了参数修正建议，完善了拟静力法在支挡结构抗震设计中的应用，但是距使用真实的动力分析仍存在一定距离，需要进一步开展支护结构基于动力的抗震性能设计研究。

（3）目前，关于支挡结构抗震性能设计中涉及的“三级设防”标准问题仍处于起步阶段，虽然基于前人研究成果提出了一套标准，但仍需要实践的证明及进行更深入的研究。

附录A 汶川地震触发公路地质灾害动力响应机理
Appendix A Dynamic response mechanism of geological disasters of road triggered by Wenchuan earthquake

通过遥感和对汶川地震灾区大量的现场调查，结果表明，汶川地震直接诱发的地质灾害类型主要为滑坡、崩塌、不稳定斜坡（包括震裂山体）以及崩滑物质堵河后形成的堰塞湖。地震诱发的数以万计的崩滑灾害所留下的巨量松散物质，在降雨条件下易转化为泥石流灾害。

汶川地震触发的地质灾害现象和特征已远远超出了人们原有的认识和所具备的知识，难以采用通常的术语去描述所观察到的与地震滑坡机制相关的一系列现象。为了进一步了解和认识其相互作用，从地震对公路边坡作用的一般情况出发，利用地质力学模拟的手段，通过强震作用下山体变形破裂的过程再现达到验证的目的，并结合物理模拟试验展示的一些变形破裂典型迹象和重要证据，揭示典型边坡地震失稳机制的形成条件、相关因素以及演化规律，为公路地震灾害分类研究提供科学、可靠的数据和证据。

A.1 振动模拟试验方案设计 Scheme design of vibration simulation tests

本次振动模拟试验，在结合现场实际情况确定一般相似关系的模型材料之后，根据斜坡震裂变形的发育和分布规律，主要考虑影响斜坡稳定性的坡体自身形态和几何尺度方面的因素来进行试验研究。以此为基础，主要设计了以下类型。

A.1.1 土质边坡 Soil slope

针对土质边坡，以其空间分布及几何形态和尺度，设计了四大类9个模型，且均为单面斜坡，其中前三大类为覆盖层土质边坡（下伏基岩），类别四为均质土质边坡，具体如下。

（1）类型一：斜坡总体坡面形态变化

该类型主要包括4个模型，即模型①～模型④，考虑坡面为直线形、凸形和凹形三种情况，坡角分别考虑为30°、40°、45°和60°。设计模型见图A-1。

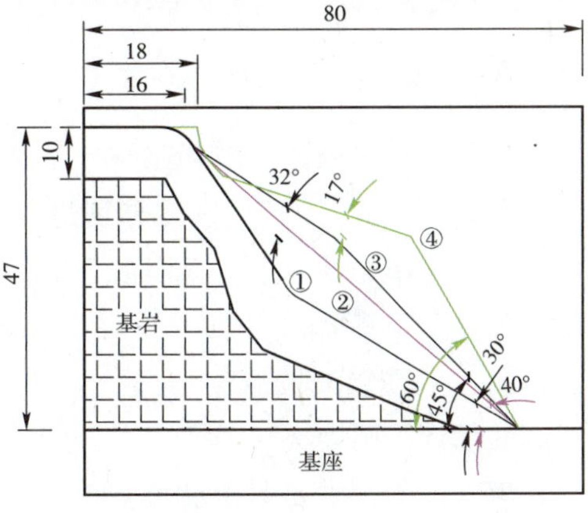

图A-1 斜坡坡面形态变化模型设计简图（尺寸单位：cm）①～④-模型编号

Figure A-1 The diagrammatic sketch of morphological changes of slope model

（2）类型二：凸形坡上坡段坡度变化

该类试验主要考虑在地震作用下，凸形坡下段坡体形态及尺度不变，上段坡度变化的响应。由于该类试验为第一类试验的补充，故只作简单探讨，因此，仅设计两个模型，即模型⑤和模型⑥。设计模型简图见图 A-2。

（3）类型三：凸形坡下坡段坡度变化

该类试验与第二类试验相反，主要考虑在地震作用下，凸形坡上段坡体形态及尺度不变，下段坡度变化的响应。由于该类试验也为第一类试验的补充，故只作简单探讨，因此，仅设计两个模型，即模型⑦和模型⑧。设计模型简图见图 A-3。

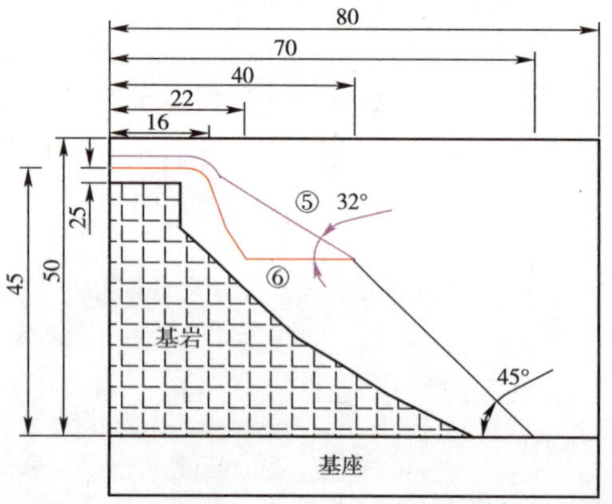

图 A-2 凸形坡上坡段坡度变化设计简图
（尺寸单位：cm）⑤、⑥-模型编号
Figure A-2 The diagrammatic sketch of gradient changes of convex slope uphill section

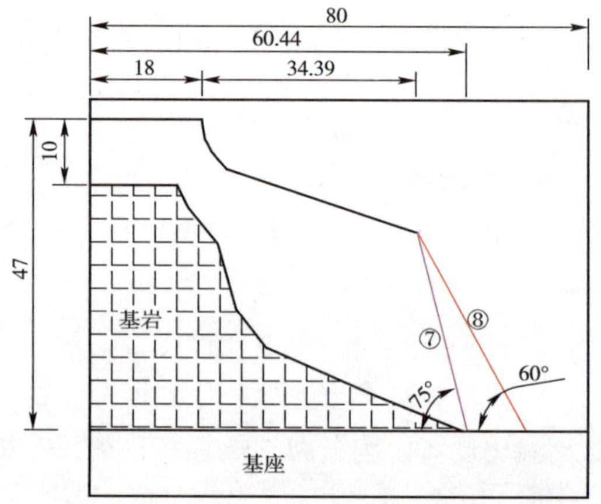

图 A-3 凸形坡下坡段坡度变化设计简图
（尺寸单位：cm）⑦、⑧-模型编号
Figure A-3 The diagrammatic sketch of gradient changes of convex slope downhill section

（4）类型四：均质土质边坡

本类型主要考虑与覆盖层边坡进行对比验证而增加了一种模型，即模型⑨，该模型设计方案同类型一中的模型③，不再赘述。

A.1.2 岩质边坡 Rock slope

针对岩质边坡，考虑其空间分布及几何形态和尺度，首先分为单面坡和双面坡（即条带状山脊构成的斜坡），然后分别进行相应的振动模拟试验模型设计，共设计了 13 个模型。其中，单面坡 6 个，双面坡 7 个。同时，还增加了阶梯状边坡 2 个、软硬结合单、双面坡各 2 个，具体如下。

（1）均质单面坡

共设计了两大类 6 个模型，分别如下。

第一大类：主要考虑坡面形态的总体变化，与土质边坡考虑类同，主要包括 4 个模型，即模型①~模型④，试验时主要考虑斜坡坡面为直线形、凸形和凹形三种情况，坡角分别考虑 30°、45°、60°和 70°。设计模型简图见图 A-4。

第二大类：试验主要考虑地震作用下，斜坡下段坡体形态及尺度不变，上段坡度变化的响应。考虑方法与土质边坡类似，设计了 3 个模型，即模型②、⑤和模型⑥。设计模型简图见图 A-5。

（2）均质双面坡

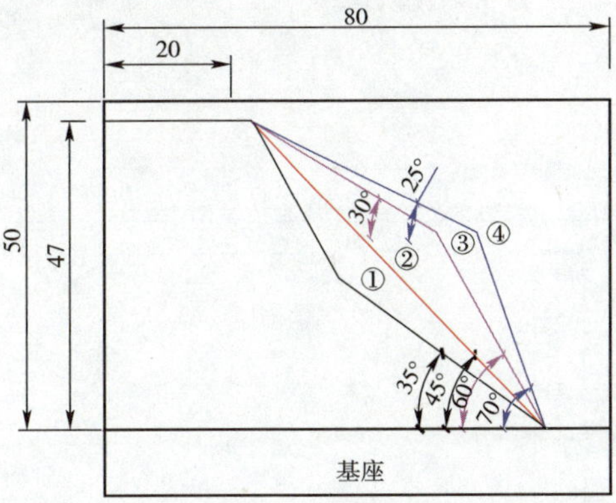

图 A-4　岩质单面坡坡形变化模型设计简图（尺寸单位：cm）①~④-模型的编号

Figure A-4　The diagrammatic sketch of morphological changes of rock one side slope model

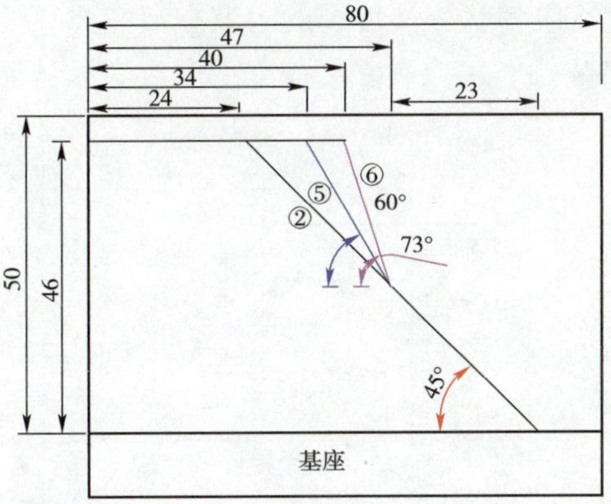

图 A-5　凸形坡上坡段坡度变化设计简图（尺寸单位：cm）②、⑤、⑥-模型编号

Figure A-5　The diagrammatic sketch of gradient changes of convex slope uphill section

双面边坡即条带形山脊，共设计了三大类 7 个模型，具体如下。

第一大类：主要考虑坡角的影响，包括 4 个模型，即模型①~模型④，坡体双面对称。试验角度分别取 90°、75°、60°和 50°进行。设计模型简图见图 A-6。

第二大类：主要考虑坡顶宽度的影响，设计了 3 个模型，即模型⑤~模型⑦，坡体双面对称，坡顶宽度分为 16cm、20cm 和 40cm。设计模型简图见图 A-7。

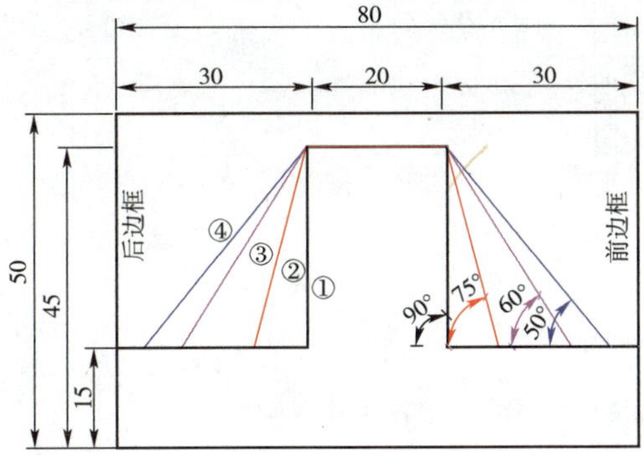

图 A-6　岩质双面坡坡度变化设计简图（尺寸单位：cm）①~④-模型编号

Figure A-6　The diagrammatic sketch of gradient changes of rock two sides slope

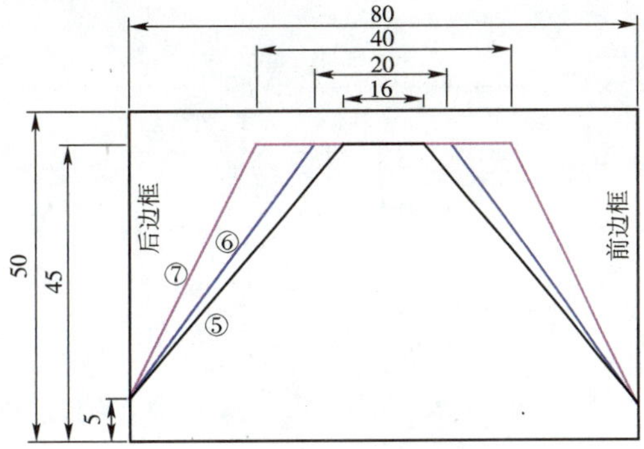

图 A-7　岩质双面坡顶宽度变化设计简图（尺寸单位：cm）⑤~⑦-模型编号

Figure A-7　The diagrammatic sketch of the top width changes of rock two sides slope

（3）软硬结合单面坡

将模型设计成单面，初步考虑上下岩性差异对振动的响应，为此设计了两种模型，即上硬下软型和上软下硬型。模型图设计简图见图 A-8。

（4）岩质软硬结合双面坡

将模型设计成双面，初步考虑上下岩性差异对振动的响应，为此同样设计了两种模型，即上硬下软型和上软下硬型。模型图设计简图见图 A-9。

（5）台阶状岩质双面坡

阶梯状坡面形态的边坡在自然界中也比较常见。为了初步探寻其对振动的响应情况，特设计了两种双面坡模型。模型图设计简图见图 A-10。

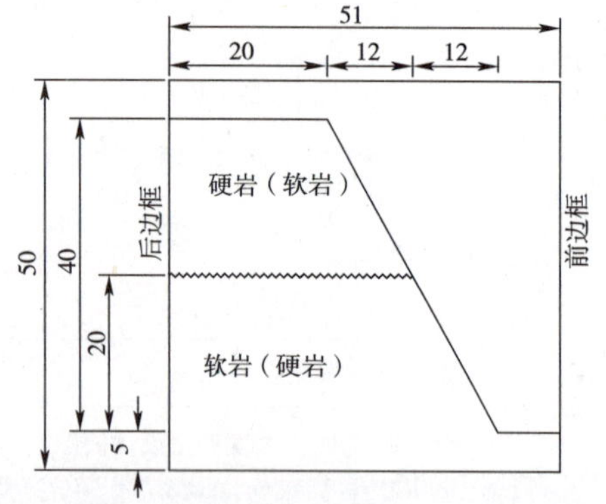

图 A-8 岩质软硬结合单面坡设计简图（尺寸单位：cm）

Figure A-8 The diagrammatic sketch of hardware and software rock one side slope

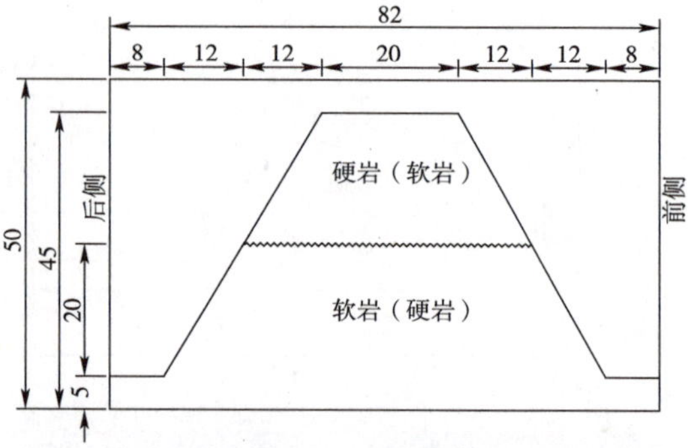

图 A-9 岩质软硬结合双面坡设计简图（尺寸单位：cm）

Figure A-9 The diagrammatic sketch of hardware and software rock two sides slope

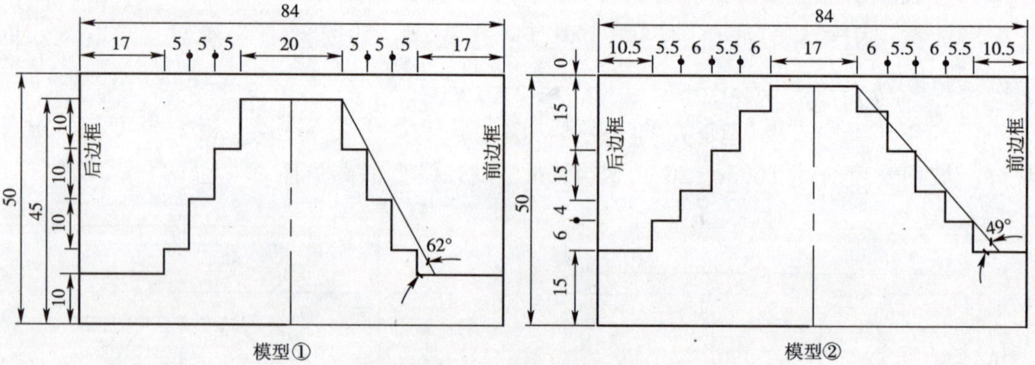

图 A-10 岩质阶梯状双面坡设计简图（尺寸单位：cm）

Figure A-10 The diagrammatic sketch of ladder type rock two sides slope

A.2 试验设备及技术参数 Test equipments and technical parameters

本次试验所用振动台系成都理工大学地质灾害防治与地质环境保护国家重点实验室自主研发的液压施加初始位移、液压锁紧、瞬间释放型弹簧式二维振动试验台，主要由台面、刚性支撑框架、油压及控制系统、加速度传感器及数据采集系统组成，是用于对在竖直平面内相互垂直的两个简谐运动的合成进行物理模型振动模拟的机、电、液一体化试验设备（图 A-11）。

主要性能参数为：

外形尺寸：1 897mm×1 444mm×1 278.5mm。

台面尺寸：1 100mm×1 100mm。

配重变距：0～30mm。

振动频率：0～2.31Hz。

最大振幅：50mm。

初始位移：0～50mm。

相位差：0～π/2。

该设备的具体设计及相关信息可参见该设备的试验手册。

图 A-11　试验振动台设备

Figure A-11　Device for shaking table tests

综合考虑试验设备情况和试验要求，本次试验采用试验室配套的1m×0.5m×0.7m模型箱；为减少模型与模型箱之间的作用，试验中，后边界和左侧边界使用聚乙烯泡沫板作为边界条件，为了便于试验中进行录像，右侧边界未作处理，模型直接与玻璃板相接触。

A.3　试验材料及参数 Test materials and parameters

本研究主要是以“5·12”地震重灾区之一的青川县斜坡震裂变形为主要研究对象，总体上分为岩质和土质斜坡两大类。由于研究区地层岩性岩质斜坡总体上多以厚层块状灰岩、砂岩和薄层～极薄层的千枚岩、绢云母片岩为主，即以硬～坚硬岩和软岩为主，因此，试验中基岩主要选取两种代表性材料，即一种硬岩和一种软岩。而土体主要考虑均质覆盖层边坡。

针对块状硬岩，主要选取尺度为5cm×5cm×5cm、5cm×2.5cm×2.5cm、5cm×5cm×2.5cm三种尺度的砖块作为试验材料；均质软岩和硬岩根据一般性原则和相似性原理，选取石膏、重晶石粉、石蜡油和石英砂作为试验材料，其配比为：石膏：重晶石粉：石蜡油：石英砂分别为3：4：1.15：1.63和3：4：1.15：3.26，试验时进行一定程度的击实。而针对覆盖层土质，同样根据一般性原则和相似性原理，经过筛选，选取石膏、重晶石粉和石蜡油作为试验材料，其配比为：石膏：重晶石粉：石蜡油3：4：1.15，试验中做一般性压实。试验材料的基本物理力学性质见表A-1。

表A-1　试验材料参数

Table A-1　The test material parameters

类　别	重度 γ（kN/m^3）	内聚力 c（MPa）	内摩擦角 φ（°）
硬岩	19.56	10.83	42.6
软岩	18.79	10.12	38.3
土质	18.13	1.5	36.8

需要强调的是，本试验的目的主要是对一般机理进行研究，而针对层状结构边坡在许向宁博士的毕业论文（2006）中已进行了较多的考虑，因此，试验对结构面暂不作重点考

虑，对薄层软岩作为整体软性材料考虑，而厚层块状硬岩仅考虑水平堆砌。

A.4 试验量测技术及要求 Test measurement technology and requirements

（1）加速度时程记录测量

振动台加速度信号通过传感器拾取，变为电信号输出，经调理后送采样模块采样，然后采样信号经处理后送计算机（图 A-12），显示测量结果，测量流程见图 A-13。

在计算机上通过双轴向加速度采集系统软件，可直接获得水平方向和垂直方向的加速度时程曲线，并可由此获取任意时刻对应的加速度值。

图 A-12 振动加速度采集系统

Figure A-12 Vibration acceleration acquisition system

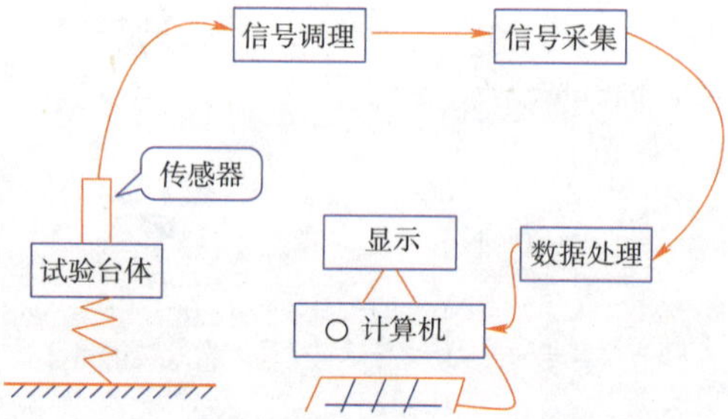

图 A-13 加速度时程测量流程图（据许向宁）

Figure A-13 Acceleration measurement flow chart (According to Xu Xiangning)

（2）模型变形破裂过程及变形现象测量

模型变形破裂位移主要通过可视化模型框观测窗有机玻璃板上画网格线来测量。在模型内部两侧面不同位置设置变形破裂位移测量特征点，根据变形破裂后参照玻璃板上的不同位置跟踪测量其位移量（图 A-14），同时，对振动后斜坡的变形破裂位置进行详细量测和记录（图 A-15），并绘制水平、剖面图，试验后进行图件处理。

图 A-14 模型变形破裂位移跟踪测量网格

Figure A-14 Grid of deformation fracture displacement of the model and tracking measurement

图 A-15 对变形破裂现象及位置的量测

Figure A-15 The deformation and fracture phenomena and position measurement

（3）数码摄像记录量测

振动前后对不同观察对象做好拍照记录，对变形破裂典型特征迹象做对比分析量测。

对每一次振动过程用高分辨率数码摄像机做好摄像记录（图A-16）。本次采用两个数码相机进行量测，一个设计到侧面模型框进行振动过程摄像，记录侧面变形破坏过程和现象，另一个设计到正上方进行振动过程摄像，记录坡面上的变形破坏现象及过程，从而可以较为全面地进行观测。事后通过录像回放，可以对其整个过程进行细致研究。同时，通过数码摄像记录的影像资料处理分析可描绘出振动运动轨迹（见许向宁博士论文），可对模型变形破裂演进过程和状态进行分解，从而实现振动轨迹与变形破裂状态的一一对应，并可获得加速度时程变化与变形破裂的关系，为进一步分析提供较有价值的基础资料。

图A-16　振动过程数码摄像

Figure A-16　The picture of the vibration process

A.5　振动模拟试验过程及分析 Process and analysis of vibration simulation tests

前已述及，本次振动模拟试验结合“5·12”地震的现场情况，针对岩质和土质两类斜坡进行研究。考虑到地震波的传播通常可分解为水平向振动和垂直向（竖向）振动两种基本类型，不同方向的振动影响程度如何，对斜坡可能造成何种影响，也是最为关切的问题之一。因此，试验过程对部分坡体考虑水平向振动、垂直向振动以及二者共同作用的复合振动三种方式，以探讨它们之间可能存在的联系以及对斜坡的不同影响。

A.5.1　土质边坡振动模拟试验过程及分析 Process and analysis of soil slope vibration simulation tests

（1）类型一：斜坡总体坡面形态变化

①试验过程及现象

前已述及，该类型包括四个基本模型，按照设计简图A-1进行模型制作，模型制好后，首先检查监测量控设备是否正常，一切完备后，按相关操作规程启动试验设备进行振动模拟试验，对整个过程进行摄像和加速度记录，对振动后的变形破坏现象进行现场详细量测和记录。该组试验制作好的模型、试验过程中与试验后各模型的振动响应情况见图A-17～图A-20，振动后的振裂变形位置示意图见图A-21～图A-24，具体试验结果详见汇总表A-2。

a）制作好的模型侧面

a) The side of the completed model

b）制作好的模型表面俯视

b) The surface top view of the completed model

c）振动结束后侧面

c) The side after vibration

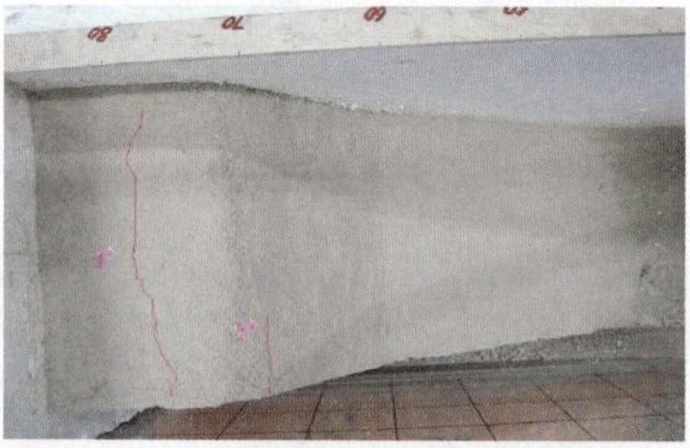

d）振动结束表面俯视

d) The surface top view after after the vibration

图 A-17 模型①复合振动试验过程及成果照片（坡度 30°）

Figure A-17 Composite vibration test process of the model 1 and the pictures（Slope of 30 degrees）

a）制作好的模型侧面

a) The side of the completed modei

b）制作好的模型表面俯视

b) The surface top view of the completed model

c）振动结束后侧面

c) The side after the vibration

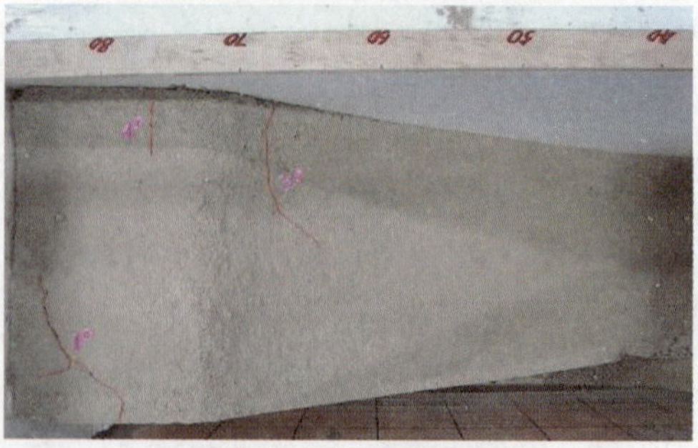

d）振动结束表面俯视

d) The surface top view after the vibration

图 A-18 模型②复合振动试验过程及成果照片（坡度 40°）

Figure A-18 Composite vibration test process of the model 2 and the pictures（Slope of 40 degrees）

a）制作好的模型侧面

a) The side of the completed model

b）制作好的模型表面俯视

b) The surface top view of the completed model

c）振动结束后侧面

c) The side after the vibration

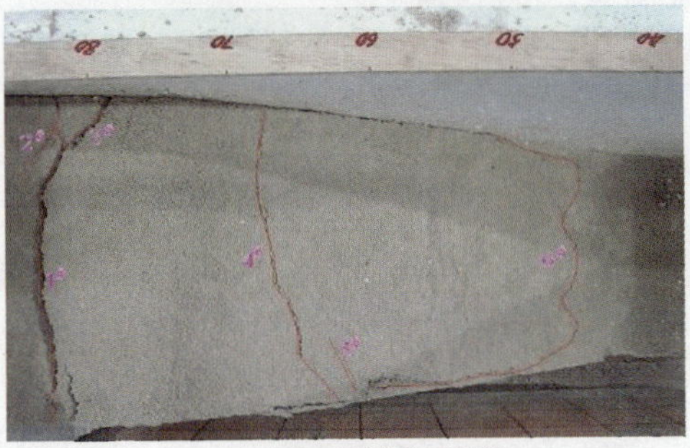

d）振动结束表面俯视

d) The surface top view after the vibration

图 A-19　模型③复合振动试验过程及成果照片（坡度 45°）

Figure A-19　Composite vibration test process of the model 3 and the pictures（Slope of 45 degrees）

a）制作好的模型侧面

a) The side of the completed model

b）制作好的模型表面俯视

b) The surface top view of the completed model

c）振动结束后侧面

c) the side after the vibration

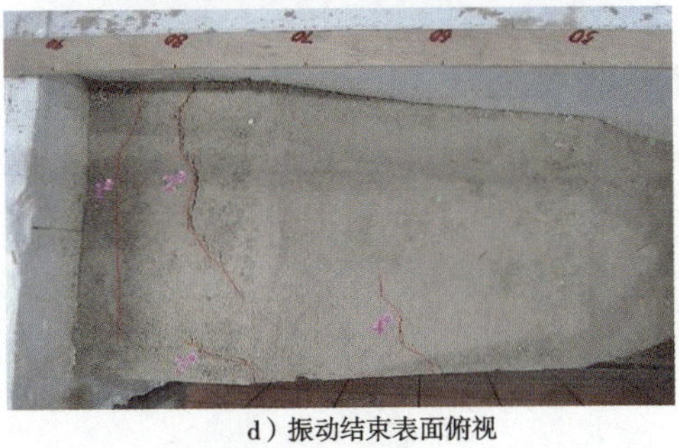

d）振动结束表面俯视

d) The surface top view after the vibration

图 A-20　模型④复合振动试验过程及成果照片（坡度 60°）

Figure A-20　Composite vibration test process of the model 4 and the pictures（Slope of 60 degrees）

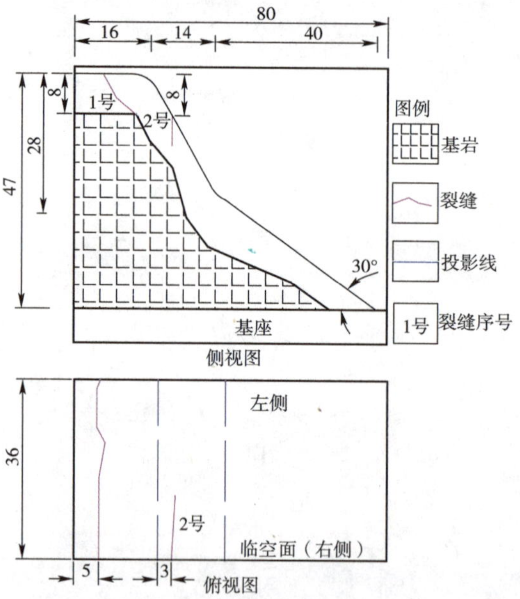

图 A-21 模型①复合振动后裂缝分布示意图（坡度30°）（尺寸单位：cm）

Figure A-21 The diagrammatic sketch of the crack distribution after composite vibration of model 1 (Slope of 30 degrees)

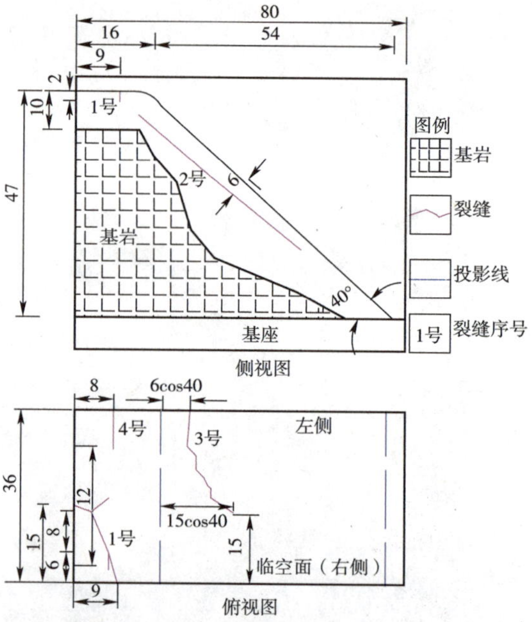

图 A-22 模型②复合振动后裂缝分布示意图（坡度40°）（尺寸单位：cm）

Figure A-22 The diagrammatic sketch of the crack distribution after composite vibration of model 2 (Slope of 40 degrees)

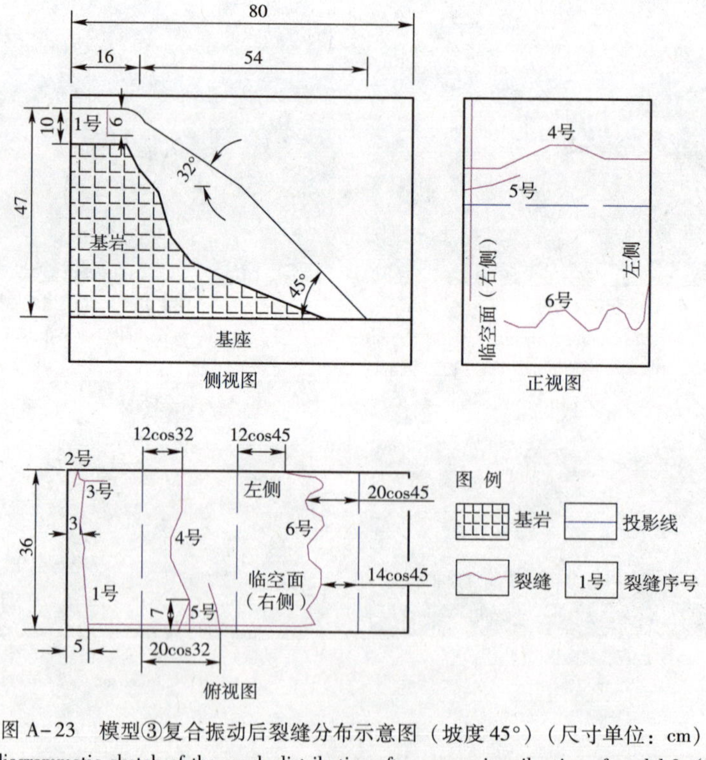

图 A-23 模型③复合振动后裂缝分布示意图（坡度45°）（尺寸单位：cm）

Figure A-23 The diagrammatic sketch of the crack distribution after composite vibration of model 3 (Slope of 45 degrees)

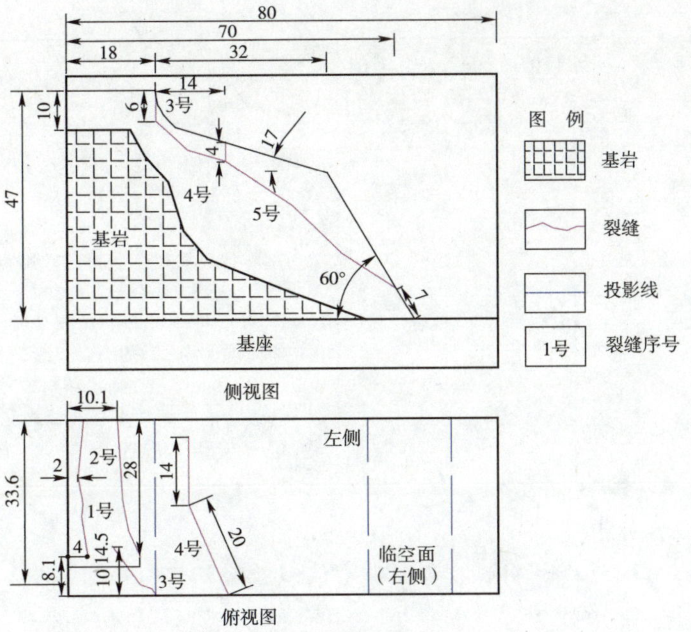

图 A-24　模型③复合振动后裂缝分布示意图（坡度60°）（尺寸单位：cm）

Figure A-24　The diagrammatic sketch of the crack distribution after composite vibration of model 4（Slope of 60 degrees）

表 A-2　土质斜坡坡面形态变化情况振动模拟试验结果汇总表

Table A-2　The vibration simulation test results of morphology changes of soil slope

试验模型	振动次数	振动方式	振动轨迹	振幅（cm）	峰值加速度（m/s^2）	持续时间（s）	试验过程及现象描述
模型①	2	复合	斜向	5	H：23.68 V：5.16	19	产生2条裂缝，其中1号裂缝基本与基覆界线平行，向下延伸长约15cm，坡面上基本贯通，宽约0.1cm；2号裂缝位于坡顶下8cm处，宽0.5cm，由坡右侧面向内延伸长3cm，具体见图A-17、图A-21
模型②	2	复合	斜向	5	H：6.95 V：5.39	18	产生4条裂缝，其中，1号裂缝位于坡顶距后缘9cm处，向后发育且与右侧缘相交，长约20cm，向下延伸2cm，张开宽度约0.2cm；2号裂缝位于坡体浅表部，基本平行于坡面发育，垂直坡面埋深6cm，宽0.15～0.2cm.；3号裂缝斜向发育，连通左边界，右端距坡顶15cm，左侧距坡顶6cm处，宽0.1cm，斜向长14cm；4号裂缝距后缘8cm，位于左侧，长约12cm，具体见图A-18、图A-22
模型③	1	复合	斜向	5	H：7.35 V：6.04	18	发育6条裂缝，其中，1号裂缝位于坡顶，距后缘3～5cm，属横向裂缝，宽0.7～1cm，贯通坡体表面，由侧面观察到向下延伸6cm；2号、3号位于1号裂缝左侧，长度均为10cm，宽1～2cm；4号裂缝平行于坡顶面，属横向裂缝，缝宽0.2cm，贯通坡面且在距临空面7cm处开始分叉；5号裂缝发育于坡体右侧，长10cm，宽0.1cm；6号裂缝位于上部坡体下陷剪出变形位置，坡体下陷0.1～0.2cm，剪出裂缝位于坡底的斜向距离14～20cm，具体见图A-19、图A-23

续上表

试验模型	振动次数	振动方式	振动轨迹	振幅(cm)	峰值加速度(m/s^2)	持续时间(s)	试验过程及现象描述
模型④	1	复合	斜向	5	H：7.94 V：6.09	19	共产生5条主裂缝，其中1号裂缝位于坡顶左侧，长30cm；2号裂缝平行于1号裂缝，也位于左侧，距后缘10~14.5cm，宽0.2~0.3cm，长28cm；3号裂缝在坡顶平台前缘转折处，平行坡面，宽0.1cm，从侧面观察向下延伸6cm；4号裂缝位于坡体顶部下方的斜坡上，长16cm，宽0.1~0.2mm，由侧面观察向下延伸4cm；5号由侧面产生一个45°的斜向裂缝，与基覆界线大致平行，宽0.1~0.2cm，该裂缝顶部与3号裂缝相交，由3号裂缝向下发展，中间与4号裂缝相交，该裂缝距坡底斜向距7cm处剪出，具体见图A-20、图A-24

②试验结果综合分析

根据上述试验过程及获得的斜坡变形破裂信息，经初步分析可知：

a. 振动过程中，斜坡陡立临空面附近往往是变形破裂最为敏感的部位，斜坡的变形破坏也往往在这些部位发生，与地震中实际边坡震裂变形发育分布规律一致。

b. 当覆盖层较薄，坡体为凹形坡时，坡体后部拉裂缝的产生受下伏基岩面形态控制明显，在后部陡立临空面附近产生的裂缝追踪下伏基岩面发育；随着前部覆盖层厚度加大，坡体变缓，后部覆盖层临空面产生的裂缝逐渐转为受覆盖层自身控制，变形破裂主要在覆盖层内部，且表部裂缝一般垂直发育，也与实际震裂相符。

c. 在后部临空面附近产生的裂缝随坡面形态由凹变凸，后部平台竖向裂缝逐渐向斜坡后缘转移，即偏远离临空面；但凸出坡体转折后的坡面上也开始出现裂缝，并导致凸出体处于危险状态，其内部也产生顺坡向的滑动剪切裂缝，该裂缝倾坡外38°左右，与坡体内摩擦角相当。

(2）类型二：凸形坡上坡段坡度变化

①试验过程及现象

该类型包括两个基本模型，按照设计简图A-2进行模型制作，模型制作好后，同样按照前述要求和规程进行试验和相关记录，不再赘述。该组试验制作好的模型、试验过程中与试验后各模型的振动响应情况可见图A-25和图A-26，振动后的振裂变形位置示意图见图A-27和图A-28，具体试验结果详见汇总表A-3。

②试验结果综合分析

根据上述试验过程及获得的斜坡变形破裂信息，经初步分析可知：

a. 凸形土质斜坡前部坡度一定，后部坡度越缓，变形容易在后部缓坡面产生，当后部坡宽小于一定值时，裂缝主要在该坡段后部陡缓交界变缓部位，否则可能会在坡面产生多条横向近平行的裂缝。

b. 凸形斜坡易在其内部产生斜向倾外的剪切变形裂缝，该裂缝不一定贯通，且不一定与地表裂缝相连，但其发展趋势最终将贯通，变形裂缝倾角基本一致，总体上在35°~38°。

a）制作好的模型侧面

a) The side of the completed model

b）制作好的模型表面俯视

b) The surface top view of the completed model

c）振动结束后侧面

c) The side after the vibration

d）振动结束表面俯视

d) The surface top view after the vibration

图 A-25　模型⑤复合振动试验过程及成果照片（上段坡度 32°）

Figure A-25　Composite vibration test process of the model 5 and the pictures（The upper slope of 32 degrees）

a）制作好的模型侧面

a) The side of the completed model

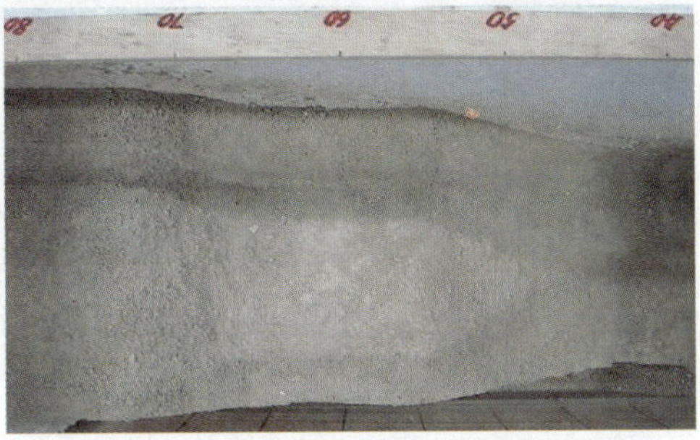

b）制作好的模型表面俯视

b) The surface top view of the completed model

c）振动结束后侧面

c) The side after the vibration

d）振动结束表面俯视

d) The surface top view after the vibration

图 A-26　模型⑥复合振动试验过程及成果照片（上段坡度水平）

Figure A-26　Composite vibration test process of the model 6 and the pictures（The upper slope level）

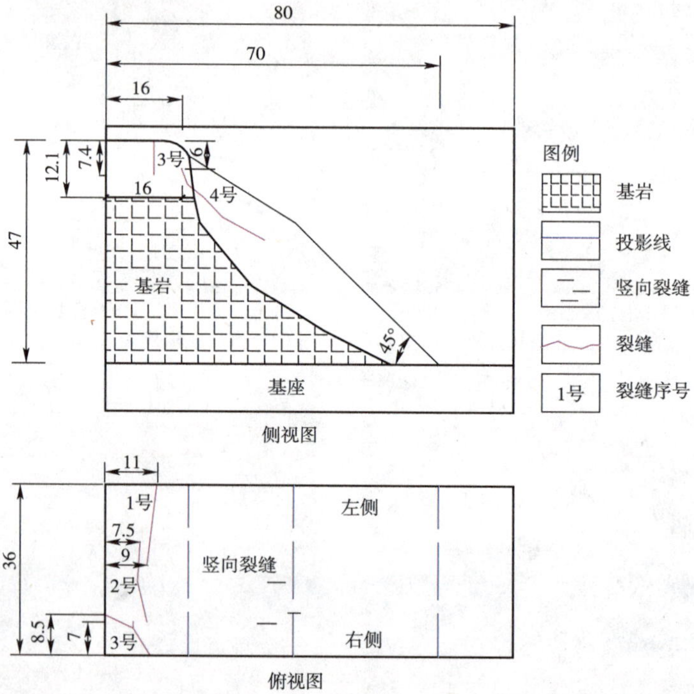

图 A-27 模型⑤复合振动后裂缝分布示意图（上段坡度32°）（尺寸单位：cm）

Figure A-27 The diagrammatic sketch of the crack distribution after composite vibration of model 5 (The upper slope of 32 degrees)

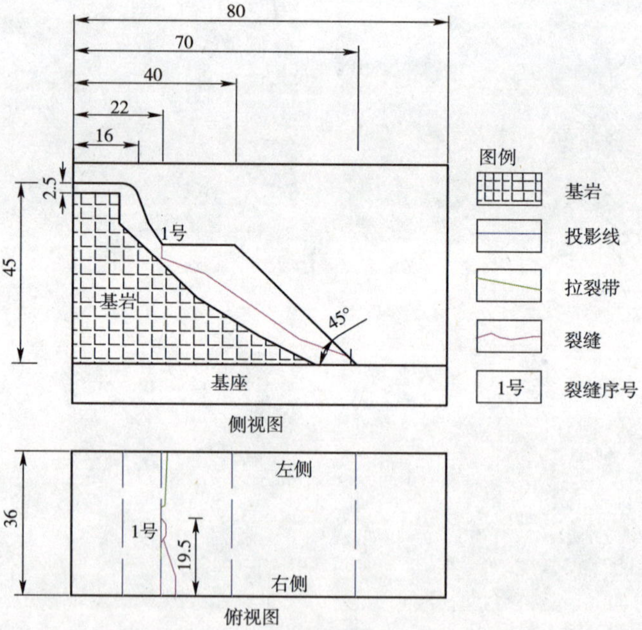

图 A-28 模型⑥复合振动后裂缝分布示意图（上段坡度水平）（尺寸单位：cm）

Figure A-28 The diagrammatic sketch of the crack distribution after composite vibration of model 6 (The upper slope level)

表 A-3 凸形土质斜坡上坡段坡度变化情况振动模拟试验结果汇总表

Table A-3 The vibration simulation test results of convex soil slope uphill slope changes

试验模型	振动次数	振动方式	振动轨迹	振幅（cm）	峰值加速度（m/s^2）	持续时间（s）	试验过程及现象描述
模型⑤	1	复合	斜向	5	H：9.40 V：6.55	19	产生4条裂缝，其中，1号裂缝位于后缘平台，距后缘11cm，下陷约1cm，宽0.5cm，发展到中部尖灭；2号裂缝在1号尖灭的位置，距离坡体后缘7.5cm，与坡面平行，宽0.4cm；3号裂缝发育于右侧后缘平台，宽0.2～0.3cm，向下发育7cm；4号裂缝在距坡顶垂直距离6cm，距后缘16cm处开始发育，平行于坡体表面，向下逐渐歼灭；坡面转折处由于模型右侧无约束而产生纵向裂缝，详见图A-25、图A-27
模型⑥	1	复合	斜向	5	H：8.27 V：7.04	18	在坡体平缓台地后缘转折处形成一拉裂带，拉裂缝发育，拉裂带宽1～1.5cm，下降1.5cm，在斜坡前缘距坡脚平距1.5cm处剪出，伴随裂缝宽0.1～0.05cm，详见图A-26、图A-28

（3）类型三：凸形坡下坡段坡度变化

①试验过程及现象

该类型包括两个基本模型，按照设计简图A-3进行模型制作，模型制作好之后，同样按照前述要求和规程进行试验和相关记录，不再赘述。该组试验制作好的模型、试验过程中与试验后各模型的振动响应情况见图A-29和图A-30，振动后的振裂变形位置示意图（图A-31和图A-32），具体试验结果详见汇总表A-4。

a）制作好的模型侧面

a) The side of the completed model

b）制作好的模型表面俯视

b) The surface top view of the completed model

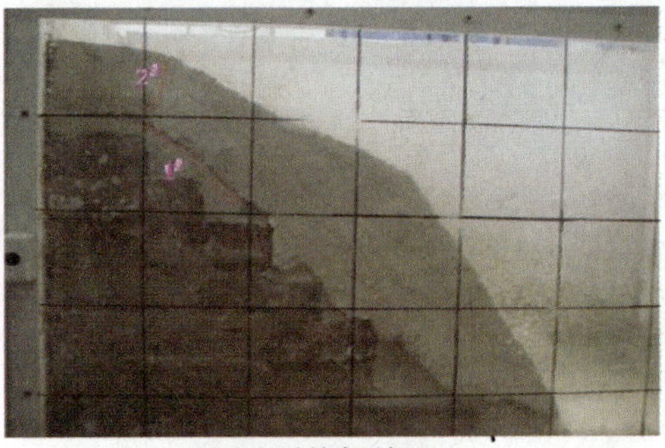

c）振动结束后侧面

c) the side after the vibration

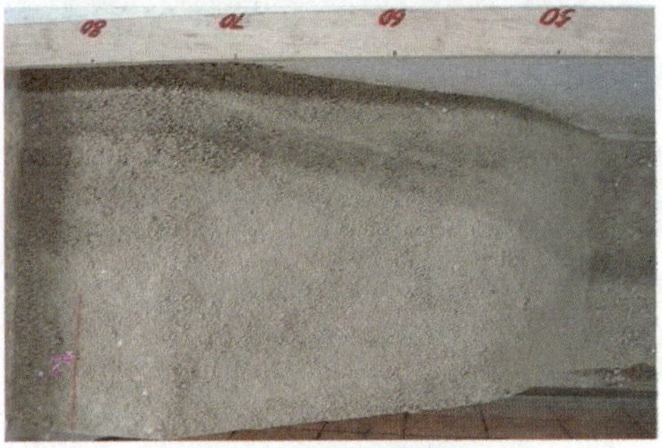

d）振动结束表面俯视

d) The surface top view after the vibration

图 A-29

Figure A-29

e）振动多次破坏后侧面

e) The side after vibration damage for many times

f）振动多次破坏后表面俯视

f) The surface top view after vibration damage for many times

图 A-29　模型⑦复合振动试验过程及成果照片（下段坡度 60°）

Figure A-29　Composite vibration test process of the model 7 and the pictures（The lower slope of 60 degrees）

a）制作好的模型侧面

a) The side of the compled model

b）制作好的模型表面俯视

b) The surface top view of the completed model

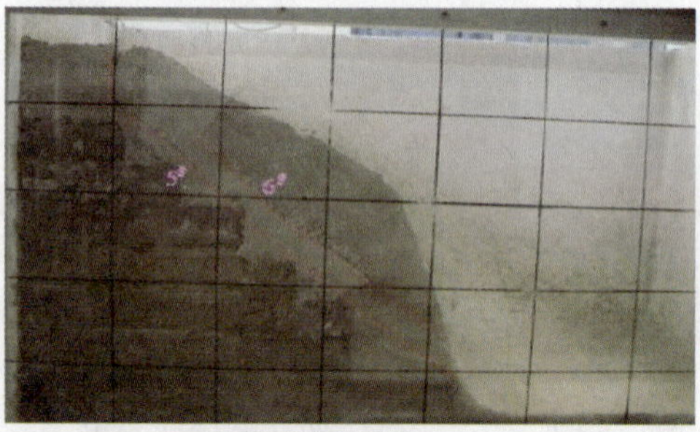

c）振动结束后侧面

c) The side after the vibration

d）振动结束表面俯视

d) The surface top view after the vibration

e）振动破坏后侧面

e) The side after vibration damage

f）振动破坏后表面俯视

f) The surface top view after vibration damage

图 A-30　模型⑧复合振动试验过程及成果照片（下段坡度 75°）

Figure A-30　Composite vibration test process of the model 8 and the pictures（The lower slope of 75 degrees）

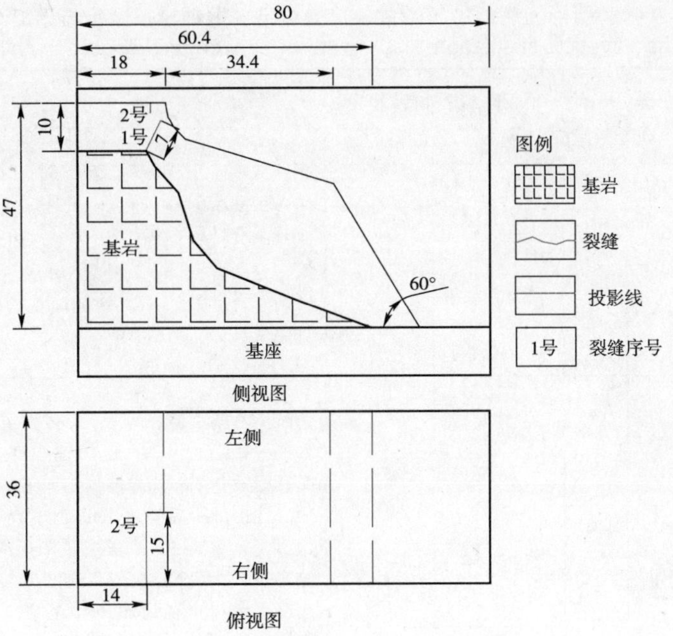

图 A-31 模型⑦复合振动后裂缝分布示意图（下段坡度 60°）（尺寸单位：cm）

Figure A-31 The diagrammatic sketch of the crack distribution after composite vibration of model 7 (The lower slope of 60 degrees)

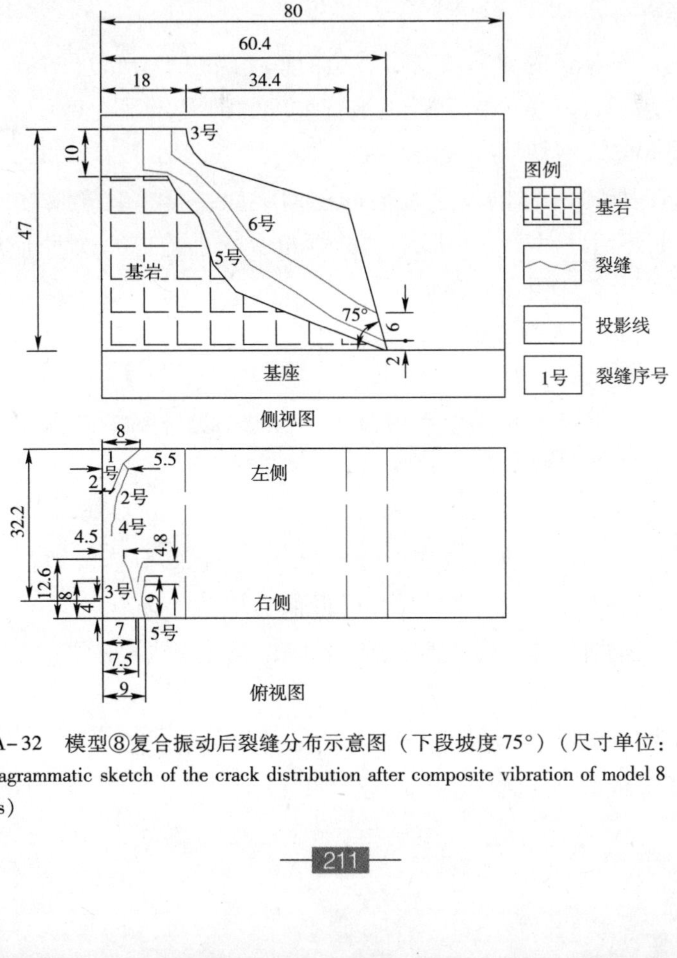

图 A-32 模型⑧复合振动后裂缝分布示意图（下段坡度 75°）（尺寸单位：cm）

Figure A-32 The diagrammatic sketch of the crack distribution after composite vibration of model 8 (The lower slope of 75 degrees)

表 A-4 凸形土质斜坡下坡段坡度变化情况振动模拟试验结果汇总表
Table A-4 The vibration simulation test results of convex soil slope downhill slope changes

试验模型	振动次数	振动方式	振动轨迹	振幅(cm)	峰值加速度(m/s^2)	持续时间(s)	试验过程及现象描述
模型⑦	1	复合	斜向	5	H：7.60 V：3.12	20	产生两条裂缝，其中，1号裂缝位于坡体内部，由基座与土体接触面向上发育，侧面观察到长约7cm，并且沿接触面有错动；2号裂缝位于坡顶，由右侧临空面向坡内发育，长15cm，由侧面观察到向下发展2cm，具体见图A-29、图A-31
模型⑧	1	复合	斜向	5	H：7.88 V：4.01	17	产生六条裂缝，其中，1号裂缝位于坡顶左侧后缘；2号裂缝在距后缘2cm的坡体中部，向左侧与1号裂缝相交，缝宽0.1cm，与坡体走向近平行；3号裂缝也位于坡顶，在中部距后缘4.5cm处开始向右侧延伸，在距右侧边界4cm处尖灭；4号裂缝距后缘7.5~8.5cm，在距右侧8cm向内发育，至12cm处尖灭；5号裂缝发育于斜坡后缘平台，向右延伸9cm至临空面，距后缘9~10cm，向下延伸8.5cm，逐渐发展成一条平行于坡面的裂缝，在距坡底垂距2cm处剪出；6号裂缝与5号裂缝平行，也是延伸至坡脚附近剪出，与5号裂缝垂直距离6cm，详见图A-30、图A-32

②试验结果综合分析

根据上述试验过程及获得的斜坡变形破裂信息，经初步分析可知：

a. 凸形土质斜坡后部坡度一定，随着前部坡度的加大，斜坡变形破坏更易发生，且当坡体较厚时甚至趋向多级剪切滑动发展。

b. 坡体内部斜向倾外裂缝的发生发展同前面类似，变形裂缝倾坡外的剪动倾角总体上在35°左右。与前述情况对比，变形剪动的倾角有变小趋势，说明前坡段变陡，动摩擦角可能降低，振裂变形破坏更易发生。

（4）类型四：均质土质边坡试验

①试验过程及现象

模型⑨均质，为与覆盖层非均质边坡对比，该模型设计与前面模型③相同。制作好的模型、试验过程中的现象及试验结果见图A-33和图A-34。

②试验结果综合分析

根据上述试验过程及获得的斜坡变形破裂信息，经初步分析可知：

a. 由于模型③覆盖层厚度相对较厚，可近似为均质，因此，与均质土质模型⑨模拟结果相似，凸形坡上坡段均有垂向裂缝，下坡段均有鼓胀现象，二者发育位置基本相当。

b. 如果将上部的拉裂缝扩展深度与下部鼓胀剪出位置相连，其连线角度近似为35°，与前述结果类似。

a）制作好的模型侧面

a) The side of the completed model

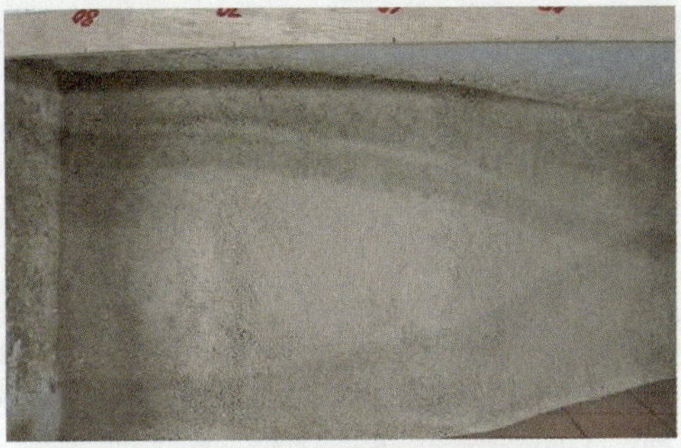

b）制作好的模型表面俯视

b) The surface top view of view of the completed model

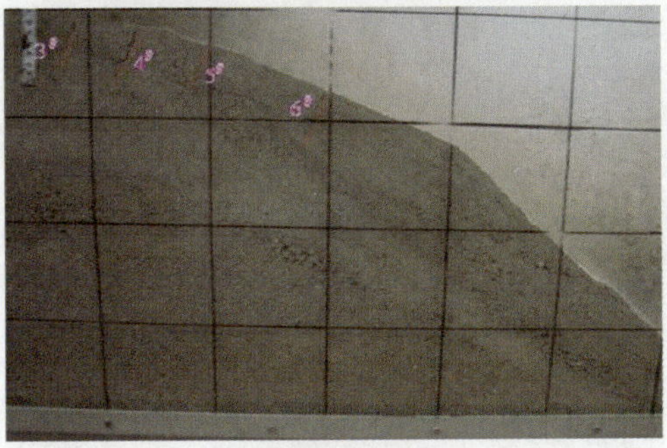

c）振动结束后侧面

c) The side after the vibration

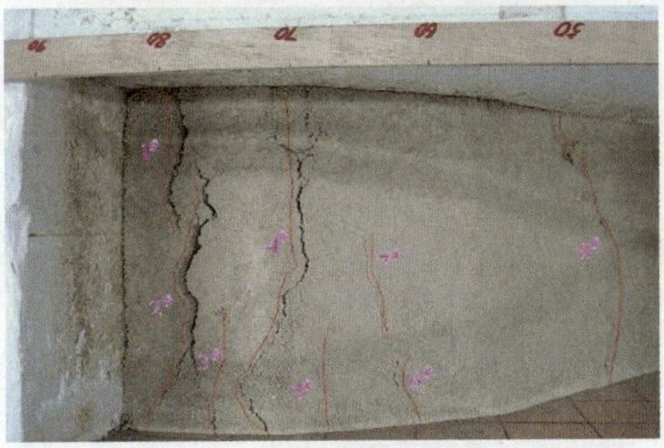

d）振动结束表面俯视

d) The surface top view after the vibration

图 A-33　均质土坡模型⑨复合振动试验过程及成果照片（下段坡度 75°）

Figure A-33　Composite vibration test process of homogeneous soil slope model 9 and the pictures（The lower slope of 75 degrees）

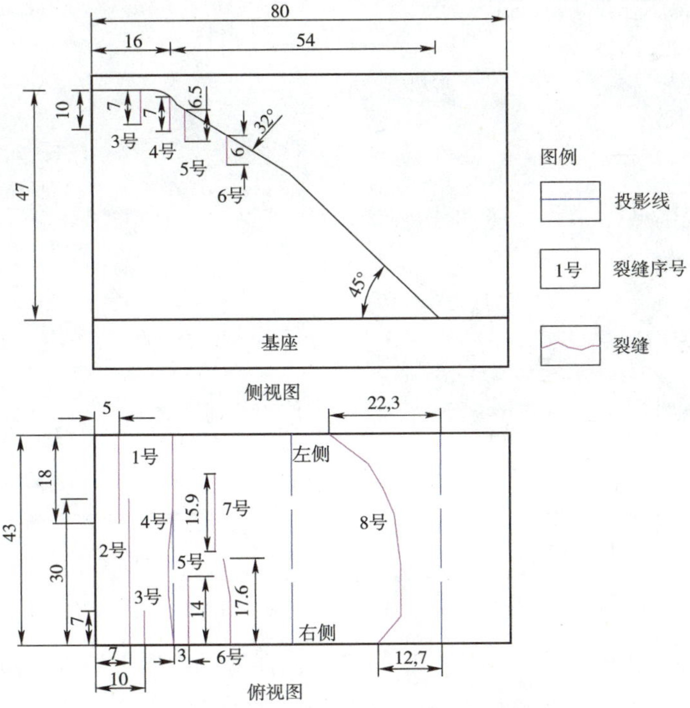

图 A-34　均质土坡混合振动后裂缝位置示意图

Figure A-34　The diagrammatic sketch of the crack distribution after hybrid vibration of homogeneous soil slope model 9

A. 5. 2 均质岩质单面边坡振动模拟试验过程及分析 Process and analysis of homogeneous rock one side slope vibration simulation tests

（1）类型一：斜坡总体坡面形态变化

①试验过程及现象

同土质边坡类似，该类型也包括四个基本模型，按照设计简图 A-4 进行模型制作，模型制作好后，具体操作同前，不再赘述。该组试验制作好的模型、试验过程中与试验后各模型的振动响应情况见图 A-35 ~ 图 A-39，振动后的振裂变形位置示意图见图 A-40 ~ 图 A-43，具体试验结果详见汇总表 A-5。

a）制作好的模型侧面

a) The side of the completed model

b）制作好的模型表面俯视

b) The surface top view of the completed model

c）振动结束后侧面

c) The side after the vibration

d）振动结束表面俯视

d) The surface top view after the vibration

图 A-35 岩质模型①水平振动试验过程及成果照片一（坡度 35°）

Figure A-35 Horizontal vibration testing process of rock mass model 1 and the picture 1 (Slope of 35 degrees)

为了进一步观察坡体振动过程中的真实响应，在岩质模型①坡面上放设砖块振动，观察砖块的运动趋势及过程，对该模型进行 3 ~ 4 次重复振动，最终达到破坏状态。振动试验过程及成果见图 A-36。

a）制作好的模型侧面

a) The side of the completed model

b）制作好的模型表面俯视

b) The surface top view of the completed model

c）振动过程中侧面

c) The side in the cource of vibration

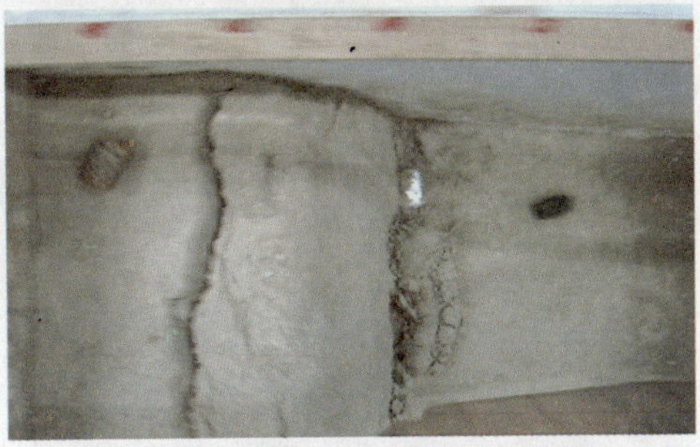

d）振动过程表面俯视（坡顶边缘块头滚落）

d) The surface top view in the cource of vibration

（The stone rolled down from the edge of slope）

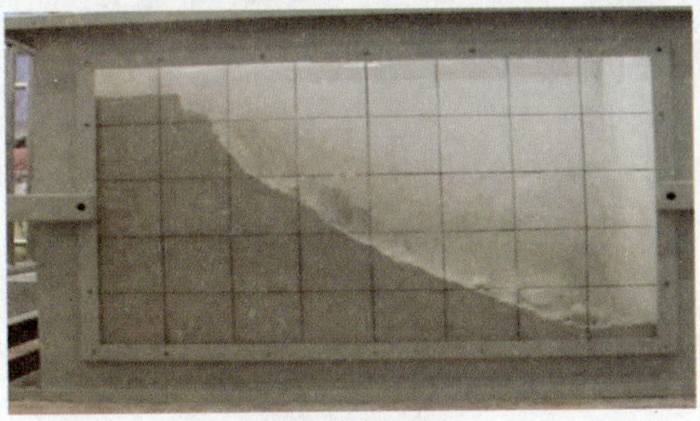

e）振动结束后侧面

e) The side after the vibration

f）振动结束表面俯视（坡顶后援块头也向前滚动了一定距离）

f) The surface top view after the vibration

（The backup is also rolling forward a distance）

图 A-36　岩质模型①水平振动破坏后试验过程及成果照片二（坡度35°）

Figure A-36　Horizontal vibration testing process of rock mass model 1 and the picture 2（Slope of 35 degrees）

a）制作好的模型侧面

a) The side of the completed model

b）制作好的模型表面俯视

b) The surface top view of the completed model

图　A. 37

Figure　A-37

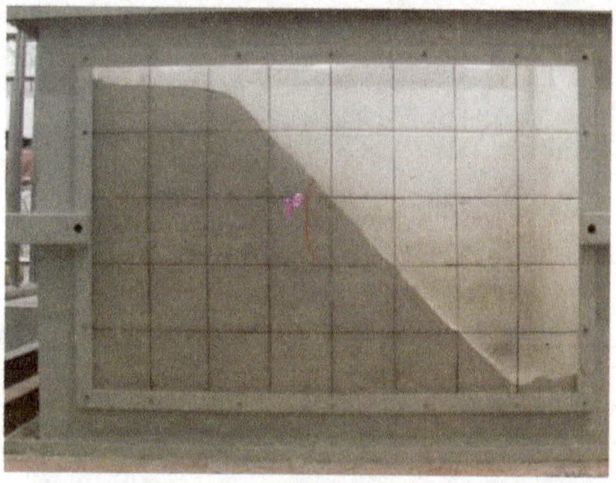

c）振动结束后侧面

c) The side after the vibration

d）振动结束表面俯视
（后缘块体向前滚动一段稳定，坡缘块体左右滚动未滚落）

d) The surface top view after the vibration（The stone on the trailing edge rolled forward and remained stable after a period of time,the stone on the slope margin rolled left ande right but not rolled down）

图 A-37 岩质模型②水平振动试验过程及成果照片（坡度 45°）

Figure A-37 Horizontal vibration testing process of rock mass model 2 and the pictures（Slope of 45 degrees）

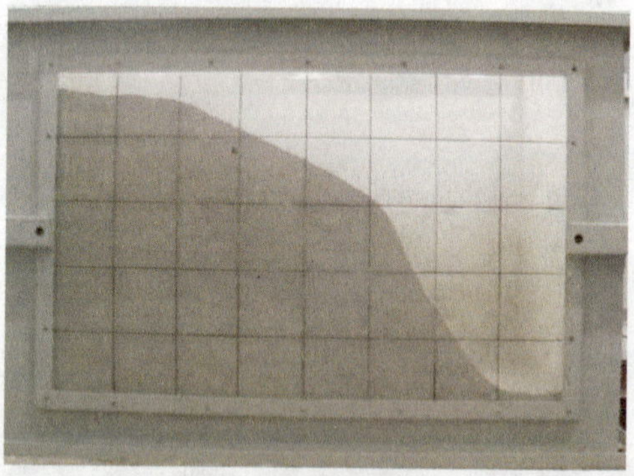

a）制作好的模型侧面

a) The side of the completed model

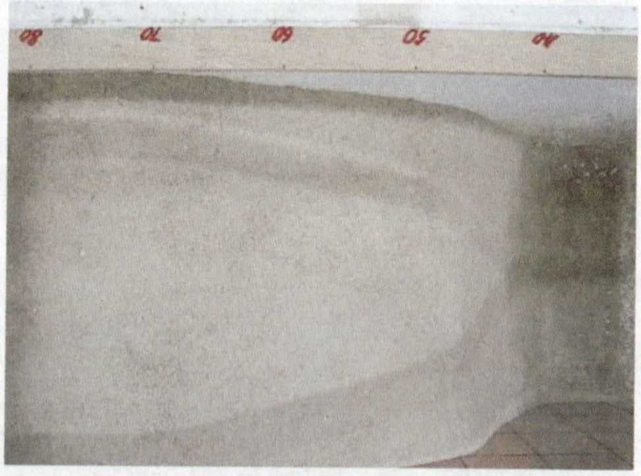

b）制作好的模型表面俯视

b) The surface top view of the completed model

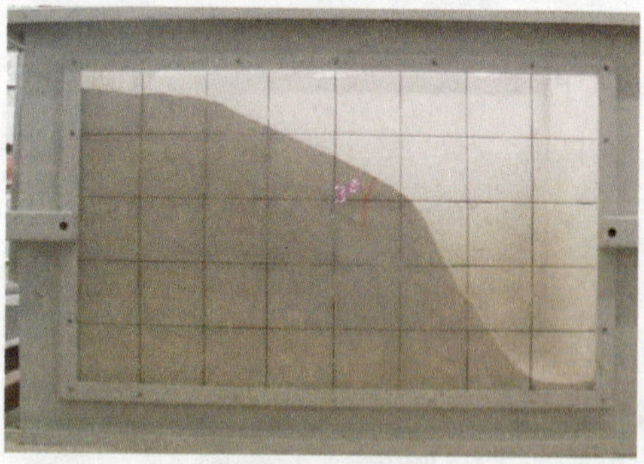

c）振动结束后侧面

c) The side after the vibration

d）振动结束表面俯视

d) The surface top view after the vibration

图 A-38 岩质模型③水平振动试验过程及成果照片（坡度 60°）

Figure A-38 Horizontal vibration testing process of rock mass model 3 and the pictures（Slope of 60 degrees）

a）制作好的模型侧面

a) The side of the completed model

b）制作好的模型表面俯视

b) The surface top view of the completed model

c）振动结束后侧面

c) The side after the vibration

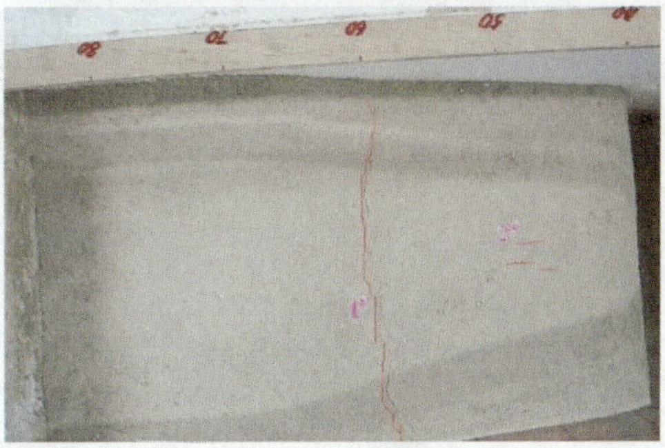

d）振动结束表面俯视

d) The surface top view after the vibration

图 A-39　模型④水平振动试验过程及成果照片（坡度 70°）

Figure A-39　Horizontal vibration testing process of rock mass model 4 and the pictures（Slope of 70 degrees）

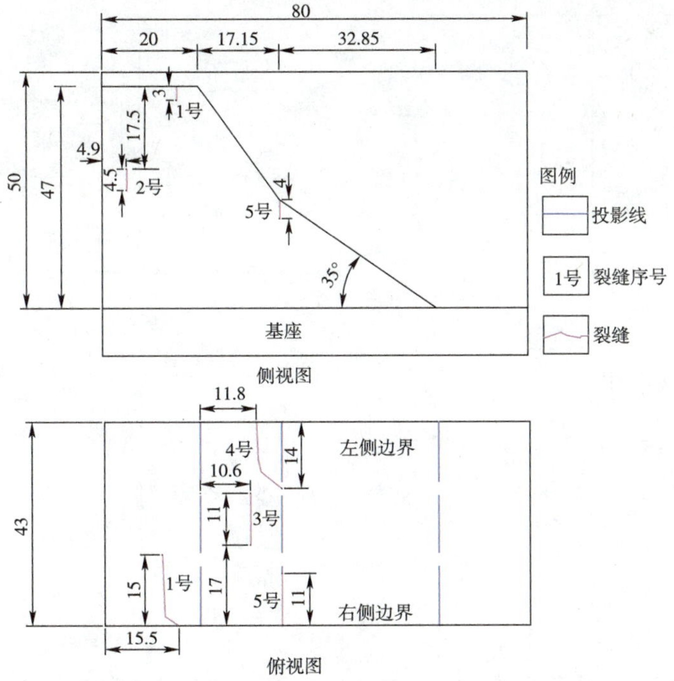

图 A-40　模型①水平振动后裂缝分布示意图（坡度 35°）（尺寸单位：cm）

Figure A-40　The diagrammatic sketch of the crack distribution after horizontal vibration of model 1（Slope of 35 degrees）

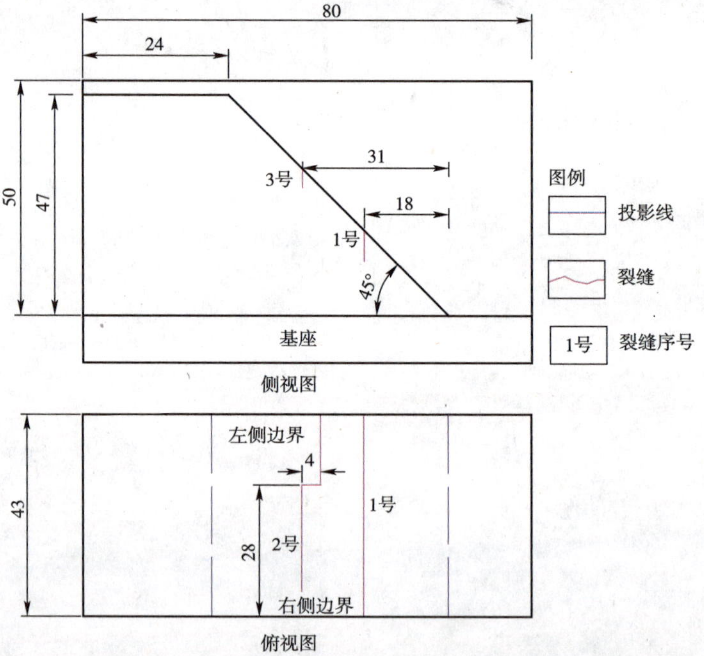

图 A-41 模型②水平振动后裂缝分布示意图（坡度45°）（尺寸单位：cm）

Figure A-41 The diagrammatic sketch of the crack distribution after horizontal vibration of model 2（Slope of 45 degrees）

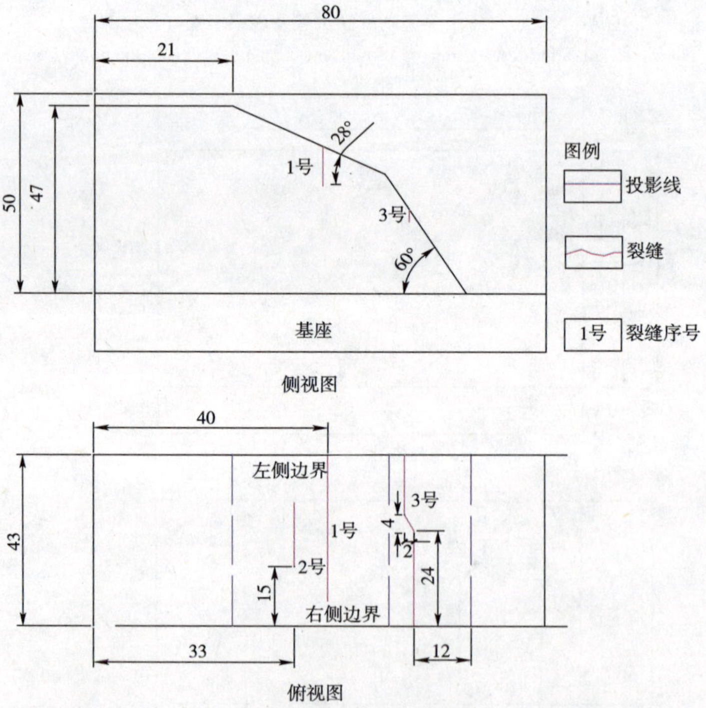

图 A-42 模型③水平振动后裂缝分布示意图（坡度60°）（尺寸单位：cm）

Figure A-42 The diagrammatic sketch of the crack distribution after horizontal vibration of model 3（Slope of 60 degrees）

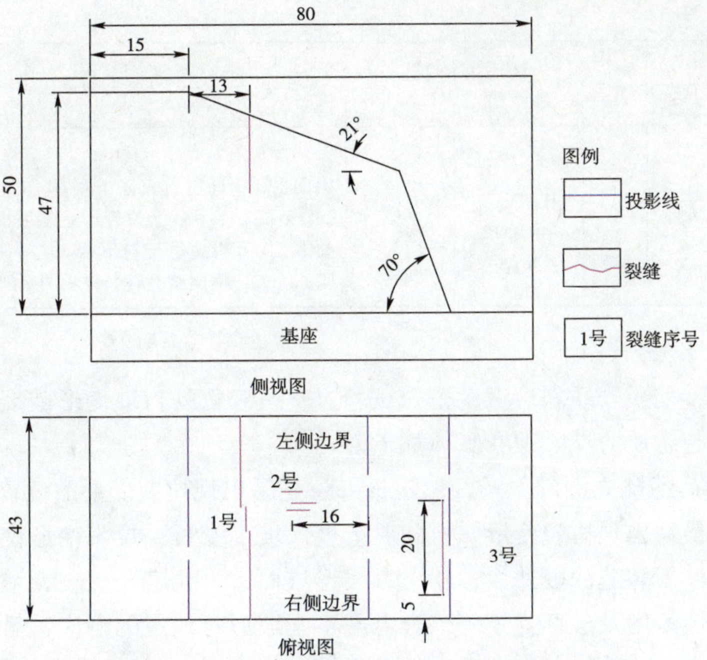

图 A-43　模型④水平振动后裂缝分布示意图（坡度 70°）（尺寸单位：cm）

Figure A-43　The diagrammatic sketch of the crack distribution after horizontal vibration of model 4 (Slope of 70 degrees)

表 A-5　岩质斜坡坡面形态变化情况振动模拟试验结果汇总表

Table A-5　The vibration simulation test results of morphological changes of rock slope

试验模型	振动次数	振动方式	振动轨迹	振幅(cm)	峰值加速度(m/s^2)	持续时间(s)	试验过程及现象描述
模型①	1	水平	水平	5	H：6.82 V：2.13	11	产生5条裂缝，其中，1号裂缝位于坡顶，横向微裂缝，长15cm，与右侧边界相交，向深部发育3cm；2号裂缝发育在坡体内部，长4.5cm，宽0.1cm，推测为顶部岩体向坡前临空面滑移而产生的拉张裂隙；3号裂缝位于坡顶下方的斜面上，位于坡中部位，长11cm，宽0.1cm；4号裂缝导致坡体左边界少量垮塌，垮塌高9cm，宽14cm；5号裂缝位于坡中转折处，长11cm，向下发育4cm，方向与坡面线斜交，贯穿到右边界，详见图A-35、图A-40
模型②	2	水平	水平	5	H：6.16 V：2.34	9	产生2条裂缝，其中，1号裂缝发育于斜坡面上，距坡顶15cm，横贯坡面，向下发育6.5cm，宽0.1cm；2号裂缝也发育于斜坡面上，距坡脚平距31cm，横贯坡面，在距右侧28cm处裂缝沿倾向错动4cm，缝宽0.1cm，详见图A-36、图A-41
模型③	1	水平	水平	5	H：5.84 V：2.70	12	发育3条裂缝，其中，1号裂缝位于坡顶下的斜面上，横贯坡体，距坡体后缘平距40cm，宽0.1cm，向下延伸10cm；2号裂缝与1号裂缝位于同一斜面上，距后缘平距33cm，长16cm，为横向微裂缝；3号裂缝位于下部60°的斜面上，横贯坡面，裂缝向下延伸3cm，详见图A-37、图A-42

续上表

试验模型	振动次数	振动方式	振动轨迹	振幅（cm）	峰值加速度（m/s^2）	持续时间（s）	试验过程及现象描述
模型④	1	水平	水平	5	H：5.74 V：2.18	9	发育3条主裂缝，其中，1号裂缝位于坡顶下方第一个斜面上，横向贯通，宽0.1～0.2cm，向下延伸16.5cm；2号裂缝与1号裂缝位于同一斜坡面，长1～2cm，竖向裂缝；3号裂缝位于坡下部70°斜面上，长20cm，距坡脚高4cm，横向微裂缝，详见图A-38、图A-43

②试验结果综合分析

通过对该类型均质岩质斜坡振动模拟试验过程及获得的斜坡变形破裂信息初步分析可知，其总体规律与土质边坡类似，具体如下。

a. 凹形坡的后缘陡立面部位及凹形转折部位是易出现拉裂变形的位置；而凸形坡的上坡段凸出部位也最易出现拉裂变形，且随着上坡段坡度变缓，拉裂变形位置向后部有一定偏移，但同等条件下裂缝深度加大；相对直线形坡而言，尤其是缓坡，坡面变形轻微；由此可见，从危险性角度及破坏规模等综合考虑不同坡形对地震的响应，虽然凹形坡后缘陡立坡体危险性较高（实际上此时应单独作为陡立山体考虑），但总体上，相同条件下凸形坡＞凹形坡＞直线坡。另外，凹形坡与其坡面形态的规则性与曲率有关，曲率半径越小，越易在后缘形成较陡临空面，危险度越高，而其后缘的破坏现象往往是追踪前部坡度线，发展趋势是趋向形成曲率半径尽量大的弧形，即近似直线。

b. 产生的裂缝均为竖直向下扩展，一定程度之后开始向前缘弯转（转向顺坡向）。

c. 水平向振动破坏效应与坡体的坡度存在一定关系，坡度越陡，水平向振动效应越强，达到一定程度后，水平向振动效应可出现块体抛射现象。

（2）类型二：凹形折线坡上坡段坡度变化

①试验过程及现象

该类型包括两个基本模型，按照设计简图进行模型制作。该组试验制作好的模型、试验过程中与试验后各模型的振动响应情况见图A-44、图A-45，振动后的振裂变形位置示意图见图A-46、图A-47，具体试验结果详见汇总表A-6。

a）制作好的模型侧面

a) The side of the completed model

b）制作好的模型表面俯视

b) The surface top view of the completed model

图 A-44

Figure A-44

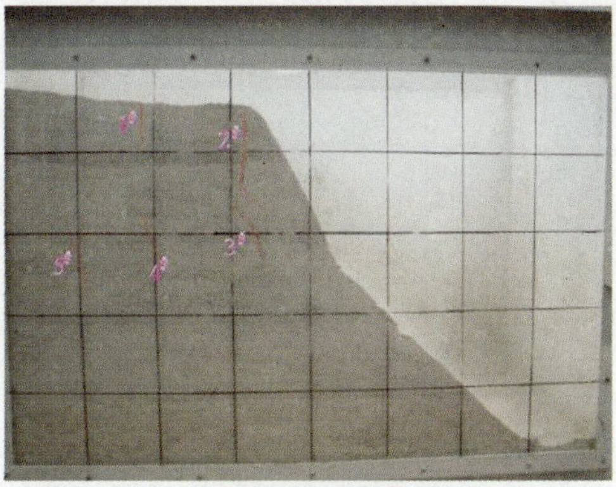

c）振动结束后侧面

c) The side after the vibration

d）振动结束表面俯视

d) The surface top view after the vibration

图 A-44　岩质模型⑤水平振动试验过程及成果照片（上段坡度 60°）

Figure A-44　Horizontal vibration testing process of rock mass model 5 and the pictures（Slope of 60 degrees）

a）制作好的模型侧面

a) The side of the completed model

b）制作好的模型表面俯视

b) The surface top view of the completed model

c）振动结束后侧面

c) The side after the vibration

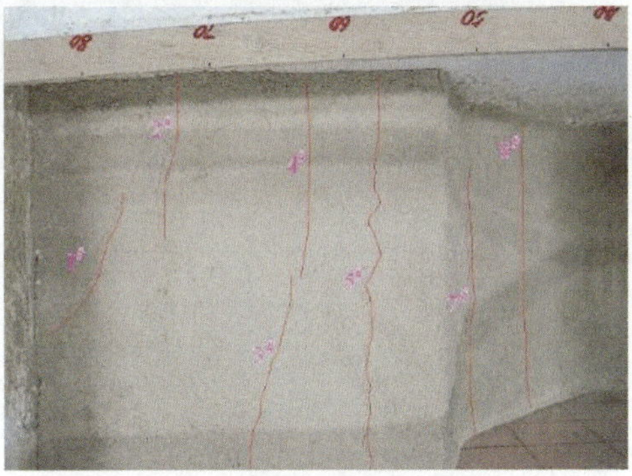

d）振动结束表面俯视

d) The surface top view after the vibration

图 A-45　岩质模型⑥水平振动试验过程及成果照片（上段坡度 73°）

Figure A-45　Horizontal vibration testing process of rock mass model 6 and the pictures（Slope of 73 degrees）

②试验结果综合分析

通过对该类型均质岩质斜坡振动模拟试验过程及获得的变形破裂信息初步分析可知：

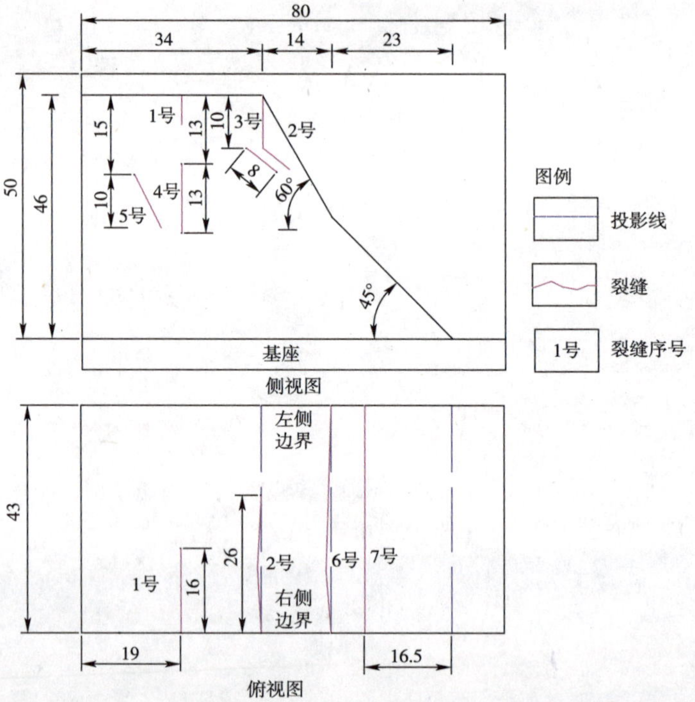

图 A-46　模型⑤水平振动后裂缝分布示意图（上段坡度60°）（尺寸单位：cm）

Figure A-46　The diagrammatic sketch of the crack distribution after horizontal vibration of model 5 (Slope of 60 degrees)

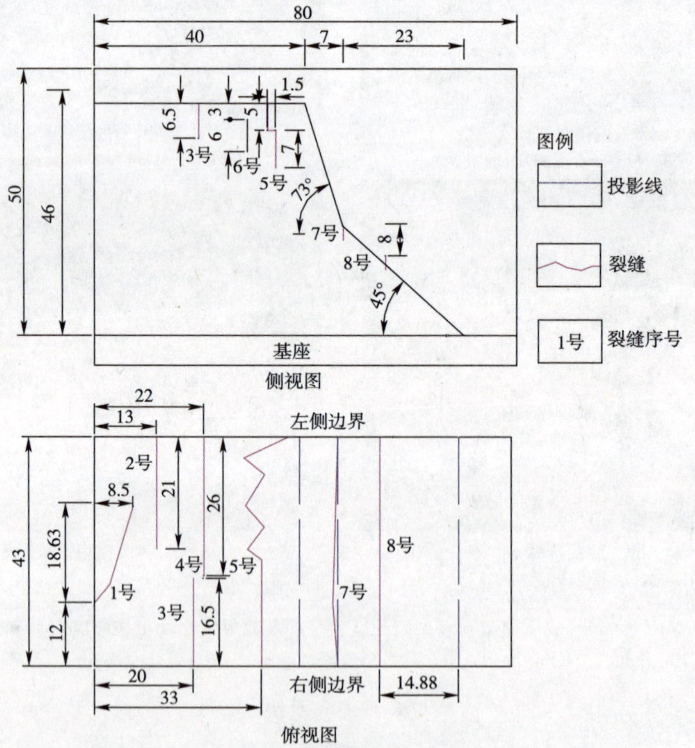

图 A-47　模型⑥水平振动后裂缝分布示意图（上段坡度73°）（尺寸单位：cm）

Figure A-47　The diagrammatic sketch of the crack distribution after horizontal vibration of model 6 (Slope of 75 degrees)

表 A-6 岩质斜坡上坡段坡度变化情况振动模拟试验结果汇总表

Table A-6 The vibration simulation test results of the uphill slope changes of rock slope

试验模型	振动次数	振动方式	振动轨迹	振幅（cm）	峰值加速度（m/s²）	持续时间（s）	试验过程及现象描述
模型⑤	2	水平	水平	5	H：6.17 V：2.18	9	产生7条裂缝，其中，1号裂缝位于坡顶右侧，距后缘19cm，长16cm，向下延伸5.5cm；2号裂缝位于坡顶右侧，靠近临空面，宽约0.1cm，长26cm，向下延伸10cm，再转向坡外延伸4cm，基本平行于60°坡面；3号、4号、5号裂缝发育于坡体内部，长分别为8cm、13cm和10cm；6号裂缝位于60°和45°的转折段，基本横贯坡面，宽约0.1cm，未见向下延伸；7号裂缝位于距坡脚16.5cm处，也基本贯通坡面，是一条微裂隙，具体见图A-44、图A-46
模型⑥	1	水平	水平	5	H：5.93 V：2.75	9	共发育8条裂缝，其中，1号~6号裂缝位于坡顶，从后缘向前缘依次分布，总体均为横向裂缝，1号~4号裂缝宽度细小，5号裂缝在左侧形成锯齿状，向下发育7cm，宽约0.05cm；6号裂缝向下发育6cm；7号裂缝位于第一个坡度的转折处，基本横贯坡面，宽0.1cm，竖直向下延伸2.5cm；8号裂缝位于45°的坡面上，横贯坡面，宽0.1cm，垂直向下延伸2.5cm，具体见图A-45、图A-47

a. 当下部坡度不变时，随着上部坡体临空面坡度加大，坡顶平台上裂缝发育密度加大，同时，坡体下部坡段也开始出现变形现象，说明在坡顶临空面附近，随坡度变陡，振动造成的应力加强。

b. 所有裂缝均为竖向拉裂缝，不但发育于坡体表部，尤其是坡顶，坡体内部也有发育。

c. 由于坡面上由陡变缓部位往往应力集中，是潜在剪出部位，如果把坡顶向下产生的拉张裂缝端部与潜在剪出部位相连，其倾斜角度两个模型相当，约42°，基本相当于岩体内摩擦角。

A.5.3 均质岩质双面边坡振动模拟试验过程及分析 Process and analysis of homogeneous rock two sides slope vibration simulation tests

（1）类型一：坡度变化

①试验过程及现象

前已述及，该类型主要是初步探讨双面坡坡高和坡顶宽度一定情况下坡度变化与斜坡地震响应的关系。主要考虑了四个基本模型，按照设计简图（图A-6）进行模型制作，模型制作好之后，具体操作同前，不再赘述。该组试验制作好的模型、试验过程中与试验后各模型的振动响应情况可见图A-48~图A-51，振动后的振裂变形位置见示意图A-52~

图 A-55，具体试验结果可详见汇总表 A-7。

a）制作好的模型侧面

a) The side of the completed model

b）制作好的模型表面俯视

b) The surface top view of the completed model

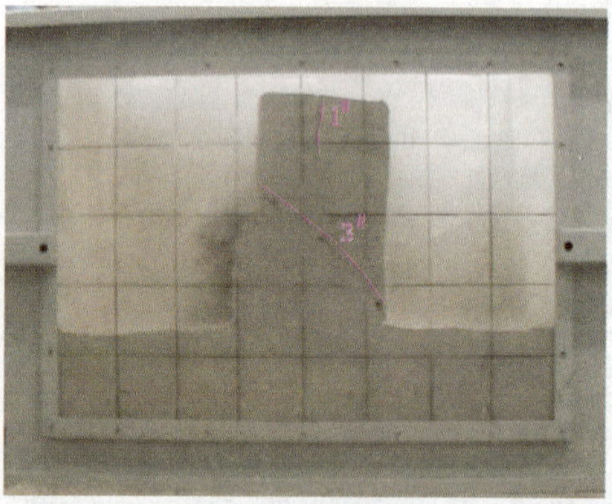

c）振动破坏侧面

c) The side after vibration damage

d）振动破坏表面俯视

d) The surface top view after vibration damage

图 A-48 岩质双面坡模型①水平振动试验过程及成果照片（坡度 90°）

Figure A-48 Horizontal vibration testing process of rock two sides slope model 1 and the pictures（Slope of 90 degrees）

a）制作好的模型侧面

a) The side of the completed model

b）制作好的模型表面俯视

b) The surface top view of the completed model

图 A-49

Figure A-49

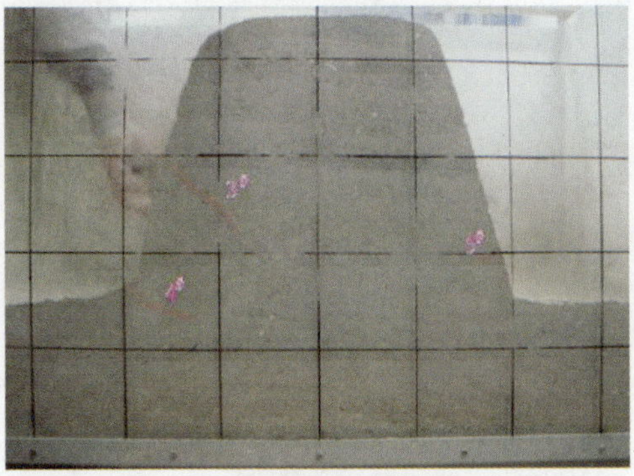

c）振动结束后侧面

c) The side after the vibration

d）振动结束表面俯视

d) The surface top view after the vibration

图 A-49 岩质双面坡模型②水平振动试验过程及成果照片（坡度75°）

Figure A-49 Horizontal vibration testing process of rock two sides slope model 2 and the pictures (Slope of 75 degrees)

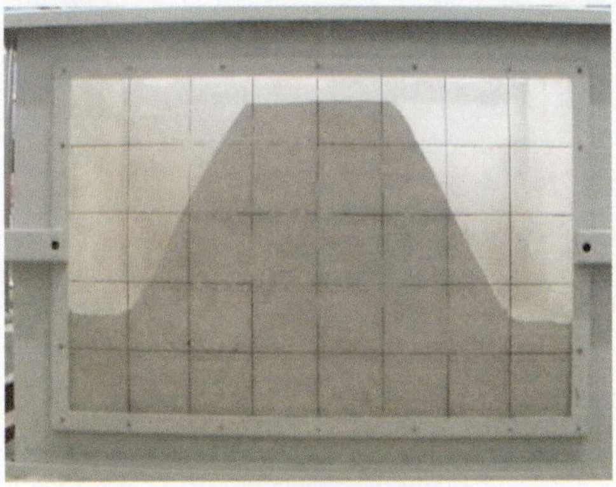

a）制作好的模型侧面

a) The side of the completed model

b）制作好的模型表面俯视

b) The surface top view of the completed model

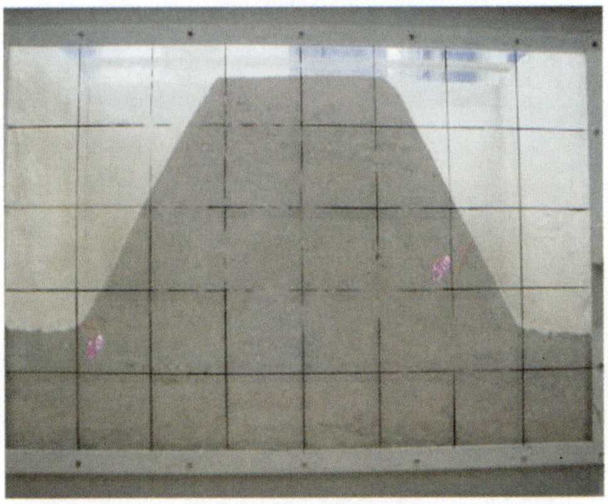

c）振动结束后侧面

c) The side after the vibration

d）振动结束表面俯视

d) The surface top view after the vibration

图 A-50 岩质双面坡模型③水平振动试验过程及成果照片（坡度60°）

Figure A-50 Horizontal vibration testing process of rock two sides slope model 3 and the pictures (Slope of 90 degrees)

a）制作好的模型侧面

a) The side of the completed model

b）制作好的模型表面俯视

b) The surface top view of the completed model

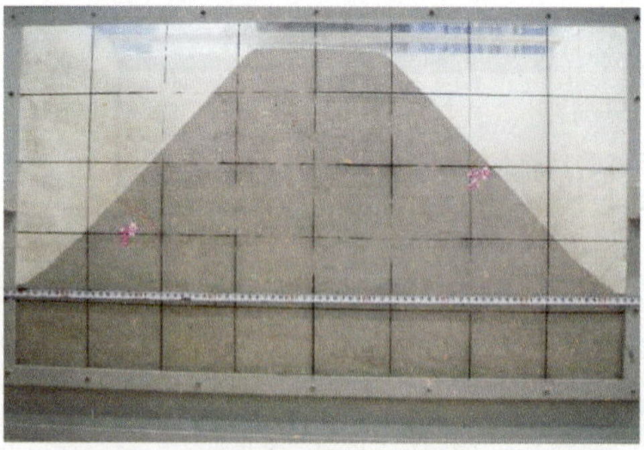

c）振动结束后侧面

c) The side after the vibration

d）振动结束表面俯视

d) The surface top view after the vibration

图 A-51 岩质双面坡模型④水平振动试验过程及成果照片（坡度50°）

Figure A-51 Horizontal vibration testing process of rock two sides slope model 4 and the pictures (Slope of 50 degrees)

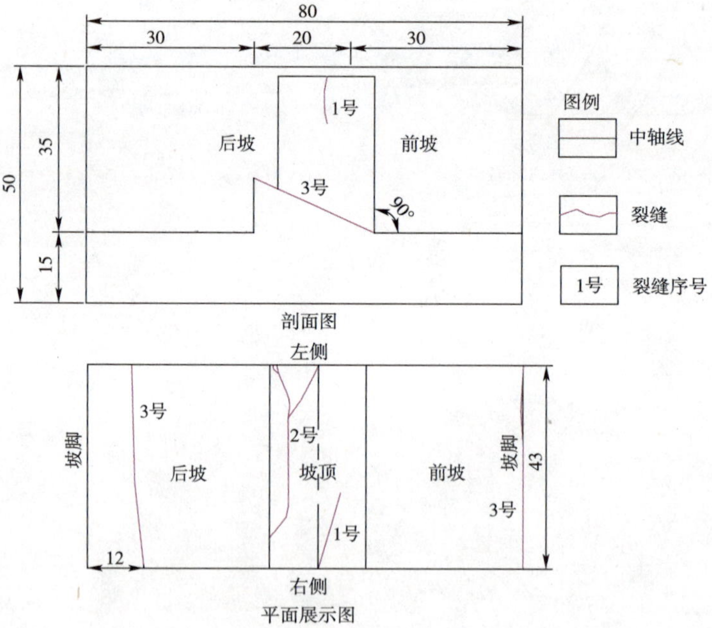

图 A-52 双面坡模型①水平振动裂缝分布示意图（坡度90°）（尺寸单位：cm）

Figure A-52 The diagrammatic sketch of the crack distribution after horizontal vibration of rock two sides slope model 1 (Slope of 90 degrees)

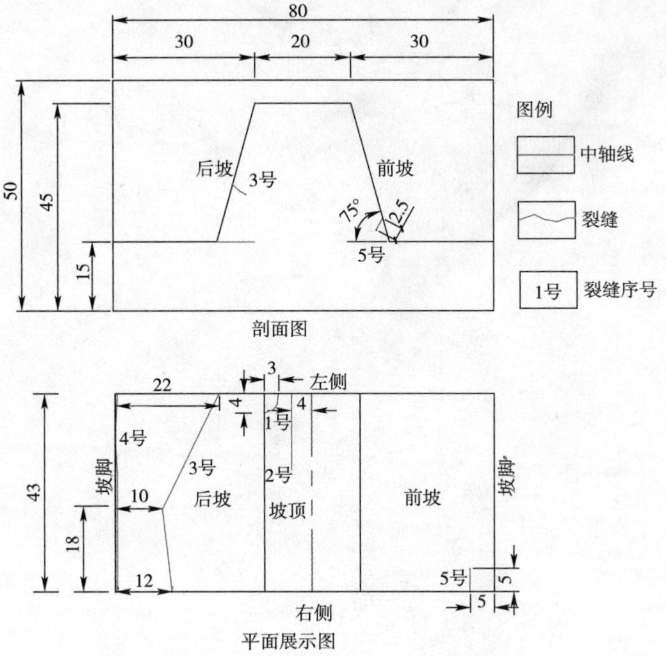

图 A-53　双面坡模型②水平振动裂缝分布示意图（坡度75°）（尺寸单位：cm）

Figure A-53　The diagrammatic sketch of the crack distribution after horizontal vibration of rock two sides slope model 2 (Slope of 75 degrees)

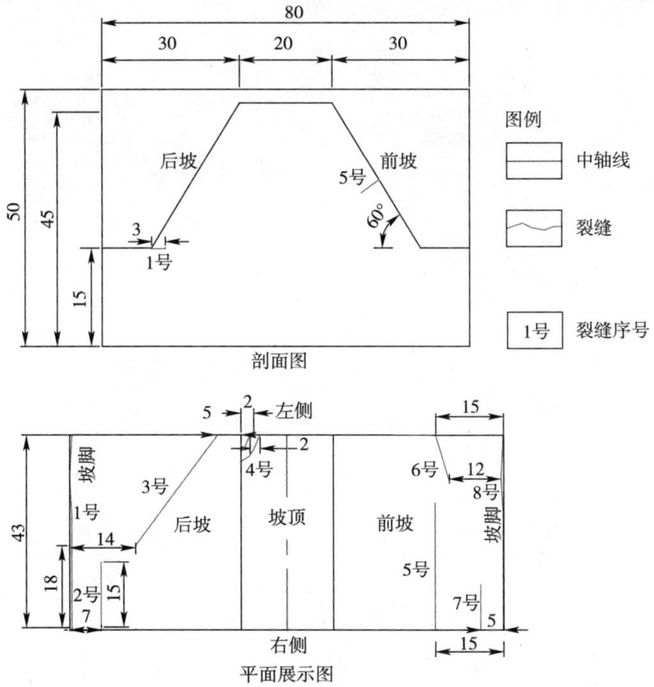

图 A-54　双面坡模型③水平振动裂缝分布示意图（坡度60°）（尺寸单位：cm）

Figure A-54　The diagrammatic sketch of the crack distribution after horizontal vibration of rock two sides slope model 3 (Slope of 60 degrees)

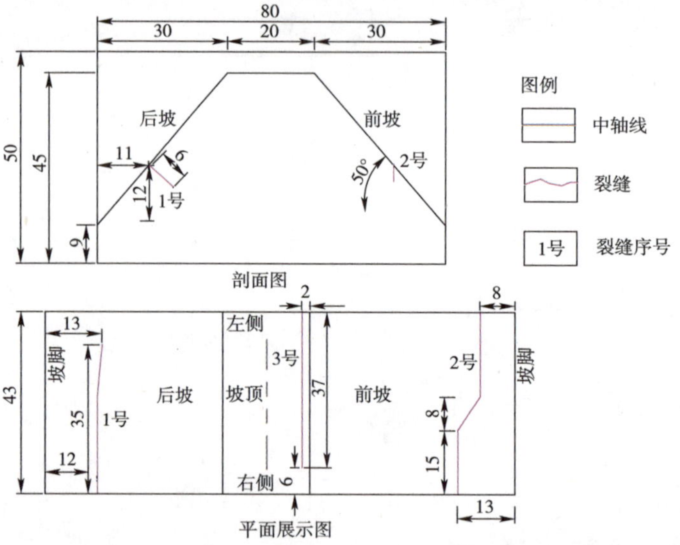

图 A-55　双面坡模型④水平振动裂缝分布示意图（坡度 50°）（尺寸单位：cm）

Figure A-55　The diagrammatic sketch of the crack distribution after horizontal vibration of rock two sides slope model 4 (Slope of 50 degrees)

表 A-7　岩质斜坡坡面形态变化情况振动模拟试验结果汇总表

Table A-7　The vibration simulation test results of morphological changes of rock slope

试验模型	振动次数	振动方式	振动轨迹	振幅（cm）	峰值加速度（m/s^2）	持续时间（s）	试验过程及现象描述
模型①	1	水平	水平	5	H：6.59 V：3.35	10	该模型在坡体的左侧产生多条裂缝，振动过程中左侧坡体少量发生垮塌，而后由于振动的继续，右侧上部坡体开始全部垮塌，具体见图 A-48、图 A-52
模型②	1	水平	水平	5	H：6.28 V：3.40	10	产生 5 条裂缝，其中，1 号和 2 号裂缝位于坡体顶部左侧；3 号裂缝位于后坡面中部，横向贯通，距坡顶 15cm，宽约 0.1cm，向坡内发育，与水平向呈 45°夹角，观测为上部岩体整体向右旋转形成拉裂；4 号裂缝位于后坡坡脚，横向贯通，宽约 0.1cm，水平向内延伸 8cm；5 号裂缝位于前坡右侧近坡角处，距坡脚 5cm，长 5cm，宽 0.05cm，向内延伸 2.5cm，方向与坡面呈 45°夹角。此外，试验过程中前坡肩转角处有极少量垮塌；由于旋转受拉，4 号裂缝产生且很明显张开，但坡体整体未破坏，振动后闭合，详见图 A-49、图 A-53
模型③	1	水平	水平	5	H：6.10 V：3.82	10	发育 8 条裂缝，其中，1 号、2 号、5 号、7 号和 8 号裂缝分别位于两侧坡面，均为横向裂缝，除 1 号裂缝贯通坡体外，其他均未贯通；3 号裂缝也位于后坡坡面左侧，但为一斜裂缝；4 号裂缝位于坡顶后边缘左侧，主要有两条；6 号裂缝位于前坡面上，为斜向裂缝，长 10cm，宽 0.05～0.1cm，详见图 A-50、图 A-54
模型④	2	水平	水平	5	H：6.08 V：3.01	11	共产生 3 条主裂缝，其中，1 号裂缝位于后坡近坡脚，几乎横向贯通，宽约 0.1cm，向坡内部发育延伸 6cm；2 号裂缝位于前坡坡脚处，横向贯通，宽约 0.1cm；1 号裂缝位于前坡坡顶，为一几乎横向贯通的微裂缝，长约 37cm，详见图 A-51、图 A-55

②试验结果综合分析

通过对该类型均质岩质双面斜坡振动模拟试验过程及振裂变形结果分析可知：

a. 具有一定带宽的双面斜坡，其破坏以初始振动方向的斜坡（前坡）最为强烈，但变形发展主要位于初动方向相反的坡面或坡顶（后坡）；如果顶部带宽较小，破坏强烈部位可能出现在后坡方向（与初动方向相反）。

b. 陡立斜坡最易发生变形破裂，且坡度陡，带宽较小时有发生整体剪切破坏的趋势，变形破裂位置在后坡高程高于前坡，均斜向坡内发育，坡脚部位也最易发生；随着两侧坡度变缓，坡体变形破裂程度降低，且前坡和后坡变形破裂位置高程近乎一致。

c. 由坡面向坡内发展的拉张裂缝，其扩展形成的斜面总体上与坡面近垂直。

（2）类型二：坡顶宽度变化

①试验过程及现象

主要包括三个基本模型，按照设计简图 A-7 进行模型制作。该组试验制作好的模型、试验过程中与试验后各模型的振动响应情况见图 A-56、图 A-57，振动后的振裂变形位置示意见图 A-58、图 A-59，其中模型⑥的基本情况与前面均质岩质双面坡③设计一致，此处不再赘述。具体试验结果详见汇总表 A-8。

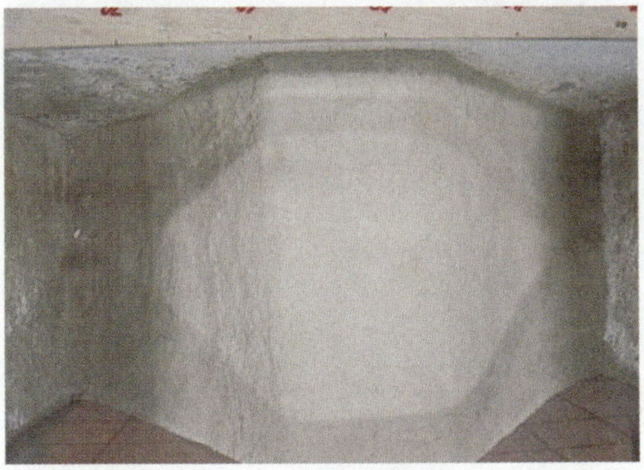

a）制作好的模型表面俯视

a) The surface top view of the completed model

b）振动过程表面俯视

b) The surface top view in the cource of vibration

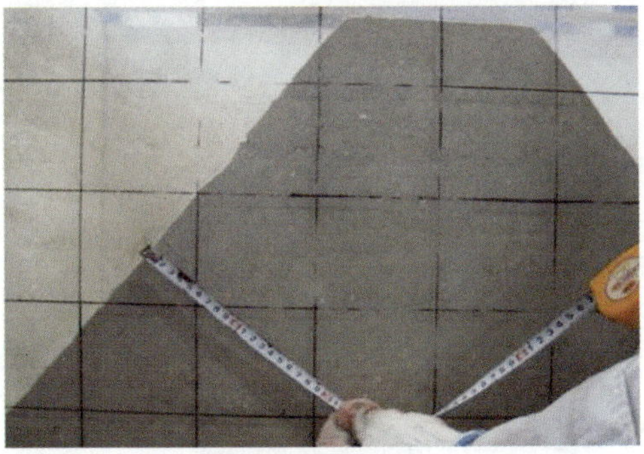

c）振动结束后侧面

c) The side after the vibration

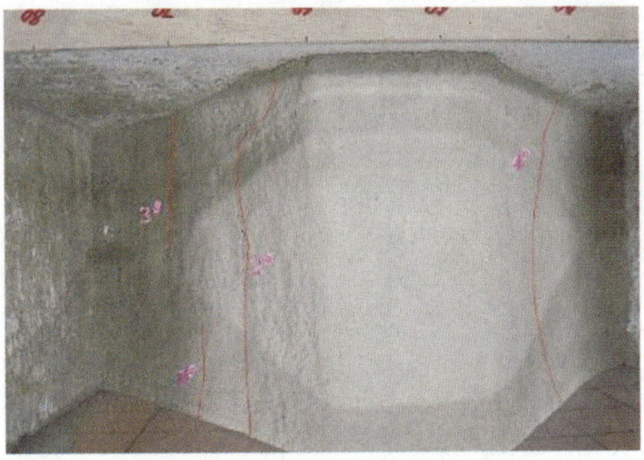

d）振动结束表面俯视

d) The surface top view after the vibration

图 A-56　岩质双面坡模型⑤水平振动试验过程及成果照片（坡顶宽 16cm）

Figure A-56　Horizontal vibration testing process of rock two sides slope model 5 and the pictures (The top width of 16cm)

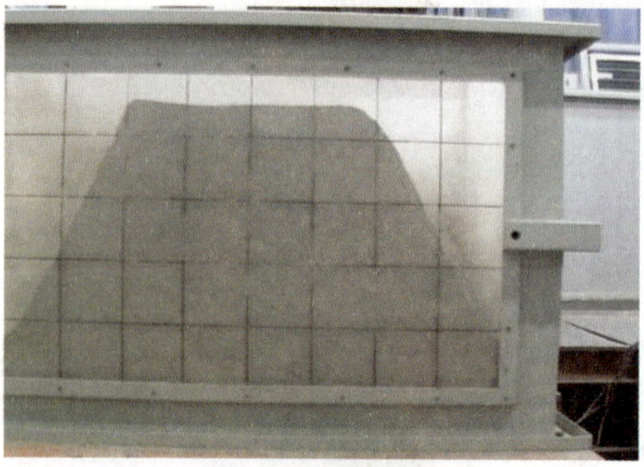

a）制作好的模型侧面

a) The side of the completed model

b）制作好的模型表面俯视

b) The surface top view of the completed model

c）振动结束后侧面

c) The side after the vibration

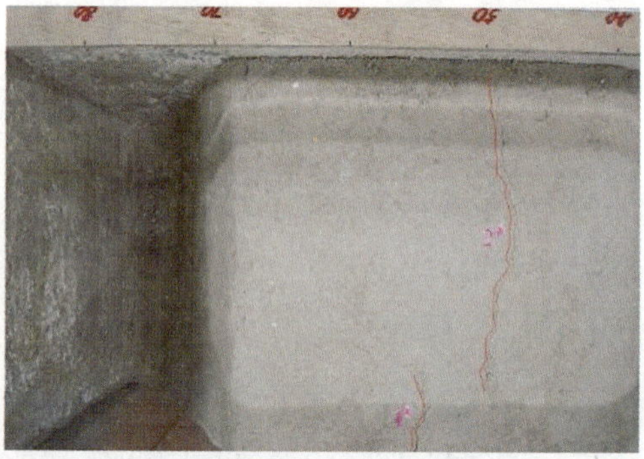

d）振动结束表面俯视

d) The surface top view after the vibration

图 A-57　岩质双面模型⑥水平振动试验过程及成果照片（坡顶宽 40cm）

Figure A-57　Horizontal vibration testing process of rock two sides slope model 6 and the pictures (The top width of 40cm)

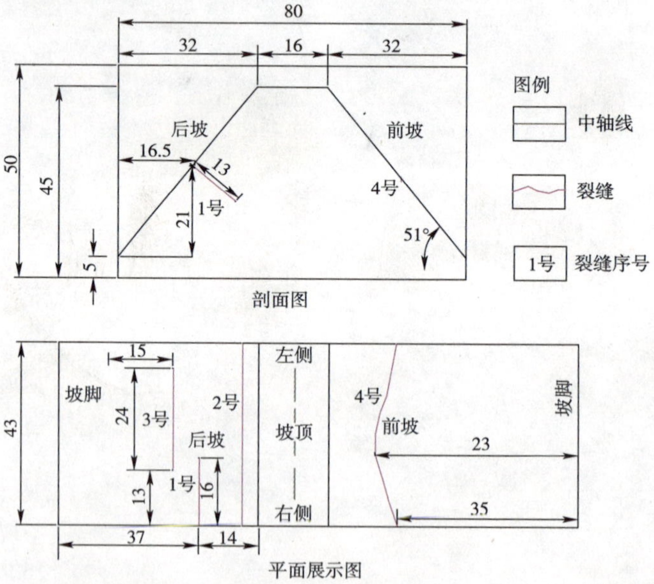

图 A-58　双面坡模型⑤水平振动裂缝分布示意图（坡顶宽 16cm）（尺寸单位：cm）

Figure A-58　The diagrammatic sketch of the crack distribution after horizontal vibration of rock two sides slope model 5 (The top width of 16cm)

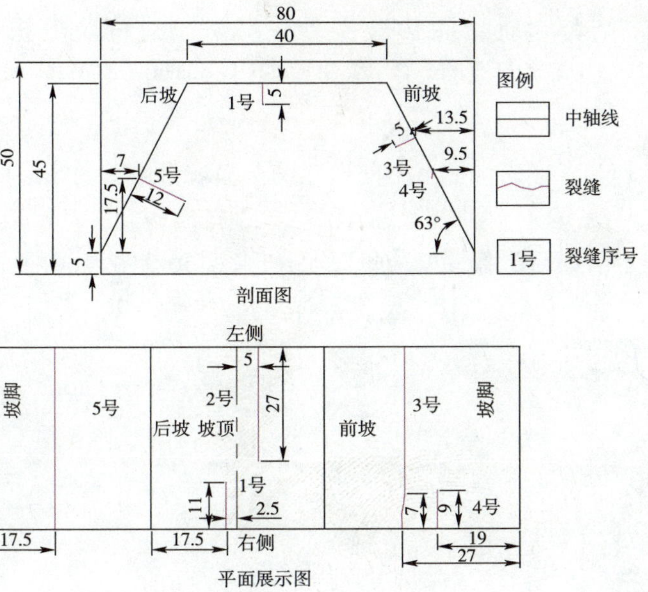

图 A-59　双面坡模型⑦复合振动裂缝分布示意图（坡顶宽 40cm）（尺寸单位：cm）

Figure A-59　The diagrammatic sketch of the crack distribution after horizontal vibration of rock two sides slope model 6 (The top width of 40cm)

表 A-8　岩质双面斜坡坡顶宽度变化振动模拟试验结果汇总表

Table A-8　The vibration simulation test results of top width changes of rock two sides slope

试验模型	振动次数	振动方式	振动轨迹	振幅（cm）	峰值加速度（m/s^2）	持续时间（s）	试验过程及现象描述
模型⑤	1	水平	水平	5	H：6.19 V：3.49	8	产生4条裂缝，其中，1号、2号和3号裂缝位于后坡的斜坡面上，均为横向裂缝，仅2号裂缝贯穿坡体，宽0.1cm左右；4号裂缝位于坡体前坡坡面中上部，横向裂缝，贯穿坡体，宽约0.1cm，裂缝在坡体中部向坡顶弯曲，详见图A-56、图A-58
模型⑦	1	水平	水平	5	H：5.96 V：3.13	11	共发育5条裂缝，其中，1号和2号裂缝分别位于后坡和前坡坡顶，与轴线平行，未全贯通，裂缝向下延伸3～5cm；3号和4号裂缝位于前坡坡面中上部，5号裂缝位于后坡坡面中部，3号和5号裂缝横向贯通坡面，均与坡面近垂直发育，详见图A-57、图A-59

注：模型⑥与模型③一致，参见表 A-7。

②试验结果综合分析

通过对该类型均质岩质双面斜坡振动模拟试验过程及振裂试验结果初步分析可知：

a. 当坡顶宽度较小时，两侧坡面发育裂缝情况同前述一致。

b. 随着坡顶宽度的加大（坡度也在变），坡顶面开始出现横向张裂缝，且前坡（振动初动方向）裂缝发育高度大于后坡，坡面裂缝向内发育的角度虽然变缓，但仍与坡面近垂直，推测两侧坡体相互干扰程度降低，双坡变形破裂趋向独立发展。

A. 5. 4 软硬结合岩质单面边坡振动模拟试验过程及分析 Process and analysis of hardware and software rock one side slope vibration simulation tests

（1）试验过程及现象

该类型主要是初步考虑岩性上下不同形成的单面坡对振动的响应问题。设计了两种模型，即上硬下软和上软下硬，按照设计简图 A-8 进行模型制作。该组试验制作好的模型、试验过程中与试验后各模型的振动响应情况可见图 A-60、图 A-61，振动后的振裂变形位置示意见图 A-62、图 A-63，具体试验结果详见汇总表 A-9。

a）制作好的模型侧面
a) The side of the completed model

b）制作好的模型表面俯视
b) The surface top view of the completed model

c）振动结束后侧面
c) The side after the vibration

d）振动结束表面俯视
d) The surface top view after the vibration

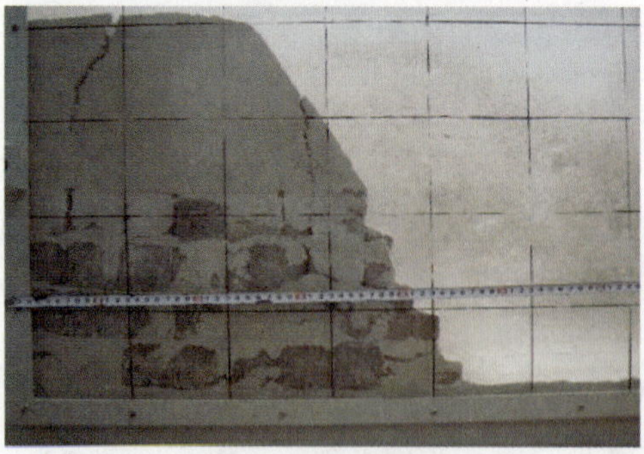

e）多次振动破坏后侧面
e) The side after vibration damage for many times

f）多次振动破坏后表面俯视
f) The surface top view after vibration damage for many times

图 A-60 上软下硬岩质单面坡水平振动试验过程及成果照片

Figure A-60 Horizontal vibration testing process of rock one side slope which the upper is soft and the lower is hard and the pictures

a）制作好的模型侧面

a) The side of the completed model

b）制作好的模型表面俯视

b) The surface top view of the completed model

c）振动结束后侧面

c) The side after the vibration

d）振动结束表面俯视

d) The surface top view after the vibration

e）多次振动破坏后侧面

e) The side after vibration damage for many times

f）多次振动破坏后表面俯视

f) The surface top view after vibration damage for many times

图 A-61　上硬下软岩质单面坡水平振动试验过程及成果照片

Figure A-61　Horizontal vibration testing process of rock one side slope which the upper is hard and the lower is soft and the pictures

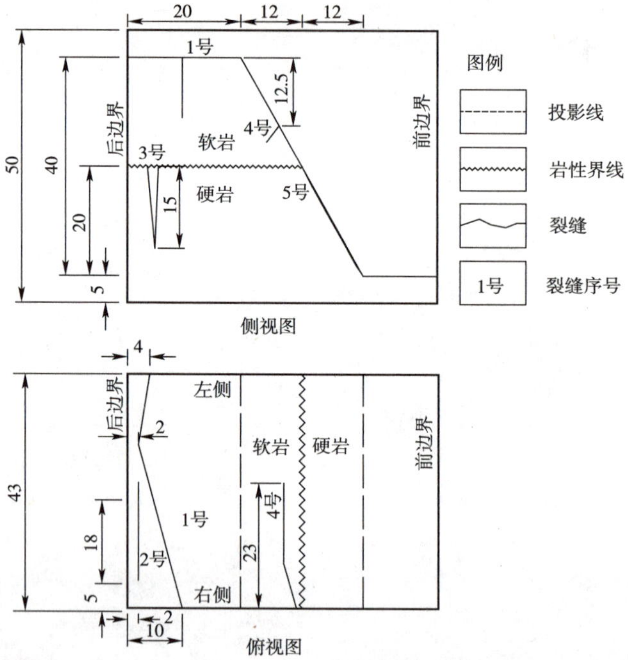

图 A-62 上软下硬岩质单面坡水平振动裂缝分布示意图（尺寸单位：cm）

Figure A-62 The diagrammatic sketch of the crack distribution after horizontal vibration of rock one side slope which the upper is soft and the lower is hard

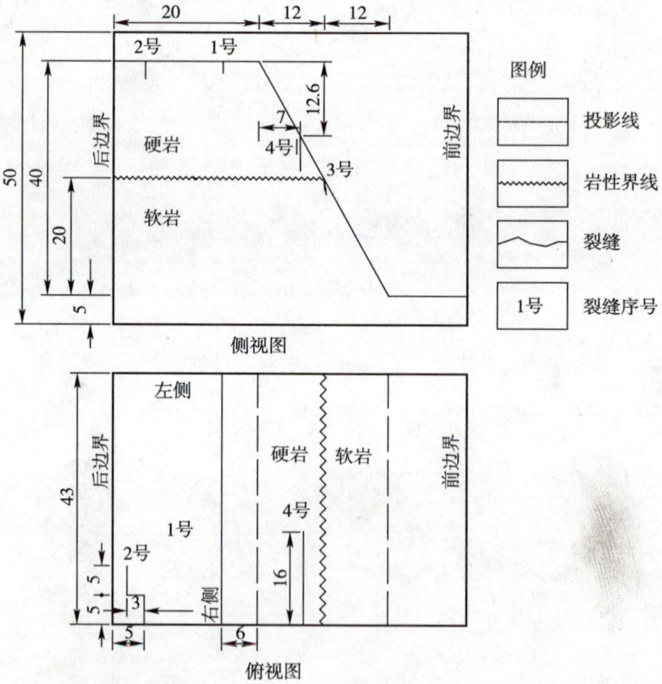

图 A-63 上硬下软岩质单面坡水平振动裂缝分布示意图（尺寸单位：cm）

Figure A-63 The diagrammatic sketch of the crack distribution after horizontal vibration of rock one side slope which the upper is hard and the lower is soft

表 A-9 软硬结合岩质单面坡振动模拟试验结果汇总表

Table A-9 The vibration simulation test results of hardware and software rock one side slope

试验模型	振动次数	振动方式	振动轨迹	振幅（cm）	峰值加速度（m/s^2）	持续时间（s）	试验过程及现象描述
上软下硬类型	2	水平	水平	5	H：5.50 V：2.14	12	发育5条裂缝，其中，1号裂缝位于坡顶，横向贯通且有弯折，宽0.1～0.2cm，裂缝向下发育11cm；2号裂缝位于坡顶最后缘，长约18cm，宽约0.05cm；3号裂缝位于软岩下部的硬岩中，宽0.2cm，由硬岩顶部向下发展并逐渐尖灭，发育深度约15cm；4号裂缝位于斜坡面软硬岩接触部位的软岩中，横向裂缝，发育长约23cm，宽度0.05cm；5号裂缝位于硬岩坡面上，属微小拉张裂缝，详见图A-60、图A-62
上硬下软类型	2	水平	水平	5	H：5.40 V：2.00	10	发育4条裂缝，其中，1号裂缝位于坡顶距坡顶转折处6cm，横向贯通坡体，宽0.1cm，向下发育2cm；2号裂缝位于坡体后缘右侧，横向，发育较短，宽0.1cm，向下发育3cm；3号裂缝位于硬岩和软岩接触的坡面位置，为硬岩向外剪切而导致下部软岩产生拉张裂缝，宽2～0.1cm，近平行坡面向下发育；4号裂缝位于硬岩坡面上靠近软硬接触部位，长度16cm，向下竖直发育，最后尖灭，上部硬岩在振动过程中整体向右发生剪切位移约0.5cm，详见图A-61、图A-63

（2）试验结果综合分析

通过对该类型软硬结合岩质单面斜坡振动模拟试验过程及振裂现象初步分析可知：

①对于上软下硬单面斜坡，上部软岩临空面附近振裂发育与前述一般规律类似，但下部硬岩当中，尤其是节理化岩体，也会发育向下扩展的振裂变形；由此也可推断，该类型的变形一定程度上受下伏岩体结构影响。

②对于上硬下软单面斜坡，上部硬岩临空面附近振裂发育与前述一般规律也基本类似，且受岩体节理化影响，振裂变形甚至破坏更为明显，而下部软岩基本无明显扩展变形出现。整体上，其变形破坏表现为明显的旋转—拉裂和滚落破坏形式。

A.5.5 软硬结合岩质双面边坡振动模拟试验过程及分析 Process and analysis of hardware and software rock two sides slope vibration simulation tests

（1）试验过程及现象

该类型也主要设计了两种模型，即上硬下软和上软下硬，按设计简图A-9进行模型制作和振动试验。制作好的模型、试验过程中与试验后各模型的振动响应见图A-64、图A-65，振动后的振裂变形位置示意见图A-66、图A-67，具体试验结果详见汇总表9-10。

a）制作好的模型侧面

a) The side of the completed model

b）制作好的模型表面俯视

b) The surface top view of the completed model

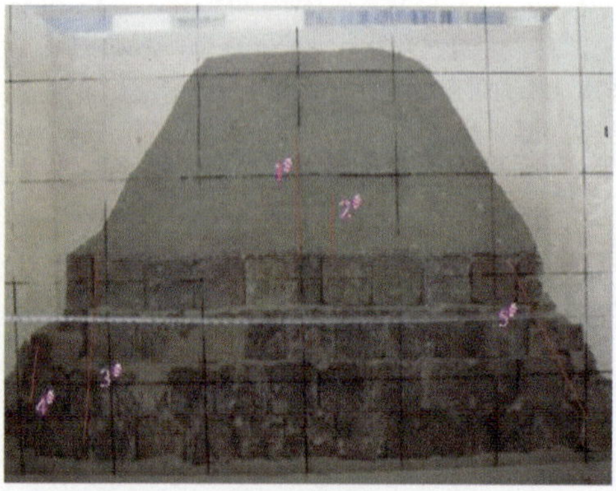

c）振动结束后侧面

c) The side after the vibration

d）振动结束表面俯视

d) The surface top view after the vibration

e）多次振动破坏后侧面

e) The side after vibration damage for many times

f）多次振动破坏后表面俯视

f) The surface top view after vibration damage for many times

图 A-64 上软下硬岩质双面坡水平振动试验过程及成果照片

Figure A-64 Horizontal vibration testing process of rock two sides slope which the upper is soft and the lower is hard and the pictures

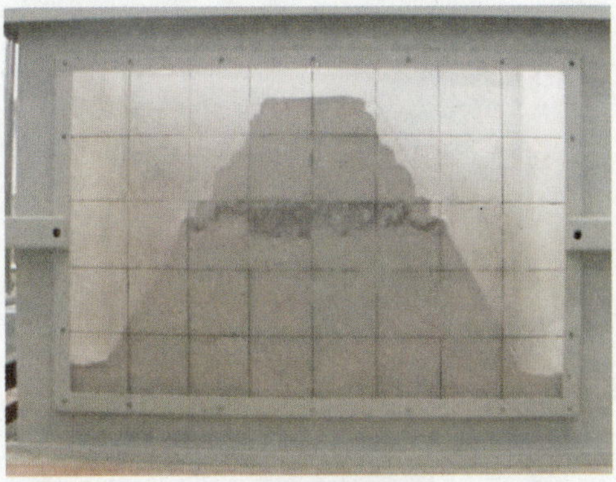

a）制作好的模型侧面

a) The side of the completed model

b）制作好的模型表面俯视

b) The surface top view of the completed model

c）振动结束后侧面

c) The side after the vibration

d）振动结束表面俯视

d) The surface top view after the vibration

e）多次振动破坏后侧面

e) The side after vibration damage for many times

f）多次振动破坏后表面俯视

f) The surface top view after vibration damage for many times

图 A-65　上硬下软岩质双面坡复合振动试验过程及成果照片

Figure A-65　Horizontal vibration testing process of rock two sides slope which the upper is hard and the lower is soft and the pictures

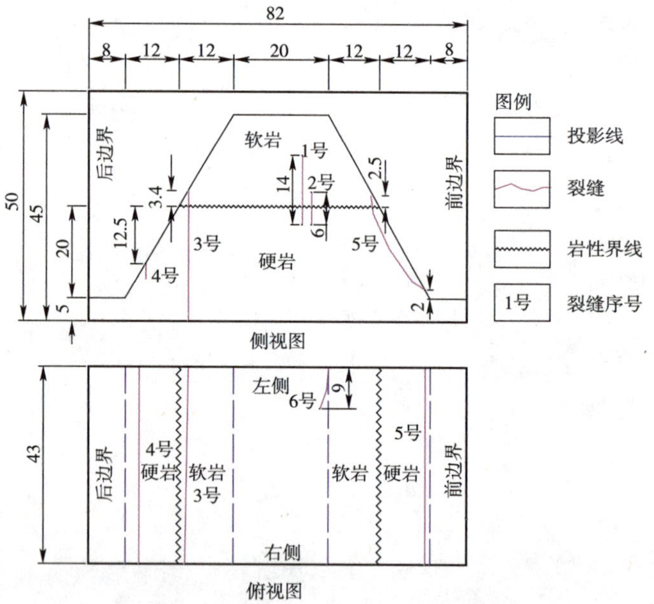

图 A-66 上软下硬岩质双面坡水平振动裂缝分布示意图（尺寸单位：cm）

Figure A-66 The diagrammatic sketch of the crack distribution after horizontal vibration of rock two sides slope which the upper is soft and the lower is hard

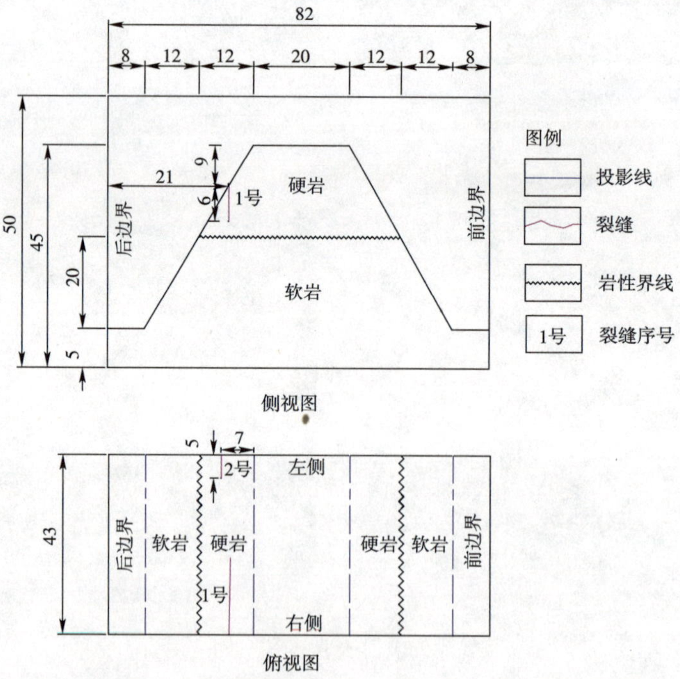

图 A-67 上硬下软岩质双面坡复合振动后裂缝分布示意图（尺寸单位：cm）

Figure A-67 The diagrammatic sketch of the crack distribution after horizontal vibration of rock two sides slope which the upper is hard and the lower is soft

表 A-10　软硬结合岩质双面坡振动模拟试验结果汇总表

Table A-10　The vibration simulation test results of hardware and software rock two sides slope

试验模型	振动次数	振动方式	振动轨迹	振幅(cm)	峰值加速度(m/s^2)	持续时间(s)	试验过程及现象描述
上软下硬类型	2	水平	水平	5	H：6.60 V：3.57	17	发育6条裂缝，其中，1号裂缝位于坡体内部，穿越软硬岩界面，主要向上发育，下部较宽约0.05cm，向上逐渐尖灭，长度14cm；2号裂缝位于1号裂缝右侧2cm处，二者平行，也主要向上发育，穿越软硬岩界面，长6cm；3号裂缝位于左侧软岩坡面上，接近软硬接触部位，横向贯通整个坡体，宽0.1cm，向下延伸至坡底，下部硬岩被拉开约0.3cm；4号裂缝位于后侧硬岩坡面上，为上部坡体下错形成，错距0.3cm；5号裂缝位于坡体前侧下部，发育位置大致与3号裂缝平行，但在软岩坡体表面未见出露，在硬岩中拉裂宽度最大0.5cm，坡脚岩体错动明显，有倾倒趋势，裂缝在距坡底2cm处剪出，坡面上裂缝在该位置贯通。6号裂缝位于坡顶，发育于坡体前边界的转折处，长9cm，宽0.5cm，在坡体中部尖灭，详见图A-64、图A-66
上硬下软类型	2	水平	水平	5	H：6.80 V：3.55	8	发育2条裂缝，均位于坡体后坡坡面上部的硬岩中，宽0.1~0.2cm，均为横向裂缝，向下延伸，局部有错动，模型下部软岩无明显破坏现象，详见图A-65、图A-67

（2）试验结果综合分析

通过对该类型软硬结合岩质双面斜坡振动模拟试验过程及振裂变形现象分析可知：

①对上软下硬双面斜坡来说，振动变形主要发生在软硬结合部位，且在坡体内部分别向上下两侧扩展，下部硬岩体节理化越严重这种现象越明显，主要为压制—拉裂缝；重复振动情况下，将使上部软岩出现拉剪破坏。另外，上部软岩破坏之前整体向右有轻微的剪切滑动，推测主要受下伏硬岩水平向节理控制或影响。

②对上硬下软双面斜坡来说，仅在靠近软硬结合部位的硬岩坡脚附件发生振裂变形，硬岩节理化越严重越易出现，但总体上变形不是很明显，坡顶无明显变形迹象；一定程度上说明软岩基座的缓冲作用明显。另外，上部硬岩整体向右有一定程度的剪切滑动，越靠近坡顶，变形越明显，推测主要受硬岩水平向节理控制或影响，重复振动情况下，模型右侧（振动初动方向）出现崩塌掉块，与实际相符。

A.5.6　岩质阶梯型双面边坡 Ladder type rock two sides slope

试验过程及现象：前已述及，该类型斜坡在自然界中也比较常见，其变形破坏与上述直线形双面坡是否存在差异和联系，也是本试验关注的重点。主要设计了两种模型，按照设计简图A-10进行模型制作和试验。制作好的模型、试验过程中与试验后各模型的振动响应见图A-68、图A-69，振动后的振裂变形位置示意见图A-70、图A-71，具体试验结果详见汇总表A-11。

a）制作好的模型侧面

a) The side of the completed model

b）制作好的模型表面俯视

b) The surface top view of the completed model

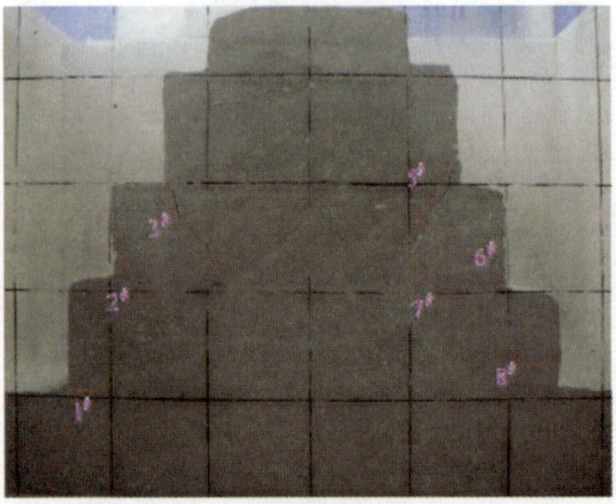

c）振动结束后侧面

c) The side after the vibration

d）振动结束表面俯视

d) The surface top view after the vibration

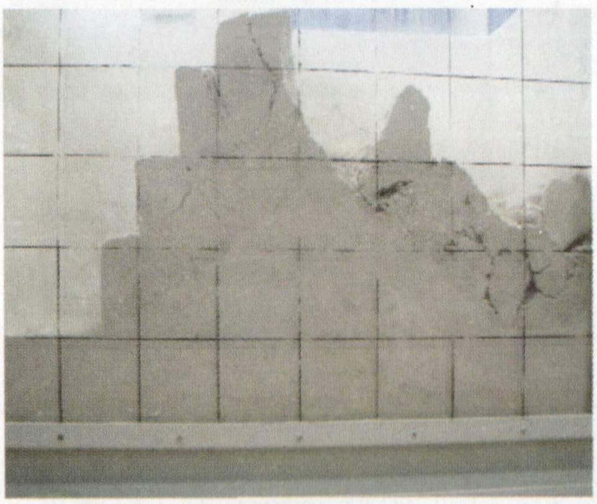

e）多次振动破坏后侧面

e) The side after vibration damage for many times

f）多次振动破坏后表面俯视

f) The surface top view after vibration damage for many times

图 A-68　岩质阶梯型双面坡水平振动试验过程及成果照片（坡度 60°）

Figure A-68　Horizontal vibration testing process of ladder type rock two sides slope and the pictures（Slope of 60 degrees）

a）制作好的模型侧面

a) The side of the completed model

b）制作好的模型表面俯视

b) The surface top view of the completed model

c）振动结束后侧面

c) The side after the vibration

d）振动结束表面俯视

d) The surface top view after the vibration

e）振动破坏后的侧面

e) The side after vibration damage

f）振动破坏后的表面俯视

f) The surface top view after vibration damage

图 A-69　岩质阶梯型双面坡水平振动试验过程及成果照片（坡度 49°）

Figure A-69　Horizontal vibration testing process of ladder type rock two sides slope and the pictures（Slope of 49 degrees）

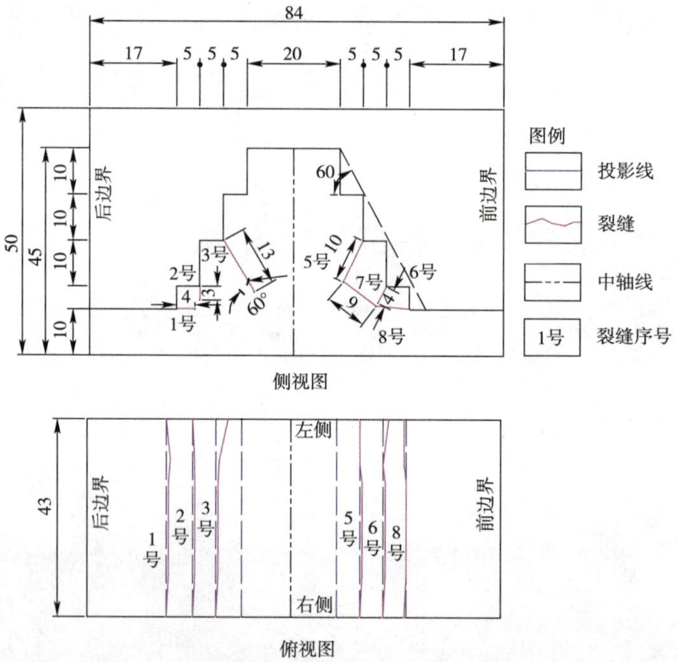

图 A-70 岩质阶梯型双面坡水平震动裂缝分布位置示意图（尺寸单位：cm）

Figure A-70 The diagrammatic sketch of the crack distribution after horizontal vibration of ladder type rock two sides slope

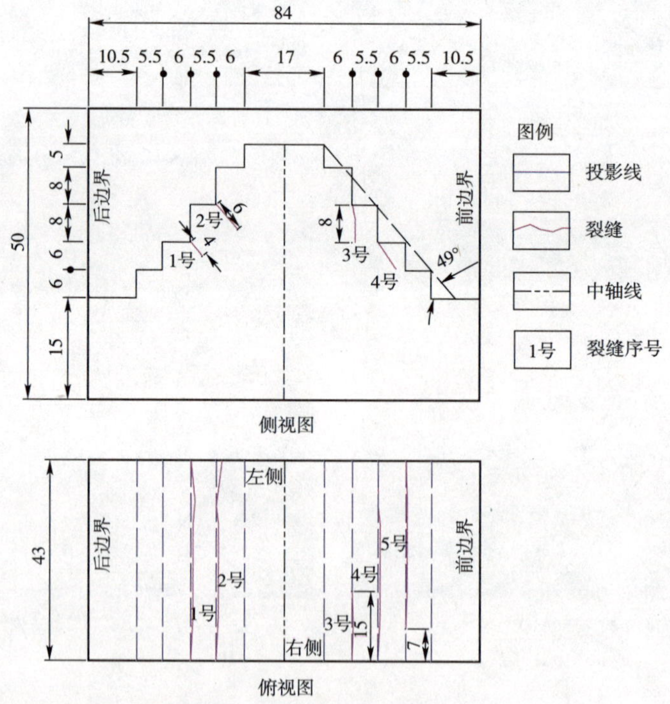

图 A-71 岩质阶梯型双面坡水平振动裂缝分布位置示意图（尺寸单位：cm）

Figure A-71 The diagrammatic sketch of the crack distribution after horizontal vibration of ladder type rock two sides slope

表 A-11　土质斜坡坡面形态变化情况振动模拟试验结果汇总表

Table A-11　The vibration simulation test results of morphological changes of soil slope

试验模型	振动次数	振动方式	振动轨迹	振幅（cm）	峰值加速度（m/s^2）	持续时间（s）	试验过程及现象描述
岩质阶梯型60°	1	水平	水平	5	H：6.90 V：3.24	8	发育8条裂缝，其中1号、2号、3号裂缝位于后坡，从坡脚陡缓转折处依次向上分布，横向贯通整个坡面，3号裂缝宽度比较明显，约1.5cm，是一条主裂缝，向内发育13cm，与顶面成60°夹角，上部坡体在该裂缝位置有整体向右滑移现象，滑移约0.1cm；4号裂缝位于坡顶前边界处，微裂缝；5号、6号、8号裂缝位于前坡，基本与后坡对称发育；7号裂缝位于前侧坡体内部，与5号、6号裂缝相连，详见图A-68、图A-70
岩质阶梯型49°	4	水平	水平	5	H：6.70 V：3.55	5	发育5条裂缝，其中1号和2号裂缝位于后坡，近坡顶台阶转折处，贯通整个坡面，宽0.05cm，发育深度4~5cm；3号、5号、6号裂缝位于前坡台阶内侧转折处，发育高度同后坡近似，未完全贯通，具体见图A-69、图A-71

A.6　结论 Conclusion

（1）关于土质斜坡

①坡面形态的变化

研究结果显示，凸形、凹形、直线形三种不同类型的斜坡，凹形坡的后部陡立位置、凸形坡的凸出部位在重复振动情况下易造成拉裂变形，凸形坡尤其明显，且规模较大，说明斜坡陡立临空面附近、凸出部位在振动过程中最为敏感，是最易发生振裂变形甚至破坏的部位，相对而言，凸形坡最敏感，凹形坡次之，直线形相对较好。

裂缝一般垂直坡面发育，但当覆盖层较薄时，裂缝易向基覆界面倾向方向弯转，即追踪基覆界面，说明基覆界面是易滑部位；当覆盖层较厚，基覆界面处的抗剪强度较高时，变形在覆盖层内部剪动，易沿覆盖层斜坡体内相当于内摩擦角大小的倾斜面产生，该裂面的位置大致相当于地表裂缝向下延伸的端部按内摩擦角大小形成的倾斜面。需要强调的是，随坡度变陡，破裂面倾角有变缓趋势。

②凸形坡上、下坡段坡度变化

凸形土质斜坡前段（下坡）坡度一定，后段坡度越缓，变形越容易在后段缓坡面产生，当后段坡宽小于一定值时，裂缝主要在该坡段后部陡缓交界变缓部位，否则可能会在坡面产生多条横向近平行的裂缝；坡体内部易产生斜向倾外的剪切变形裂缝，该裂缝不一定贯通，且不一定与地表裂缝相连，但其发展趋势最终将贯通。

凸形土质斜坡后段坡度一定，随着前段坡度的加大，斜坡变形破坏更易发生，且当滑体较厚时甚至趋向多级滑动发展。其内部裂缝发展与前述类似。

均质土质斜坡的变形破裂情况同上述厚层覆盖层类似。

（2）关于岩质斜坡

①坡面形态的变化

从危险性角度来说，如果不考虑后缘临空高陡部位（应该单独考虑为陡倾边坡），凸形坡 > 凹形坡 > 直线坡，这点与土质斜坡类似。

凸形坡的上坡段凸出部位最易出现拉裂变形，且随着上坡段坡度变缓，拉裂变形位置向远离临空面转移，但同等条件下裂缝深度加大。

凹形坡的后缘陡立面部位及凹形转折部位是易出现拉裂变形的位置；凹形坡与其坡面形态的规则性及曲率有关，曲率半径越小，越易在后缘形成较陡临空面，危险度也越高，其后缘的破坏现象往往是追踪前段坡度线，发展趋势是趋向形成曲率半径尽量大的弧形，即近似直线。

②凹形折线坡上坡段坡度变化

当下段坡度不变时，随着上段坡体临空面坡度加大，坡顶平台上裂缝发育密度加大，同时，坡体下部坡段也开始出现变形现象，说明在坡顶临空面附近，随坡度变陡，振动造成的应力加强。所有产生的裂缝均为竖向拉裂缝，不但发育于坡体表部，尤其是坡顶，在坡体内部也有发育。

坡面上由陡变缓部位往往应力集中，也是潜在剪出部位，如果把坡顶向下产生的拉张裂缝端部与潜在剪出部位相连，其倾外角度基本相当于岩体内摩擦角。这点与土质斜坡一致。

③均质双面坡

具有一定带宽的双面斜坡，其变形破坏以初始振动方向的斜坡（前坡）最为强烈，且变形发展主要位于初动方向相反的坡面或坡顶（后坡）；但如果顶部带宽较小，变形破坏可能主要出现在后坡方向（与初动方向相反）。

陡立斜坡最易发生变形破裂，且坡度陡，带宽较小时有发生整体剪切破坏的趋势，变形破裂位置在后坡，其高程高于前坡，均斜向坡内发育，坡脚部位也最易发生变形破裂；随着两侧坡度变缓，坡体变形破裂程度降低，且前坡和后坡变形破裂位置高程近乎一致。

由坡面向坡内发展的拉张裂缝，其扩展形成的斜面总体上与坡面近垂直。

随着坡顶宽度的加大（坡度也在变），坡顶面开始出现横向张裂缝，且前坡（振动初动方向）裂缝发育高度大于后坡，坡面裂缝向内发育的角度虽然变缓，但仍与坡面近垂直，推测两侧坡体相互干扰程度降低，双坡变形破裂趋向独立发展。

④软硬结合岩质边坡

针对单面坡，上软下硬情况下，上部软岩临空面附近振裂发育与一般土质边坡规律类似，但下部的硬岩当中，尤其是节理化岩体，也会发育向下扩展的振裂变形；而上硬下软情况下，上部硬岩临空面附近振裂发育与岩质边坡一般规律也基本类似，且节理化岩体变形更为明显，而下部软岩基本无明显扩展变形出现。其变形破坏表现为明显的旋转—拉裂和滚落破坏形式。

针对双面坡，上软下硬情况下，振动变形主要发生在软硬结合部位，且坡体内部分别向上下两侧扩展，下部硬岩体节理化越严重这种现象越明显，主要为压制—拉裂缝；重复振动情况下将使上部软岩出现拉剪破坏；另外，上部软岩破坏之前整体向右有轻微的剪切滑动，推测主要受下伏硬岩水平向节理控制或影响。而对上硬下软双面斜坡来说，仅在靠近软硬结合部位的硬岩坡脚部位发生振裂变形，硬岩节理化越严重越易出现，但总体上变形不是很明显，坡顶无明显变形迹象；一定程度上说明软岩基座的缓冲作用明显；另外，上部硬岩整体向右有一定程度的剪切滑动，越靠近坡顶，变形越明显，推测主要受硬岩水平向节理控制或影响，重复振动情况下，模型右侧（振动初动方向）出现崩塌掉块，与实际相符。

⑤阶梯形双面边坡

该类型具有与前述一般双面斜坡类似的振动响应特征，即对于顶部带宽近一致时，下部基座越窄，坡度越陡，对振动的响应越激烈。

坡度较陡时，双坡产生的裂缝均指向坡内，方向相向，且坡面和坡顶相比，坡面最先产生拉裂缝，如果振动多次，坡顶开始出现横向裂缝，最终破坏首先产生于振动初动方向；随着坡度变缓，两侧坡面上的裂缝将产生变化，前坡的裂缝开始垂直向下产生，甚至倾向坡外，后坡仍为倾内裂缝。

坡面裂缝的发育位置主要位于阶梯状凹陷部位，其方向一般与发育位置阶梯状角点对角线方向一致。

阶梯状斜坡的变形破坏同其他斜坡一样，试图将坡面改造为曲率半径尽量大的曲线，近似为直线。破坏形式仍为拉剪破坏。

试验结果显示，变形破坏过程总体表现为拉裂—倾倒—滚动或滚滑。

附录 B 地震土压力计算方法
Appendix B Computational method of seismic earth pressure

地震时的土压力计算主要参考地面峰值加速度，而地面峰值加速度的大小直接影响着挡土结构后构成破裂楔体的破裂面上的抗剪强度，因此在挡土结构发生小位移和较大位移的情况下破裂面上的抗剪强度不同。为了反映这一情况，可根据地震发生概率及规模将地面运动分为两个等级，分别记为 L1 地震（发生概率较大，中等级别地震动的地震）和 L2 地震（发生概率极小，地震动等级较高的地震），并且在这两种条件下的地震主动土压力计算方法不同，具体如下。

B.1 L1 地震下的主动土压力 Active seismic earth pressure

对于挡土结构在 L1 地震下的主动土压力计算主要采用试行楔体法，受力模式见图 B-1。

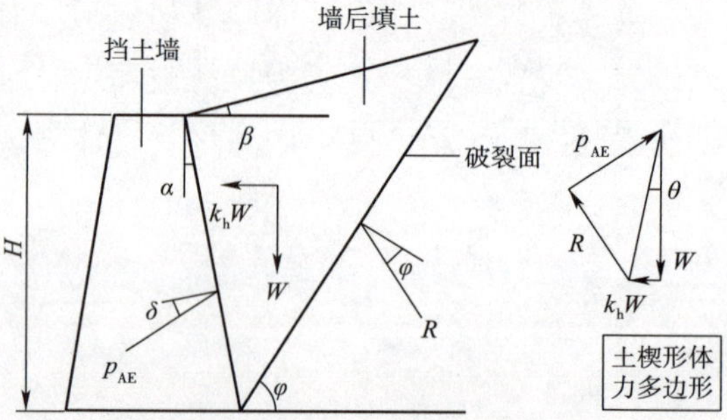

图 B-1 挡土结构受力模式

Figure B-1 Failure wedge and force polygon

地震作用下，土楔形体上存在惯性力，假设墙后土体存在多个可能的滑移面，通过计算在每个滑移面下土楔形体的力平衡就可求得主动土压力，其中主动土压力的最大值即为地震作用下要求的主动土压力，计算模型如图 B-2 所示。

试行楔体法计算的地震主动土压力公式如下：

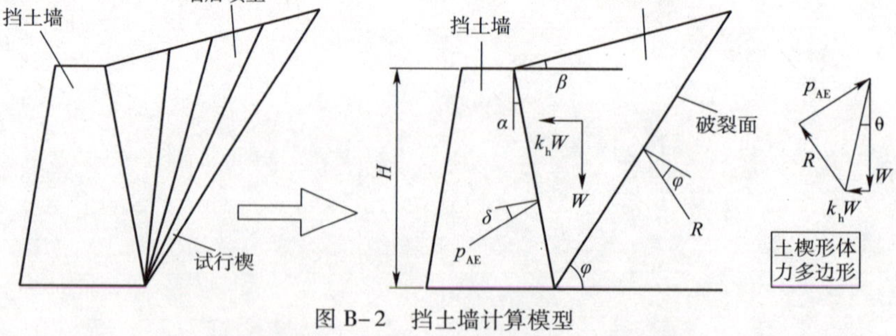

图 B-2 挡土墙计算模型

Figure B-2 Computational model of retaining wall

$$p_{AE}=\left[\frac{1}{2}\gamma\cdot H^2\cdot K_{AE}+\frac{q\cos\alpha}{\cos(\alpha-\beta)}\cdot H\cdot K_{AE}\right] \tag{B-1}$$

式中：p_{AE}——地震主动土压力强度（kN/m）；

γ——墙后填土的重度（kN/m^3）；

H——挡土墙的高度（m）；

q——土体上的分布荷载（kN/m^2）；

α——墙背与竖直线的夹角（°）；

β——墙背土体斜面与水平线的夹角（°）；

K_{AE}——地震主动土压力系数（物部—冈部公式），具体计算见式（B-2）。

$$K_{AE}=\frac{\cos^2(\phi-\alpha-\theta)}{\cos\theta\cos^2\alpha\cos(\alpha+\delta+\theta)\left(1+\sqrt{\frac{\sin(\phi+\delta)\sin(\phi-\beta-\theta)}{\cos(\alpha+\delta+\theta)\cos(\alpha-\beta)}}\right)^2} \tag{B-2}$$

式中：ϕ——墙背土的内摩擦角（°）；

δ——墙背的内摩擦角（°）；

θ——合成加速度与竖直线的夹角 $\theta=\tan^{-1}$（k_h）（°）。

W——土楔形体的重力（kN）；

k_h——设计水平地震系数，根据地基种类、结构固有周期、区域及地震动衰减常数取值，根据大量调查数据统计，取 $k_h=0.6\frac{\alpha_{max}}{g}$。

式中：α_{max}——地震动峰值加速度（m/s^2）；

ψ——滑移面与水平面的倾角，根据式（B-3）计算：

$$\cos(\psi-\beta)=-\tan(\phi+\delta+\alpha-\beta)+\sec(\phi+\delta+\alpha-\beta)\sqrt{\frac{\cos(\alpha+\delta+\theta)\sin(\phi+\delta)}{\cos(\alpha-\beta)\sin(\phi-\beta-\theta)}} \tag{B-3}$$

B.2　L2 地震下的主动土压力 L2 Active seismic earth pressure

L2 地震下主动土压力可以由式（B-1）来计算，但是在强震下，应该考虑挡土墙的变形、墙后土体沿滑移面的应变区域化和峰值强度的降低等影响，主动土压力系数的计算要采用修正的物部—冈部公式，具体见式（B-4）。

$$K_a=\frac{\cos(\psi-\phi)(1+\tan\alpha\tan\alpha)(1+\tan\alpha\tan\beta)[\tan(\psi-\phi)+\tan\theta]}{\cos(\psi-\phi-\alpha-\beta)(\tan\psi-\tan\beta)} \tag{B-4}$$

式中：K_a——修正的物部—冈部地震主动土压力系数；

ψ——滑移面的倾斜角（滑面线与水平面的夹角）（°）；

其他的符号意义同前。

B.3　修正的物部—冈部公式特点 Characteristics of modified Mononobe-Okabe theory

（1）合理地考虑了墙背填土的非均匀性，使得用此方法计算得到的墙体位移较小。

（2）在某加速度范围内，随着加速度的增加，土压力呈线性增加。

（3）加速度较大的场合用此公式来计算。

（4）土压力系数与墙背填土的内摩擦角有关，通过土体峰值内摩擦角 ϕ_{peak}、残余内摩擦角 ϕ_{res} 来定义土压力系数，内摩擦角可以间接反应土体的坚硬程度，根据 ϕ_{peak}、ϕ_{res} 计算土压力系数的步骤如下：

①首先设定与墙背填土坚硬程度相适应的 ϕ_{peak} 和 ϕ_{res}。

②在 L1 地震下，发生一次主动平衡下的破坏，设 $\phi=\phi_{peak}$，然后按照试行楔体法计算出滑移面的倾角 $\psi=\psi_{cr}$（达到主动平衡破坏后的滑移控制面倾角）。

③将 ψ_{cr} 值及填土的残余内摩擦角 ϕ_{res} 代入式（B－4）中计算 L2 地震下的主动土压力系数 K_a。

④根据第三步计算出来的 L2 地震下的主动土压力系数 K_a（$\phi=\phi_{res}$），将 K_a 与 L1 地震下计算出来的主动土压力系数 K_{AE}（$\phi=\phi_{res}$）进行比较，当 K_a（$\phi=\phi_{res}$）小于 K_{AE}（$\phi=\phi_{res}$）时，地震主动土压力系数采用 K_a（$\phi=\phi_{res}$）来计算 L2 地震下的主动土压力。

（5）L2 地震中相对于接触面考虑的最大加速度上限为 700gal（0.7g）。土压力是土体与结构相互作用产生的，在实际计算中表现为比较复杂的动力状态，这种现象在 L2 地震中表现得较为显著，而且 L2 地震预想了挡墙的变形大于墙后土体的变形，结合以上现象才给 L2 地震设定了上限值。

附录C 重力式加筋挡土墙抗震设计方法
Appendix C Seismic design method of gravity reinforced earth retaining wall

C.1 概述 Outline

重力式加筋挡土墙是在传统的重力式挡土墙基础上进一步开发出的新型支挡结构，已申请国家实用新型专利。大型振动台的研究成果表明，在地震烈度为8度及以下的区域，加筋、普通重力式挡土墙抗震性能相差不大，按现行抗震规范设计的普通重力式挡土墙能满足抗震需求。在地震烈度为8度以上的区域，宜采用重力式加筋挡土墙进行抗震设计，这不仅可以提高挡土墙的抗倾覆能力，加之与普通重力式挡土墙相比墙背地震土压力小的优点，还可以减少圬工数量，达到提高抗震性能与经济节约的双重功效。

加筋土中筋—土相互作用减少土压力的基本原理通常可分为两种概念，第一种是准黏聚力原理，第二种是摩擦加筋原理。

由于如何确定复合土的内聚力 c 和内摩擦角 φ，从试验方法上是比较困难的，而测定筋土之间的摩擦系数则是比较容易的，加上摩擦加筋原理概念明确、简单，因此用得较多。

目前，加筋土结构内部稳定性分析方法很多，大多采用库仑和朗金理仑，设计中用得较多的是以下两种方法：①应力分析法；②楔体平衡分析法。这两种方法的主要区别在于：①破裂面形状的假定；②墙面的转动中心；③作用在加筋体内的土压力的基本假定等三方面。

应力分析法认为在某一深度（一般为6m）以下处于主动极限平衡状态，而且墙顶一般为弹性平衡状态，并随墙深逐渐变化到主动极限平衡状态，其破坏主要是由于绕墙顶旋转的侧向变形引起的，如图C-1所示，法国采用加高墙身或在墙后填土表面加荷至墙破坏得出的实测破裂面与此接近。

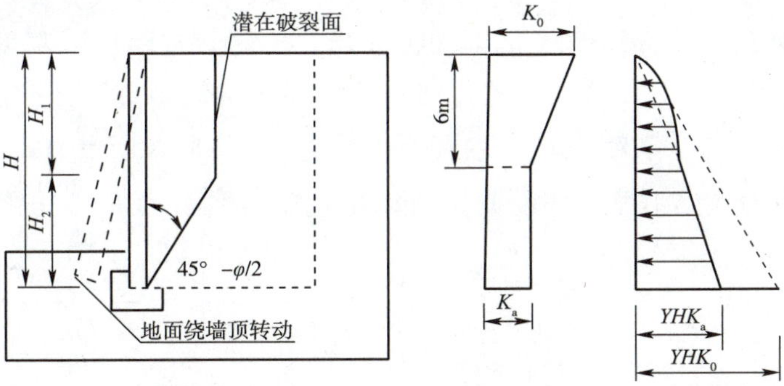

图C-1 应力分析法的破裂面基本假定

Figure C-1 Assumptions of rupture surface in stress analysis

用楔体平衡分析法计算时，作用于墙面板上侧向压力为主动土压力，主动土压力系数 K_a 沿墙高不变，墙面绕墙趾转动使得挡土墙破坏，且为朗金—库仑破裂面，如图 C-1 所示。美国加州大学采用使墙身略微外移的方法使墙破坏，得出的破裂面形状与位置都接近朗金主动极限状态，接近图 C-2 中的假定破裂面。

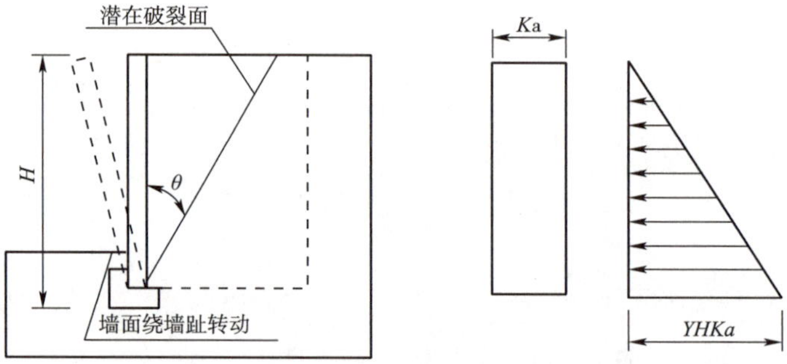

图 C-2 楔体平衡分析法破裂面基本假定

Figure C-2 Assumptions of rupture surface in failure wedge approach

目前，普遍认为法国的试验比较符合实际工作情况，即简化成图 C-2 所示的破裂面，但是，重力式加筋挡土墙与加筋挡土墙不同的是，其挡土功能主要还是靠其外侧的挡土墙来实现。重力式加筋挡土墙在填土加设的土工格栅密度与传统加筋挡土墙相比并不是很密，加筋的目的主要是为了适当减小土压力，增强抗震性能，且通过大型振动台试验，我们发现，加筋重力式挡土墙墙背添加少量土工格栅后，其墙背土压力强度包络线形状与普通重力式墙墙背包络线比较接近，未发生本质改变，因此，我们认为破裂面形状未发生本质改变。所以，传统加筋挡土墙的土压力计算方法并不适用，应利用图 C-2 中所示的楔体平衡分析法更接近实际情况。

C.2 重力式加筋挡土墙工作原理 Principle of gravity reinforced earth retaining wall

重力式加筋挡土墙工作原理见图 C-3，以墙趾为坐标原点，地震系数为 k_h，挡土墙重力为 W，墙身质心处的水平地震力为 k_hW，墙体质心坐标为（x_c，y_c），墙背摩擦角为 δ_0，墙背的地震土压力为 P_{AE}，作用点距墙底高度为 h，基底宽度为 B，基底填土内摩擦角为 ϕ_b，基底抗滑力为 F_s，墙背拉筋装置与基底平行，拉筋装置距墙踵高度为 h_0，地震作用下拉筋的抗拉力记为 F。假设普通重力式挡土墙按现行抗震规范设计，抗滑动稳定安全系数为 K_c，抗倾覆稳定安全系数为 K_0，墙背摩擦角为 δ，将原普通重力式挡土墙墙背设置加筋装置得到加筋重力式挡土墙，假设其抗滑动稳定安全系数为 K_c^*，抗倾覆稳定安全系数为 K_0^*，根据力学平衡：

抗滑稳定系数：

$$K_c = \frac{(W + P_{AE}\sin\delta)\tan\phi_b}{k_hW + P_{AE}\cos\delta}, K_c^* = \frac{(W + P_{AE}\sin\delta_0)\tan\phi_b + F}{k_hW + P_{AE}\cos\delta_0}$$

抗倾覆稳定系数：

$$K_0=\frac{W\cdot x_c+P_{AE}\sin\delta\cdot B}{k_hW\cdot y_c+P_{AE}\cos\delta\cdot h},K_0^*=\frac{W\cdot x_c+P_{AE}\sin\delta_0\cdot B+F\cdot h_0}{k_hW\cdot y_c+P_{AE}\cos\delta_0\cdot h}$$

由于墙背摩擦角为 δ_0 与 δ 差别很小，因此，经整理得：

$$K_c^*=K_c+\frac{F}{k_hW+P_{AE}\cos\delta},K_0^*=K_0+\frac{F\cdot h_0}{k_hW\cdot y_c+P_{AE}\cos\delta_0\cdot h}$$

由于$\frac{F}{k_hW+P_{AE}\cos\delta}>0$，$\frac{F\cdot h_0}{k_hW\cdot y_c+P_{AE}\cos\delta_0\cdot h}>0$，

则有 $K_c^*>K_c$，$K_0^*>K_0$。

这说明在设计墙体相同的情况下，加筋重力式挡土墙的抗滑及抗倾覆稳定性系数与普通相比均得到提高，若在抗震设计时加筋与普通重力式挡土墙采用相同的抗滑、抗倾覆稳定系数，则加筋重力式挡土墙的墙体重力将小于普通重力式挡土墙重力，既满足了抗震需求，又节约了建造成本。

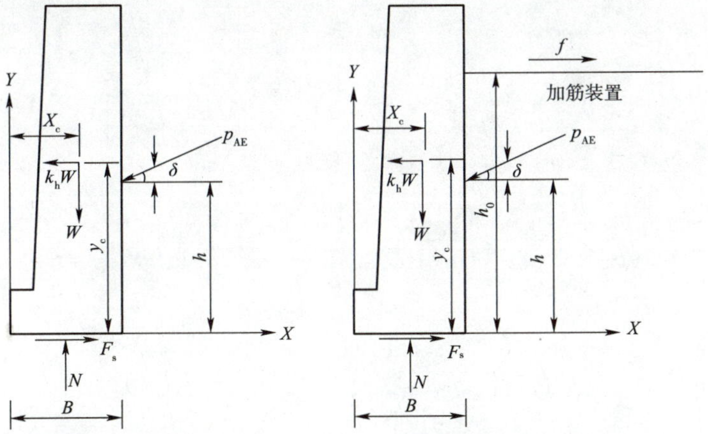

a）普通型重力式挡墙
a) gravity earth retaining wall

b）加筋型重力式挡墙
b) gravity reinforced retaining wall

图 C-3　加筋重力式挡土墙工作原理示意图

Figure C-3　Sketch of principle of gravity reinforced retaining wall

C.3　抗震设计理论公式推导 Seismic design theory

参考库仑土压力推导过程，直接从力多边形出发，来推导重力式挡土墙加筋后填土主动土压力的计算公式。

以路肩式重力式加筋挡土墙为例，取单位长度的挡土墙加以分析。设挡土墙高为 H，挡土墙墙背直立，墙后填土无地面荷载，墙后填土为砂土，不设土工格栅时，墙背与土体的摩擦角为 δ，加筋后的墙背摩擦角为 δ_0。挡土墙在主动土压力作用下向前发生位移（平移或转动），当墙后填土处于极限平衡状态时，填土内产生一滑裂平面 AB，与竖直线夹角为 θ。此时，形成一滑动楔体 ABC，如图 C-4 所示。地震惯性力 k_hW 作用在假设破裂棱体 ABC 重心上，方向水平，地震角为 η；滑裂面 AB 上的反力 R，大小未知，

作用方向与 AB 法线顺时针成 φ 角（φ 为土的内摩擦角）；墙背对土体的反作用力为 P_{AE}，可简化分解为分别由土体主动土压力引起的反作用力 E 和土工格栅摩擦力引起的反作用力 $\sum T_i$。

根据力的平衡原理，土楔体力多边形见图 C-5。依据数学中的正弦定理有：

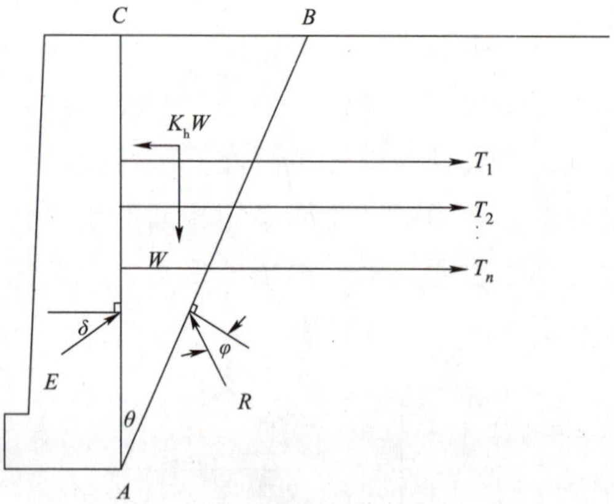

图 C-4　结构受力示意图

Figure C-4　Sketch of forces on wall

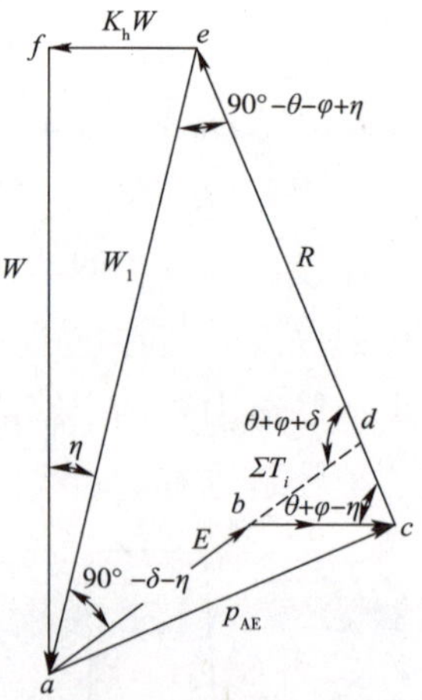

图 C-5　楔体力多边形图

Figure C-5　Force polygon of failure wedge

$$\frac{cd}{\sin(\theta+\varphi-\eta)}=\frac{\sum T_i}{\sin(180^\circ-\theta-\varphi-\delta)}=\frac{\sum T_i}{\sin(\theta+\varphi+\delta)} \tag{C-1}$$

由式（C-1）得：

$$cd=\frac{\sum T_i}{\sin(\theta+\varphi+\delta)}\cdot\sin(\theta+\varphi-\eta) \tag{C-2}$$

又由：

$$\frac{W_1}{\sin(\theta+\varphi+\delta)}=\frac{E+cd}{\sin(90^\circ-\theta-\varphi+\eta)} \tag{C-3}$$

式（C-3）中：

$$W_1=\frac{W}{\eta} \tag{C-4}$$

而式（C-4）中：

$$W=\frac{1}{2}\gamma H^2\tan\theta \tag{C-5}$$

将式（C-2）、式（C-4）、式（C-5）代入式（C-3），整理可得：

$$E=\frac{1}{2}\frac{\gamma}{\cos\eta}H^2\frac{\cos(\theta+\varphi-\eta)}{\sin(\theta+\varphi+\delta)}\tan\theta-\frac{\sin(\theta+\varphi-\eta)}{\sin(\theta+\varphi+\delta)}\cdot\sum T_i \tag{C-6}$$

仅有土体引起的主动土压力 E_a 是滑裂面与水平线之间夹角 θ 的函数，实际作用于挡土墙上的土压力 E_a 应当是 E_{max}，即求 E 的极值。式（C-6）极大值由下式进行

$$\frac{dE}{d\theta}=0 \tag{C-7}$$

将式（C-6）代入式（C-7）求导，整理可得：

$$\tan^2\theta + 2\tan(\varphi+\delta)\tan\theta - \frac{\tan(\varphi+\delta)}{\tan(\varphi-\eta)} + \frac{2\sum T_i\cdot\cos\eta\cdot\sin(\delta+\eta)}{\sin(\varphi-\eta)\cos(\varphi+\delta)\gamma H^2} = 0 \tag{C-8}$$

对式（C-8）进行一元二次方程求解，其有效实根为：

$$\tan\theta = -\tan(\varphi+\delta) + \sqrt{\tan(\varphi+\delta)\left[\tan(\varphi+\delta) + \frac{1}{\tan(\varphi-\eta)}\right] - \frac{2\sum T_i\cdot\cos\eta\cdot\sin(\delta+\eta)}{\sin(\varphi-\eta)\cos(\varphi+\delta)\gamma H^2}} \tag{C-9}$$

将式（C-9）求得的 θ 代入式（C-6），即为挡土墙主动土压力 E_a 值。

其中，式（C-6）中单位宽度挡土墙的土工格栅摩擦力 T_i 的确定，可用下式进行计算：

$$T_i = 2\gamma\cdot h_i\cdot L_{ai}\cdot f\cdot b_i \tag{C-10}$$

式中：γ——填土密度（kg/m^3）；

f——土工格栅与填料之间的摩擦系数，应根据现场抗拔试验确定，如果没有试验数据，可采用0.3～0.4；

h_i——第 i 层土工格栅至墙顶的距离（m）；

T_i——第 i 层土工格栅产生的摩擦力（kN）；

b_i——单位宽度挡墙范围内，第 i 层土工格栅与填土的接触宽度（m）；

L_{ai}——第 i 层土工格栅在破裂面两侧延伸至填土中的长度（m）。

取土工格栅折减后的横向抗拉强度为 $K\sigma_i$，则 L_{ai} 应满足下式：

$$L_{ai} = \frac{K\sigma_i}{2\gamma\cdot h_i\cdot f\cdot b_i} \tag{C-11}$$

式中：σ_i——土工格栅抗拉强度；

K——土工格栅抗拉强度折减系数，取0.5～0.75。

土工格栅有效长度 L_{fi} 采用第 i 层土工格栅处破裂面与墙背的距离长度计算。因此，土工格栅的设计计算长度为：

$$L_i = L_{fi} + L_{ai} \tag{C-12}$$

墙背对土体的实际反作用力水平分力：

$$P_{AEx} = \sum T_i + E_a\cdot\cos\delta \tag{C-13}$$

墙背对土体的实际反作用力竖直分力：

$$P_{AEy} = E_a\cdot\sin\delta \tag{C-14}$$

结合式（C-13）、（C-14），墙背对填土的实际反作用力 P_{AE} 和摩擦角 δ_0 为：

$$P_{AE} = \sqrt{P_{AEx}^2 + P_{AEy}^2} \tag{C-15}$$

$$\delta_0 = \arctan(P_{AEy}/P_{AEx}) \tag{C-16}$$

重力式加筋挡土墙抗滑动稳定系数 K_c^*：

$$K_c^* = \frac{(W + P_{AE}\sin\delta_0)\tan\phi_b + F}{k_h W + P_{AE}\cos\delta_0} \tag{C-17}$$

抗倾覆稳定系数 K_0^*：

$$K_0^* = \frac{W \cdot x_c + P_{AE}\sin\delta_0 \cdot B + F \cdot h_0}{k_h W \cdot y_c + P_{AE}\cos\delta_0 \cdot h} \tag{C-18}$$

设计要求：$K_c^* \geq 1.1$，$K_0^* \geq 1.2$。

附录 D　桩板式挡土墙抗震设计方法
Appendix D　Seismic design method of pile-board earth retaining wall

D.1　概述 Outline

桩板式挡土墙是由抗滑桩发展而来的，常用于超高的支挡结构，也用于边坡处理。当路基边坡采用悬臂式抗滑桩支挡时，存在桩间支挡类型选择问题，桩间挂板或搭板就形成了桩板墙。桩板式挡土墙可适用于一般地区、浸水地区和地震区的路堑和路堤支挡，也可用于滑坡等特殊路基的支挡。

根据桩板墙类型的不同，兼有以下优点：

（1）桩板墙结构能够较好地将上部变形体和下部锚固段岩土体连接成一个共同作用体，将上部变形体剩余下滑推力传递给下部稳定岩土体。利用其自身强大的抗弯能力，在阻止上部变形体出现过大的侧向变形的同时，能够较好地协调两部分岩土体侧向变形差异。

（2）桩板墙能有效改善因开挖引起的坡脚应力集中现象和上部拉应力现象，避免岩土体因过大的应力集中而导致塑性破坏。

（3）抗滑能力强，圬工数量小，在滑坡推力大、滑动带深的情况下，能够克服抗滑挡土墙难以克服的困难。桩位灵活，可以设在滑坡体中最有利于抗滑的部位，可以单独使用，也可与其他建筑物联合使用。分排设置时，可将巨大的滑体切割成若干分散的单元体，对滑坡起到分而治之的效果。

（4）可以沿桩长根据弯矩大小合理地布置钢筋，因此相同条件下，比一般不能分段布置不同数量钢筋的桩（如管形桩、打入桩）要经济，施工方便，设备简单。对于水利工程中常常遇到的大型滑坡，桩体可采用人工挖孔桩，采用混凝土或少筋混凝土护壁，即使在地质条件较差的情况下，也可做成二、三十米深的大型抗滑桩，有力地提高边坡稳定性并且安全、可靠。

（5）间隔开挖桩孔，不易恶化滑坡状态，利于整治正在活动中滑坡，利于抢修工程；通过开挖桩孔，能够直接校核地质情况，进而可以检验修改原设计，使之切合实际。

D.2　静力设计方法 Static design method

目前规范中对于桩板结构使用的弹性地基梁法关于静力情况下的计算步骤如下：

（1）首先弄清滑坡的原因、性质、范围、厚度，分析滑坡的稳定状态和发展趋势。

（2）根据滑坡地质横断面及滑动面处岩、土的抗剪强度指标，计算滑坡推力。

（3）根据地形、地质及施工条件等确定设桩的位置和范围。

（4）根据滑坡推力大小、地形及地层性质、拟定桩长、锚固深度、桩截面尺寸及桩间距。

（5）确定桩的计算宽度，并根据滑体的地层性质选定地基系数。

（6）根据选定的地基系数及桩的截面形式、尺寸，计算桩的变形系数及其计算深度，据以判断按刚性桩或弹性桩来设计。

（7）根据桩底的边界条件采用相应的公式，计算桩身各截面的变位、内力及侧壁应力等，并计算最大剪力、弯矩及其作用部位。

（8）校核地基强度。若桩身作用于地基的弹性应力超过地层允许值或者小于其允许值过多时，则应调整桩的埋深，或桩的截面尺寸，或桩的间距，重新计算，直至符合要求为止。

（9）根据计算的结果，绘制桩身的剪力图和弯矩图。

（10）对于钢筋混凝土桩，要进行配筋设计。

其中，锚固段为土层（包括碎块石土和漂卵石土）或风化破碎岩层时，桩的横向压应力应小于或等于地基的横向容许承载力。抗滑桩在滑坡推力的作用下，通过桩体，将力传递到锚固段稳定岩体，桩体转动位移，桩周岩土体处于极限状态，桩前岩土体产生被动抗力，桩后岩土体产生主动压力，桩身某点对地层的侧壁应力不应大于该点被动抗力和主动压力之差，见图 D-1。

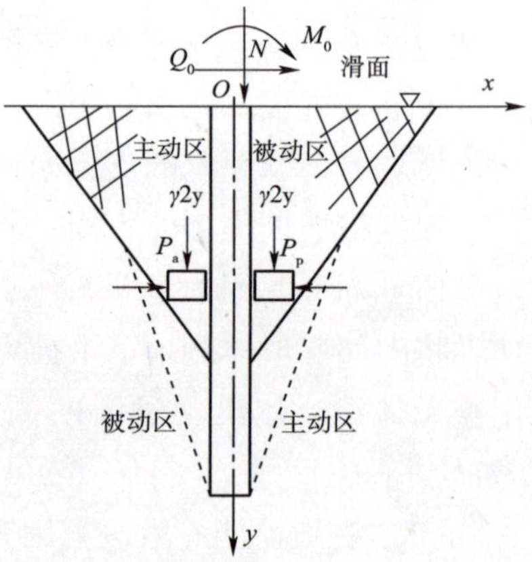

图 D-1 抗滑桩锚固段受土压力示意图

Figure D-1 Sketch of forces on embedded part of anti-sliding pile

而关于滑坡推力分布及桩身内力计算方法介绍如下：

D. 2. 1 滑坡推力的应力分布 Stress distribution from landslide

目前，一般认为滑坡推力的分布图式有如图 D-2 所示的三角形、矩形和梯形三种。滑体沿断面高度均匀往下变化，地基系数为常数，滑坡推力呈均匀分布；如地基系数沿断面高度呈线性变化，则滑坡推力呈三角形分布；如地基系数在顶部呈线性变化，在底部为常数，则滑坡推力呈梯形分布。

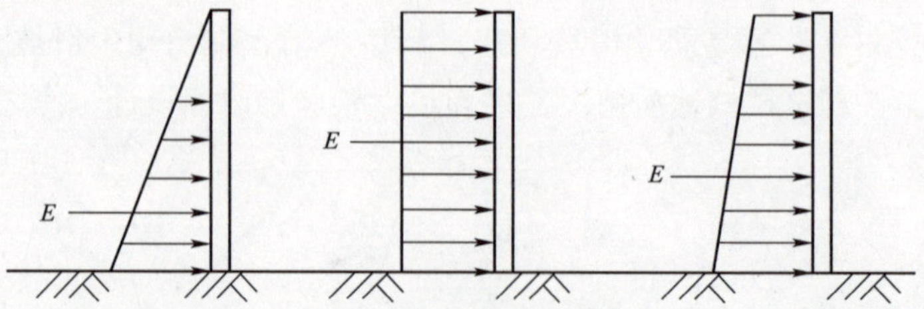

图 D-2 常见滑坡推力及分布图式

Figure D-2 Several types of stress distribution from landslide

在现有的抗滑桩设计计算中，滑坡推力常常简化为：假定每根桩的滑坡推力等于桩距范围内的滑坡推力，对于液性指数较小、刚度较大和较密实的滑坡，滑坡推力分布设为矩形；而对于液性指数较大、刚度较小和较不均匀的塑性滑坡，其滑坡推力分布假定为三角形，介于两者之间的假定为梯形分布。当滑体是一种黏聚力较大的地层（如黏土、土夹石、岩石等）时，其推力分布图式可近似按矩形考虑；如果滑体是一种以内摩擦角为主要抗剪特性的堆积体（如堆积层、破碎岩层），其推力分布图式可近似按三角形考虑，甚至按二次曲线考虑；介于二者之间的，可按梯形分布考虑。

结合试验实际材料配制和夯实情况，滑体材料较为松散，因此，可近似假定滑坡推力呈三角形分布。

D.2.2　抗滑桩内力计算 Stress computation of anti-sliding pile

抗滑桩受到滑坡推力后，将产生一定的变形。根据桩和桩周土的性质和桩的几何性质，其变形有两种情形：一是桩的位置发生了偏离，但桩轴线仍保持原有线形，变形是由于桩周土的变形所致。另一种是桩的位置和轴线同时发生改变，即桩轴线和桩周土同时发生变形。前一种情况桩犹如刚体一样，仅发生了转动，故称其为刚性桩，后者则称为弹性桩。试验研究表明，当抗滑桩埋入稳定地层内的计算深度为某一临界值时，可视桩的刚度为无穷大，桩的侧向极限承载力仅取决于桩周土的弹性抗力大小。工程中把这个临界值作为判断刚性桩和弹性桩的标准。

关于抗滑桩的类型判断如下：

（1）按“K”法计算时，有

当 $\beta h_2 \leqslant 1.0$，属刚性桩；

当 $\beta h_2 > 1.0$，属弹性桩。

其中：h_2——桩在滑动面以下的深度（m）；

β——桩的变形系数（m^{-1}）。

$$\beta = \left(\frac{KB_P}{4EI}\right)^{\frac{1}{4}} \tag{D-1}$$

式中：K——侧向地基系数，不随深度而变（kN/m^3）；

B_P——桩的正面计算宽度（m）；

E——桩的弹性模量（kPa）；

I——桩的截面惯性矩（m^4）。

（2）按“m”法计算时，有

当 $\alpha h_2 \leqslant 2.5$，属刚性桩；

当 $\alpha h_2 > 2.5$，属弹性桩。

其中 α 为桩的变形系数，以 m^{-1} 计，按下式计算：

$$\alpha = \left(\frac{mB_P}{EI}\right)^{\frac{1}{5}} \tag{D-2}$$

式中：m——地基系数随深度变化的比例系数（kN/m^4）；

B_P——桩的正面计算宽度（m）。

对于矩形截面桩，$B_P = b + 1$，b 为桩的实际宽度（m），$b > 1m$；

对于圆形截面桩，$B_P = 0.9(d + 1)$，d 为桩的实际直径（m），$d > 1m$。

静力情况下的普通桩板墙和锚索桩板墙的设计计算规范中已有明确规定，在此不再赘述。

D.3　抗震设计方法建议 Recommendation of seismic design method

地震情况下，对于滑坡推力的设计计算，规范规定：在高烈度地震区，应考虑地震力的作用，可按照《铁路工程抗震设计规范》（GB 50111—2006）办理，将作用于滑体重心处的水平地震力引入计算，其方向指向下滑方向，其基本原理为“静力法”。对于桩板结构的抗震设计计算，规范中并没有计算说明。参考滑坡推力规定，可取地震情况下的水平地震荷载作为集中力作用在滑体上。

刚性桩的内力计算方法较多，目前较常用的方法是，把滑面下桩周围的介质视为弹性体来计算侧向应力和土压力。依据滑面下桩周围的地质和地层情况的不同，刚性桩的计算可分为桩身置于岩土中和桩底嵌入岩层中两种情况。下面就桩身置于均质岩土中的情况说明内力计算方法和公式。桩埋于土中或破碎表层中的刚性悬臂梁，如图 D-3 所示。

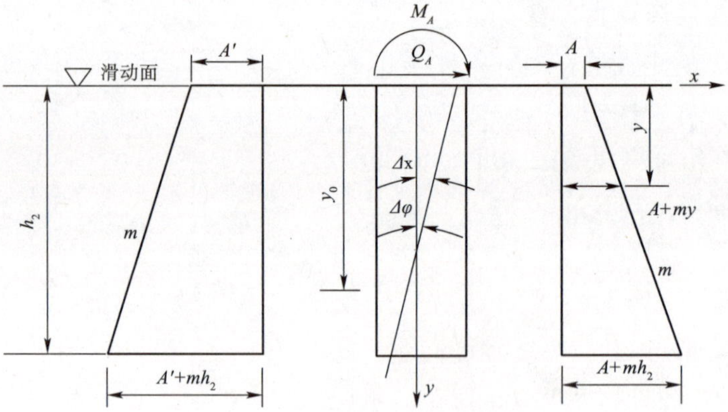

图 D-3　置于均质岩土中的刚性桩

Figure D-3　Rigid pile in uniform rock

下面以图 D-3 中所示地基系数为三角形分布且桩底为自由端的情形为例简介刚性桩内力的求解，其余两种情况与它相似。

抗滑桩在外荷载作用下，绕桩轴某点 O 发生平面转动后，桩处于静力平衡状态，假定其转角为 $\Delta\varphi$。为求解锚固段桩侧和桩底的弹性抗力，以及截面内力，必须先求出桩转动中心的位置和其转角。y 深度处，桩身任意截面的位移 $\Delta x = (y_0 - y)\tan\Delta\varphi = (y_0 - y)\Delta\varphi$。

由上式看出，σ_y 是一个随深度呈二次抛物线变化的函数，以转动中心为界，分别作用在桩的前、后两侧，并以阻止桩转动为其作用方向。

为求得 y_0 和 $\Delta\varphi$，可取桩锚固段为分离体，利用静力平衡方程式 $\sum x=0$ 及 $\sum M=0$ 求出。

当 $y \leqslant y_0$ 时，

$$\left.\begin{aligned} \sigma_y &= (A+my)(y_0-y)\Delta\varphi \\ Q_y &= Q_0 - \frac{1}{2}B_p A\Delta\varphi y(2y_0-y) - \frac{1}{6}B_p m\Delta\varphi y^2(3y_0-2y) \\ M_y &= M_0 + Q_0 y - \frac{1}{6}B_p A\Delta\varphi y^2(3y_0-y) - \frac{1}{12}B_p m\Delta\varphi y^3(2y_0-y) \end{aligned}\right\} \quad (D-3)$$

当 $y \geqslant y_0$ 时，

$$\left.\begin{aligned} \sigma'_y &= (A'+my)(y_0-y)\Delta\varphi \\ Q'_y &= Q_0 - \frac{1}{6}B_p m\Delta\varphi y^2(3y_0-2y) - \frac{1}{2}B_p A\Delta\varphi y_0^2 + \frac{1}{2}B_p A'\Delta\varphi(y-y_0)^2 \\ M'_y &= M_0 + Q_0 y - \frac{1}{6}B_p A\Delta\varphi y^2(3y_0-y) + \frac{1}{6}B_p A'\Delta\varphi(y-y_0)^3 - \frac{1}{12}B_p m\Delta\varphi y^3(2y_0-y) \end{aligned}\right\}$$

(D-4)

当桩底为自由端时，$Q'_y=0$，$M'_y=0$，可得：

$$Q_0 = \frac{1}{6}B_p m\Delta\varphi h_2^2(3y_0-2h_2) + \frac{1}{2}B_p A\Delta\varphi y_0^2 - \frac{1}{2}B_p A'\Delta\varphi(h_2-y_0)^2 \quad (D-5)$$

$$M_0 + Q_0 h_2 = \frac{1}{6}B_p A\Delta\varphi h_2^2(3y_0-h_2) - \frac{1}{6}B_p A'\Delta\varphi(h_2-y_0)^3 + \frac{1}{12}B_p m\Delta\varphi h_2^3(2y_0-h_2)$$

(D-6)

两式联立即可求得 y_0，方程如下：

$$2Q_0(A'-A)y_0^3 + 6M_0(A'-A)y_0^2 - 2y_0h_2[3A'(2M_0+Q_0h_2) + mh_2(3M_0+2Q_0h_2)] + h_2^2[2A'(3M_0+2Q_0h_2) + mh_2(4M_0+3Q_0h_2)] = 0$$

(D-7)

式中：Δx、σ_y、M_y、Q_y——分别为桩身任意截面的位移（m），侧应力（kN/m^2），桩身任意截面的弯矩（kN·m），剪力（kN）；

$\Delta\varphi$——桩的旋转角（rad）；

y——滑动面至桩计算截面的距离（m）；

y_0——滑动面至桩旋转中心的距离（m）；

h_2——锚固段桩身长度（m）。

当桩底为固定端或铰支端时，则抗滑桩的旋转中心在桩底，同样可推导相似的计算公式。

目前规范中对于桩板式结构的抗震设计计算没有明确的说明，如果参照抗滑桩的抗震设计方法，则 C_z 取为 0.25。但通过振动台试验研究成果，我们建议 0.1g 时，C_z 取为 0.2；0.2g 和 0.3g 时，C_z 取为 0.35；0.4g 时，C_z 取为 0.4。

附录 E 预应力锚索桩板式挡土墙抗震设计方法
Appendix E Prestressing anchor-bolt pile-board earth retaining wall

E.1 概述 Outline

预应力锚索桩板墙支挡结构是随着锚固技术的发展而发展起来的。岩体锚固技术本质是充分利用锚索具有较大刚度和强度的力学特性来加强或加固软弱破碎的岩体，与此同时调动、发挥岩体的自稳能力，最终达到工程结构物稳定的目的。预应力锚索桩板墙，是在山体或土层中，通过钻孔、穿索、注浆，将锚索一端固定于深部稳定的岩土层中，另一段与钢筋混凝土悬臂桩相连，在桩面上，通过张拉产生的预应力，使桩板、上体、预应力锚索体三者相互制约，从而形成内力平衡的稳定结构，达到稳定坡体的目的。

预应力锚索抗滑桩与传统的抗滑桩相比有以下优点：

（1）改变了传统抗滑桩被动的悬臂梁式的受力状态。此结构大幅度减少了桩身内力、桩的横截面积和埋置深度，节省了原材料，降低了造价，经济效益十分显著。

（2）改变了受力机制。传统的抗滑桩为被动式的，即只有在滑体发生位移后，滑坡推力作用在桩上，使桩产生抵抗力矩时，才能阻止滑坡体的进一步滑动。而预应力锚索抗滑桩则为主动受力结构，预先地通过锚索给滑体施加一个预应力，提高了滑体的稳定性，对于滑坡体上或者前缘处有重要建筑物的滑体加固时，优点明显。

（3）预应力锚索抗滑桩还可以灵活地与其他加固方式结合，如格栅状梁体系通过锚索设于交点处连成整体组成一个加固支挡体系，同时起到深浅部共同加固的作用。

E.2 静力设计方法 Static design method

目前关于预应力锚索抗滑桩桩身内力常用的计算方法根据是否考虑锚索与桩的协调变形可分为两种。第一种计算方法的力学模型如图 E-1 所示，该法中直接将预应力与滑坡推力作为荷载施加在桩上，滑面以上按结构静力问题计算，滑面以下按 Winkler 弹性地基梁计算。此方法没有考虑锚索与抗滑桩的变形协调，认为锚索的拉力就是所施加的预应力，在工作过程中其值保持不变，这种方法计算较简单，但由于在滑坡推力作用下未考虑锚索与桩的协调变形，所以理论上有明显的不足。

第二种计算方法的力学模型可参见图 E-2 所示，该法也将预应力与滑坡推力作为荷载，但在计算滑坡推力作用时考虑了锚索与抗滑桩锚索拉力的协调变形，因此锚索拉力在工作过程中是变化的，即考虑了预应力施加后由于滑坡推力作用引起的锚索内力的改变，这种方法理论上较第一种方法合理。

由于第二种计算方法的合理性，预应力锚索抗风、滑桩的计算也多趋向于采用该方法。但是规范和其他文献中几乎没有对于桩板结构和锚索桩板结构抗震设计方法的介绍，而作为一种新型的支挡结构，研究其在地震情况下的动力响应以及探讨抗震设计方法是必不可少的。

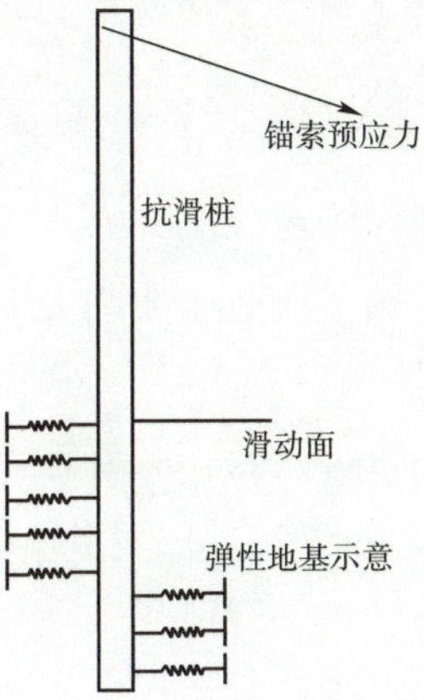

图 E-1　预应力锚索桩计算模型

Figure E-1　Computational model of prestressing anchor-bolt pile

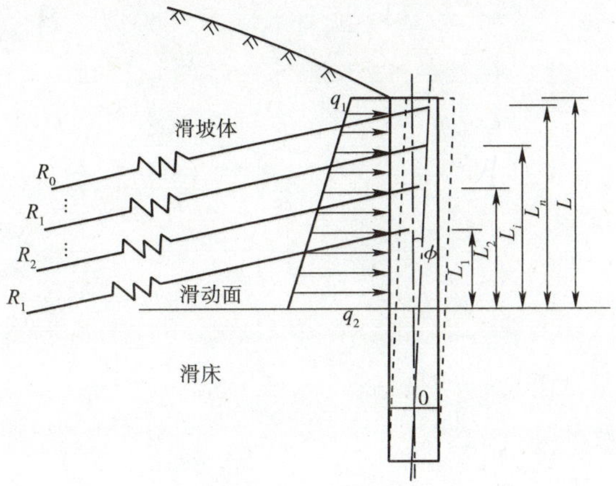

图 E-2　预应力锚索桩计算模型

Figure E-2　Computational model of prestressing anchor-bolt pile

锚索抗滑桩应按其结构也分为刚性和弹性桩分别对待，其区分可参考普通桩板墙的判断标准。

E.3　抗震设计方法推导 Seismic design method

目前规范中对于锚索桩板墙结构的抗震计算方法并没有介绍，因此，在前人工作基础上，本文提出了同时考虑地震荷载作用和锚索作用下的桩板墙结构设计计算方法。

地震情况下，锚索与桩协调变形，锚索拉力在工作过程中是变化的，且桩背土压力是滑坡推力与锚索拉力共同作用的结果，也是不断变化的。因此，在参考目前地震情况下滑坡推力的“拟静力法”基础上对于桩非锚固段仅仅由锚索拉力引起的土体抗力的计算，本文提出了引入弹性地基梁处理的方法。假定地震作用下的桩背土压力仅为滑坡推力和锚索拉力作用下的桩背土压力叠加的结果，据此假定，最终的结构（包括锚索与桩）内力与变形和锚固段地基反力即可叠加得到。

（1）考虑桩与锚索的共同作用

①锚索受力计算

$$M_0 = M - \sum_{j=1}^{n} R_j \cos\theta_j L_j \tag{E-1}$$

$$Q_0 = Q - \sum_{j=1}^{n} R_j \cos\theta_j \tag{E-2}$$

$$Q = \frac{q_1 + q_2}{2} \cdot h_1 \cdot l_1 \tag{E-3}$$

$$M = \frac{q_1 + q_2}{2} \cdot h_1 \cdot l_1 \cdot \Delta H \tag{E-4}$$

式中：Q、M——分别为地震作用下桩背土压力作用于O点的剪力（kN）和弯矩（kN·m），与静力状态下有所区别；

R_j——第j排锚索拉力（kN）；

θ_j——第j排锚索与水平线夹角（°）；

L_j——第j排锚索锚拉点距O点的距离（m）；

q_1、q_2——分别为地震作用下桩顶和滑面处桩背的土压力强度（Pa）；

l_1——相邻两桩“中～中”的滑坡推力或岩土侧向压力计算宽度（m）；

h_1——滑体高度（m）；

ΔH——地震作用下桩背土压力合力至滑面处O点的高度（m）。

又由位移变形协调原理，每根锚索伸长量Δ_i与该锚索所在点桩的位移f_i相等，建立位移平衡方程：

$$\Delta_i = f_i \tag{E-5}$$

抗滑桩在外荷载作用下，绕桩轴某点O发生平面转动后，桩处于静力平衡状态，假定其转角为$\Delta\varphi$：

$$f_i = (y_0 + L_j)\Delta\varphi \tag{E-6}$$

$$\Delta\varphi = \Delta\varphi_1 - \Delta\varphi_2 \tag{E-7}$$

$$\Delta_i = \delta_i(R_i - R_{i0}) \cdot \cos\theta_i \tag{E-8}$$

$$\delta_i = \frac{l_i}{N \cdot E_g A_s} \tag{E-9}$$

式中：θ_i——地震情况下锚索桩产生的转角（°）；

$\Delta\varphi_1$——地震情况下仅滑坡推力作用使抗滑桩产生的转角（rad）；

$\Delta\varphi_2$——地震情况下仅锚索拉力作用使抗滑桩产生的转角（rad），方向与$\Delta\varphi_1$相反；

δ_i——第i根锚索的柔度系数，即单位力作用下锚索的弹性伸长量（m）；

l_i、A_s——分别为锚索自由段长度（m）及每束锚索的弹性伸长量（m）；

E_g——锚索的弹性模量（kPa）；

N——每孔锚索的束数。

②锚固段桩身内力计算

参考普通桩板墙，当桩底为自由端时，由$Q_{h2}=0$，$M_{h2}=0$，可得：

$$Q_0 = \frac{1}{6}B_p m\Delta\varphi h_2^2(3y_0 - 2h_2) + \frac{1}{2}B_p A\Delta\varphi y_0^2 - \frac{1}{2}B_p A'\Delta\varphi(h_2 - y_0)^2 \tag{E-10}$$

$$M_0 + Q_0 h_2 = \frac{1}{6}B_p A\Delta\varphi h_2^2(3y_0 - h_2) - \frac{1}{6}B_p A'\Delta\varphi(h_2 - y_0)^3 + \frac{1}{12}B_p m\Delta\varphi h_2^3(2y_0 - h_2) \tag{E-11}$$

两式联立即得方程如下：

$$2Q_0(A'-A)y_0^3+6M_0(A'-A)y_0^2-2y_0h_2[3A'(2M_0+Q_0h_2)+mh_2(3M_0+2Q_0h_2)]+h_2^2[2A'(3M_0+2Q_0h_2)+mh_2(4M_0+3Q_0h_2)]=0 \tag{E-12}$$

（2）仅考虑锚索的作用

$$M'_0=\sum_{j=1}^{n}R_j\cos\theta_jL_j-\frac{q'_1+q'_2}{2}\cdot h_1\cdot l_1\cdot\Delta H' \tag{E-13}$$

$$Q'_0=\sum_{j=1}^{n}R_j\cos\theta_j-\frac{q'_1+q'_2}{2}\cdot h_1\cdot l_1 \tag{E-14}$$

$$q'_1=(y'_0+h_1)\cdot B\cdot\Delta\varphi_2 \tag{E-15}$$

$$q'_2=y'_0\cdot(B+m'h_1)\cdot\Delta\varphi_2 \tag{E-16}$$

式中：Q'_0、M'_0——分别为仅锚索作用下O点的剪力（kN）和弯矩（kN·m）；

R_j——第j排锚索拉力（kN）；

θ_j——第j排锚索与水平线夹角（°）；

L_j——第j排锚索锚拉点距O点的距离（m）；

q'_1、q'_2——分别为地震作用下桩顶和滑面处桩背的土压力强度（Pa）；

$\Delta H'$——地震作用下桩背土压力合力至滑面处O点的高度（m）；

y'_0——地震作用下仅考虑锚索拉力的情况下，刚性桩转点至滑面的深度（m）；

B——仅考虑锚索拉力作用下滑体在桩顶处的弹性抗力系数；

$(B+m'h_1)$——仅考虑锚索拉力作用下滑面处滑体的弹性抗力系数。

当桩底为自由端时，$Q'_0=0$，$M'_0=0$，可得：

$$M'_0+Q'_0h_2=\frac{1}{6}B_pA\Delta\varphi_2h_2^2(3y'_0-h_2)-\frac{1}{6}B_pA'\Delta\varphi_2(h_2-y'_0)^3+\frac{1}{12}B_pm\Delta\varphi_2h_2^3(2y'_0-h_2) \tag{E-17}$$

$$Q'_0=\frac{1}{6}B_Pm\Delta\varphi_2h_2^2(3y'_0-2h_2)+\frac{1}{2}B_pA\Delta\varphi_2y'^2_0-\frac{1}{2}B_pA'\Delta\varphi_2(h_2-y'_0)^2 \tag{E-18}$$

$$2Q'_0(A'-A)y'^3_0+6M'_0(A'-A)y'^2_0-2y'_0h_2[3A'(2M'_0+Q'_0h_2)+mh_2(3M'_0+2Q'_0h_2)]+h_2^2[2A'(3M'_0+2Q'_0h_2)+mh_2(4M'_0+3Q'_0h_2)]=0 \tag{E-19}$$

（3）叠加滑坡推力与锚索作用力

假设仅滑坡推力作用下滑体对桩背的土压力呈矩形分布，且桩顶土压应力为t_1，滑面处桩背的土压应力为t_2，每延米水平合力为T，合力作用点距滑面高度为ΔH_t则：

$$q_1=q'_1+t_1 \tag{E-20}$$

$$q_2=q'_2+t_2 \tag{E-21}$$

$$M_0 = T \cdot l_1 \cdot \Delta H_t - M'_0 \tag{E-22}$$

联立式（E-1）~（E-22），即可求得地震作用下的桩身剪力、弯矩、土压力分布、桩身位移和锚索拉力等。

利用此方法，求得的静力情况下计算与试验对比曲线较规范算法更接近振动台试验实测曲线，说明在实际锚索桩板墙设计计算过程中应该考虑锚索拉力的动态影响。

对于地震情况下的锚索抗滑桩的设计计算，几乎没有文献介绍，可以借鉴将地震力作为“静力”计算引入抗震计算中的方法，然而对于锚索抗滑桩设计计算时综合地震系数的取值并没有规定，参考前文所述的普通桩板墙抗震设计方法，利用大型振动台试验成果应对 C_z 进行修正，建议 0.1g 时 C_z 取为 0.15；0.2g、0.3g、0.4g 时，修正系数 C_z 取为 0.25。运用此计算方法计算得到的静力和各加载工况下的锚索轴力也非常接近，更体现了此动态设计方法的合理性。

附录F　普通及加筋重力式挡墙振动台试验分析报告
Appendix F　Analysis report of shaking table test of general and gravity reinforced earth retaining wall

2008年"5·12"汶川地震后，共调查了371处遭受不同程度损坏的公路挡土墙，其中重力式挡土墙（刚性结构）的破坏数量占挡土墙破坏总数的97.1%，而加筋式挡土墙、桩板式挡土墙、锚索框架（这些挡土墙一般称为柔性挡土墙）的破坏数量仅占总挡土墙破坏数量的2.9%。上述调查结果表明，柔性挡土墙的抗震性能与刚性挡土墙相比具有较大的优势。在国道213都江堰—映秀段调查的63处重力式挡土墙震害中，由于震后墙体的不可恢复性位移造成的震害占震害总数的76.2%，其中墙体倾覆位移占绝大部分，仅少数挡土墙发生滑移。

现行抗震设计规范主要通过增大挡土墙截面来加强重力式挡土墙的抗倾覆能力，从而增大挡土墙自重来抵抗地震力，既有抗震设计不仅存在圬工数量多、造价高、施工进度慢等问题，还使高烈度区挡土墙的抗震性能得不到保证。本文在汶川地震挡土墙震害调查分析基础之上，克服了现有技术的不足，提出一种带加筋结构的实用新型重力式挡土墙——加筋重力式挡土墙。经过振动台模型试验的对比分析，加筋重力式挡土墙的抗倾覆能力与普通重力式挡土墙相比有大幅度提高，有效增强了抗震性能，并减少了圬工数量，达到节约生产成本的目的。

本附录介绍了普通重力式挡墙和加筋重力式挡墙振动台试验及分析。主要内容包括：振动台试验概况；对普通及加筋重力式挡墙在部分加载工况下位移、土压力、加速度实测数据进行了简单的图文说明，为后续数据分析工作提供了参考；通过对比分析普通及加筋重力式挡墙的位移、土压力及加速度在不同地震烈度下的变化规律，总结重力式挡墙的抗震特性，验证了加筋重力式挡墙的抗震优越性；归纳了普通及加筋重力式挡墙抗震性能的异同点，为不同地震烈度区重力式挡墙的抗震设计提出了建议。

F.1　试验概况 Test outline

F.1.1　试验设备 Test equipment

试验在国内某大型高性能地震模拟实验台上进行，该实验系统拥有国际上先进的数控系统、数据采集系统及测试分析系统，总体技术性能指标处于国际领先水平。振动台为6自由度（沿3轴平动和绕3轴转动），6m×6m地震模拟试验台，台面最大负载600kN，水平向最大位移±150mm，垂直向最大位移±100mm，满载时水平向最大加速度1g，垂直向0.8g，空载时水平向最大加速度3g，垂直向2.6g，频率范围：0.1~80Hz。本实验采用128通道BBM数据采集系统，最大引用误差≤0.5%，信号适调仪接电荷转换器以转换电压信号，最大引用误差≤1%，数据采集、监测信号和在线分析同步进行，见图F-1。

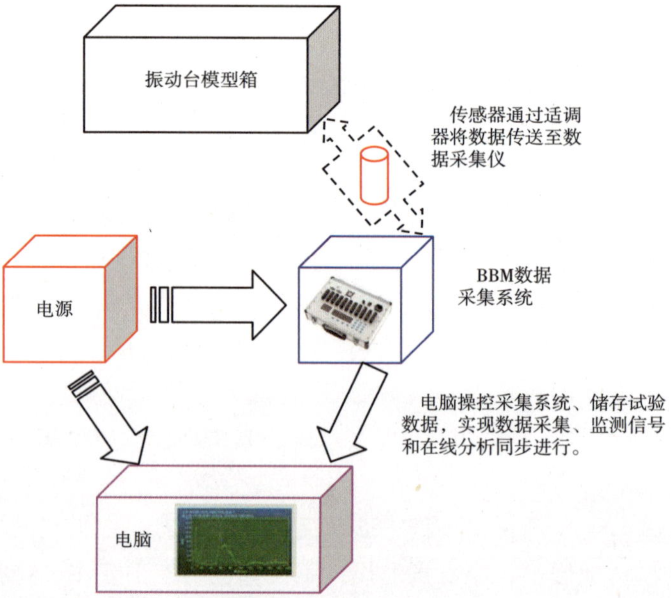

图F-1 数据采集系统

Figure F-1 Data acquisition system

F.1.2 模型相似关系设计 Scale relation design of model

本次试验模型相似关系设计见表F-1、表F-2。

表F-1 填方路基试验相似常数

Table F-1 Scale factor of fill subgrade test

序 号	物 理 量	相 似 律	12m路堤相似常数
1	几何尺寸 L	C_L	6
2	质量密度 ρ	C_ρ	1
3	输入振动加速度 A	$C_A=1$	1
4	模量系数 X	C_X	1
5	应力 σ	$C_\sigma=C_\rho C_L$	6
6	动位移 u	$C_u=C_\rho^{1/2}C_L^{3/2}/C_X$	14.7
7	动应变 ε	$C_\varepsilon=C_\rho^{1/2}C_L^{1/2}/C_X$	2.45
8	质点的振动速度 $\dot{u}$	$C_{\dot{u}}=C_\rho^{1/4}C_L^{3/4}/C_X^{1/2}$	3.83
9	振动质点的加速度 $\ddot{u}$	$C_{\ddot{u}}=1$	1
10	时间 t	$C_t=C_\rho^{1/4}C_L^{3/4}/C_X^{1/2}$	3.83
11	频率 f	$C_f=C_\rho^{-1/4}C_L^{-3/4}C_X^{1/2}$	0.261
12	阻尼比 ξ	$C_\xi=1$	1
13	摩擦角 φ	$C_\varphi=1$	1

表 F-2　9.6m 高重力式挡墙模型试验相似常数
Table F-2　Scale factor of 9.6m gravity earth retaining wall

物理量	量纲	相似关系	相似常数	备注
长度 L	L	λ	6	控制量
密度	ML^{-3}	λ_ρ	1	控制量
加速度 $\ddot{u}$	LT^{-2}	$\lambda_{\ddot{u}}$	1	控制量
速度 $\dot{u}$	LT^{-1}	$\lambda^{1/2}$	2.45	
位移 u	L	λ	6	
时间 t	T	$\lambda^{1/2}$	2.45	
频率 ω	T^{-1}	$\lambda^{-1/2}$	0.408	

F.1.3　挡土墙模型设计 Design of retaining wall model

结合大量汶川地震重力式挡墙倾覆震害实例，以研究地震下重力式挡土墙的破坏机制、验证加筋重力式挡土墙的抗震性能优越性为目的，本实验选取了原型高度为9.6m的普通及加筋重力式挡土墙，对其动力反应特性进行了对比及分析。依据表 F-2 的模型相似关系，挡土墙模型尺寸为1.6m（高）×1.5m（宽），墙顶宽0.33m，墙底宽0.55m，墙趾高0.204m，墙趾宽0.102m。经大量调研及系统分析，为使挡土墙在地震作用下有更好的抗倾覆稳定性，加筋重力式挡土墙墙背加筋位置距墙踵高度宜取（0.5～0.65）H，本试验中加筋重力式挡土墙的墙背加筋装置距墙踵为1.05m，加筋材料为网状土工格栅，加筋长度为1.5m，图 F-2 显示了加筋重力式挡土墙模型。

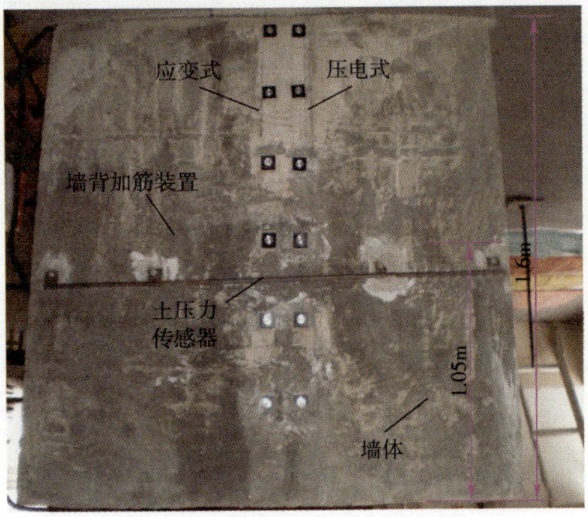

图 F-2　加筋重力式挡土墙
Figure F-2　Gravity reinforced earth retaining wall

F.1.4　测试方案 Test program

试验拟采集的数据包括：位移、加速度、土压力，具体的测试仪器布置见图 F-3，图 F-4。位移传感器分别布置在墙顶、墙中，主要测试墙顶位移、墙体转角；加速度传感器分别布置在振动台台面、墙后填土、墙前填土、墙顶，主要测试台面加速度及研究墙后填土、墙前填土、挡土墙的加速度动力响应特性；土压力传感器分别布置在墙背、墙底，主要研究地震下墙背土压力的分布变化情况，并考察地基承载力对挡土墙抗震性能的影响，其中墙背采用两排不同类型的传感器——应变式及压电式土压力传感器，分别测试墙背总土压力强度、动土压力强度。

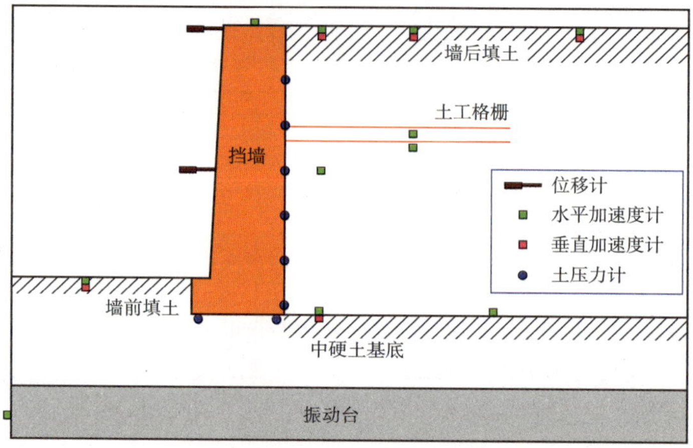

图 F-3 加筋重力式挡土墙测试仪器布置图

Figure F-3 Arrangement of testing instruments in gravity reinforced earth retaining wall

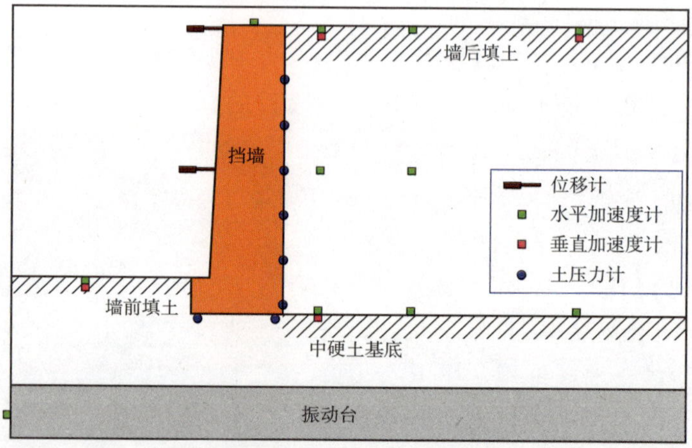

图 F-4 普通重力式挡土墙测试仪器布置图

Figure F-4 Arrangement of testing instruments in gravity earth retaining wall

F.1.5 模型箱设计与加工 Design and manufacture of model box

路基沿线路走向可以作为一种无限体，理论上是没有边界的，但在振动台试验中，只能将模型置于有限尺寸的容器内，其边界上的波动反射以及体系振动形态的变化将会给试验结果带来一定的误差，即所谓的“模型箱效应”。为最大限度地减小“模型箱效应”对试验的影响，使容器中的模型土体在地震作用下的变形方式与原型自由场相同，试验采用钢板＋型钢＋有机玻璃制作的一端开口的刚性模型箱，内空尺寸为 3.7m×1.5m×2.1m（长×宽×高），并在地震波水平传播方向的模型箱体后壁内衬 30mm 厚泡沫垫层，模拟吸波材料，减小振动波在边界的反射，此外，箱体侧壁所用的有机玻璃本身比较光滑，消除了侧壁摩擦约束对试验的影响。

模型箱底板及骨架材料主要由钢板、角钢、槽钢组成，为方便观测震中、震后墙土系统的地震反应，侧壁采用厚度为 10mm 的有机玻璃。

F.1.6 模型材料配制 Preparation of model material

F.1.6.1 场地土、墙背填料

对于1.0g振动台，由于重塑土的抗剪强度、剪切模量等参数难以满足相似关系，模拟效果较差。因此，振动台试验中，通常采用原状土的相似材料制作模型土。较为常用的材料有高岭土、膨润土和明胶颗粒等，试验设计研究中需根据实际情况，通过加入水、粉煤灰、甘油、橡胶屑等物质，使其特性参数满足相似要求。制作模型土的相似材料主要保证满足重度、抗剪强度（剪应力 vs 剪切位移）、剪切波速（剪切模量比 vs 剪应变；阻尼比 vs 剪应变）等几个相似关系，基底填料及墙后填料分别用模型土和干砂进行模拟，模型材料各项指标见表F-3。

F.1.6.2 支挡结构材料

挡土结构静力试验常选用石膏和石膏硅藻土等脆性材料制作结构模型，但在进行振动台模型试验时不宜使用上述材料，结构模型埋置在模型土中，模型土含有的水分对石膏及石膏混合材料的强度和弹性性质将会有很大的影响。挡土结构振动台弹性试验常用的结构模型材料有：合成树脂类材料，如有机玻璃和环氧树脂；橡胶材料，如硅橡胶材料和乳胶材料。动力破坏试验中，制作结构模型的主要材料是微粒混凝土和石膏混凝土。

表F-3 模型材料特性

Table F-3 Characteristics of model material

参数	中硬土基底	软土基底	岩石基底	墙后填料
重度（kN/m^3）	20.26	18.6	22.78	17
含水率（%）	3.6	2.8	3.3	—
内黏聚力（kPa）	6.9	5	8.67	—
内摩擦角（°）	30.4	24	38.83	33

本次振动台试验为动力破坏试验，考虑挡墙为刚性体，采用微粒混凝土制作。

F.1.7 试验加载工况 Cases of test loading

根据现场勘查及地震危险性评估结果，选择与模型所在场地具有类似条件的已有数字化汶川强地震记录，并按相似律进行压缩处理，处理后的地震波持时为65.3s。考虑从x向（横向垂直线路走向）、z向（竖向垂直线路走向）输入地震动加速度，试验加载制度如下：白噪声（动力特性测试）→0.1g→0.2g→0.4g→0.7g→0.9g。

F.2 试验数据 Test data

重力式挡墙的振动台试验数据包括：墙体位移、墙体加速度、墙后填土加速度、墙前填土加速度、墙背土压力、基底土压力。按照不同台次、加载工况、数据类型对实测数据进行分类罗列，给出相应的时程曲线及峰值，为后续的研究工作提供参考。鉴于图形所占篇幅较大，本章仅给出0.4g加载工况下的位移、土压力及加速度的时程曲线，对其他未

列工况将以数表形式表达。

F.2.1 传感器布置 Sensor arragement

数据采集记录中，土压力计按照应变式和压电式划分类型，应变式土压力计主要测试墙背总土压力；应变式土压力计主要测试墙背动土压力；加速度计根据测点测试方向划分类型，分别记为“水平”、“竖直”。普通和加筋重力式墙的仪器布置分别见图 F-5 和图 F-6。

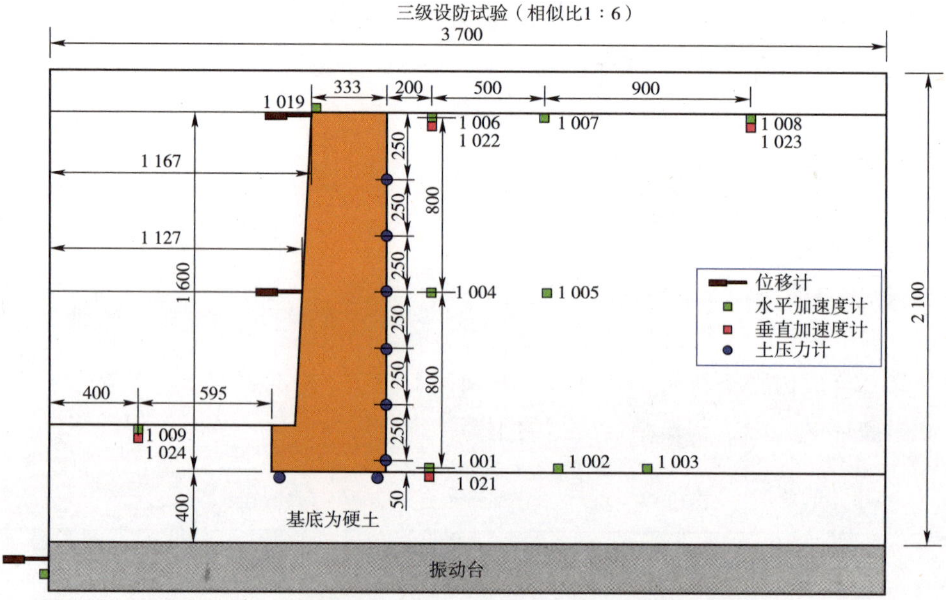

图 F-5 普通重力式墙传感器布置图（尺寸单位：mm）

Figure F-5 Sensor arrangement of gravity earth retaining wall

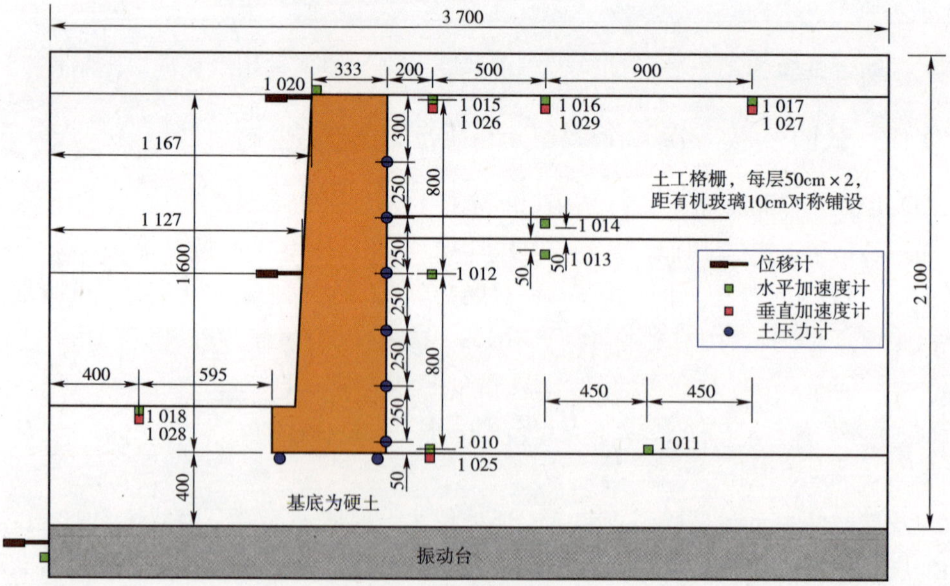

图 F-6 加筋重力式墙传感器布置图（尺寸单位：mm）

Figure F-6 Sensor arrangement of gravity reinforced earth retaining wall

F.2.2　普通重力式挡墙试验数据 Test data of gravity earth retaining wall

F.2.2.1　位移

图 F-7 为墙顶及墙中位移时程曲线。

F.2.2.2　土压力

图 F-8 为应变式和压电式土压力计数据，测点按照由高到低排列，以显示墙背测点总土压力时程和动土压力时程。

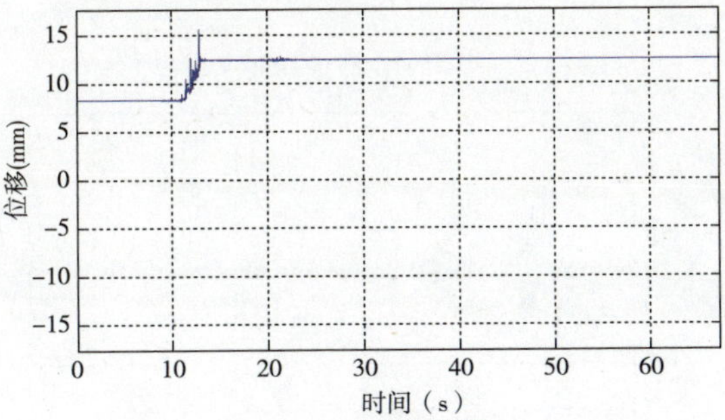

a）墙顶位移

a) Displacement at top-filling of wall

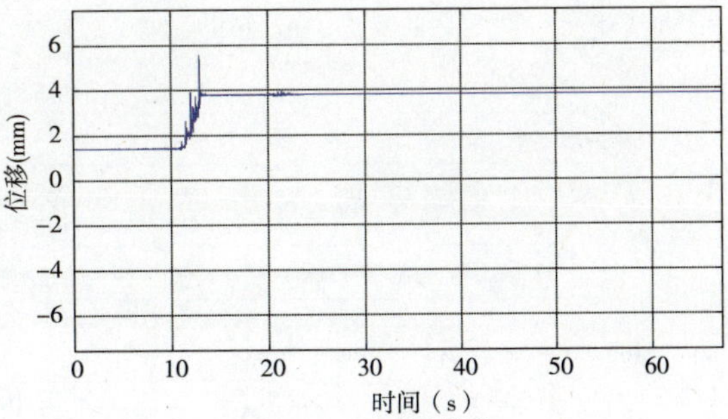

b）墙中位移

b) Displacement at middle-filling of wall

F-7　位移时程曲线

Figure F-7　Displacement time histories

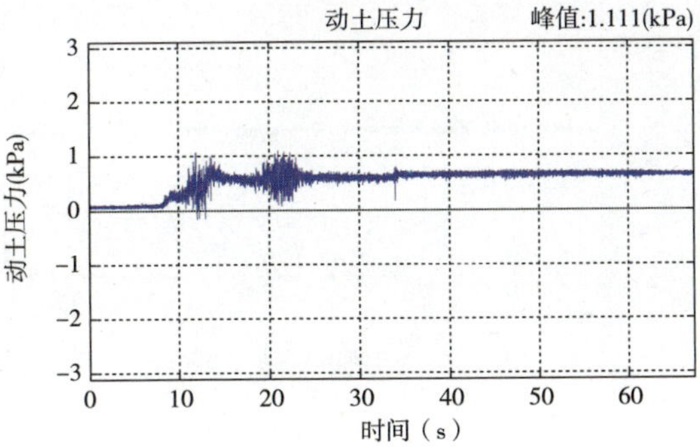

a）（总022A）土压力时程

a) (022A)Total earth pressure time

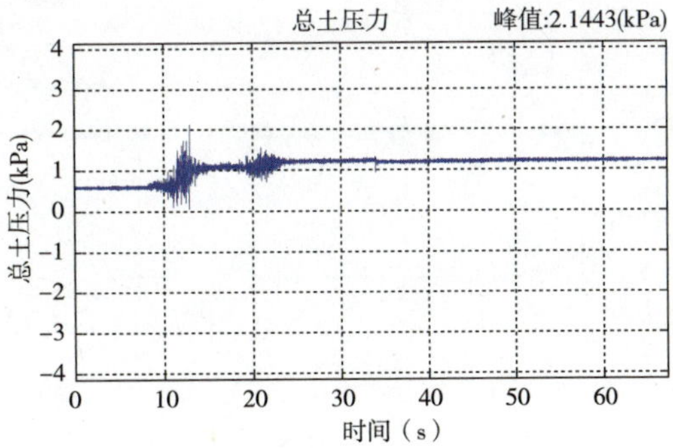

b）（总021A）土压力时程

b) (021A)Total earth pressure time histories

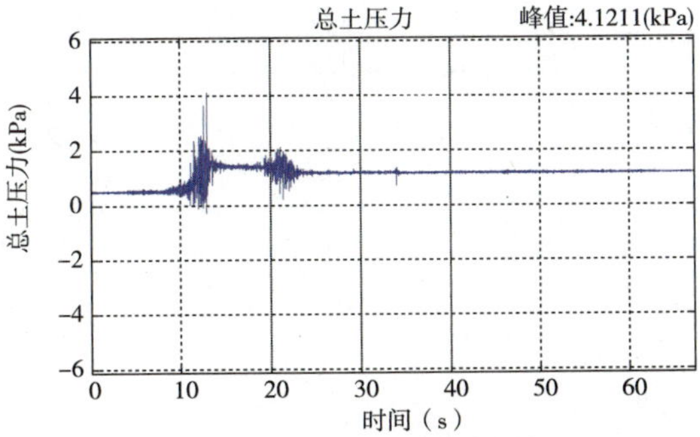

c）（总019A）土压力时程

c) (019A) Total earth pressure time histories

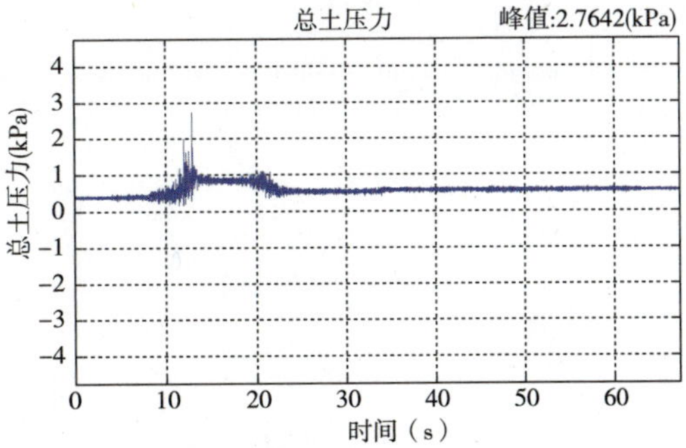

d）（总025B）土压力时程

d) (025B) Total earth pressure time histories

图　F-8

Figure　F-8

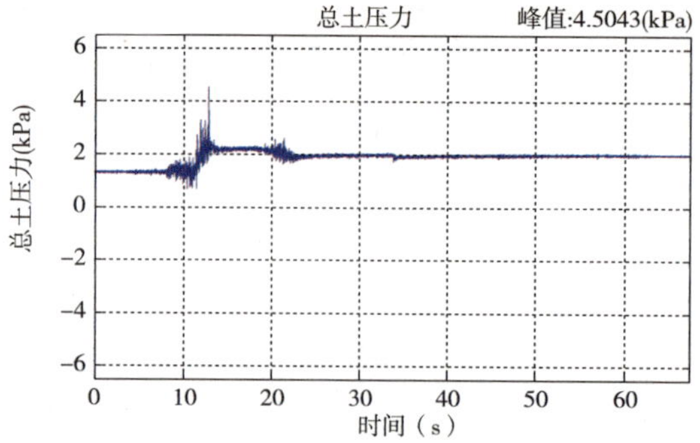

e）（总031B）土压力时程
e) (031B) Total earth pressure time histories

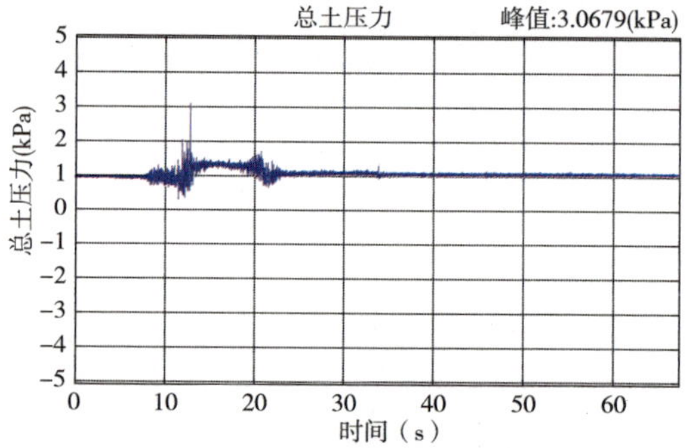

f）（总029B）土压力时程
f) (029B) Total earth pressure time histories

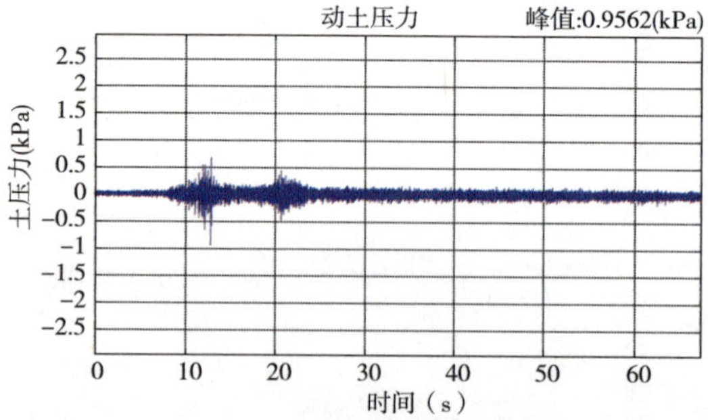

g）（动008）土压力时程
g) (008) Dynamic earth pressure time histories

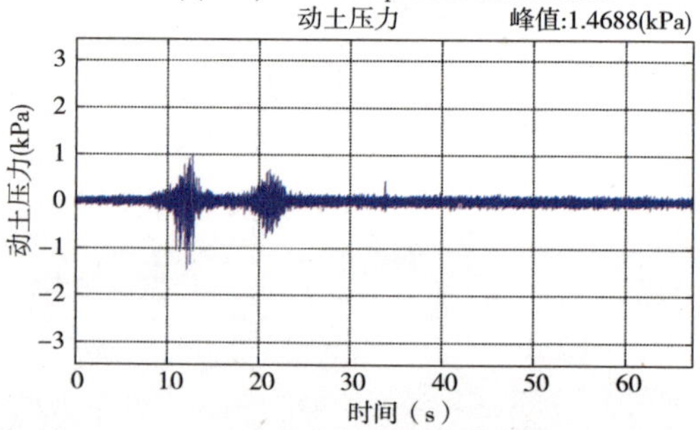

h）（动011）土压力时程
h) (011) Dynamic earth pressure time histories

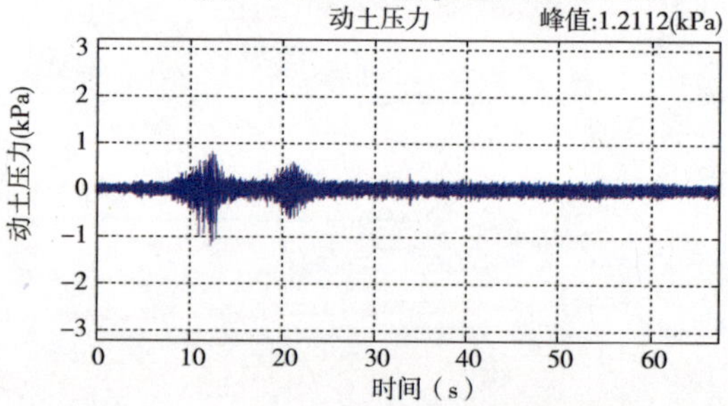

i）（动012）土压力时程
i) (012) Dynamic earth pressure time histories

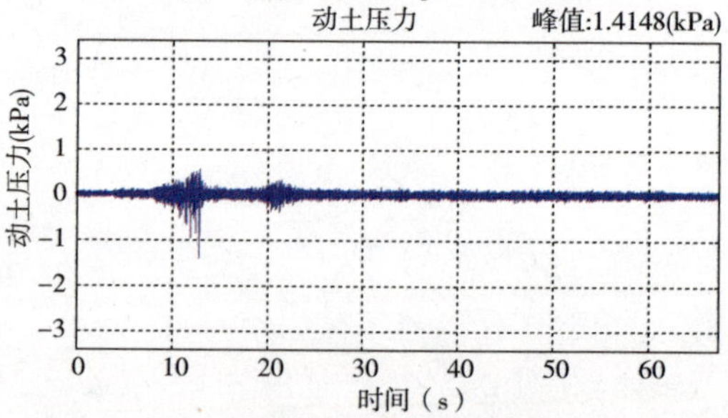

j）（动013）土压力时程
j) (013) Dynamic earth pressure time histories

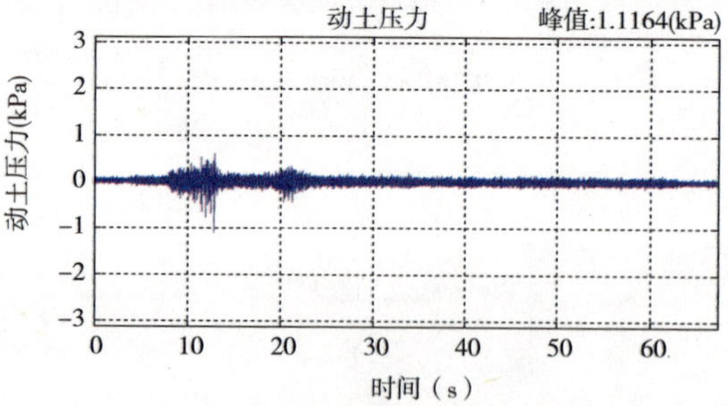

k）（动009）土压力时程
k) (009) Dynamic earth pressure time histories

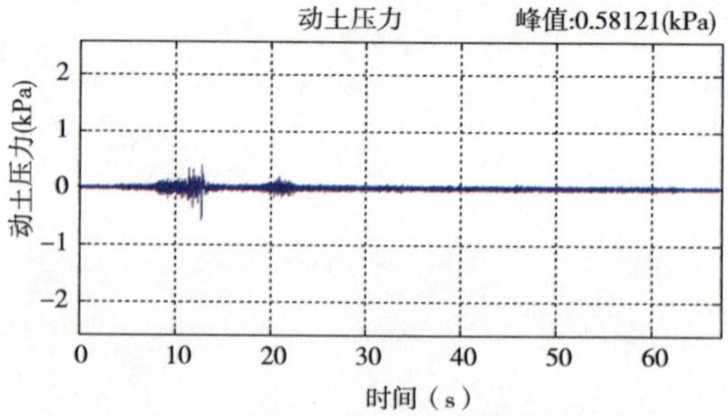

l）（动010）土压力时程
l) (010) Dynamic earth pressure time histories

图 F-8　总土和动土压力时程曲线
Figure F-8　Total and dynamic earth pressure time histories

F.2.2.3　加速度

图 F-9 为墙前填土加速度时程，按照墙后填土加速度传感器埋设位置分为顶部（高程与墙顶位置相同)、中部(高程与墙中位置相同)、底部(高程与墙底位置相同),由于墙后填土加速度传感器较多,代表性时程如图 F-10。

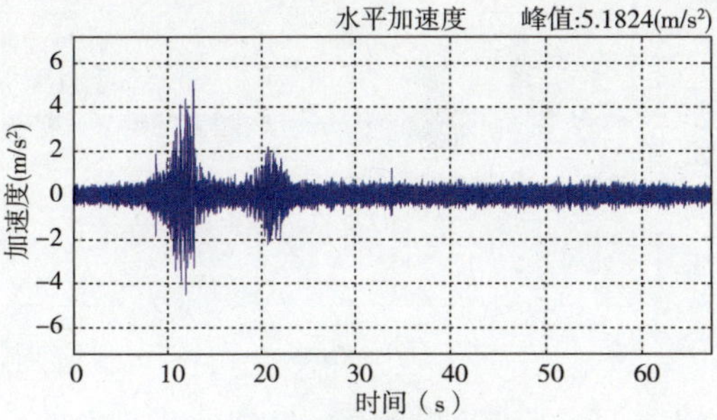

a)加速度时程(水平)

a) Horizontal acceleration time histories

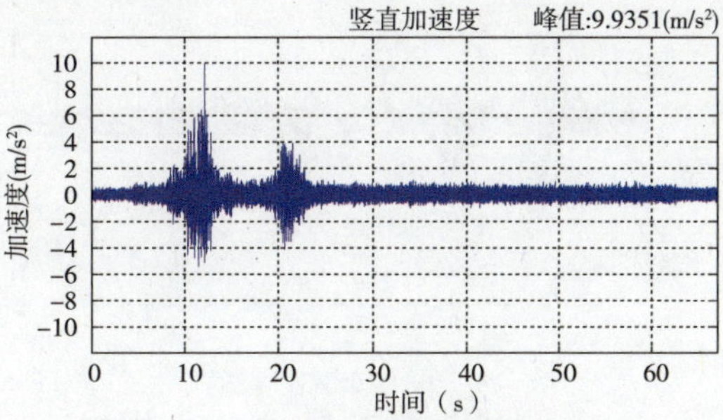

b)加速度时程(竖直)

b) Vertical acceleration time histories

图 F-9 墙前填土加速度时程

Figure F-9 Acceleration time histories of front-filling of wall

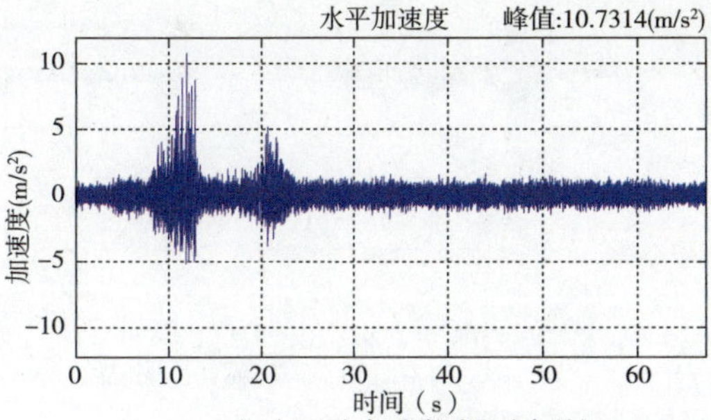

a)(1006)加速度时程(水平)

a) (1006) Horizontal acceleration time histories

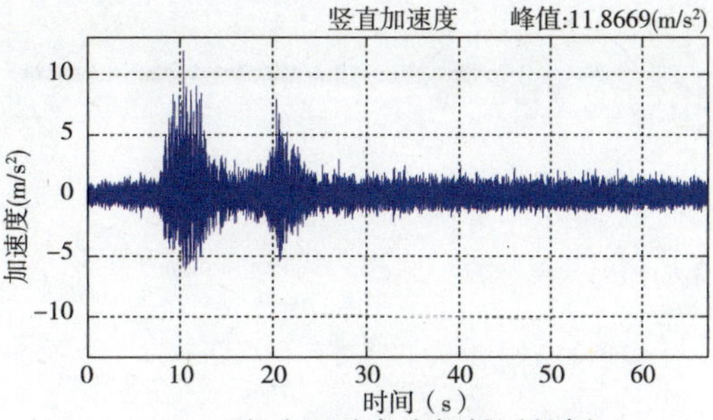

b)(1022)加速度时程(竖直)

b) (1022) Vertical acceleration time histories

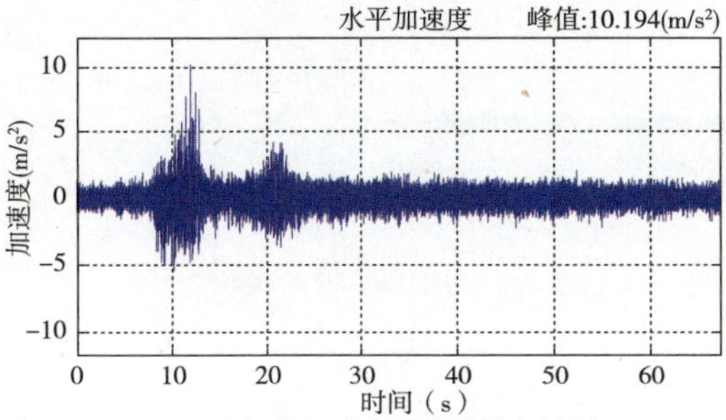

c)(1007)加速度时程(水平)

c) (1007) Horizontal acceleration time histories

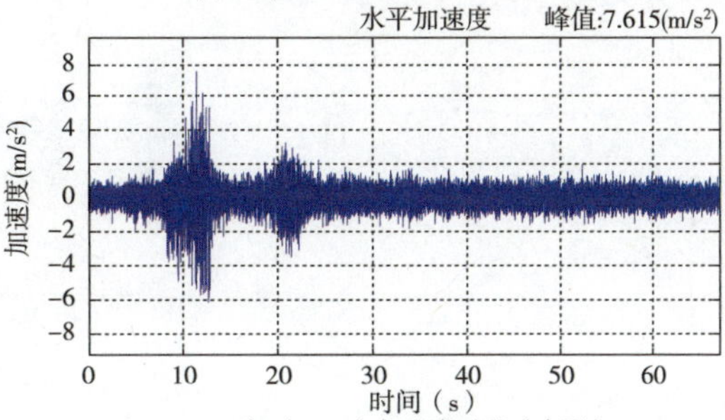

d)(1008)加速度时程(水平)

d) (1008) Horizontal acceleration time histories

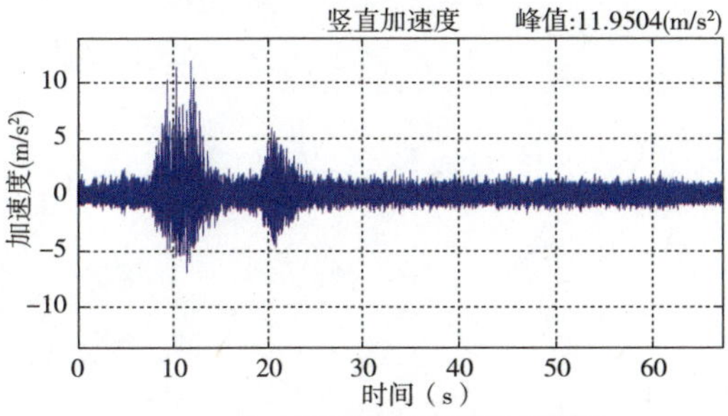

e)(1023)加速度时程(竖直)

e) (1023) Vertical acceleration time histories

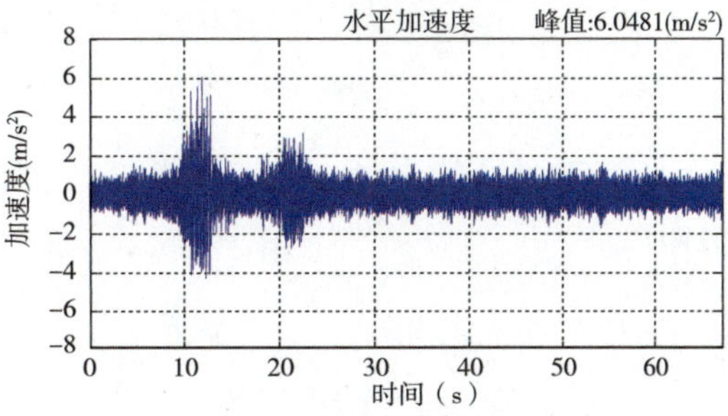

f)(1004)加速度时程(水平)

f) (1004) Horizontal acceleration time histories

图 F-10

Figure F-10

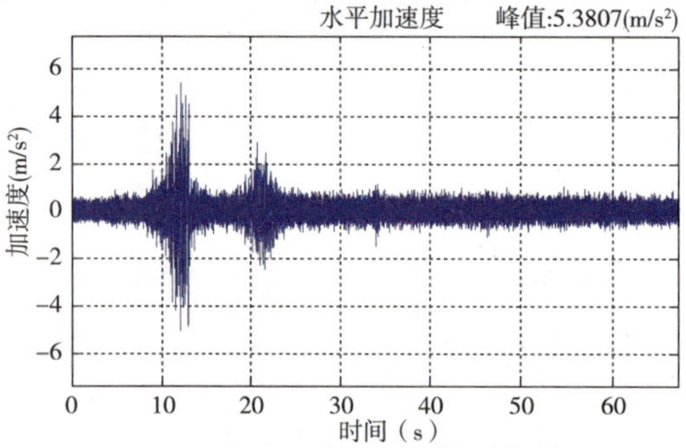

g)(1005)加速度时程(水平)
g) (1005) Horizontal accleration time histories

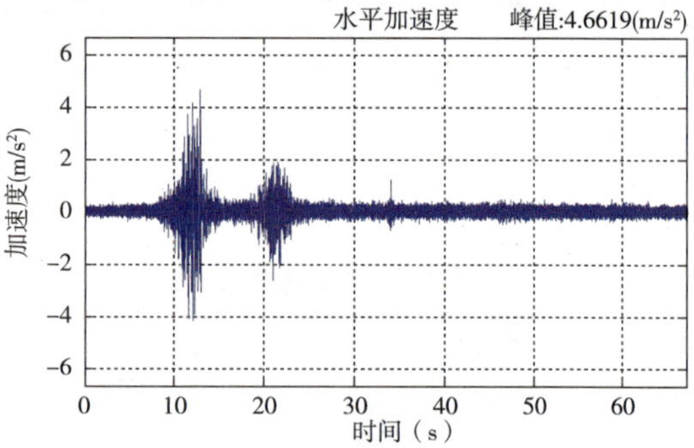

h)(1001)加速度时程(水平)
h) (1001) Horizontal acceleration time histories

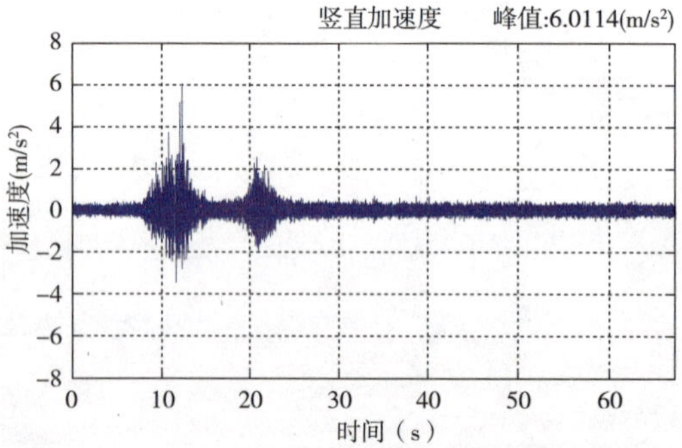

i)(1021)加速度时程(竖直)
i) (1021) Vertical acceleration time histories

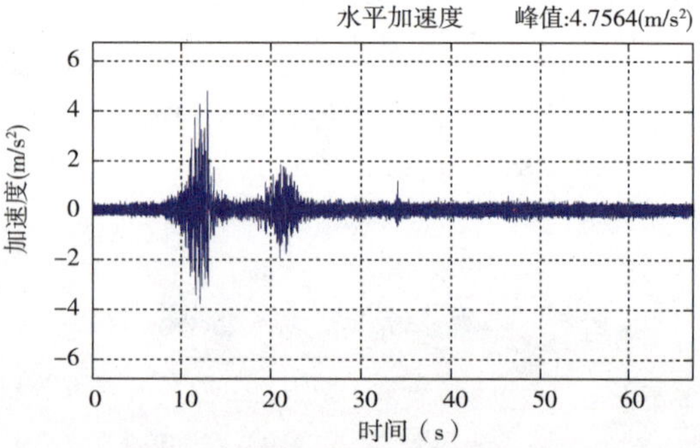

j)(1002)加速度时程(水平)
j) (1002) Horizontal acceleration time histories

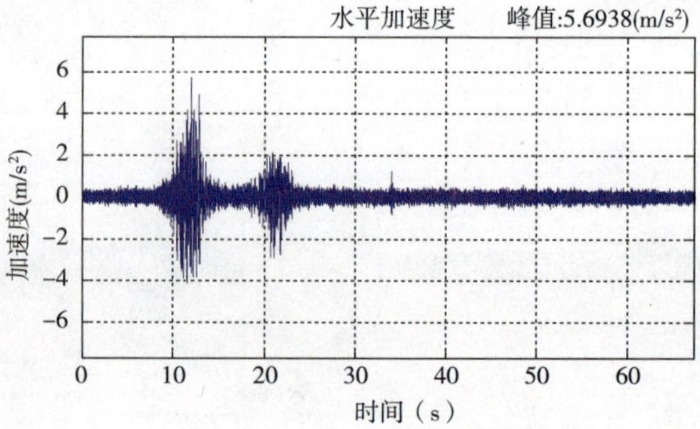

k)(1003)加速度时程(水平)
k) (1003) Horizontal acceleration time histories

图 F-10 墙后填土加速度时程

Figure F-10 Acceleration time histories of back-filling of wall

F.2.3 加筋重力式挡墙试验数据 Test data of gravity reinforced earth retaining wall

F.2.3.1 位移

图 F-11 为墙顶及墙中位移时程曲线。

F.2.3.2 土压力

图 F-12 为墙背土压力时程，测点按照由高到低排列，以显示墙背测点总土压力时程。

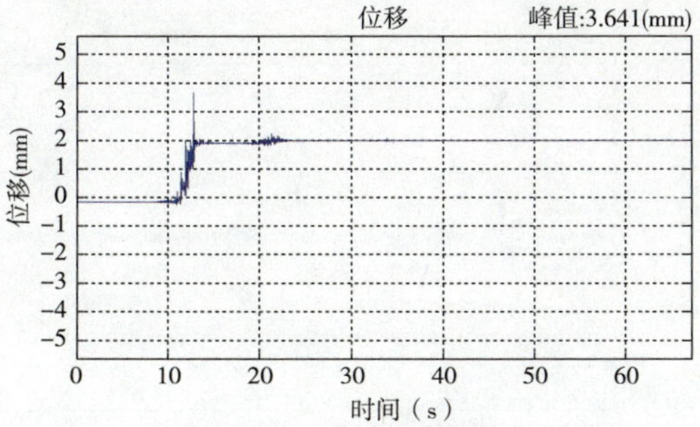

a）墙顶位移

a) Displacement of top-filling of wall

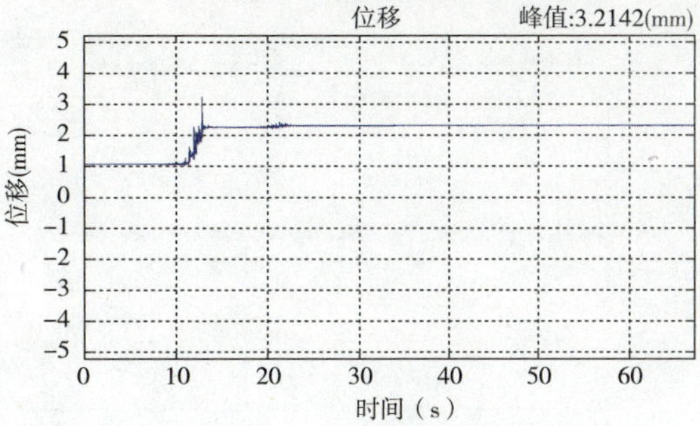

b）墙中位移

b) Displacement of middle-filling of wall

图 F-11　位移时程曲线

Figure F-11　Displacement time histories

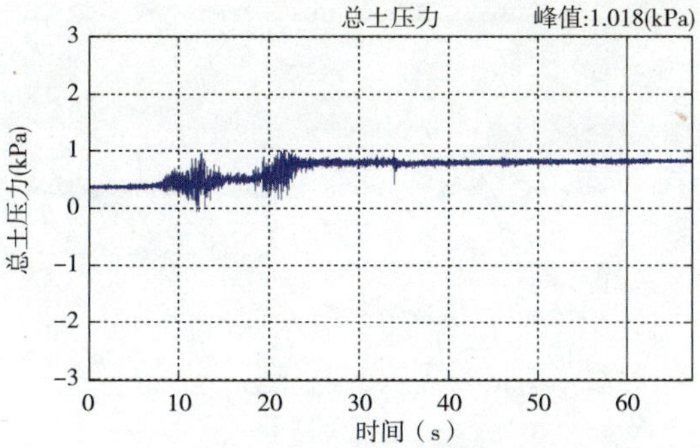

a）（总023A）土压力时程

a) (023A) Total earth pressure time histories

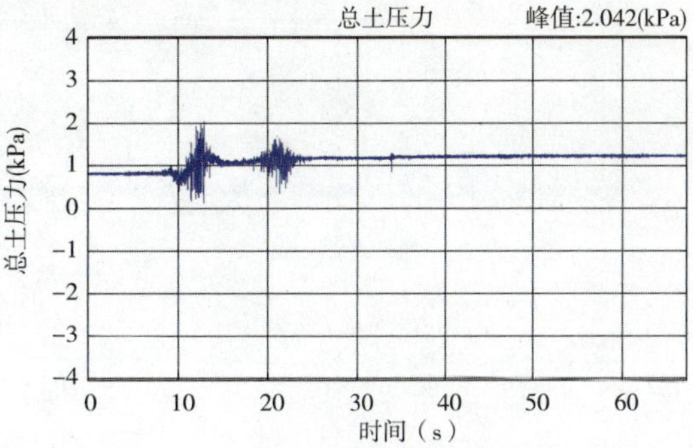

b）（总020A）土压力时程

b) (020A) Total earth pressure time histories

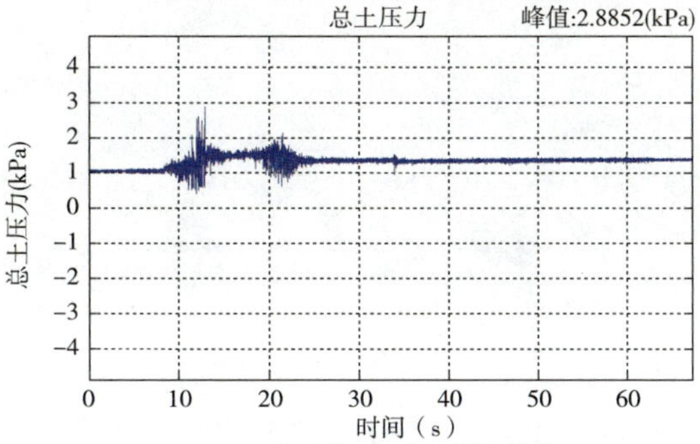

c）（总024A）土压力时程

c) (024A) Total earth pressure time histories

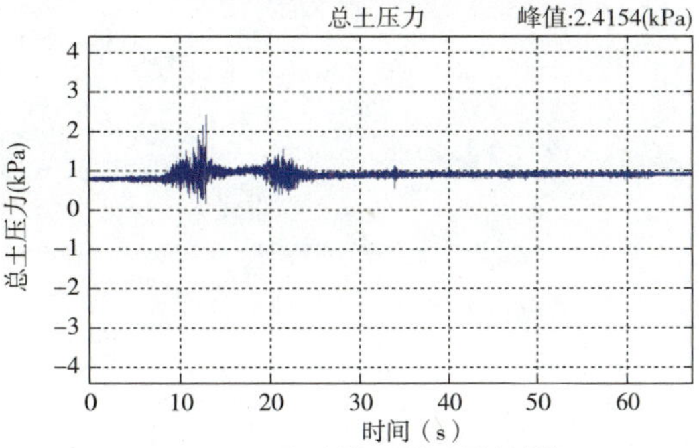

d）（总026B）土压力时程

d) (026B) Total earth pressure time histories

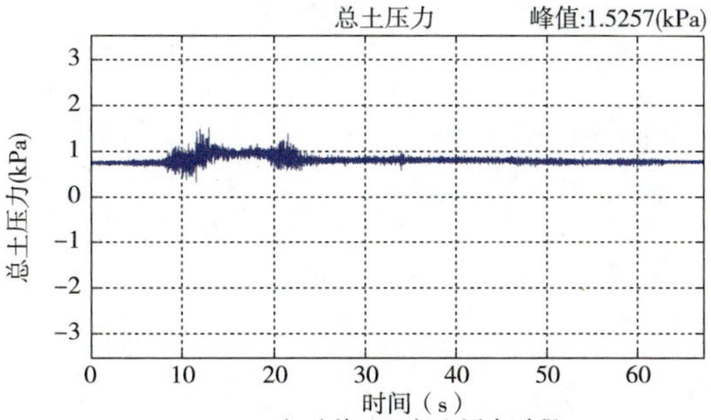

e）（总030B）土压力时程

e) (030B) Total earth pressure time histories

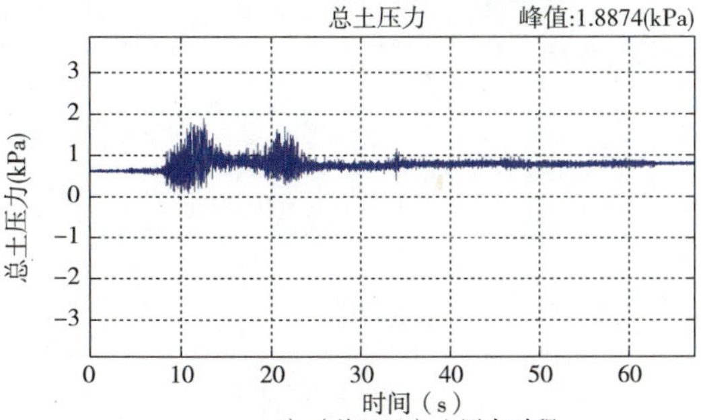

f）（总028B）土压力时程

f) (028B) Total earth pressure time histories

图　F-12

Figure　F-12

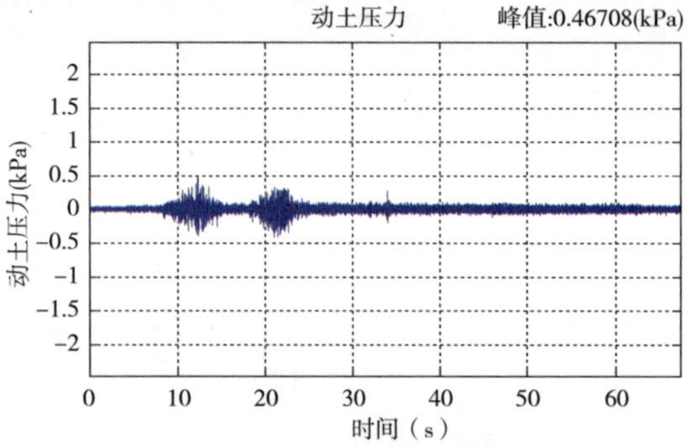

g）（动017）土压力时程

g) (017) Dynamic earth pressure time histories

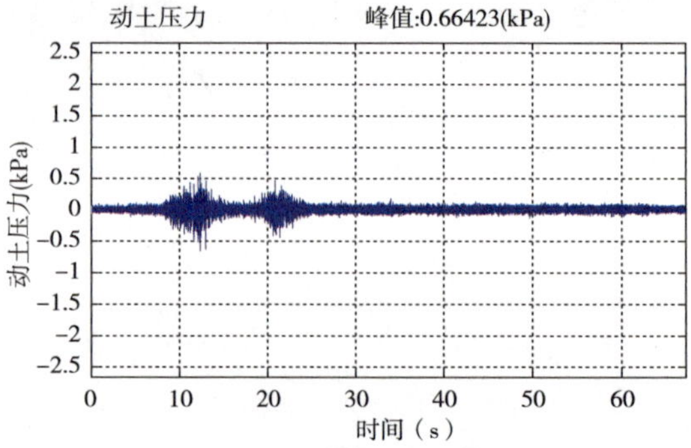

h）（动018）土压力时程

h) (018) Dynamic earth pressure time histories

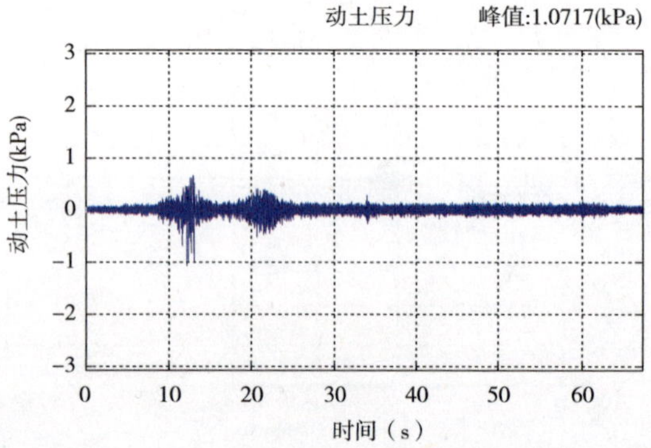

i）（动007）土压力时程

i) (007) Dynamic earth pressure time histories

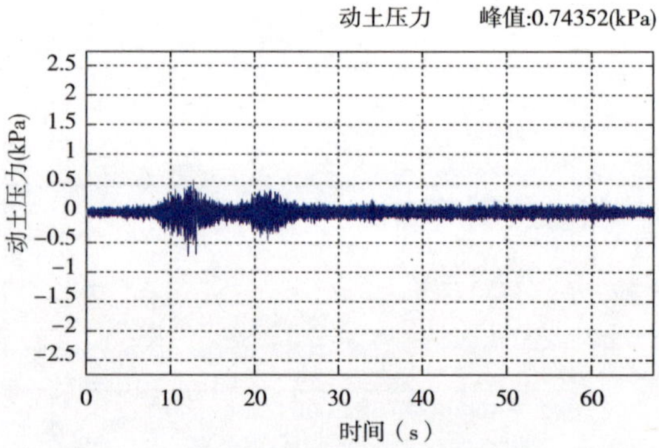

j）（动014）土压力时程

j) (014) Dynamic earth pressure time histories

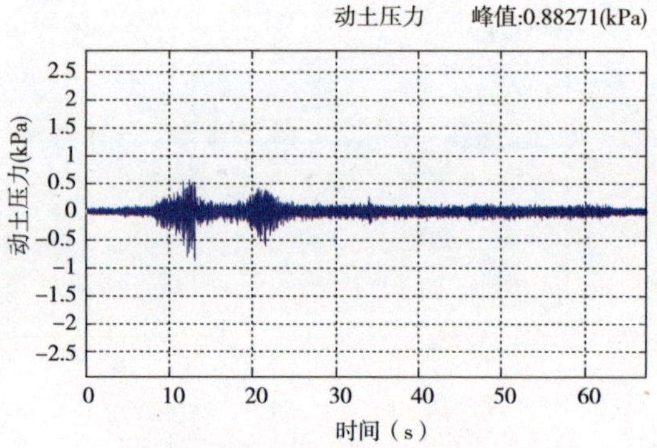

k）（动015）土压力时程

k) (015) Dynamic earth pressure time histories

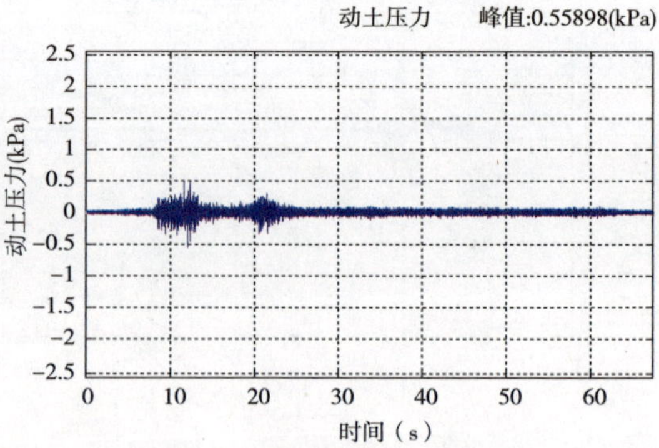

l）（动016）土压力时程

l) (016) Dynamic earth pressure time histories

图 F-12 墙背土压力时程曲线

Figure F-12 Earth pressure time histories of back - filling of wall

F.2.3.3 加速度

图 F-13 为墙前填土加速度时程，按照墙后填土加速度传感器埋设位置分为顶部（高程与墙顶位置相同）、中部（高程与墙中位置相同）、底部（高程与墙底位置相同），由于墙后填土加速度传感器较多，代表性时程如图 F-14 所示。

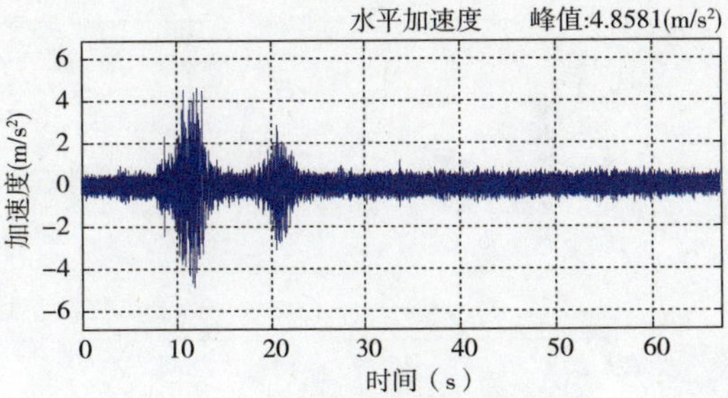

a）加速度时程（水平）

a) Horizontal acceleration time histories

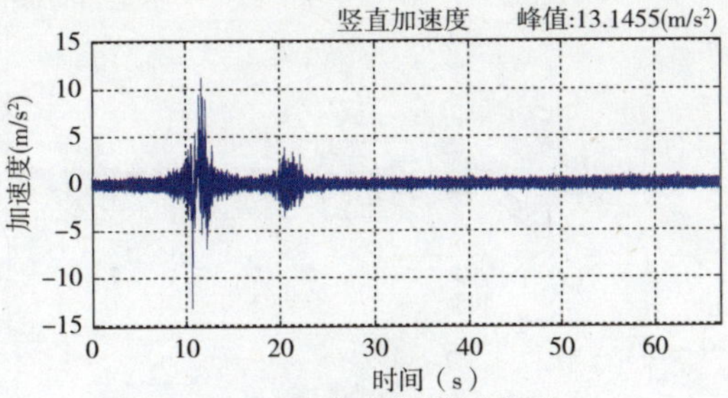

b）加速度时程（垂直）

b) Veritcal acceleration time histories

图 F-13　墙前填土加速度时程曲线

Figure F-13　Acceleration time histories of front-filling of wall

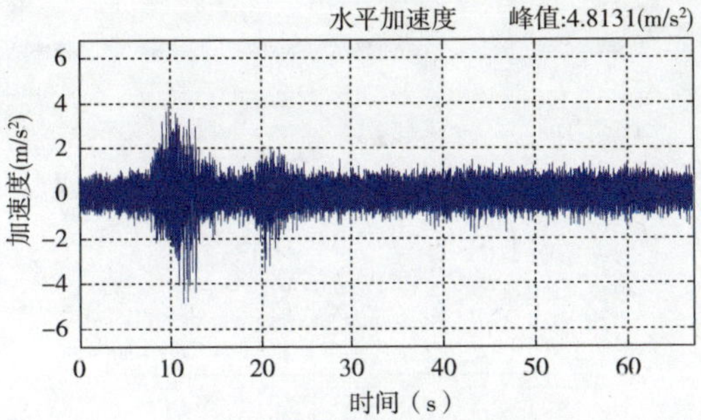

a）（1015）加速度时程（水平）

a) (1015) Horizontal acceleration time histories

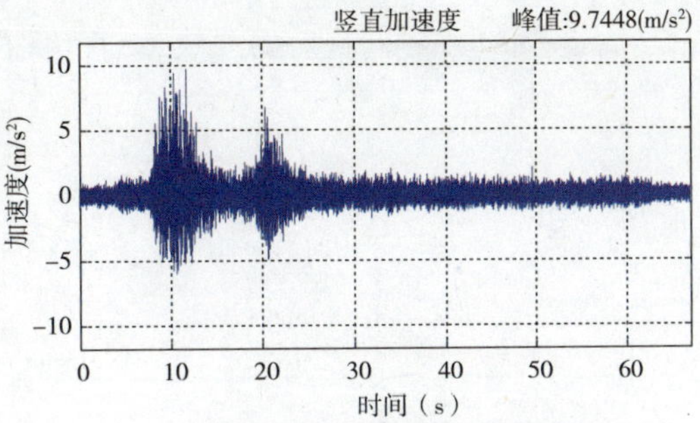

b）（1026）加速度时程（垂直）

b) (1026) Vertical acceleration time histories

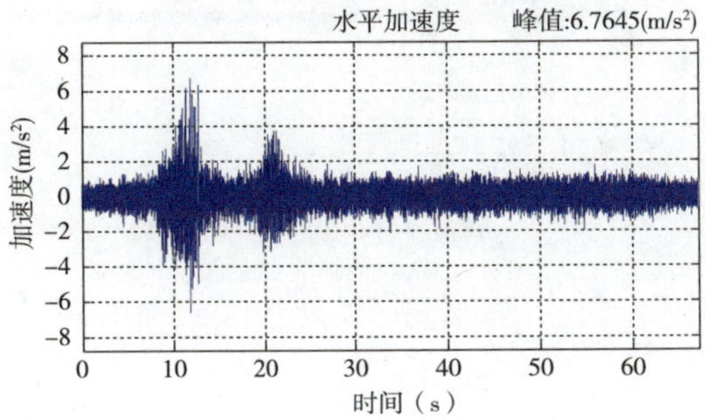

c）（1016）加速度时程（水平）

c) (1016) Horizontal acceleration time histories

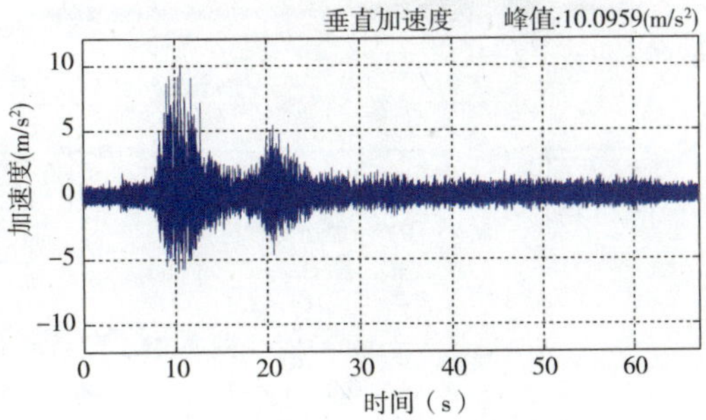

d）（1029）加速度时程（垂直）

d) (1029) Vertical acceleration time histories

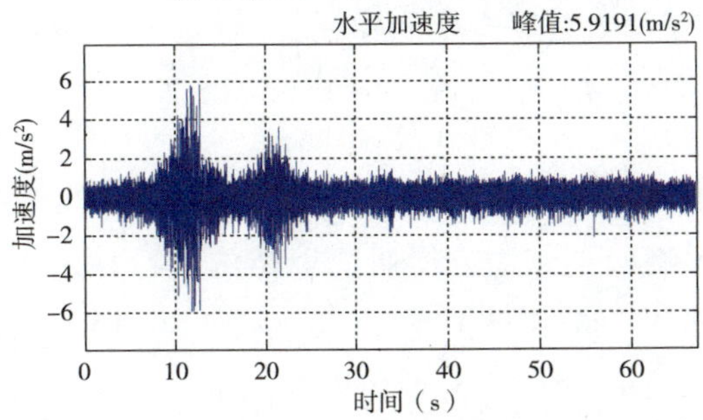

e）（1017）加速度时程（水平）

e) (1017) Horizontal acceleration time histories

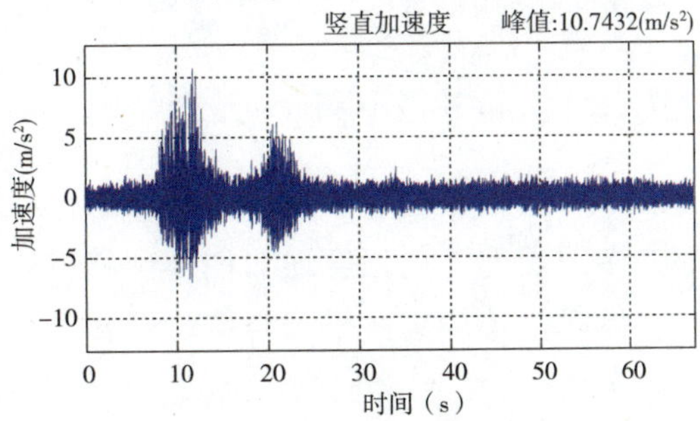

f）（1027）加速度时程（垂直）

f) (1027) Vertical acceleration time histories

图　F-14

Figure　F-14

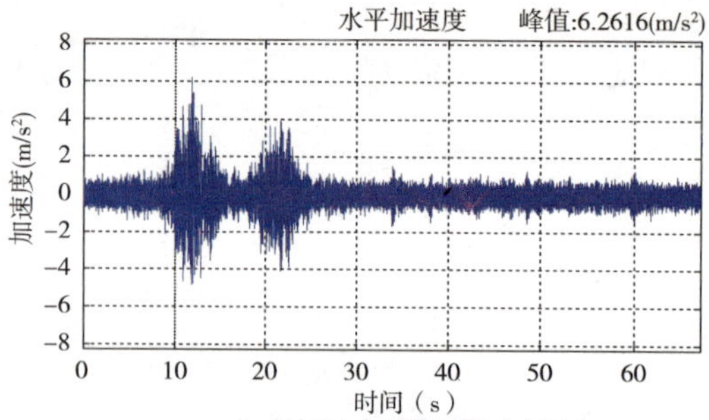

g）（1012）加速度时程（水平）

g) (1012) Horizontal acceleration time histories

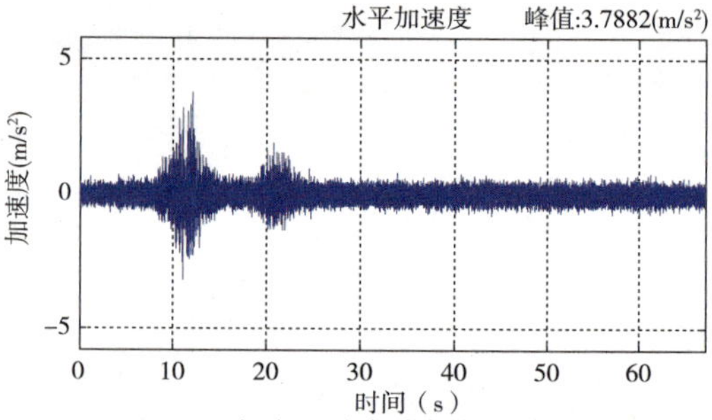

h）（1014）加速度时程（水平）

h) (1014) Horizontal acceleration time histories

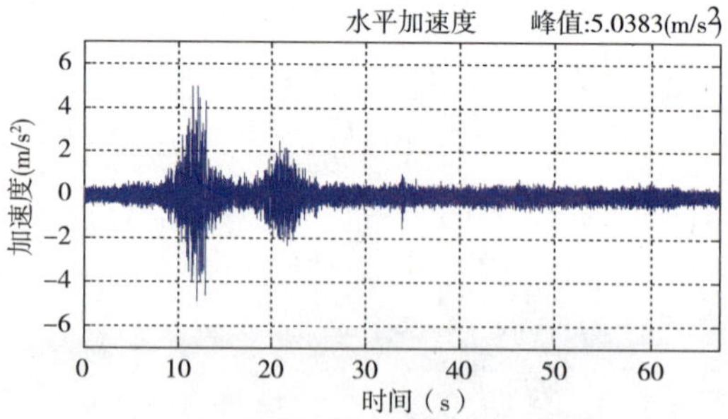

i）（1013）加速度时程（水平）

i) (1013) Horizontal acceleration time histories

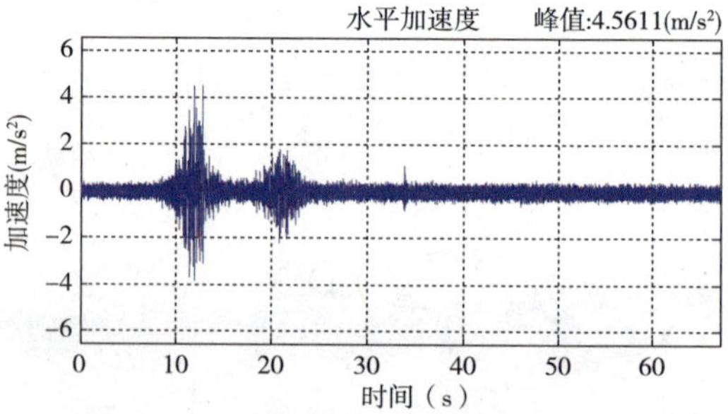

j）（1010）加速度时程（水平）

j) (1010) Horizontal acceleration time histories

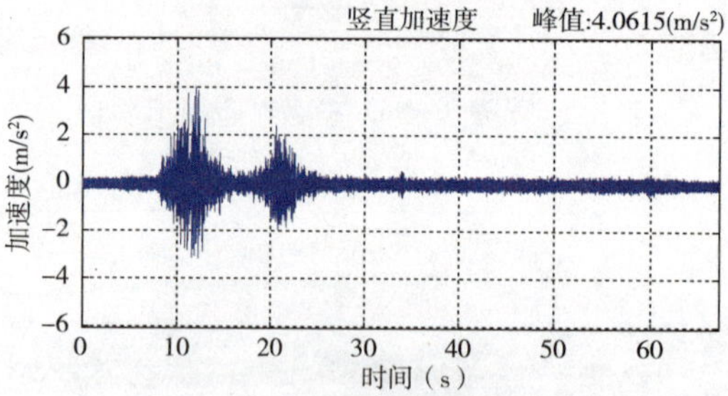

k）（1025）加速度时程（垂直）

k) (1025) Vertical acceleration time histories

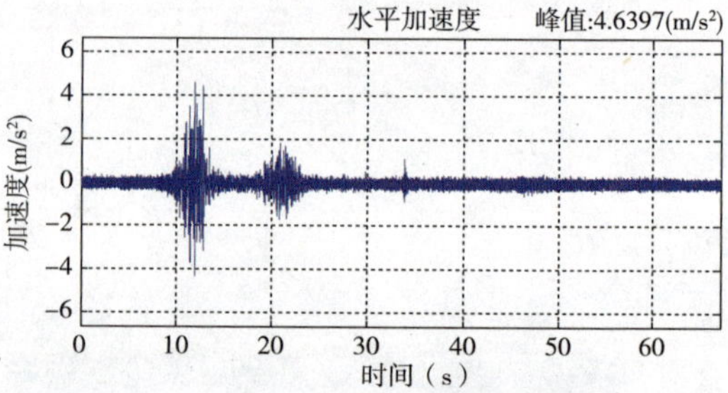

l）（1011）加速度时程（水平）

l) (1011) Horizontal acceleration time histories

图 F-14　墙后填土的加速度时程曲线

Figure F-14　Acceleration time histories of back-filling of wall

F.3　试验数据分析 Test data analysis

F.3.1　位移 Displacement

输入震级、地震波特性、墙后加筋、墙体几何形状、墙体材料重度、地基土剪切模量等诸多因素都不同程度地对墙体位移产生影响，本文为方便研究墙体位移特性，将墙体位移模式假定为墙体平动与绕墙趾转动的耦合，即 RBT 位移模式，见图 F-15。墙顶总位移为 Δ_1，平动分量为 Δ，转动分量为 Δ_R，$\Delta_1=\Delta+\Delta_R$，墙体转角为 θ。引入平动位移百分比、转动位移百分比、位移指数三个概念，分别定义为 Δ/Δ_1、Δ_R/Δ_1、墙顶位移与墙高比值。位移百分比反映了地震中墙体的位移模式，平动位移百分比与挡墙滑动位移成正比，对应墙体滑移破坏；转动位移百分比与挡墙倾覆位移成正比，对应墙体倾覆破坏；位移指数是反映墙体震后位移幅度的指标，可通过其数值大小对挡土墙抗震性能进行综合评价。

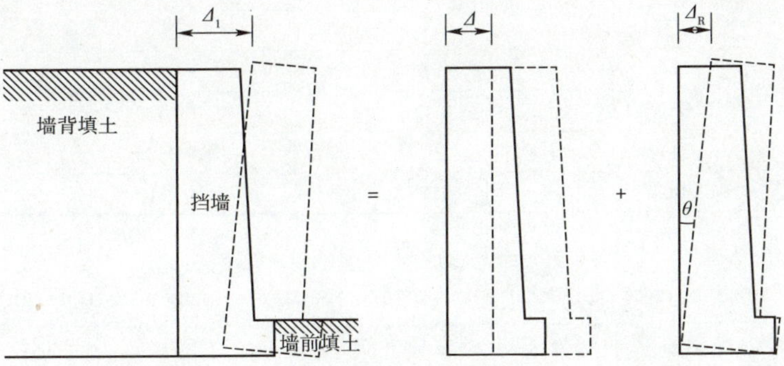

图 F-15　墙体位移模式

Figure F-15　Mode of wall movement

表 F-4 ~ 表 F-7 分别显示了各加载工况下普通及加筋重力式挡墙的墙顶位移、墙体转角、位移指标、位移百分比。图 F-5 ~ 图 F-7 对比显示了普通、加筋重力式挡土墙位移指数、墙体转角、位移分量百分比随地震系数的变化规律。

表 F-4　普通重力式挡墙位移

Table F-4　Displacement of gravity earth retaining wall

地震系数	墙顶位移（mm）	墙中位移（mm）	墙体转角	位移指标（%）
a_h/g	Δ_1	Δ_2	θ（°）	Δ_1/H
0. 1	0. 000	0. 000	0. 000	0. 000
0. 2	0. 177	0. 090	0. 006	0. 011
0. 4	4. 316	2. 474	0. 132	0. 270
0. 7	31. 776	18. 211	0. 972	1. 986
0. 9	72. 506	45. 606	1. 927	4. 532

表 F-5　普通重力式挡墙位移分量百分比

Table F-5　Percentage of displacement components of gravity earth retaining wall

地震系数	墙顶位移（mm）	平动位移（mm）	墙顶转动位移（mm）	位移百分比（%）	
a_h/g	Δ_1	Δ	Δ_{RD}	Δ/Δ_1	Δ_{RD}/Δ_1
0. 1	0	0	0	0. 00	100. 00
0. 2	0. 177	0. 003	0. 087	1. 69	98. 31
0. 4	4. 316	0. 632	1. 842	14. 64	85. 36
0. 7	31. 776	4. 646	13. 565	14. 62	85. 38
0. 9	72. 506	18. 706	26. 900	25. 80	74. 20

表 F-6 加筋重力式挡墙位移

Table F-6 Displacement of gravity reinforced retaining wall

地震系数	墙顶位移（mm）	墙中位移（mm）	墙体转角（°）	位移指标（%）
a_h/g	Δ_1	Δ_2	θ	Δ_1/H
0.1	0	0	0.0000	0.000
0.2	0.0596	0.032	0.0020	0.004
0.4	2.2113	1.271	0.0674	0.138
0.7	17.0133	9.874	0.5116	1.063

表 F-7 加筋重力式挡墙位移分量百分比

Table F-7 Percentage of displacement components of gravity reinforced earth retaining wall

地震系数	墙顶位移（mm）	平动位移（mm）	墙顶转动位移（mm）	位移百分比（%）	
a_h/g	Δ_1	Δ	Δ_{RD}	Δ/Δ_1	Δ_{RD}/Δ_1
0.1	0	0	0	0.00	100.00
0.2	0.0596	0.0044	0.0552	7.38	92.62
0.4	2.2113	0.3307	1.8806	14.96	85.04
0.7	17.0133	2.7347	14.2786	16.07	83.93

由图 F-16、图 F-17 可知：①普通、加筋重力式挡土墙的位移指数、墙体转角均随地震系数的增大而增大；地震系数越大，位移指数、墙体转角增大的程度越明显。②加筋重力式挡土墙位移指数、墙体转角低于普通重力式挡土墙。当地震系数在 0.3 及以下时，加筋、普通重力式挡土墙的位移指数、墙体转角差距较小；当地震系数大于 0.3 时，二者的差距随地震系数的增大而增大，加筋重力式挡土墙的抗倾覆能力明显提高；地震系数为 0.4、0.7 时，加筋重力式挡土墙墙体转角与普通重力式挡土墙相比减小 48.95%、47.37%。

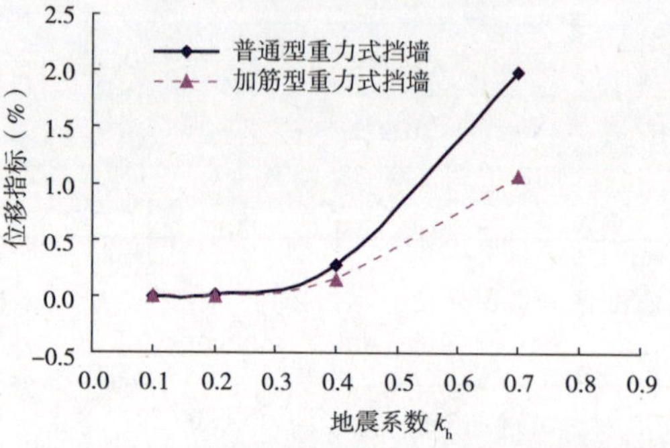

图 F-16 位移指数随地震系数变化

Figure F-16 Change of displacement index with seismic coefficient

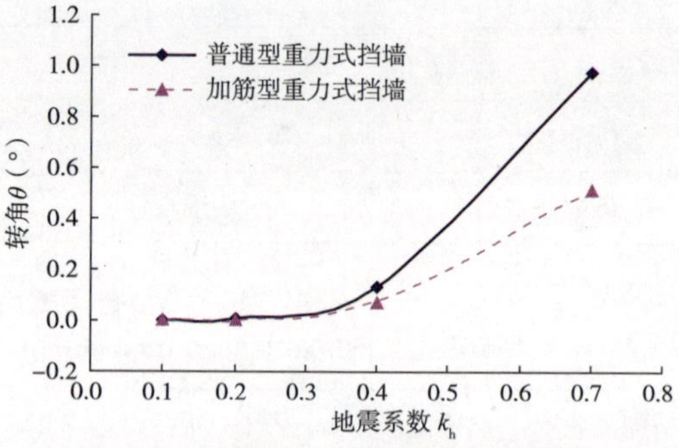

图 F-17 墙体转角随地震系数变化

Figure F-17 Change of rotation angle of wall with seismic coefficient

上述现象表明：从墙体位移角度来看，在地震烈度为Ⅷ度及以下的区域，加筋、普通重力式挡土墙抗震性能相差不大，按现行抗震规范设计的普通重力式挡土墙能满足抗震要求；在地震烈度为Ⅷ度以上的区域，普通重力式挡土墙发生较明显的倾覆位移，墙顶位移及墙顶转角随地震系数的增大而急剧增加，严重影响了挡土墙的抗震稳定性，此时宜使用加筋重力式挡土墙进行抗震设计。

由图F-18可知，普通、加筋重力式挡土墙的位移分量百分比差距较小，位移分量百分比均随地震系数的变化呈现相同规律：总体上，转动分量百分比占较大比例，随着地震系数的增大，平动分量百分比呈现上升趋势，当地震系数大于0.4时，位移百分比几乎不随地震系数变化。

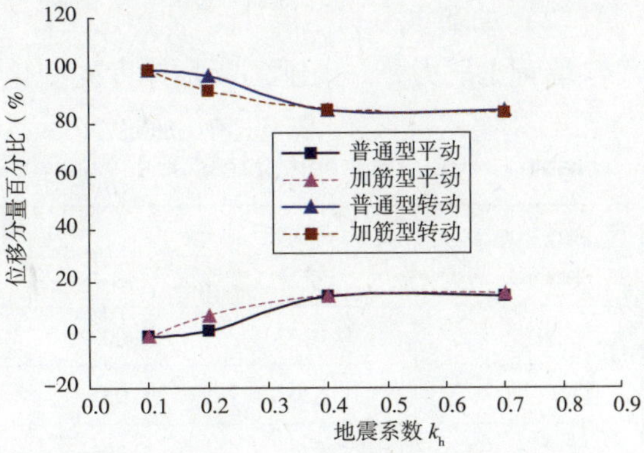

图F-18　重力式挡墙位移分量百分比

Figure F-18　Percentage of displacement components of gravity earth retaining wall

上述现象表明：墙体位移分量受墙背加筋的影响不明显，挡土墙均以倾覆位移为主，地震系数较小时，挡土墙仅产生倾覆位移，随着地震系数的增大，墙体由转动的位移模式向转动与平动耦合的位移模式转变，墙体破坏模式为倾覆和滑移两种破坏模式的叠加。

F.3.2　土压力 Earth pressure

本部分针对普通及加筋重力式挡墙的墙背土压力分布、土压力合力、土压力合力作用点随地震动加速度的变化规律进行研究及对比分析。

F.3.2.1　墙背土压力分布

（1）普通重力式挡墙

墙背土压力分布随地震动加速度的变化规律见表F-8、表F-9。

表F-8　普通重力式挡墙墙背总土压力强度（kPa）

Table F-8　Total earth pressure intensity behind gravity earth retaining wall (kPa)

测点距墙顶（m）	传感器自编号	加载工况				
		0.1g	0.2g	0.4g	0.7g	0.9g
0.30	总022A	1.34	1.98	1.81	2.25	1.93
0.55	总021A	3.18	3.43	3.50	2.92	2.85
0.80	总019A	3.12	3.82	6.72	6.72	11.21
1.05	总025B	2.71	2.98	4.51	6.41	9.44
1.30	总031B	7.54	6.65	7.34	12.21	19.45
1.55	总029B	6.74	6.01	5.00	8.59	10.04

表F-9　普通重力式挡墙墙背动土压力强度（kPa）

Table F-9　Dynamic earth pressure intensity behind gravity earth retaining wall (kPa)

距墙顶高度（m）	传感器自编号	加载工况				
		0.1g	0.2g	0.4g	0.7g	0.9g
0.30	动008	0.54	0.91	1.56	1.76	2.44
0.55	动011	1.06	1.81	2.39	2.12	2.98
0.80	动012	1.44	1.90	1.97	3.33	5.59
1.05	动013	0.92	1.21	2.31	4.01	7.17
1.30	动009	1.04	0.96	1.82	2.87	5.03
1.55	动010	0.38	0.56	0.95	4.24	12.57

（2）加筋重力式挡墙

墙背土压力分布随地震动加速度的变化规律见表 F-10、表 F-11。

表 F-10　加筋重力式挡墙墙背总土压力强度（kPa）

Table F-10　Total earth pressure intensity behind gravity reinforced earth retaining wall (kPa)

测点距墙顶（m）	传感器自编号	加载工况				
		0.1g	0.2g	0.4g	0.7g	0.9g
0.3	总023A	0.806	0.656	1.018	2.891	4.869
0.55	总020A	1.031	1.008	2.042	3.196	3.584
0.8	总024A	1.285	1.249	2.885	7.55	7.447
1.05	总026B	1.008	0.981	2.415	7.712	10.66
1.3	总030B	0.814	0.984	1.526	5.541	13.319
1.55	总028B	1.037	1.411	1.887	2.812	4.486

表 F-11　加筋重力式挡墙墙背动土压力强度（kPa）

Table F-11　Dynamic earth pressure intensity behind gravity reinforced earth retaining wall (kPa)

测点距墙顶（m）	传感器自编号	加载工况				
		0.1g	0.2g	0.4g	0.7g	0.9g
0.3	动017	0.111	0.186	0.467	1.672	3.164
0.55	动018	0.199	0.274	0.664	1.209	2.085
0.8	动007	0.185	0.249	1.072	3.453	4.516
1.05	动014	0.253	0.322	0.744	3.937	5.766
1.3	动015	0.163	0.296	0.883	3.463	5.984
1.55	动016	0.149	0.281	0.559	1.547	8.356

限于篇幅，仅给出加筋、普通重力式挡土墙在地震动加速度分别为 0.2g、0.4g 两种加载工况下的墙背土压力强度分布对比图，见图 F-19 和图 F-20。

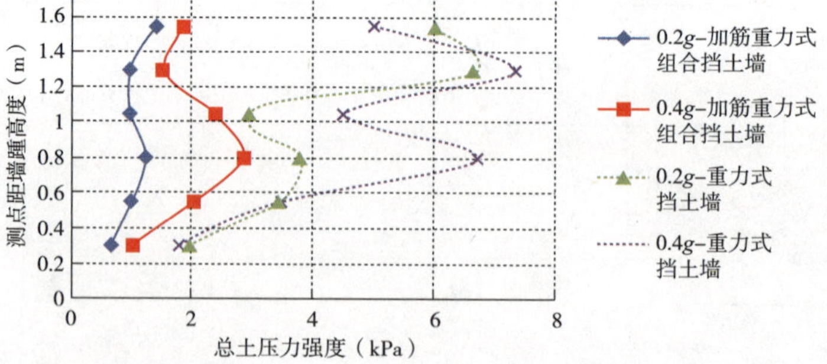

图 F-19　墙背总土压力分布

Figure F-19　Total earth pressure distribution behind wall

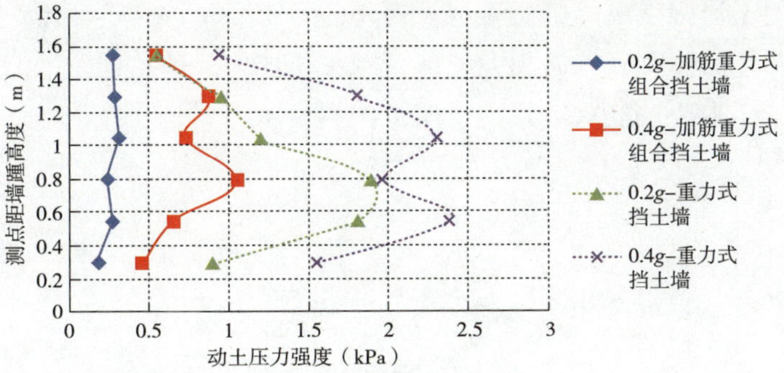

图 F-20　墙背动土压力分布

Figure F-20　Dynamic earth pressure eistribution behind wall

图 F-19 和图 F-20 显示：在不同的地震烈度下，墙背总土压力、动土压力沿墙高均为非线性分布，各测点土压力强度增幅基本与地震系数成正比，加筋、普通重力式挡土墙土压力强度分布曲线特征、峰值点位存在一定差异。

F. 3. 2. 2　土压力合力

普通及加筋重力式挡墙墙背总土压力合力随地震动加速度的变化规律见表 F-12、表 F-13。

表 F-12　重力式挡墙墙背总土压力

Table F-12　Total earth pressure behind gravity earth retaining wall

挡墙类型	0.1*g*	0.2*g*	0.4*g*	0.7*g*	0.9*g*
普通	5.49	5.67	6.76	8.97	12.77
加筋	5.56	5.80	6.40	8.00	10.67

表 F-13　重力式挡墙墙背动土压力

Table F-13　Dynamic earth pressure behind gravity earth retaining wall

挡墙类型	0.1*g*	0.2*g*	0.4*g*	0.7*g*	0.9*g*
普通	1.31	1.81	2.69	4.2	7.75
加筋	0.99	1.52	2.42	4.11	6.71

由图 F-21 可知：加筋、普通重力式挡土墙的总土压力、动土压力均与地震动加速度成正比，地震动加速度越大，土压力增长的程度越明显。对于总土压力，当地震动加速度小于 0.3*g* 时，加筋重力式挡土墙与普通重力式挡土墙相比略高，差距仅在 2% 以内；当地震动加速度大于 0.3*g* 时，加筋重力式挡土墙与普通重力式挡土墙相比偏小，二者的差距随地震系数的增大而显著提升；当地震动加速度为 0.4*g*、0.7*g*、0.9*g* 时，加筋重力式挡土墙总土压力比普通型重力式挡墙减小 5.3%、10.8%、16.4%。

试验为较好的模拟路基填料的压实度，墙后填料采用密砂，普通重力式挡土墙在高烈度区的墙体位移比加筋重力式挡土墙大，过大的墙体位移将导致墙体与土体发生脱离，地震惯性力等诸多因素作用使土颗粒间的位置发生变化，导致土体的宏观变形增大，易产生密砂应变软化现象。应变软化过程实际上是一种不稳定过程，常伴随应变的局部化——剪切带的出现，这使土体强度由峰值强度减小至残余强度，同时导致墙背土体破裂角增大，提升了墙后土楔形体的体积，从而加大了墙背地震土压力，这可能是导致普通重力式挡土墙高烈度区墙背土压力比加筋重力式挡土墙大的主要原因。

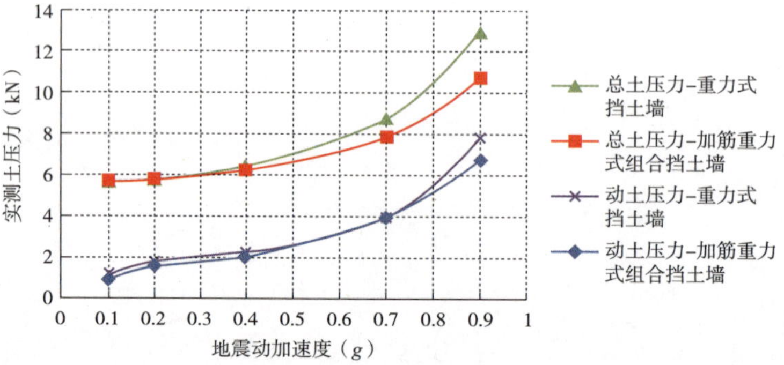

图 F-21 墙背实测土压力随地震动加速度变化

Figure F-21 Change of measured earth pressures behind wall with earthquake accelerations

上述现象表明：从挡墙地震土压力角度来看，在地震烈度为Ⅷ度及以下的区域，普通、加筋重力式挡土墙总土压力差距不大，从抗震设计、施工等角度考虑，宜采用普通重力式挡土墙；在地震烈度超过Ⅷ度以上的区域，普通、加筋重力式挡土墙总土压力差距较大，此时宜采用加筋重力式挡土墙，降低墙体自重，减小圬工量，节约生产成本。

F.3.2.3 土压力合力作用点

普通及加筋重力式挡墙土压力合力作用点随地震系数的变化规律见表 F-14、表 F-15。

表 F-14 普通重力式挡墙 h/H 随地震系数变化

Table F-14 Change of h/H of gravity earth retaining wall with seismic coefficient

地震系数	0.1	0.2	0.4	0.7	0.9
总土压力	0.34	0.38	0.39	0.34	0.33
动土压力	0.46	0.49	0.48	0.4	0.35

表 F-15 加筋重力式挡墙 h/H 随地震系数变化

Table F-15 Change of h/H of gravity reinforced retaining wall with seismic coefficient

地震系数	0.1	0.2	0.4	0.7	0.9
总土压力	0.46	0.43	0.44	0.43	0.39
动土压力	0.44	0.43	0.44	0.41	0.37

由图 F-22 可知：①加筋、普通重力式挡土墙土压力合力作用点随地震系数的增大总体呈现降低趋势，均高于 M－O 理论假定的 0.33H。加筋重力式挡土墙的总土压力、动土压力合力变化范围比较接近，二者差距随地震系数的变化不显著；普通重力式挡土墙总土压力合力作用点低于动土压力，二者差距与地震系数成反比。②加筋重力式挡土墙总土压力合力作用点高于普通重力式挡土墙，加筋重力式挡土墙总土压力合力作用点变化范围为（0.39～0.46）H，普通重力式挡土墙总土压力合力作用点变化范围为（0.33～0.39）H。③地震系

数较小时，加筋重力式挡土墙动土压力合力作用点与普通重力式挡土墙相比偏低，地震系数较高时，二者的合力作用点较为接近。加筋重力式挡土墙动土压力合力作用点变化范围为（0.37～0.44）*H*，普通重力式挡土墙总土压力合力作用点变化范围为（0.35～0.49）*H*。

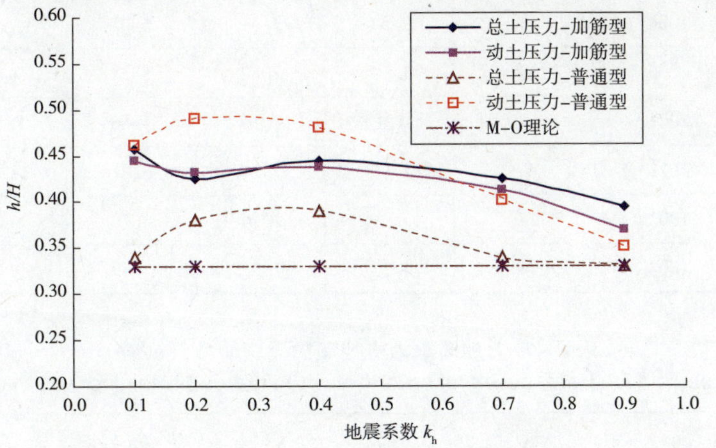

图 F-22　墙背土压力合力作用点随地震系数变化

Figure F-22　Change of action point of resultant of earth pressures behind wall with seismic coefficient

注：*h* 为合力作用点至墙踵高度，*H* 为墙高。

Note：*h* is the height of resultant force from the base of the wall，*H* is the height of the wall.

F.3.3　加速度 Accelaration

表 F-16、表 F-17 列出了各加载工况下模型测点的加速度峰值，表 F-18、表 F-19 列出了各加载工况下模型测点的加速度放大系数（放大系数定义为模型某测点的实测加速度与振动台台面实测加速度的比值）。为研究墙后土体加速度放大系数，本文分别选取靠近墙背的①、②两排加速度传感器，具体见图 F-23 和图 F-24，选取的加速度传感器在几何位置上具有如下特点：位于同一竖直面，距墙背距离相同，高程由高到低。本文选取距墙背最近的第①排加速度传感器为例进行研究。

表 F-16　普通重力式挡墙加速度峰值（m/s^2）

Table F-16　Peak acceleration of gravity earth retaining wall（m/s^2）

测试位置	自编号	测试方向	加载工况				
			0.1*g*	0.2*g*	0.4*g*	0.7*g*	0.9*g*
墙前	1009	→	1.57	2.7	5.18	8.91	10.96
	1024	↑	3.11	5.08	9.94	16.1	19.85
墙顶	1019	→	1.77	2.99	9.63	12.39	12.49
墙后土体顶部	1006	→	3.14	5.19	10.73	16.7	16.84
	1022	↑	4.74	6.21	11.87	15.98	25.86
	1007	→	3.22	4.97	10.19	17.24	23.68
	1008	→	3.42	4.46	7.62	13.69	21.3
	1023	↑	4.75	6.64	11.95	22.78	30.19

续上表

测试位置	自编号	测试方向	加载工况				
			0.1g	0.2g	0.4g	0.7g	0.9g
墙后土体中部	1004	→	2.57	3.41	6.05	9.3	11.59
	1005	→	1.74	2.82	5.38	9.84	13.49
墙后土体底部	1001	→	1.1	2.19	4.66	8.54	10.19
	1021	↑	1.09	2.24	6.01	12.09	17.27
	1002	→	1.19	2.14	4.76	8.26	9.93
	1003	→	1.33	2.52	5.69	9.87	13.49

表 F-17 加筋重力式挡墙加速度峰值（m/s^2）

Table F-17 Peak acceleration of gravity reinforced retaining wall（m/s^2）

测试位置	自编号	测试方向	加载工况				
			0.1g	0.2g	0.4g	0.7g	0.9g
墙前	1018	→	1.99	3.46	4.86	8.19	10.29
	1028	↑	2.36	3.81	13.15	13.87	12.96
墙顶	1020	→	1.81	3.41	7.32	14.31	15.85
墙后土体顶部	1015	→	2.71	3.09	4.81	10.26	10.8
	1026	↑	4.08	6.25	9.74	14.34	16.8
	1016	→	2.93	4.49	6.76	13.24	17.19
	1029	↑	3.51	6.14	10.1	15	24.37
	1017	→	3.59	4.5	5.92	14.31	18.42
	1027	↑	4.01	7.19	10.74	20.39	30.39
墙后土体中部	1012	→	2.66	4.26	6.26	8.52	12.38
	1013	→	1.61	2.94	5.04	9.57	16.34
	1014	→	1.34	1.8	3.79	10.55	14.95
墙后土体下部	1010	→	1.29	2.22	4.56	8.2	10.94
	1025	↑	1.1	2.06	4.06	8.4	12.7
	1011	→	1.17	2.19	4.64	7.8	10.06

表 F-18 普通重力式挡墙加速度放大系数

Table F-18 Acceleration amplification factors of gravity earth retaining wall

测试位置	自编号	测试方向	加载工况				
			0.1g	0.2g	0.4g	0.7g	0.9g
墙前	1009	→	1.64	1.34	1.28	1.30	1.28
	1024	↑	2.22	2.05	2.24	2.19	2.24

续上表

测试位置	自编号	测试方向	加载工况				
			0.1g	0.2g	0.4g	0.7g	0.9g
墙顶	1019	→	1.84	1.48	2.38	1.80	1.46
墙后土体顶部	1006	→	3.27	2.57	2.66	2.43	1.97
	1022	↑	3.39	2.50	2.68	2.18	2.92
	1007	→	3.35	2.46	2.52	2.51	2.78
	1008	→	3.56	2.21	1.89	1.99	2.50
	1023	↑	3.39	2.68	2.70	3.10	3.41
墙后土体中部	1004	→	2.68	1.69	1.50	1.35	1.36
	1005	→	1.81	1.40	1.33	1.43	1.58
墙后土体底部	1001	→	1.15	1.08	1.15	1.24	1.19
	1021	↑	0.78	0.90	1.36	1.65	1.95
	1002	→	1.24	1.06	1.18	1.20	1.16
	1003	→	1.39	1.25	1.41	1.43	1.58

表F-19　加筋重力式挡墙加速度放大系数

Table F-19　Acceleration amplification factors of gravity reinforced retaining wall

测试位置	自编号	测试方向	加载工况				
			0.1g	0.2g	0.4g	0.7g	0.9g
墙前	1018	→	2.07	1.71	1.20	1.19	1.21
	1028	↑	1.69	1.54	2.97	1.89	1.46
墙顶	1020	→	1.89	1.69	1.81	2.08	1.86
墙后土体顶部	1015	→	2.82	1.53	1.19	1.49	1.27
	1026	↑	2.91	2.52	2.20	1.95	1.90
	1016	→	3.05	2.22	1.67	1.92	2.02
	1029	↑	2.51	2.48	2.28	2.04	2.75
	1017	→	3.74	2.23	1.47	2.08	2.16
	1027	↑	2.86	2.90	2.42	2.78	3.43
墙后土体中部	1012	→	2.77	2.11	1.55	1.24	1.45
	1013	→	1.68	1.46	1.25	1.39	1.92
	1014	→	1.40	0.89	0.94	1.53	1.75
墙后土体下部	1010	→	1.34	1.10	1.13	1.19	1.28
	1025	↑	0.79	0.83	0.92	1.14	1.43
	1011	→	1.22	1.08	1.15	1.13	1.18

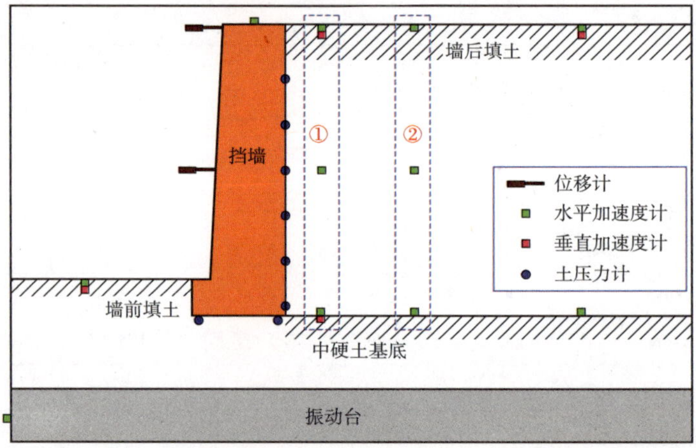

图 F-23 普通重力式挡墙加速度放大系数研究测点选取

Figure F-23 Measured points selection of studying acceleration amplification factors of gravity earth retaining wall

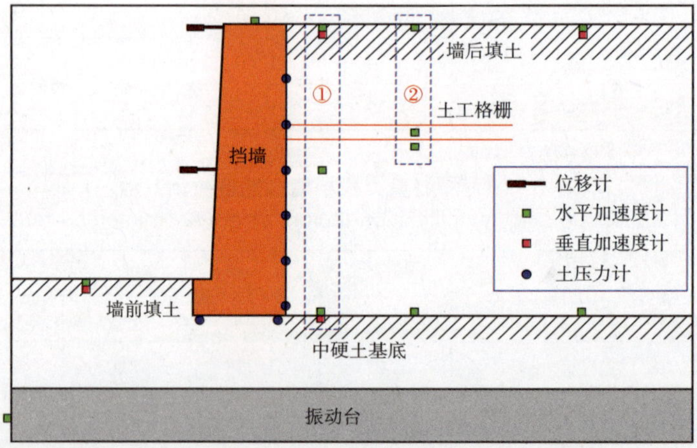

图 F-24 加筋重力式挡墙加速度放大系数研究测点选取

Figure F-24 Measured points selection of acceleration amplification factors of gravity reinforced retaining wall

图 F-25～图 F-27 显示：①墙后土体加速度放大系数与地震动加速度成反比，地震动加速度越小，加速度放大系数越明显；地震动加速度越大，加速度放大系数越不显著。

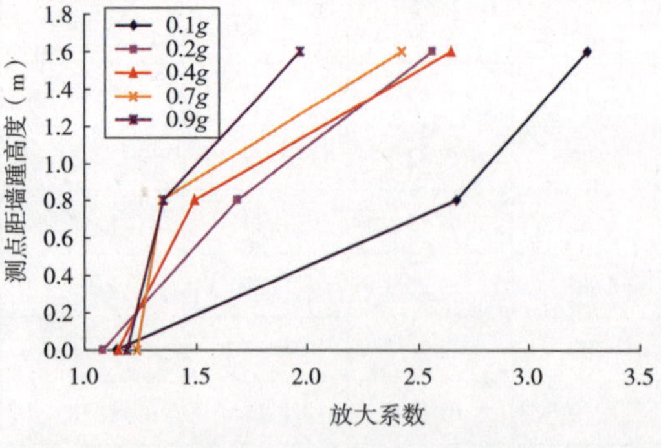

图 F-25 普通重力式挡墙加速度放大系数（第①排）

Figure F-25 Acceleration amplification factors of gravity earth retaining wall (① Row)

②加筋重力式挡墙墙背土体加速度放大系数比普通重力式挡墙小，距墙踵越高，二者的差距越大。③对几何高度在墙踵与墙中之间的墙背填土，普通及加筋重力式挡墙墙背土体的加速度放大系数变化规律相同，均与该点距墙踵的高度成正比；对几何位置在墙顶与墙中之间的墙背填土，普通及加筋重力式挡墙墙背土体的加速度放大系数变化规律相反，对于普通重力式挡墙，墙背土体加速度放大系数仍与该点距墙踵的高度成正比；而对于加筋重力式挡墙，

墙背土体的加速度放大系数与该点距墙踵的高度成反比。

上述现象表明，加筋重力式挡墙与普通重力式挡墙相比，墙后土体的加速度放大系数明显减小，特别对几何高度位于墙体上部的土体，其减小的程度更加显著。由于地震下墙背土压力是由墙后土体惯性力产生的，加之墙后土体惯性力与加速度放大系数成正比，这意味着在地震作用下，加筋重力式挡墙可以有效降低墙后土体的惯性力，尤其是上部土体的地震惯性力，大幅度减小了墙背上部地震土压力，提高了挡墙的抗倾覆能力。

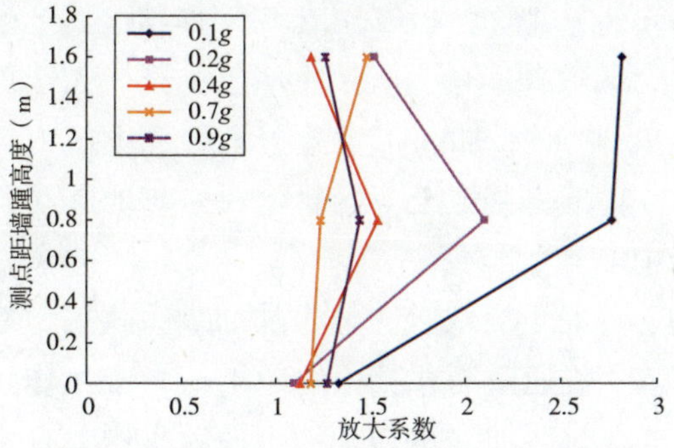

图 F-26　加筋重力式挡墙加速度放大系数（第①排）

Figure F-26　Acceleration amplification factors of gravity reinforced retaining wall (① Row)

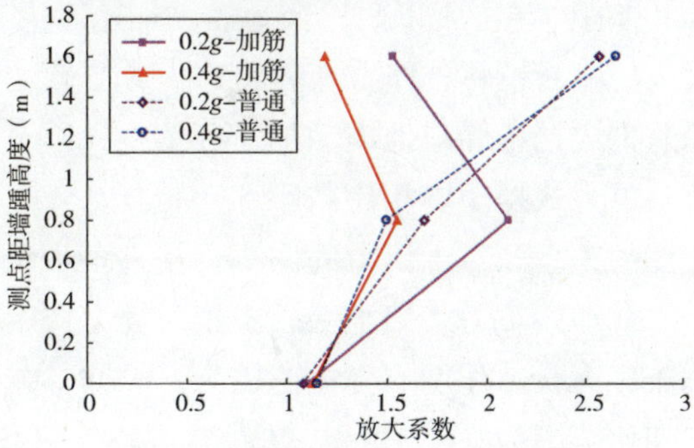

图 F-27　加筋及普通重力式挡墙加速度放大系数对比图（第①排）

Figure F-27　Comparison of acceleration amplification factors of reinforced and normal gravity earth retaining wall (① Row)

F. 4　结论 Conclusion

结合上述试验数据分析，针对加筋和普通重力式挡土墙的抗震性能比较，可得到如下主要结论：

（1）加筋、普通重力式挡土墙抗震性能共同点：

①挡土墙以转动位移模式为主，当地震动加速度较小时，墙体位移模式为绕墙踵转动，墙体破坏形式为倾覆破坏，随着地震动加速度的增大，墙体位移模式向转动与平动耦合的位移模式转变，墙体破坏模式为倾覆和滑移两种破坏形式的叠加。

②墙顶位移、墙体转角随地震动加速度的增大而增大，其增长幅度与地震动加速度成正比。

③总土压力、动土压力均与地震动加速度成正比，地震动加速度越大土压力增长的程度越明显。

④墙背土压力强度沿墙高均为非线性分布，各测点土压力强度与地震动加速度成正比。

⑤墙背土压力合力作用点随地震动加速度的增大总体呈现降低的趋势，均高于 M－O 理论假定的 0. 33H。

⑥墙后土体加速度放大系数与地震动加速度成反比，地震动加速度越小，加速度放大系数越明显；地震动加速度越大，加速度放大系数越不显著。

（2）加筋、普通重力式挡土墙抗震性能不同点：

①加筋重力式挡土墙墙体位移小于普通重力式挡土墙，当地震动加速度为0.3g及以下时，二者的墙顶位移、墙体转角差距较小；当地震动加速度大于0.3g时，加筋重力式挡土墙的抗倾覆能力显著提高；地震动加速度为0.4g、0.7g时，加筋重力式挡土墙墙体转角与普通重力式挡土墙相比减小48.95%、47.37%。

②当地震动加速度小于0.3g时，加筋重力式挡土墙总土压力略高于普通重力式挡土墙，差距仅在2%以内；当地震动加速度大于0.3g时，普通重力式挡土墙墙体与土体产生过大的相对位移，墙背填料将产生应变软化现象，导致普通重力式挡土墙总土压力大于加筋重力式挡土墙；地震动加速度为0.4g、0.7g、0.9g时，加筋重力式挡土墙总土压力与普通重力式挡土墙相比减小5.3%、10.8%、16.4%。墙背填土应变软化现象与地震动加速度的关系及对土压力的影响仍在进一步研究当中。

③加筋重力式挡土墙总土压力合力作用点高于普通重力式挡土墙，加筋重力式挡土墙总土压力合力作用点变化范围为（0.39～0.46）H，普通重力式挡土墙总土压力合力作用点变化范围为（0.33～0.39）H。地震动加速度较小时，加筋重力式挡土墙动土压力合力作用点与普通重力式挡土墙相比偏低，地震动加速度较大时，二者的合力作用点较为接近。加筋重力式挡土墙动土压力合力作用点变化范围为（0.37～0.44）H，普通重力式挡土墙动土压力合力作用点变化范围为（0.35～0.49）H。

④加筋重力式挡土墙的总土压力、动土压力合力变化范围比较接近，二者差距随地震动加速度的变化不显著；普通重力式挡土墙总土压力合力作用点低于动土压力，二者差距与地震动加速度成反比。

⑤加筋重力式挡墙与普通重力式挡墙相比，墙后土体的加速度放大系数明显减小，特别对几何高度位于墙体上部的土体，其减小的程度更加明显。地震下墙背土压力是由墙后土体惯性力产生的，墙后土体惯性力与加速度放大系数成正比，这意味着地震作用下，加筋重力式挡墙可以有效降低墙后土体的惯性力，尤其是上部填土的地震惯性力，大幅度减小了墙背上部地震土压力，提高了挡墙的抗倾覆能力。

（3）重力式挡土墙抗震设计建议：

在地震烈度为Ⅷ度及以下的区域，加筋、普通重力式挡土墙抗震性能相差不大，按现行抗震规范设计的普通重力式挡土墙能满足抗震需求，从设计、施工等角度考虑，宜采用普通重力式挡土墙进行抗震设计。在地震烈度为Ⅷ度以上的区域，宜采用加筋重力式挡土墙进行抗震设计，不仅可以提高挡土墙抗倾覆能力，加之与普通重力式挡土墙相比墙背地震土压力小的优点，还可以减少圬工数量，达到提高抗震性能与经济节约的双重目的。

附录 G　桩板式挡土墙振动台试验分析报告
Appendix G　Analysis report of pile- board earth retaining wall using shaking table test

本附录以振动台模型试验为主要研究手段，研究分析桩板墙结构和锚索桩板墙结构在地震力作用下的结构受力、变形的特性及其变化规律，并研究和分析高陡边坡在不同支挡形式下的土体加速度分布情况及其动力特性，以期为以后类似工程的科研、设计、施工作指导，具有理论意义和应用价值。

G.1　模型设计 Model designing

G.1.1　模型箱设计 Design of test box

试验采用刚性土箱作为试验模型箱，底板及骨架材料主要由钢板、角钢、槽钢组成，内部尺寸为 3.5m × 1.5m × 2.1m（长 × 宽 × 高）。为了尽量减小振动方向上刚性边界对结构动力反应的影响，在模型箱水平振动方向两侧内壁加衬一层高强度 50mm 厚的聚苯乙烯塑料泡沫板，减小振动波的反射。模型箱两侧安装 12mm 厚的有机玻璃，利于观测破坏现象，为消除箱侧壁的摩擦约束，采用两侧各均匀涂抹凡士林的方法。箱底采用 50mm 厚钢板。模型箱示意图见图 G-1。

图 G-1　模型箱示意图

Figure G-1　The schematic diagram of model box

G.1.2　相似关系设计 Scale relationship

模型缩尺比例为 1 : 10，按 Buckingham 的 π 定理导出了各物理量的相似关系式和相似系数，见表 G-1。

表 G-1　模型试验相似关系

Table G-1　Scale relation of model test

序号	物理量	相似律	12m 路堤相似常数
1	几何尺寸 L	C_L	10
2	质量密度 ρ	C_ρ	1

续上表

序号	物 理 量	相 似 律	12m 路堤相似常数
3	输入振动加速度 A	$C_A=1$	1
4	模量系数 X	C_X	1
5	应力 σ	$C_\sigma=C_\rho C_l$	10
6	动位移 u	$C_u=C_\rho^{1/2}C_l^{3/2}/C_X$	31.62
7	动应变 ε	$C_\varepsilon=C_\rho^{1/2}C_l^{1/2}/C_X$	3.16
8	质点的振动速度 $\dot{u}$	$C_{\dot{u}}=C_\rho^{1/4}C_l^{3/4}/C_X^{1/2}$	5.62
9	振动质点的加速度 $\ddot{u}$	$C_{\ddot{u}}=1$	1
10	时间 t	$C_t=C_\rho^{1/4}C_l^{3/4}/C_X^{1/2}$	5.62
11	频率 f	$C_f=C_\rho^{-1/4}C_l^{-3/4}C_X^{1/2}$	0.178
12	阻尼比 ξ	$C_\xi=1$	1
13	摩擦角 φ	$C_\varphi=1$	1

G.1.3 试验模型设计 Design of experimental model

G.1.3.1 桩板墙模型设计

试验选取原型为高 10m 的桩 +6m 的挡土板模型，模型缩尺比例为 1 /10，设计剖面示意图见图 G-2。根据 Bockingham 的 π 定理导出的相似比，试验选取桩长 1m +0.6m 的挡土板的桩板墙模型，桩截面 0.12m ×0.09m，两侧用 3mm 钢板，主要受弯矩两面用 20mm PVC 板制作，桩底封堵，桩顶出线，螺栓连接，便于拆卸安装土压力计，结构见图 G-3，结构模型布置见图 G-4。滑体和基岩材料用配制土模拟，分层压实，保证基岩及滑体的密实度达到设计标准，试验地震加载前的结构模型见图 G-5。

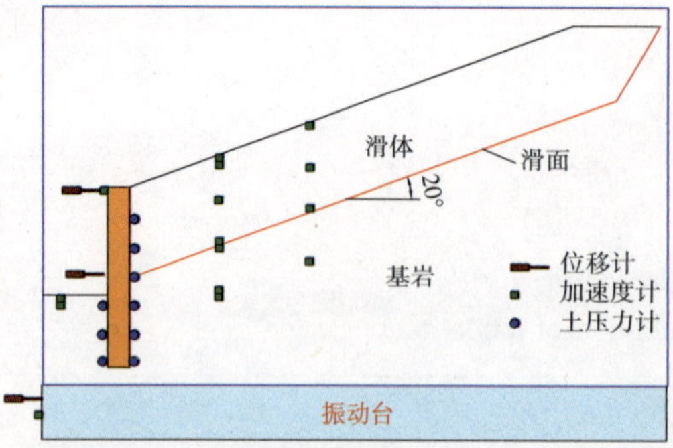

图 G-2 桩板墙模型试验设计示意图

Figure G-2 Schematic diagram of pile-board earth retaining wall experimental model

图 G-3 抗滑桩结构设计图

Figure G-3 Design drawing of anti-slide piles structure

图 G-4　桩板墙结构布置模型图

Figure G-4　Model diagram of pile-board earth retaining wall structural arrangement

图 G-5　桩板墙结构模型图

Figure G-5　Model diagram of pile-board earth retaining wall

G.1.3.2　预应力锚索桩板墙模型设计

试验选取原型为高 10m 的桩 +6m 的挡土板模型，模型缩尺比例为 1/10，设计剖面示意图见图 G-6。锚索用 15mm 宽的 Q235 钢片模拟，钢片表面安装应变片，锚索总长 1.64m，嵌固段 400mm，与部分钢片预先浇筑在一起，直径 80mm，表面凿出孔洞以增加嵌固段的摩擦力，见图 G-7。自由段长 800mm，自由端连接 M10 螺杆，便于连接紧绳器和称重传感器，试验加载开始前，通过紧绳器施加由称重传感器控制的预应力，锚索安装完成示意图见图 G-8。锚索桩板墙模型的桩结构设计与滑体和基岩选用材料及压实方式相同。预应力锚索桩板墙结构模型见图 G-9。

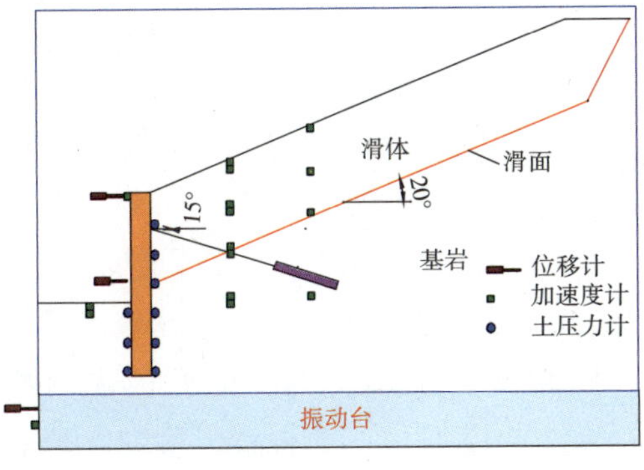

图 G-6　锚索桩板墙模型试验设计示意图

Figure G-6　Schematic diagram of prestressing anchor-bolt pile-board earth retaining wall model test

图 G-7　预应力锚索嵌固段示意图

Figure G-7　Schematic diagram of embedded segment of prestressing anchor-bolt

图 G-8 预应力锚索桩板墙结构布置图
Figure G-8 Structural diagram of prestressing anchor-bolt pile-board earth retaining wall

图 G-9 预应力锚索桩板墙结构模型置图
Figure G-9 Structural diagram of prestressing anchor-bolt pile-board earth retaining wall model

G.1.4 相似材料配制 Similar Material Preparation

G.1.4.1 滑体和滑床材料

目前，基岩和滑体场地土采用的模拟材料可分为重塑土和原状土两类相似材料。重塑土的土颗粒外形、大小和粒径级配等与原型一致，但对于本次试验中采用的 1g 振动台而言，重塑土的抗剪强度、剪切模量等参数难以满足相似关系，模拟效果较差。因此，试验采用原状土的制作模型土。并试根据实际情况，通过加入水、粉煤灰、甘油、橡胶屑等物质，使其特性参数满足相似要求。制作模型土的相似材料主要保证满足重度、抗剪强度、剪切波速、塑性指数等几个相似关系，模拟材料各项指标见表 G-2。

表 G-2 模型配制材料指标
Table G-2 Characteristics of model material

参　数	基　岩	滑　床	参　数	基　岩	滑　床
重度（kN/m^3）	20.3	18.5	内黏聚力（kPa）	6.92	3.46
含水率（%）	3.2	4	内摩擦角（°）	38.26	32.17

图 G-10 模型支挡结构和滑面安装示意图
Figure G-10 Installation of retaining structure and sliding surface

G.1.4.2 抗滑桩、挡土板和滑面材料

试验采用抗滑桩尺寸为 1m × 0.09m × 0.12m（高 × 宽 × 厚），抗滑桩两侧安装 3mm 钢板，钢板上焊接角钢并安装挡土板，主要受弯矩两面用 20mm PVC 板制作，桩底封堵，桩顶出线，螺栓连接，便于拆卸安装土压力计，抗滑桩锚固深度 0.4m，每个结构模型包括 5 根抗滑桩和 4 块挡土板，挡土板高 0.6m，用 25mm 厚木板模拟，主要起挡土作用，挡土板与抗滑桩连接部位用玻璃胶勾缝，两侧桩与模型箱有机玻璃间安设海绵，以减少边界条件对变形产生的影响，如图 G-10 所示。

滑床与滑体之间的滑面用两层塑料贴片模拟，贴片中间涂抹硅油并铺设一薄层细砂颗粒，直剪试验得到滑面材料的黏聚力 c 为1.5kPa，内摩擦角 φ 为20°。

G.1.5　地震波输入及加载制度 Seismic wave input and loading system

根据现场勘查及地震危险性评估结果，选择与模型所在场地具有类似条件的已有数字化汶川强地震记录，并按相似律进行压缩处理，处理后的地震波时程持时为50.63s。考虑从 X 向（横向垂直线路走向）、Z 向（竖向垂直线路走向）输入地震动加速度，试验加载制度如下：白噪声（动力特性测试）→0.1gX→0.1gXZ→0.2gX→0.2gXZ→0.3gXZ→0.4gXZ。

G.2　振动台试验测试 Shaking table test

G.2.1　试验设备 Test equipment

试验在中国核动力研究设计院振动台试验大厅进行，该试验设备为6自由度（沿3轴平动和绕3轴转动），6m×6m地震模拟试验台，主要包括如下特性：台面最大负载600kN，水平向最大位移±150mm，垂直向最大位移±100mm。满载时水平向最大加速度1g，垂直向0.8g，空载时水平向最大加速度3g，垂直向2.6g。频率范围：0.1~80Hz，振动台中控系统见图G-11。

数据采集系统采用128通道BBM数据采集系统，最大引用误差≤0.5%，信号适调仪接电荷转换器以转换电压信号，最大引用误差≤1%，数据采集、监测信号和在线分析同步进行，见图G-12。

图G-11　振动台数据中央控制系统

Figure G-11　Central control system of test data

图G-12　数据采集系统

Figure G-12　Data collection system

G.2.2　测试仪器 Testing instrument

G.2.2.1　土压力计

试验采用应变式（量程30kPa、60kPa和150kPa）和压电式（量程40kPa和100kPa）

土压力计分别测试土压力的静态值和动态值。土压力计缆线与主体分离，采用即插缆线使用式，尺寸：直径25mm，长12mm。所有土压力计非线性度≤1%，过载能力≤150% F·S，土压力计示意图见图G-13，测试桩土压力计安装图见图G-14。

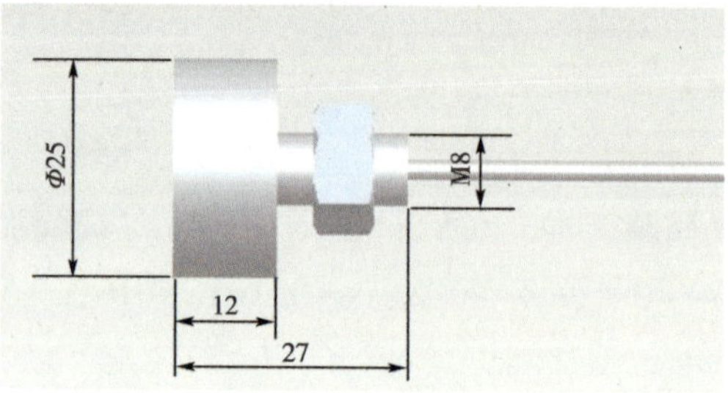

图G-13 土压力计示意图（尺寸单位：mm）

Figure G-13 Schematic diagram of earth pressure gauge

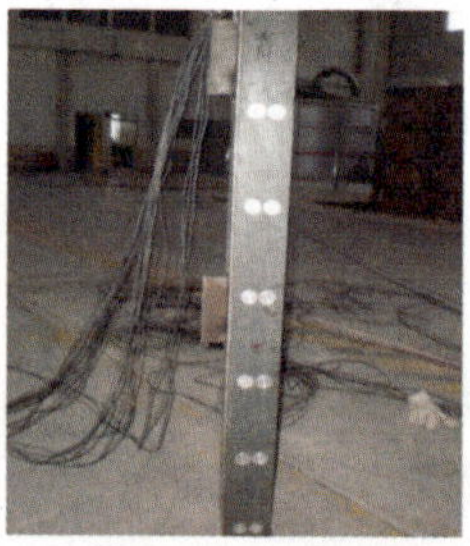

图G-14 土压力计安装图

Figure G-14 Installation drawing of earth pressure gauge

G.2.2.2 加速度计

滑体和场地基岩采用单向压电加速度传感器测定水平和竖直向加速度时程响应曲线，加速度计在保护盒中用玻璃胶固定，并密封出线孔，尽量保证与填料密度一致以实现保护盒与填料协同运动，示意图见图G-15。电荷灵敏度：247mV/ms^{-2}，安装谐振频率：2.5kHz，使用频率范围：0.03～0.8kHz，最大横向灵敏度<5%，工作温度-20～80℃，质量约230g，最大量程20 ms^{-2}。

G.2.2.3 位移计

在桩顶、桩中分别布置位移计，位移计采用两种形式：差动式位移计（精确到0.001mm）及拉线式位移计（精确到0.01mm）。采用装配式槽钢支架固定差动式和拉线式位移计，以精确测定桩板式挡土墙在振动台试验过程中的桩顶和桩中基岩的相对位移，其中，桩顶位移计安装示意图见图G-16。

图G-15 加速度计保护盒

Figure G-15 Accelerometer protective box

图G-16 桩顶位移计安装示意图

Figure G-16 Installation of displacement meter on the top of pile

G.2.2.4 锚索轴力计

为测定锚索轴力和准确施加锚索预应力，试验利用了称重传感器。其安装步骤如下：

测试桩悬臂端锚索设计部位预焊接钢片，钢片内嵌与称重传感器尾部自带螺栓相配丝孔，称重传感器安装在丝孔内拧紧，另一端螺栓连接自制的套件，套件通过紧绳器两端的预留孔套接，紧绳器另一端套接锚索端头，示意图见G-17，锚索布置见图G-18，称重传感器灵敏度：0.0055V/N。

图G-17　预应力锚索安装示意图

Figure G-17　Installation of prestressing anchor bolt

图G-18　预应力锚索安装布置示意图

Figure G-18　Installation diagram of prestressed anchor cable

G.2.2.5　锚索应变片

应变片选用电阻应变片，栅长5mm，栅宽3mm，灵敏系数2.08±1%，试验选取三根锚索作为测试锚索，在每根锚索钢片中间首先用细砂纸沿与钢片长度方向成45°的方向打磨去除氧化层，用丙酮将钢片擦拭干净，然后用502胶水涂抹在预想部位，镊子固定应变片，并用硅胶密封防水和防止应变片接头部位脱落，接线沿钢片走向理顺，并用紧口绳固定，以尽量减小接线对锚索动力响应的影响。每根锚索以80mm等间距均匀地布置应变片，共安装27片应变片，其安装示意图见图G-19。

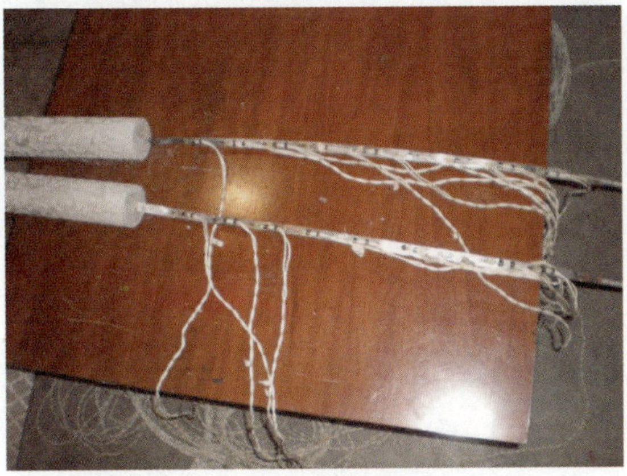

图G-19　锚索应变片安装示意图

Figure G-19　Installation of strain gauge on anchor bolt

G.2.3　传感器布置 Sensor arrangement

G.2.3.1　桩板式挡土墙传感器布置

桩板式挡土墙各种传感器布置图见图G-20。

G.2.3.2　锚索桩板式挡土墙传感器布置

锚索桩板式挡土墙各种传感器布置图见图G-21。

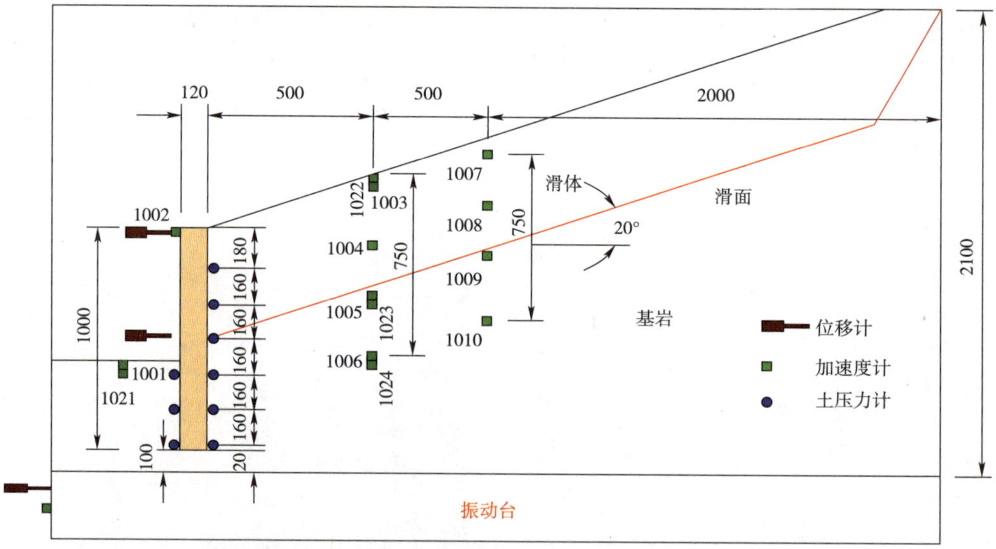

图 G-20 桩板式挡土墙加速度计及位移计布置图（尺寸单位：mm）

Figure G-20 Arrangement of accelerometer and displacement meter of pile-board earth retaining wall

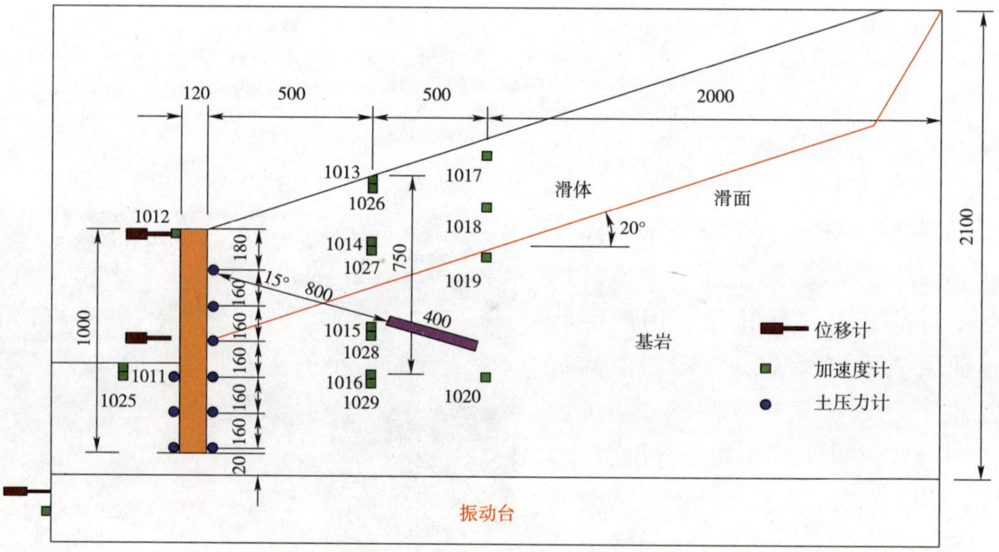

图 G-21 锚索桩板墙加速度计及位移计布置图（尺寸单位：mm）

Figure G-21 Arrangement of accelerometer and displacement meter on prestressing anchor- bolt pile- board earth retaining wall

G. 3 试验数据 Test data

桩板式支挡结构的振动台试验数据包括：桩顶位移、桩中位移、桩顶加速度、桩后填土加速度、桩前填土加速度、悬臂段桩背土压力、嵌固段土体抗力、锚索轴力、锚索应变。本实验的加载工况包括：0.1gX、0.1gXZ、0.2gX、0.2gXZ、0.3gXZ、0.4gXZ（其中X代表只加水平向地震荷载，XZ代表施加水平向和竖直向双向荷载），由于试验数据繁多，因此，选取典型时程曲线如下所示。

G. 3. 1　桩板墙模型 Model of pile-board earth petaining wall

G. 3. 1. 1　桩板墙位移

桩板墙在 0. 2*gXZ* 加载下的位移时程曲线如图 G-22 所示。

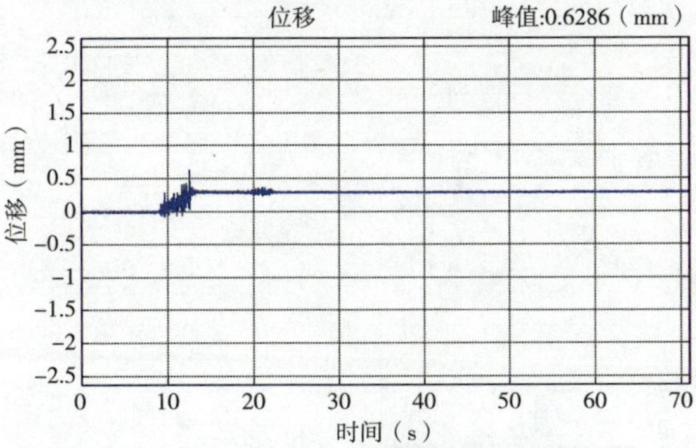

a）桩顶位移
a)Displacement at top of pile

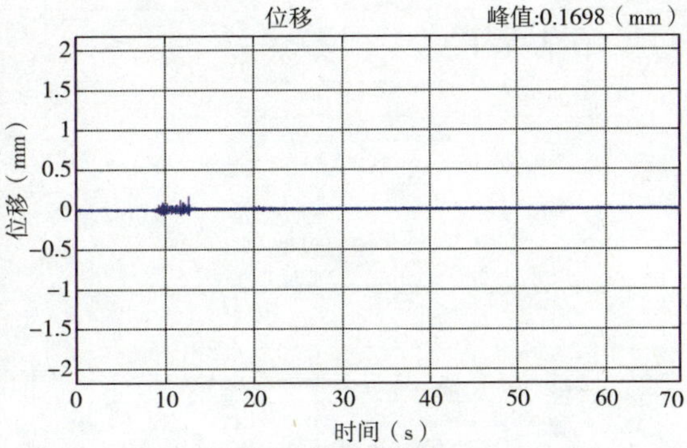

b）桩中位移
b)Displacement at middle of pile

图 G-22　桩板墙 0. 2*gXZ* 加载下的位移时程曲线

Figure G-22　Displacement time histories of pile-board earth retaining wall under 0. 2*g* in the *XZ* directions

G. 3. 1. 2　桩板墙加速度

加固边坡的加速度时程曲线如图 G-23 所示。

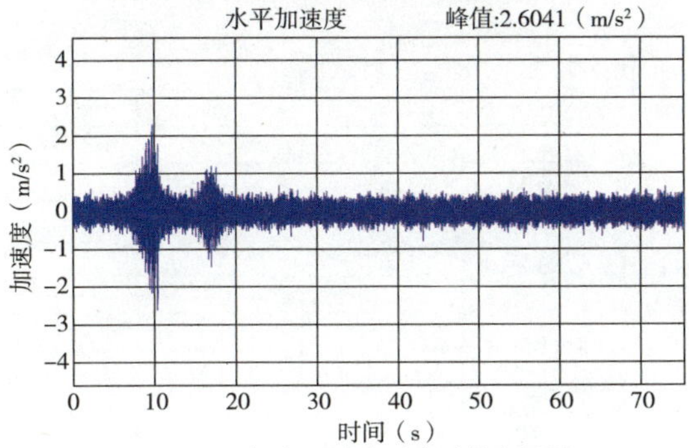

a）（1001）加速度时程（水平）
a) (1001) Horizontal acceleration time histories

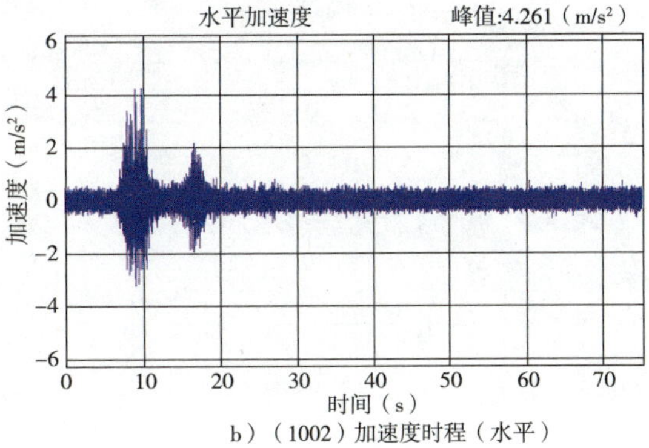

b）（1002）加速度时程（水平）
b) (1002)Horizontal acceleration time histories

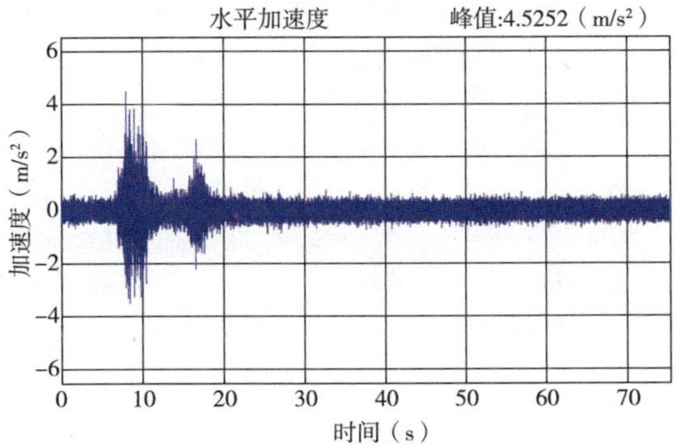

c）（1003）加速度时程（水平）
c) (1003) Horizontal acceleration time histories

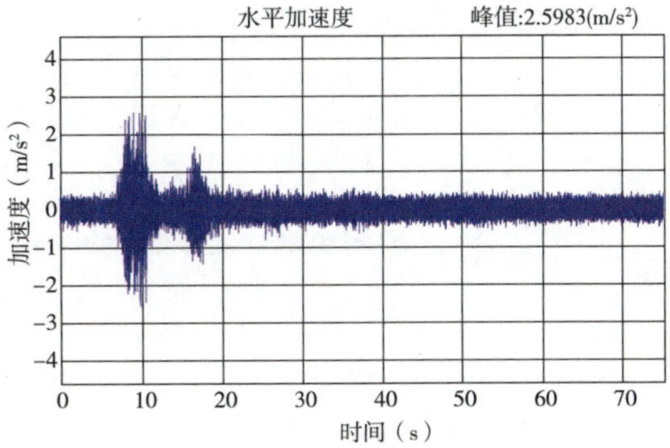

d）（1004）加速度时程（水平）
d) (1004) Horizontal acceleration time histories

图　G-23

Figure　G-23

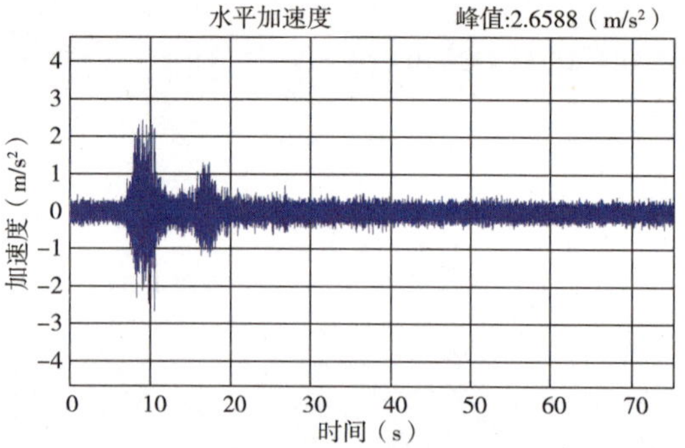

e）（1005）加速度时程（水平）

e) (1005) Horizontal acceleration time histories

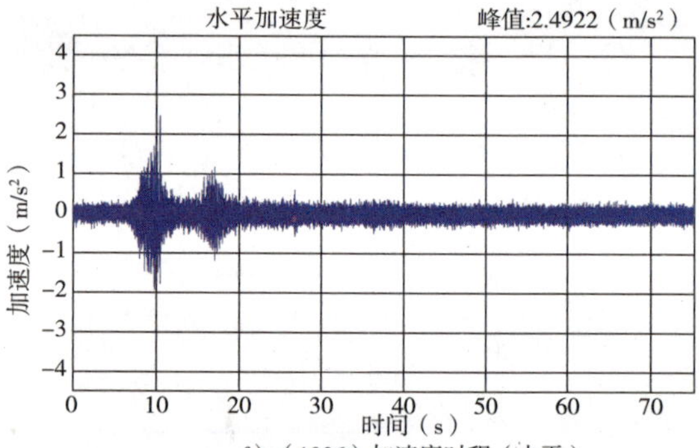

f）（1006）加速度时程（水平）

f) (1006) Horizontal acceleration time histories

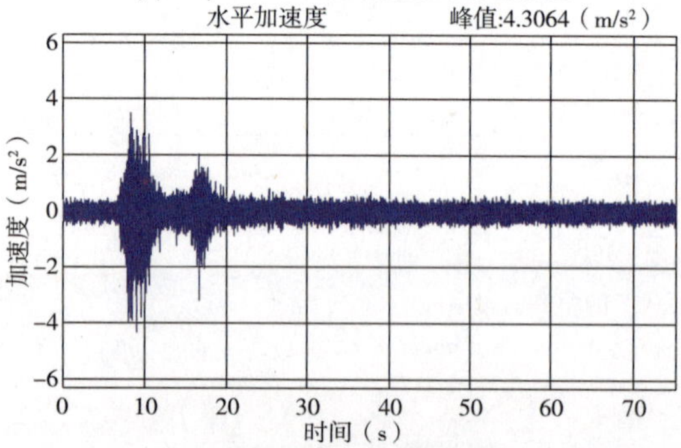

g）(1007）加速度时程（水平）

g) (1007) Horizontal acceleration time histories

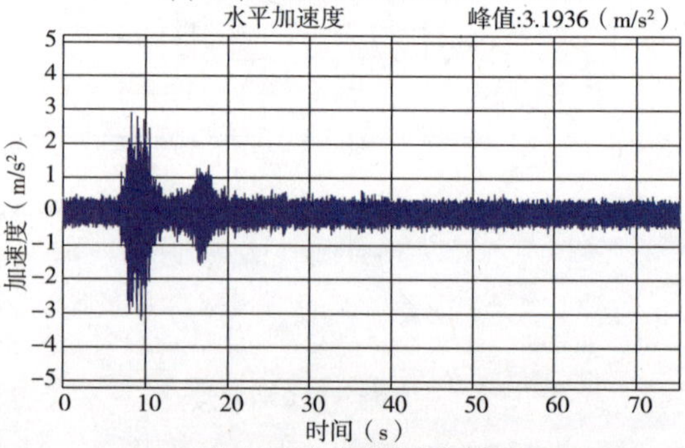

h）（1008）加速度时程（水平）

h) (1008) Horizontal acceleration time histories

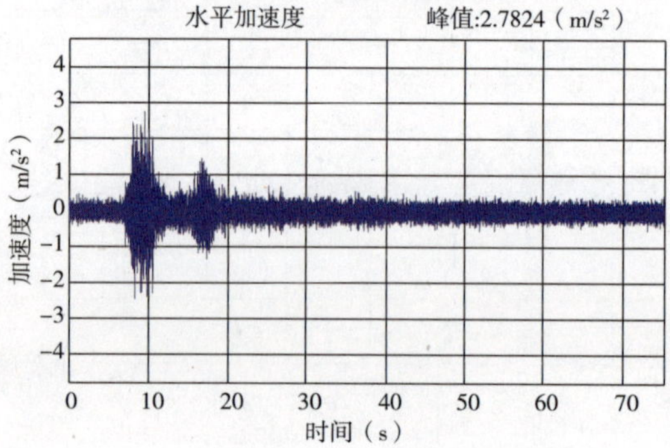

i）（1009）加速度时程（水平）

i) (1009) Horizontal acceleration time histories

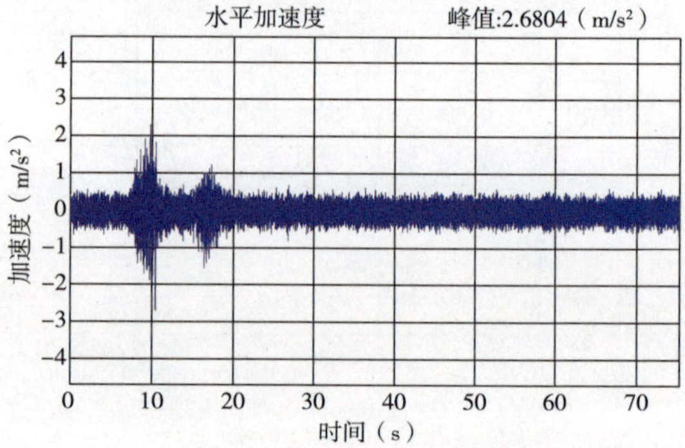

j）（1010）加速度时程（水平）

j) (1010) Horizontal acceleration time histories

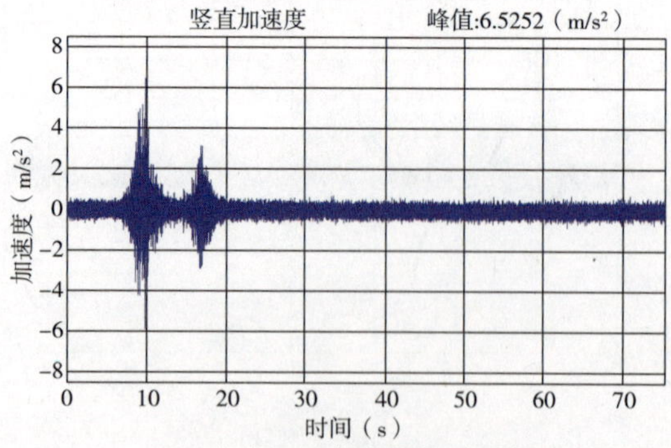

k）（1021）加速度时程（竖直）

k) (1021) Vertical acceleration time histories

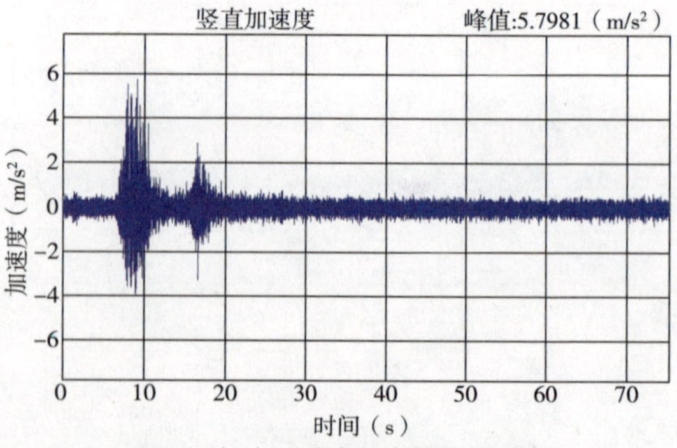

l）（1022）加速度时程（竖直）

l) (1022) Vertical acceleration time histories

图　G-23

Figure　G-23

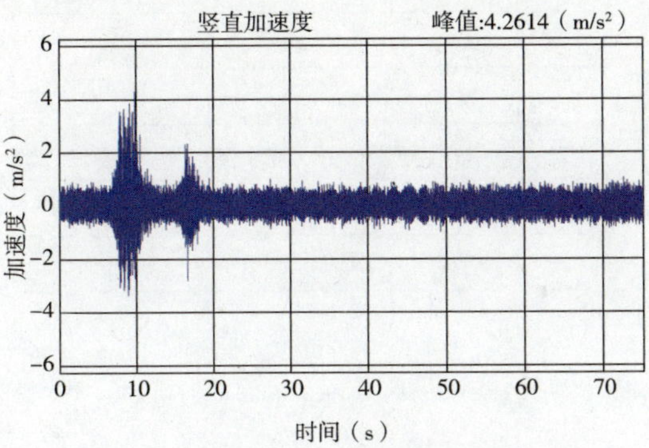

m）（1023）加速度时程（竖直）

m) (1023) Vertical acceleration time histories

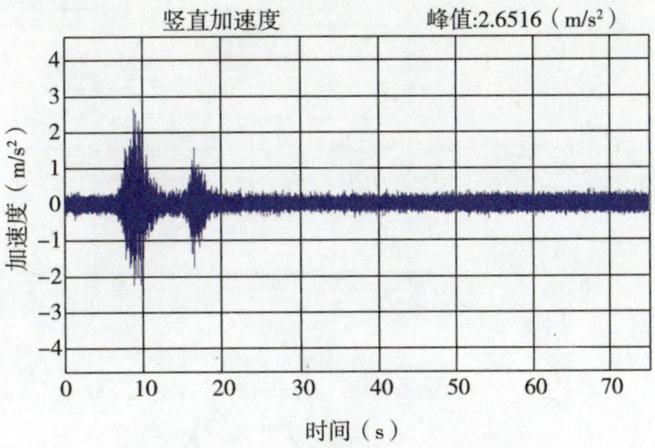

n）（1024）加速度时程（竖直）

n) (1024) Vertical acceleration time histories

图 G-23　加固边坡的加速度时程曲线

Figure G-23　Acceleration time histories of stabilized slope

G.3.1.3　桩板墙动土压力

桩身受土压力的时程曲线如图 G-24 所示。

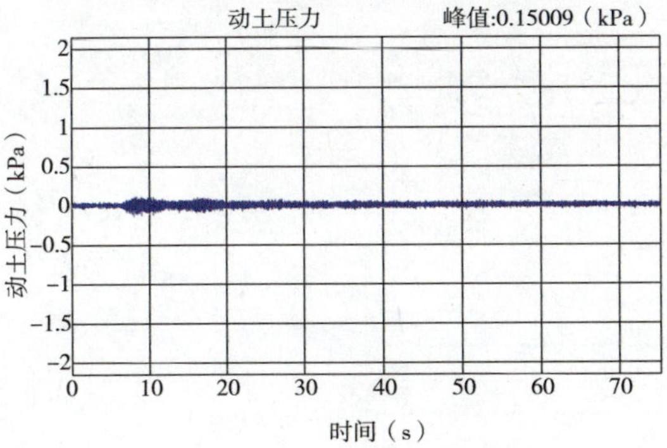

a）（动011）土压力时程

a) (011) Dynamic earth pressure time histories

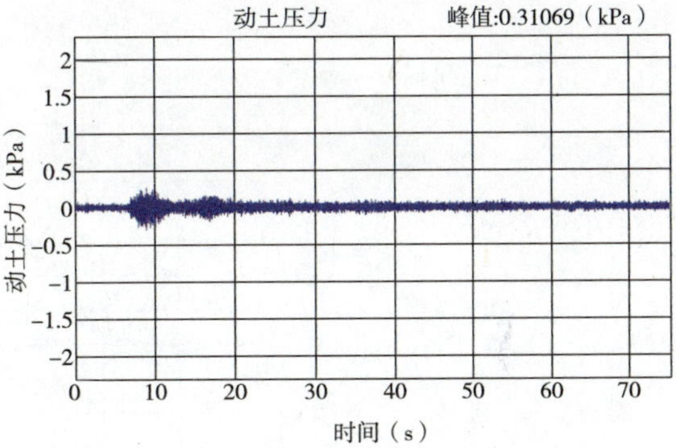

b）（动016）土压力时程

b) (016) Dynamic earth pressure time histories

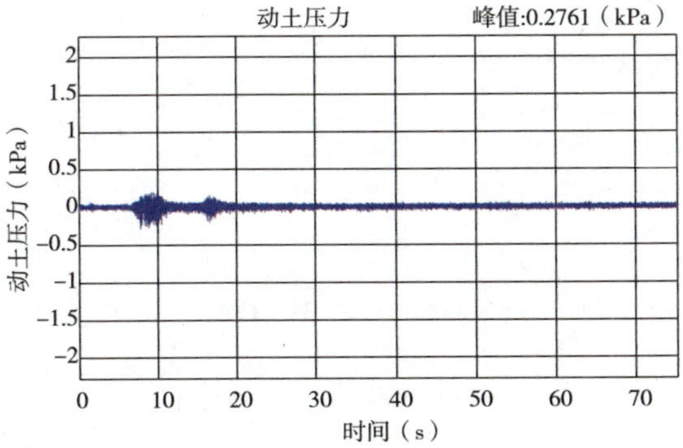

c）（动012）土压力时程

c) (012) Dynamic earth pressure time histories

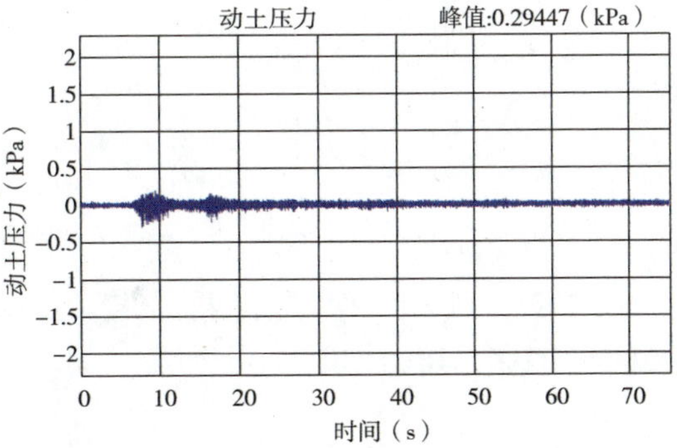

d）（动009）土压力时程

d) (009) Dynamic earth pressure time histories

图　G-24

Figure　G-24

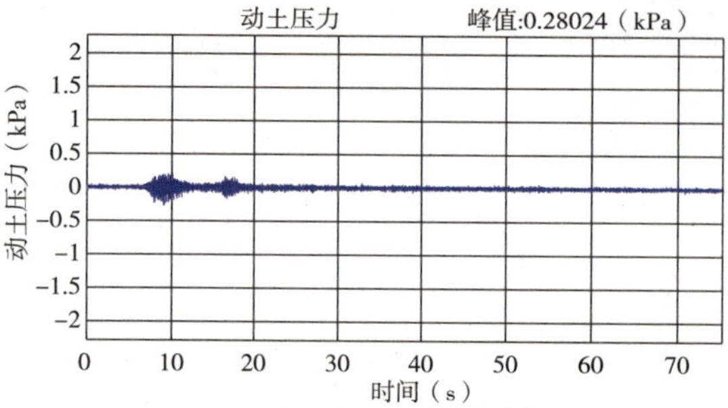

e）（动008）土压力时程
e) (008) Dynamic earth pressure time histories

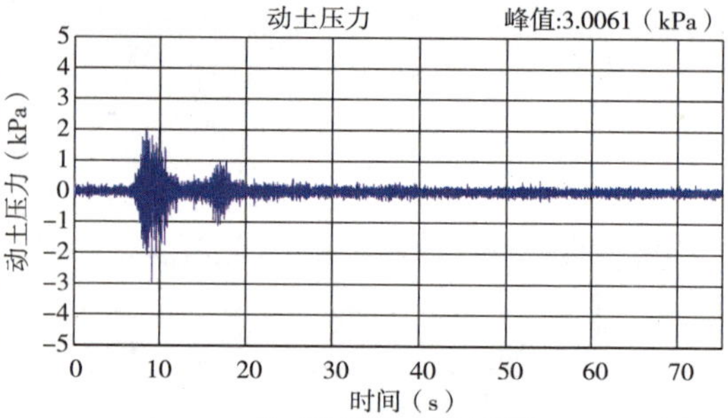

f）（动193）土压力时程
f) (193) Dynamic earth pressure time histories

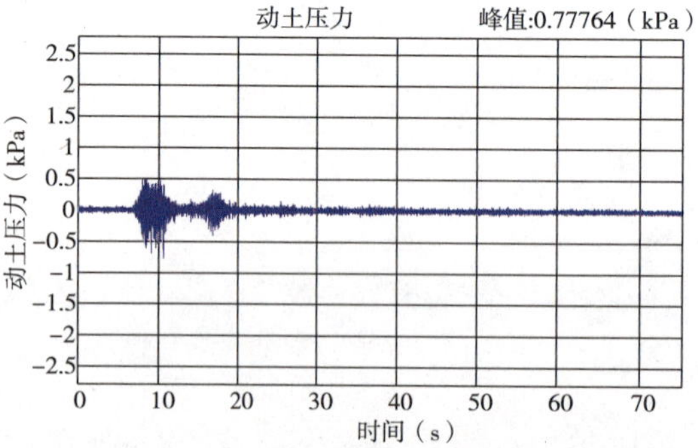

g）（动192）土压力时程
g) (192) Dynamic earth pressure time histories

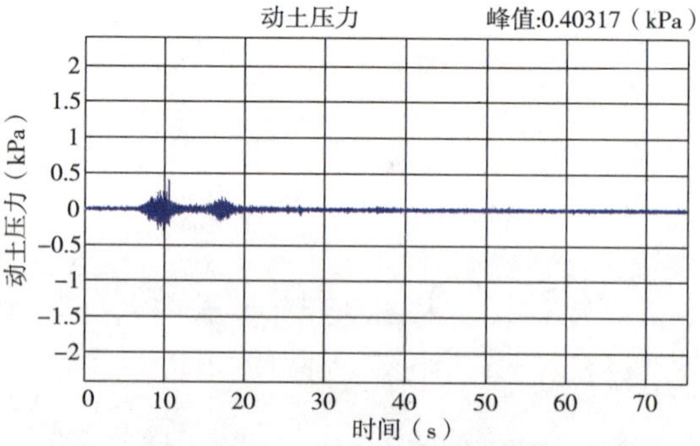

h）（动195）土压力时程
h) (195) Dynamic earth pressure time histories

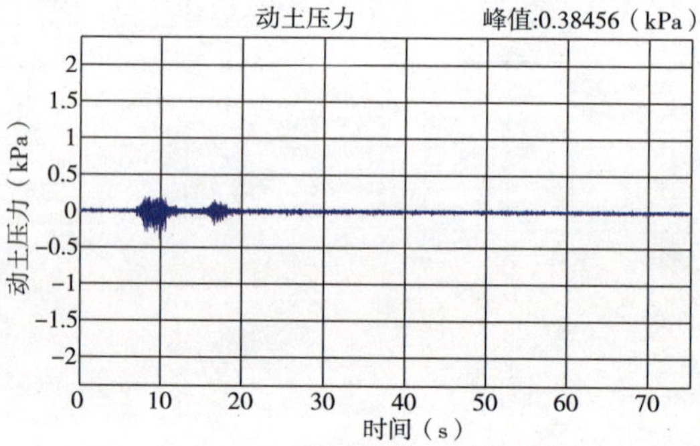

i）（动010）土压力时程
i) (010) Dynamic earth pressure time histories

图 G-24 桩身受土压力时程曲线
Figure G-24 Soil pressure time histories of pile

G. 3. 2 预应力锚索桩板墙模型 Model of prestressing anchor-bolt pile-board earth retaining wall

G. 3. 2. 1 预应力锚索桩板墙位移

预应力锚索桩板墙在 0. 2gXZ 加载下的位移时程曲线如图 G-25 所示。

G. 3. 2. 2 预应力锚索桩板墙加速度

加固边坡的加速度时程曲线如图 G-26 所示。

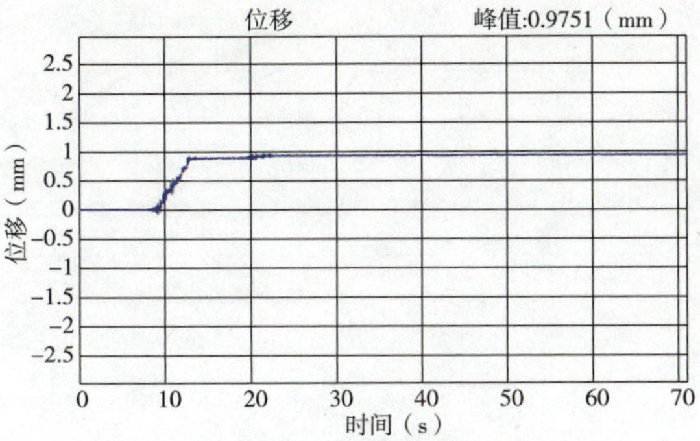

a）桩顶位移
a) Displacement at top of pile

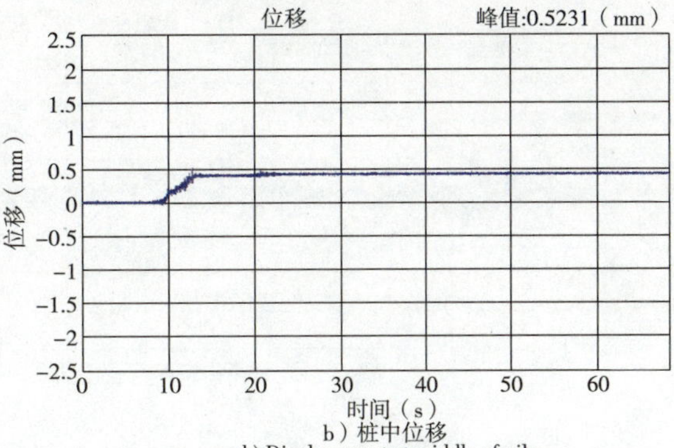

b）桩中位移
b) Displacement at middle of pile

图 G-25　锚索桩板墙在 0. 2*gXZ* 加载下的位移时程曲线

Figure G-25　Displacement time histories of prestressing anchor-bolt pile-board earth petaining wall under 0. 2*g* in the *XZ* directions

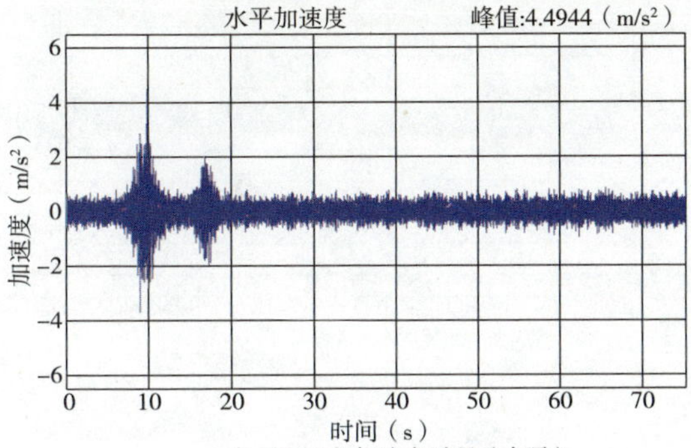

a）（1011）加速度时程（水平）
a) (1011) Horizontal acceleration time histories

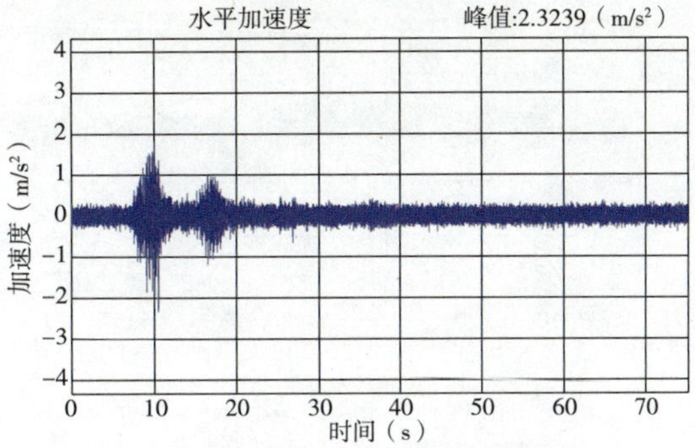

b）（1012）加速度时程（水平）
b) (1012) Horizontal acceleration time histories

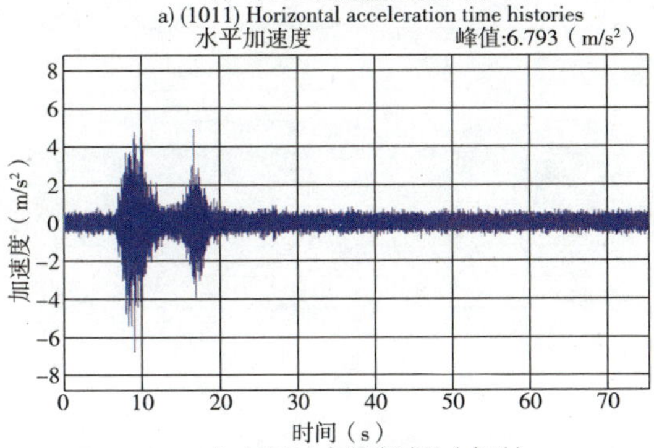

c）（1013）加速度时程（水平）
c) (1013) Horizontal acceleration time histories

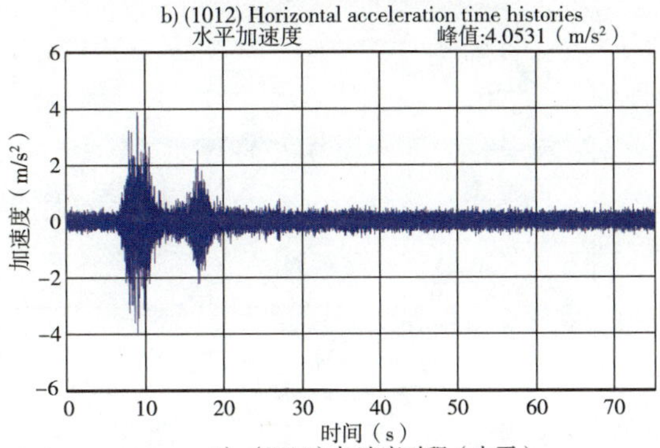

d）（1014）加速度时程（水平）
d) (1014) Horizontal acceleration time histories

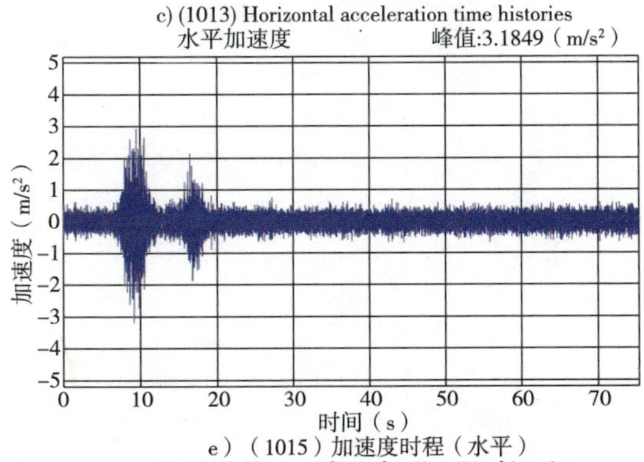

e）（1015）加速度时程（水平）
e) (1015) Horizontal acceleration time histories

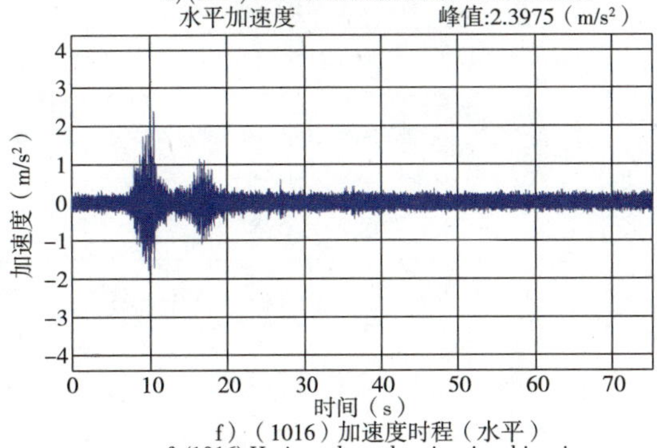

f）（1016）加速度时程（水平）
f) (1016) Horizontal acceleration time histories

图　G-26
Figure　G-26

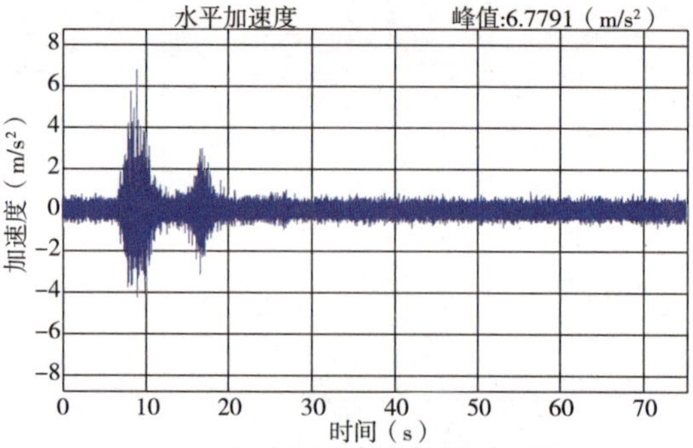

g）（1017）加速度时程（水平）
g) (1017) Horizontal acceleration time histories

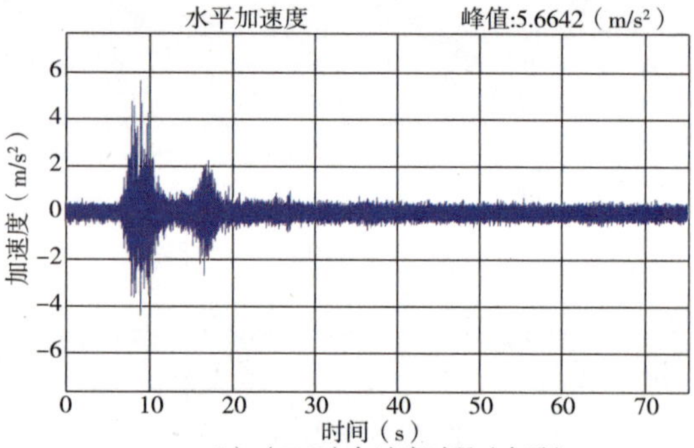

h）（1018）加速度时程（水平）
h) (1018) Horizontal acceleration time histories

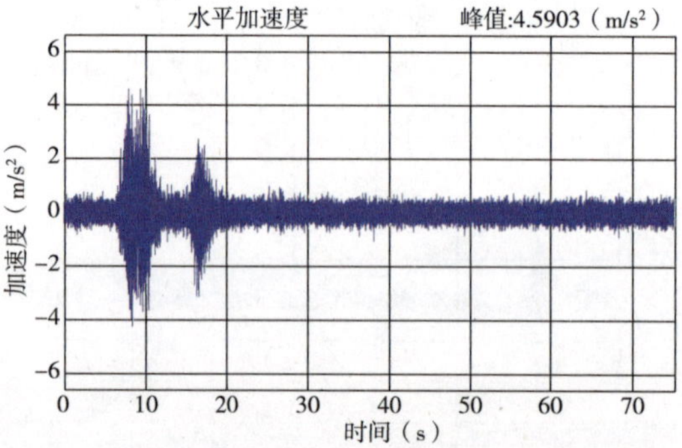

i）（1019）加速度时程（水平）
i) (1019) Horizontal acceleration time histories

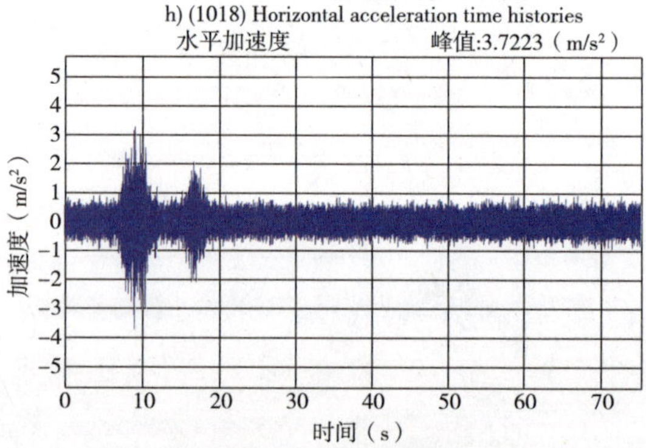

j）（1020）加速度时程（水平）
j) (1020) Horizontal acceleration time histories

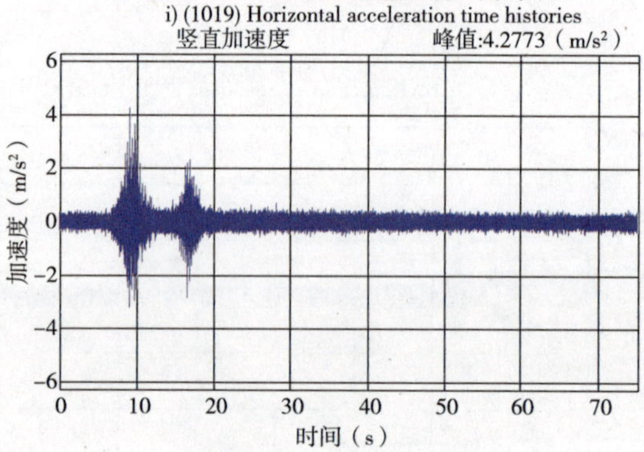

k）（1025）加速度时程（水平）
k) (1025) Horizontal acceleration time histories

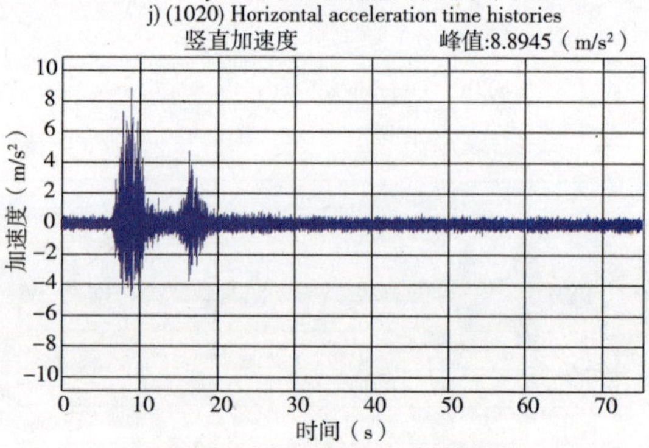

l）（1026）加速度时程（水平）
l) (1026) Horizontal acceleration time histories

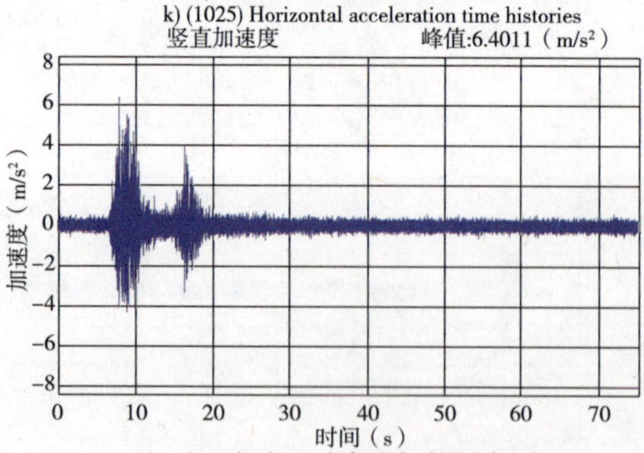

m）（1027）加速度时程（水平）
m) (1027) Horizontal acceleration time histories

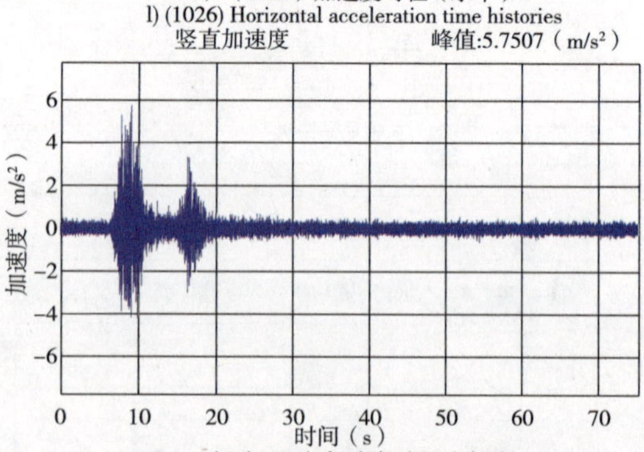

n）（1028）加速度时程（水平）
n) (1028) Horizontal acceleration time histories

图 G-26

Figure G-26

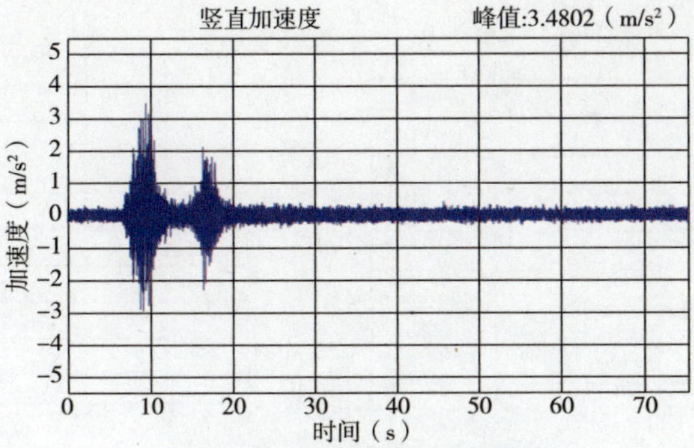

o）（1029）加速度时程（水平）

o) (1029) Horizontal acceleration time histories

图 G-26 加固边坡的加速度时程曲线

Figure G-26 Acceleration time histories of stabilized slope

G.3.2.3 锚索桩板墙动土压力

桩身受土压力时程曲线如图 G-27 所示。

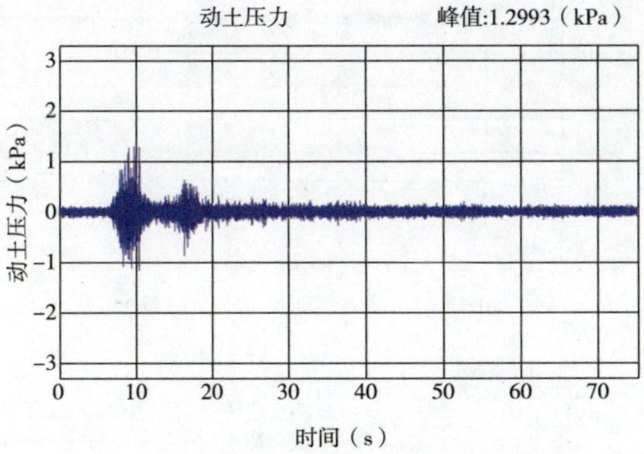

a）（动007）土压力时程

a) (007) Dynamic earth pressure time histories

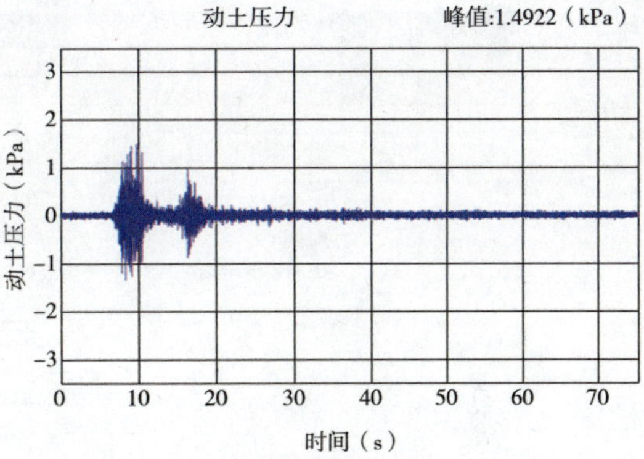

b）（动014）土压力时程

b) (014) Dynamic earth pressure time histories

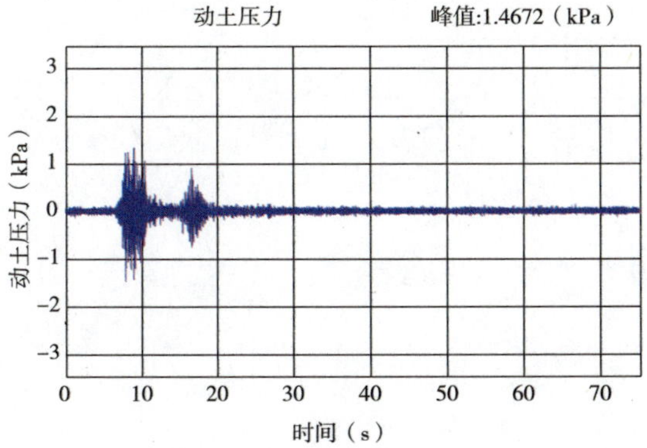

c）（动015）土压力时程

c) (015) Dynamic earth pressure time histories

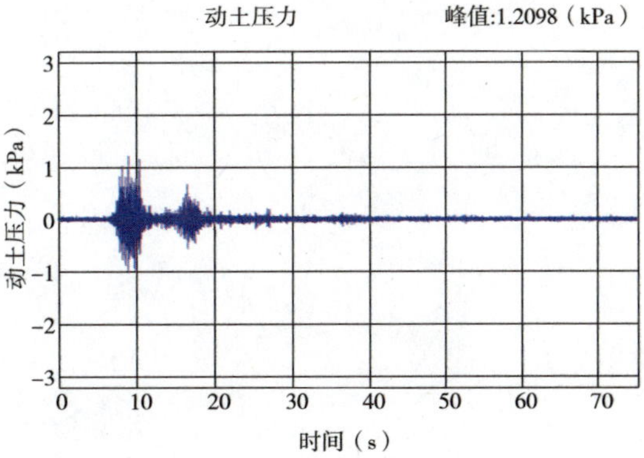

d）（动017）土压力时程

d) (017) Dynamic earth pressure time histories

图 G-27

Figure G-27

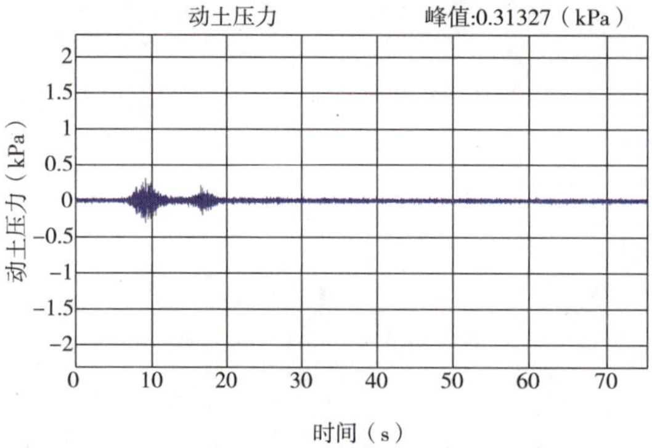

e）（动018）土压力时程

e) (018) Dynamic earth pressure time histories

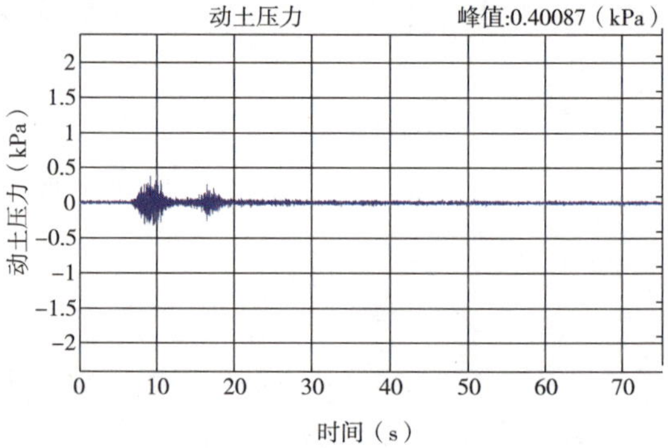

f）（动191）土压力时程

f) (191) Dynamic earth pressure time histories

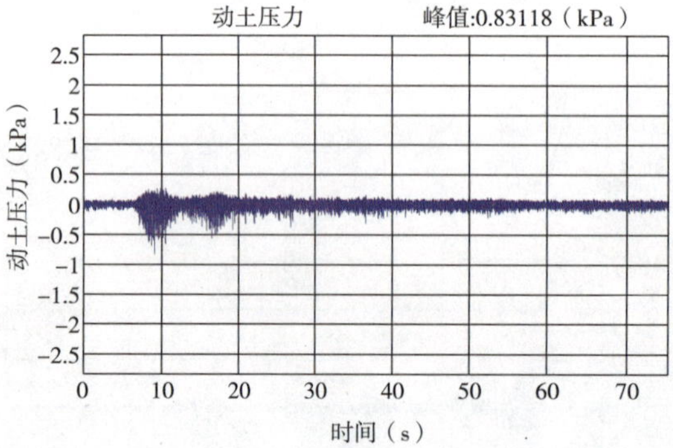

g）（动194）土压力时程

g) (194) Dynamic earth pressure time histories

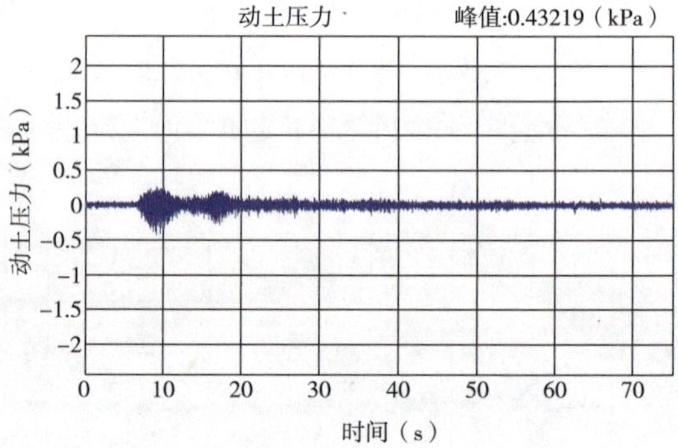

h）（动196）土压力时程

h) (196) Dynamic earth pressure time histories

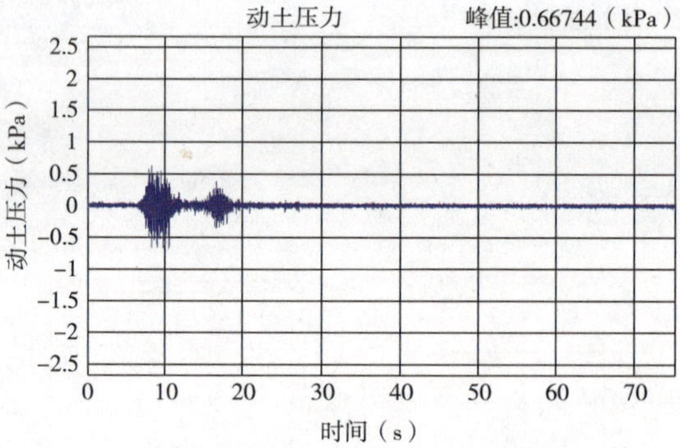

i）（动013）土压力时程

i) (013) Dynamic earth pressure time histories

图 G-27　桩身受土压力时程曲线

Figure G-27　Soil pressure time histories of pile

G. 3. 2. 4　预应力锚索桩板墙锚索轴力

预应力锚索桩板墙在 0. 2gXZ 加载下的锚索拉力时程曲线如图 G-28 所示。

G. 3. 2. 5　预应力锚索桩板墙锚索应变

预应力锚索桩板墙的锚索应变时程曲线如图 G-29 所示。

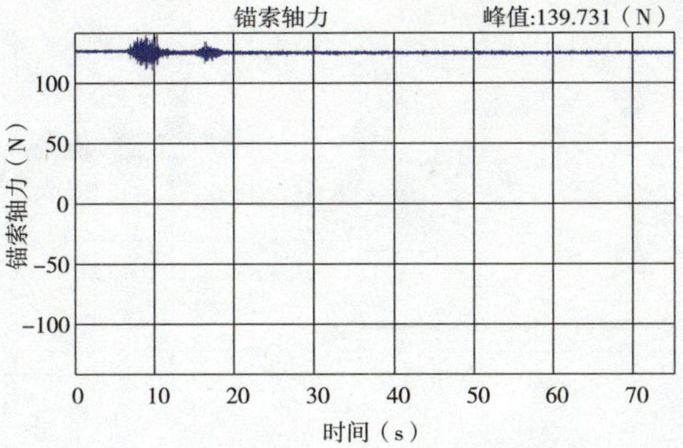

图 G-28　锚索桩板墙在 0. 2gXZ 加载下的锚索拉力时程曲线

Figure G-28　Anchor axial force time history of prestressing anchor- bolt pile- board earth retaining walll under 0. 2 g XZ direction loading

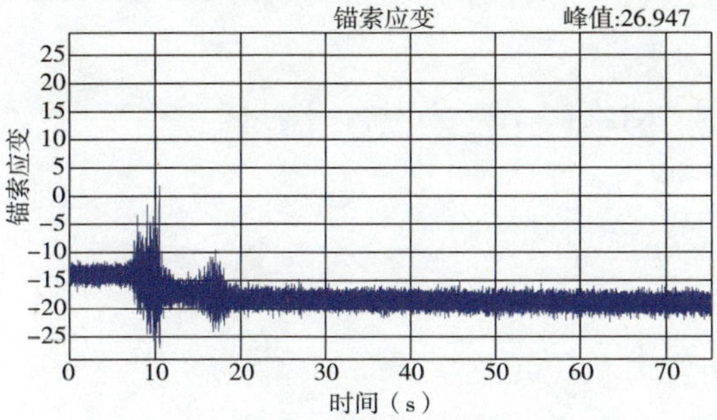

a）1号应变片测值

a) Measured strain of No.1 strain gage

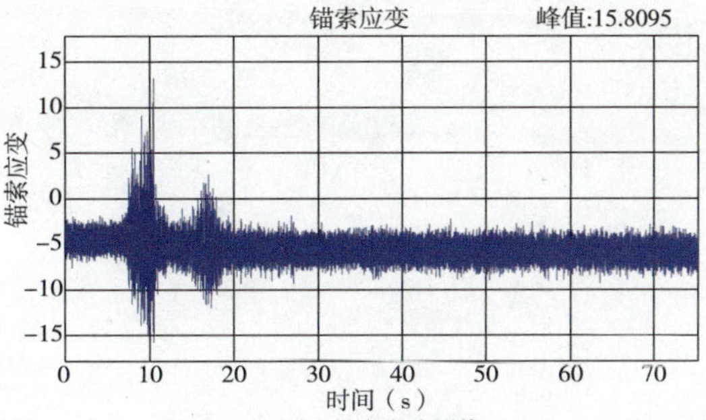

b）2号应变片测值

b) Measured strain of No.2 strain

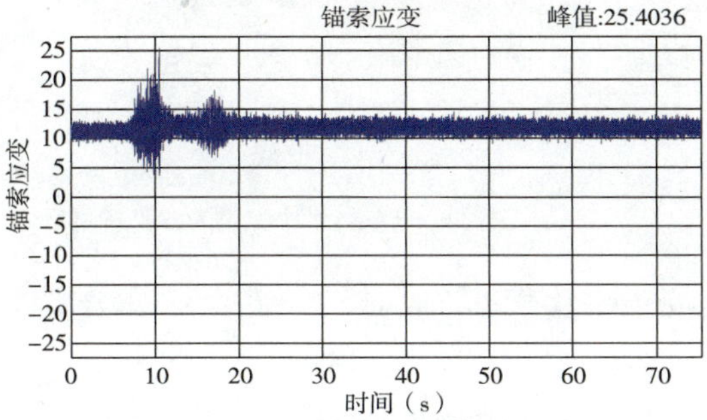

c）3号应变片测值

c) Measured strain of No.3 strain gage

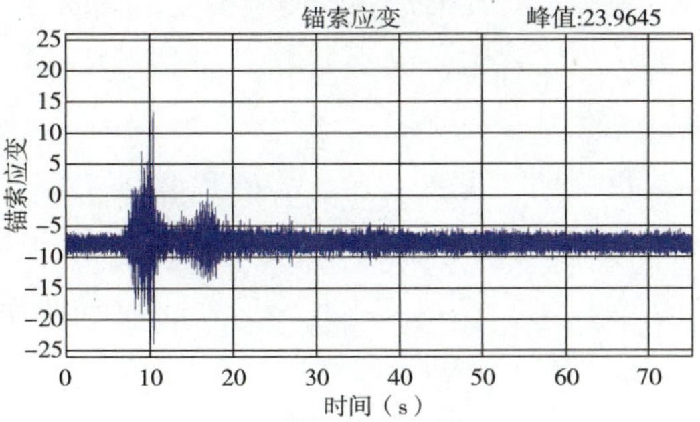

d）4号应变片测值

d) Measured strain of No.4 strain gage

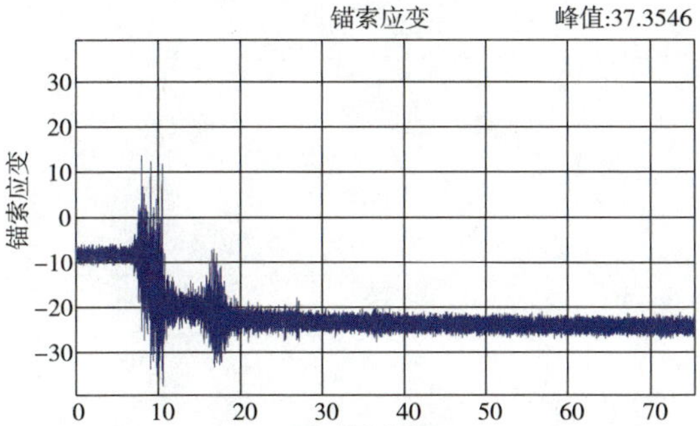

e）5号应变片测值

e) Measured strain of No.5 strain gage

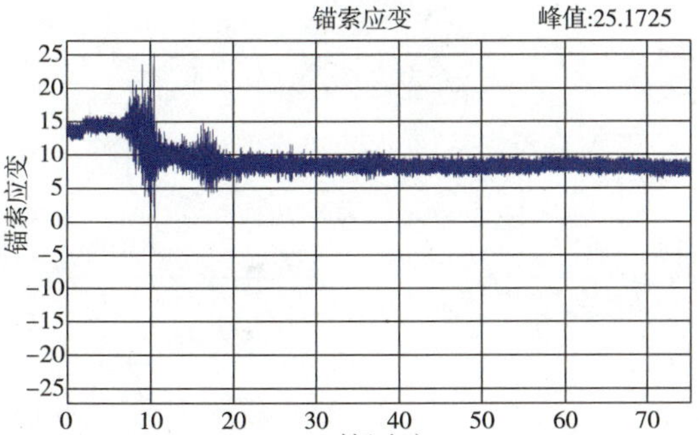

f）6号应变片测值

f) Measured strain of No.6 strain gage

图　G-29

Figure　G-29

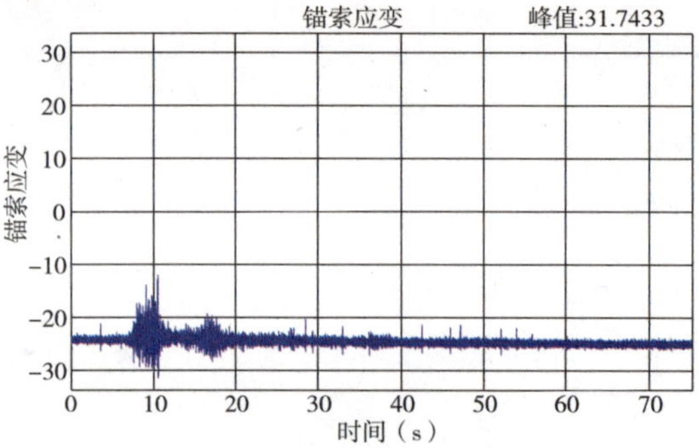

g）7号应变片测值

g) Measured strain of No.7 strain gage

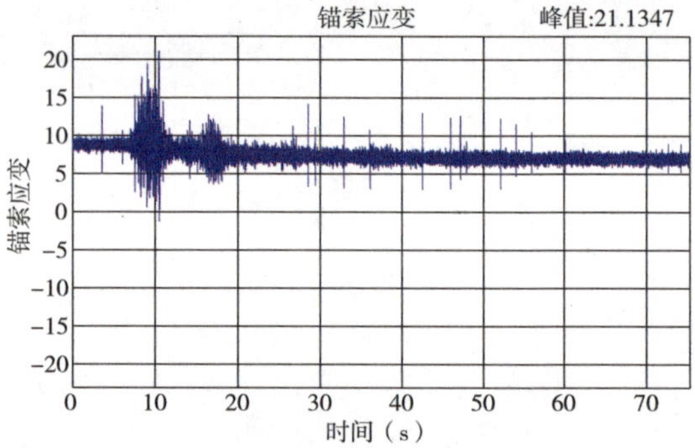

h）8号应变片测值

h) Measured strain of No.8 strain gage

图 G-29 锚索桩板墙的锚索应变时程曲线

Figure G-29 Anchor cable strain time histories of prestressing anchor-bolt pile-board earth retaining wall

G.4 试验数据分析 Analysis of test data

G.4.1 位移 Displacement

本次试验抗滑桩模型尺寸为1.0m×0.09m ×0.12m（高×宽×厚），采用PVC板+钢片制作而成，属悬臂式刚性抗滑桩，根据挡墙几何形状及实验中观察到的现象可将墙体在地震下的运动模式假定为绕某点（桩转动中心）的转动，其运动模式见图G-30。

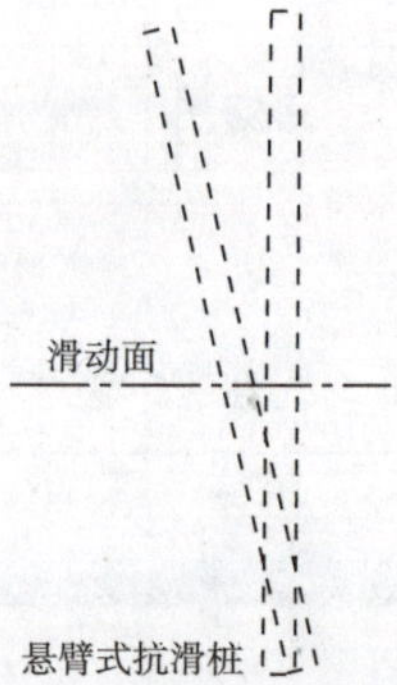

图 G-30 悬臂式刚性抗滑桩运动模式

Figure G-30 Movement pattern of cantilever rigid pile

桩板墙模型振动台试验桩顶和桩中测试位移数据及桩顶位移指标和转点距桩顶深度见表G-3，预应力锚索桩板墙模型振动台试验桩顶测试和桩中测试位移数据及桩顶位移指标和转点距桩顶深度见表G-4。

表 G-3 桩板墙模型测试位移、位移指标、转角及转点深度百分比

Table G-3 Displacement, displacement index, rotational angle and turning-point depth percentage of pile-board earth retaining wall from testing

地震系数	桩顶位移（mm）	桩中位移（mm）	桩体转角（rad）	位移指标（%）	转点深度百分比（%）
a_h/g	Δ_1	Δ_2	θ	Δ_1/H	h/H
0.1 X	0.03	0.012	6E-05	0.00	83.33
0.1 XZ	0.2	0.08	0.000 24	0.02	83.33
0.2 X	0.65	0.26	0.000 78	0.07	83.33
0.2 XZ	1.85	0.75	0.002 2	0.19	84.09
0.3 XZ	5.2	2.1	0.006 199 9	0.52	83.87
0.4 XZ	10.09	4.1	0.011 979 4	1.01	84.22

表 G-4　预应力锚索桩板墙模型测试位移、位移指标、转角及转点深度百分比

Table G-4　Displacement, displacement index, rotational angle and turning-point depth percentage of prestressing anchor-bolt pile-board earth retaining wall from testing

地震系数	桩顶位移（mm）	桩中位移（mm）	桩体转角（rad）	位移指标（%）	转点深度百分比（%）
a_h/g	Δ_1	Δ_2	θ	Δ_1/H	h/H
0.1 *X*	0.06	0.02	8E－05	0.01	75.00
0.1 *XZ*	0.22	0.08	0.000 28	0.02	78.57
0.2 *X*	0.68	0.25	0.000 84	0.07	81.25
0.2 *XZ*	1.2	0.47	0.001 439 999	0.12	82.19
0.3 *XZ*	2.6	1.05	0.003 079 99	0.26	83.87
0.4 *XZ*	4.2	1.7	0.004 959 959	0.42	84.00

从表 G-3 和表 G-4 可知，无论是普通或预应力锚索的桩板墙模型在水平、竖直双向荷载作用下的位移和转点深度都大于单向水平荷载作用下的位移和转点深度。

为研究抗滑桩位移与输入地震波震级和抗滑桩结构的关系，将双向加载情况下桩板墙和预应力锚索桩板墙模型的桩顶、桩中位移及转点距桩顶深度与输入地震波关系进行比对，见图 G-31～图 G-33。

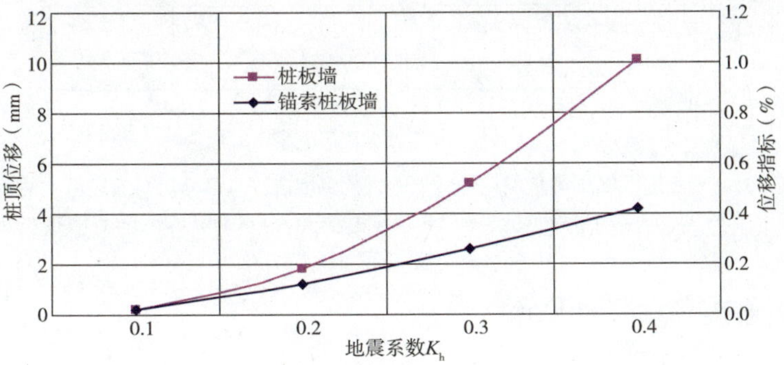

图 G-31　桩板墙及锚索桩板墙模型桩顶位移及位移指标与地震系数关系

Figure G-31　Relationships between seismic coefficient with displacement and displacement index on the top of pile

从图 G-31 和图 G-32 可见，桩板墙及锚索桩板墙模型的桩顶及桩中位移随地震系数的增大而增加，在地震系数为 0.1*g* 时，二者差距很小，但随着地震系数的增大，普通桩板墙的桩顶及桩中位移迅速增大，特别是当地震系数为 0.4*g* 时，普通桩板墙的桩顶位移达到预应力锚索桩板墙桩顶位移的 2.4 倍，桩中位移达到锚索桩板墙的 2.41 倍。由此说明，预应力锚索桩板墙在Ⅶ度地震烈度区域的抗震性能较普通桩板墙并未体现出很大的优越性，但在高地震烈度，如地震烈度Ⅸ度区域，其优势体现愈发明显。

从图 G-33 可见，预应力锚索桩板墙的转点深度较普通桩板墙的转点深度浅，且二者均随地震系数的增大而变深，变化速率较缓慢，台面输入加速度峰值为 0.4*g* 时，普通桩

板墙模型转点深度为桩身的84.22%，预应力锚索桩板墙模型转点深度为桩身的84%，此时两种模型的转点深度接近。

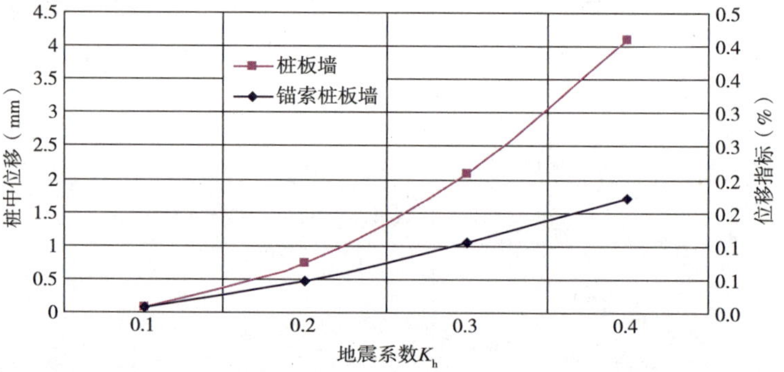

图 G-32 桩板墙及锚索桩板墙模型桩中位移及位移指标与地震系数关系

Figure G-32 Relationships between seismic coefficient with displacement and displacement index at the middle of pile

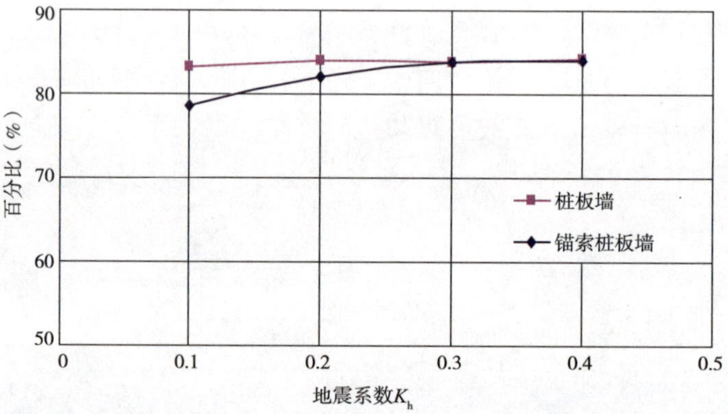

图 G-33 桩板墙及锚索桩板墙模型转点距桩顶深度占桩身百分比与地震系数的关系

Figure G-33 Relationships between seismic coefficient with ratio of turning- point depth to pile length

G.4.2 加速度 Acceleration

G.4.2.1 桩板墙

表G-5为普通桩板墙模型在不同加载工况下的加速度计测试时程峰值。为研究桩后滑床和滑体中的土体加速度放大效应，选取同一垂直面、由低至高的一排测点，将桩后土体埋设加速度计的测试时程峰值与桩前土体中埋设加速度计（相当于自由场加速度）的测试峰值进行比值后作为放大比，然后分析其与相对高程的关系。

图G-34为桩后0.5m位置的加速度计在台面输入不同PGA地震波作用下的水平加速度放大比关系，图G-35为桩后0.5m位置的加速度计在台面输入单向水平和水平、竖直双向地震波时的水平加速度放大比关系，图G-36为桩后0.5m位置的加速度计在台面输入不同PGA地震波作用下的竖直加速度放大比关系。图G-37和图G-38分别为桩后1m位置的加速度计在台面输入不同PGA地震波和单向、双向荷载作用下的水平加速度放大比关系。

表 G-5 桩板墙模型实测加速度计峰值

Table G-5 Measured peak accelerations from pile-board earth retaining wall

自编号	测试方向	加载工况					
		0.1gX	0.1gXZ	0.2gX	0.2gXZ	0.3gXZ	0.4gXZ
1001	→	1.67	1.67	2.41	2.6	3.53	4.81
1002	→	1.38	2.58	2.51	4.26	5.87	8.6
1003	→	1.8	2.5	2.81	4.53	6.4	9.7
1004	→	1.62	1.75	2.66	2.6	3.9	5.47
1005	→	1.5	1.56	2.46	2.66	3.97	5.67
1006	→	1.42	1.35	2.51	2.49	3.62	4.59
1007	→	1.66	2.32	2.59	4.31	8.33	15.09
1008	→	1.43	2.05	2.45	3.19	5.84	7.93
1009	→	1.36	1.58	2.35	2.78	4.48	5.53
1010	→	1.53	1.56	2.59	2.68	3.89	4.89
1021	↑	—	3.57	—	6.53	8.45	9.88
1022	↑	—	4.4	—	5.8	11.87	19.98
1023	↑	—	3.15	—	4.26	8.76	11.8
1024	↑	—	1.58	—	2.65	4.29	5.52

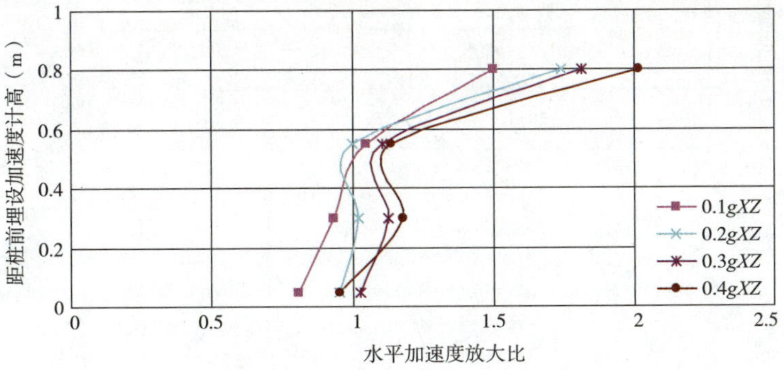

图 G-34 台面输入不同 PGA 地震波作用下的水平加速度放大比

Figure G-34 Horizontal acceleration amplification ratio under different input PGA level motions

（1）桩后 0.5m：

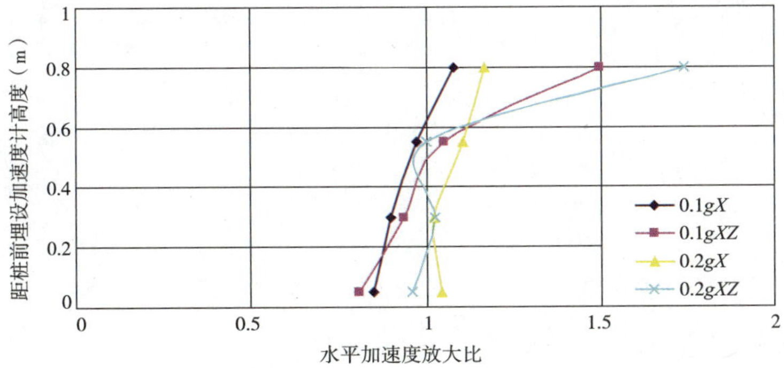

图 G-35 台面输入单向和双向地震波对比的水平加速度放大比

Figure G-35 Horizontal acceleration amplification ratio under one-direction and two-direction input motions

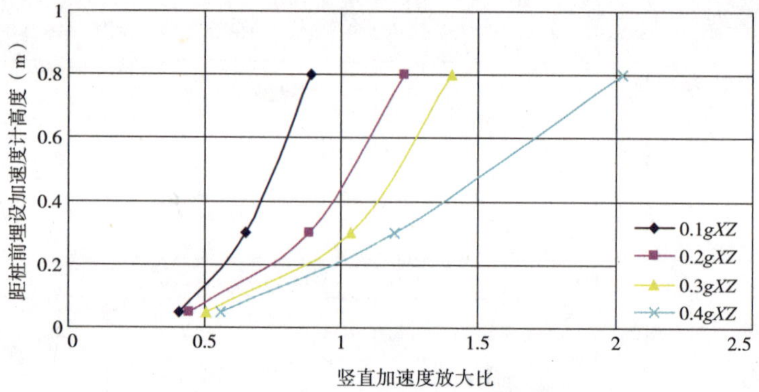

图 G-36　台面输入不同 PGA 地震波作用下的竖直加速度放大比

Figure G-36　Vertical acceleration amplification ratio under different input pGA level motions

（2）桩后 1m：

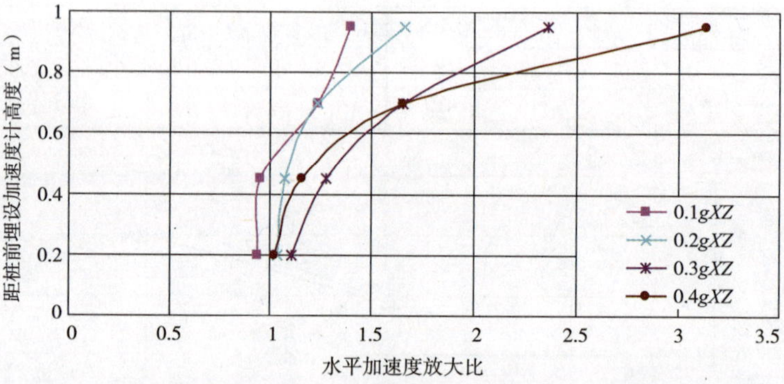

图 G-37　台面输入不同 PGA 地震波作用下的水平加速度放大比

Figure G-37　Horizontal acceleration amplification ratio under different input PGA level motions

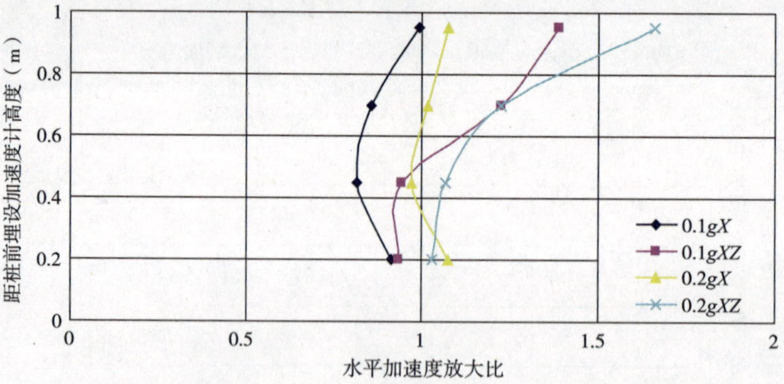

图 G-38　台面输入单向和双向地震波对比的水平加速度放大比

Figure G-38　Horizontal acceleration amplification ratio under one-direction and two-direction input motions

结合上述图表数据可得到如下结论：

总体上来看，水平和竖直加速度放大比均与输入地震波 PGA 和相对高程有关，二者均随输入荷载的增大而变大，随相对高程的增大而变大；当 PGA≥0.2g 时，滑体中埋深

0.25m（即位于滑体中间位置）的加速度放大比比滑面上和滑床中的加速度放大比有所减小。

在台面输入水平单向地震荷载时，滑床中测点（相对高程0.2m）的水平加速度放大比较台面输入双向荷载时大，且总体上随相对高程的增大而增大，随输入荷载的增大而增大，但变化趋势较输入水平竖直双向地震荷载时平缓，说明竖向地震荷载对水平加速度有放大作用。

G.4.2.2　锚索桩板墙

预应力锚索桩板墙模型在不同加载工况下的加速度计测试时程峰值数据见表G-6。图G-39为桩后0.5m位置的加速度计在台面输入不同PGA地震波作用下的水平加速度放大比关系，图G-40为桩后0.5m位置的加速度计在台面输入单向水平和水平、竖直双向地震波时的水平加速度放大比关系，图G-41为桩后0.5m位置的加速度计在台面输入不同PGA地震波作用下的竖直加速度放大比关系。图G-42和图G-43给出了桩后1m位置的加速度计在台面输入不同PGA地震波和单向、双向荷载作用下的水平加速度放大比关系。

表G-6　桩板墙模型实测加速度计峰值

Table G-6　Measured peak accelerometer of prestressing anchor-bolt pile-board earth retaining wall

自编号	测试方向	加载工况					
		0.1*gX*	0.1*gXZ*	0.2*gX*	0.2*gXZ*	0.3*gXZ*	0.4*gXZ*
1011	→	1.46	2.39	2.24	4.49	6.36	7.58
1012	→	1.31	1.27	2.23	2.32	3.33	4.41
1013	→	1.52	4.09	2.69	6.79	9.42	12.48
1014	→	1.46	2.38	2.6	4.05	6.28	9.97
1015	→	1.37	1.72	2.36	3.18	4.23	5.99
1016	→	1.28	1.24	2.26	2.4	3.47	4.69
1017	→	1.68	3.6	2.62	6.78	9.54	13.48
1018	→	1.45	2.8	2.61	5.66	7.63	11.78
1019	→	2.15	4.15	3.43	4.59	5.49	8.22
1020	→	1.6	2.52	2.79	3.72	5.05	7.06
1025	↑	—	2.74	—	4.28	6.34	7.85
1026	↑	—	4.48	—	8.89	14.94	26.51
1027	↑	—	3.67	—	6.4	10.15	13.73
1028	↑	—	3.17	—	5.75	8.76	12.9
1029	↑	—	2.28	—	3.48	5.11	6.36

（1）桩后0.5m：

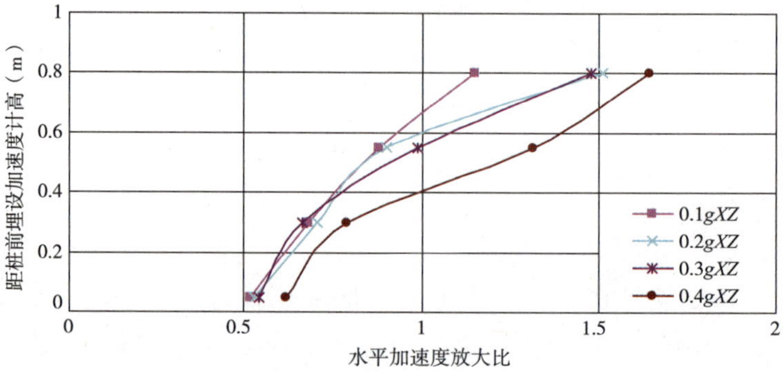

图 G-39　台面输入不同PGA地震波作用下的水平加速度放大比

Figure G-39　Horizontal acceleration amplification ratio under different input PGA level motions

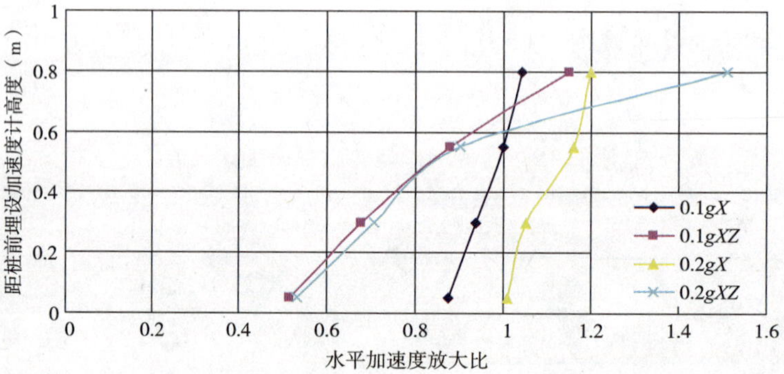

图 G-40　台面输入单向和双向地震波对比的水平加速度放大比

Figure G-40　Horizontal acceleration amplification ratio under one-direction and two-direction input motions

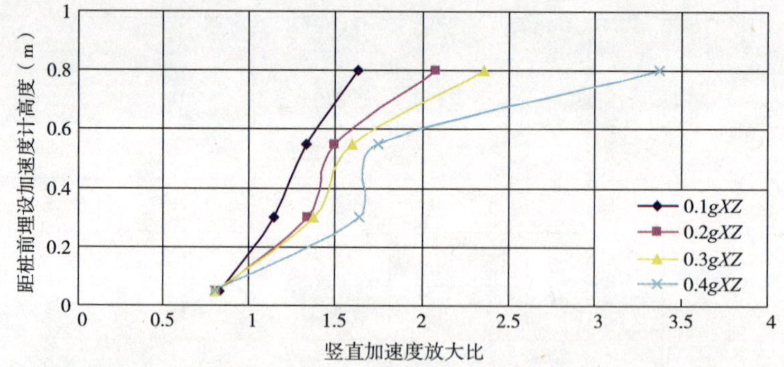

图 G-41　台面输入不同PGA地震波作用下的竖直加速度放大比

Figure G-41　Vertical acceleration amplification ratio under different input PGA level motions

（2）桩后1m：

结合上述图表数据可得到如下结论：

预应力锚索桩板墙模型的水平和竖直加速度放大比均与输入地震波PGA和相对高程有关，二者均随输入荷载的增大而变大，随相对高程的增大而变大；桩后1m位置处的水平加速度放大比在滑体中埋深0.25m（即位于滑体中间位置）的加速度放大比比滑面上和滑床中的加速度放大比有所减小。

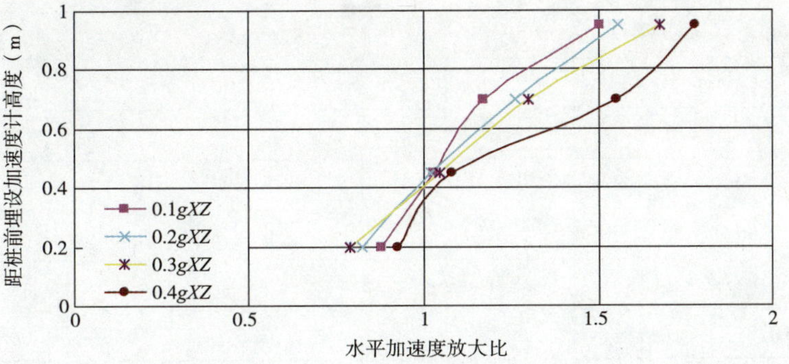

图 G-42 台面输入不同 PGA 地震波作用下的水平加速度放大比

Figure G-42 Horizontal acceleration amplification ratio under different input PGA level motions

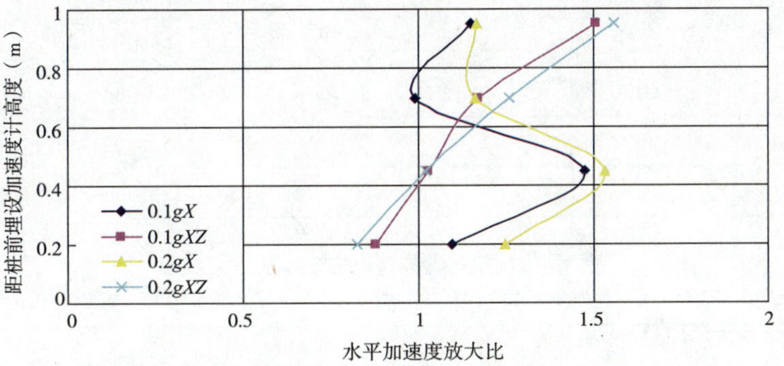

图 G-43 台面输入单向和双向地震波对比的水平加速度放大比

Figure G-43 Horizontal acceleration amplification ratio under one- direction and two- direction input motions

在台面输入水平单向地震荷载时，在滑床中测点（相对高程0.2m）的水平加速度放大比较台面输入双向荷载时大，且总体上随相对高程的增大而增大，随输入荷载的增大而增大，但变化趋势较输入水平竖直双向地震荷载时平缓，说明竖向地震荷载对水平加速度有放大作用。

G.4.3 土压力 Earth pressure

桩板墙在抗震设计过程中，其截面设计、配筋计算都受桩身所受剪力和弯矩及挡土板受力的严重影响，而土压力正是产生桩身剪力、弯矩的原因，因此，在振动台试验过程中，对测试土压力（地震情况下滑坡推力和嵌固段土体抗力）沿桩身的分布情况加以分析。

G.4.3.1 桩板墙模型

试验采集桩板墙总土压力强度数据整理见表 G-7 和表 G-8，动态土压力强度汇总见表 G-9 和表 G-10。台面输入不同 PGA 地震波和单向与双向地震波对比的桩背、桩前总土和动土压力分布见图 G-44 ~ 图 G-51。

表 G-7 桩板墙桩背总土压力强度

Table G-7 Total earth pressure intensity acted on pile-back of pile-board earth retaining wall

测点距桩顶(m)	埋深(m)	传感器自编号	加载工况					
			0.1gX	0.1gXZ	0.2gX	0.2gXZ	0.3gXZ	0.4gXZ
-0.18	-0.18	总024A	0.7	1	0.9	0.92	0.92	1.18
-0.34	-0.34	总034B	1.28	2.61	4.88	5.99	7.14	9.03
-0.5	-0.5	总027B	0.3	1.8	1.3	1.6	7	8.4
-0.66	-0.66	总025B	7.5	7	6.1	5.95	5.7	5.5
-0.82	-0.82	总183	21.9	21.5	25.1	26.49	42	59.78
-0.98	-0.98	总184	26.2	26.8	33.5	36.14	68.33	84.6

表 G-8 桩板墙桩前总土压力强度

Table G-8 Total earth pressure intensity acted on pile-front of sheet pile wall

测点距桩顶(m)	埋深(m)	传感器自编号	加载工况					
			0.1gX	0.1gXZ	0.2gX	0.2gXZ	0.3gXZ	0.4gXZ
-0.66	-0.06	总176	21.21	28.5	45.02	55.87	57.86	56.04
-0.82	-0.22	总177	22.02	22.52	23.35	25.68	95.67	144.38
-0.98	-0.38	总180	19.03	18.88	16.65	13.54	6.55	4.95

表 G-9 桩板墙桩背动态土压力强度

Table G-9 Dynamic soil pressure intensity acted on pile-back of pile-board earth retaining wall

测点距桩顶(m)	埋深(m)	传感器自编号	加载工况					
			0.1gX	0.1gXZ	0.2gX	0.2gXZ	0.3gXZ	0.4gXZ
-0.18	-0.18	动011	0.11	0.123	0.15	0.15	0.272	0.434
-0.34	-0.34	动016	0.183	0.187	0.256	0.311	0.437	1.038
-0.5	-0.5	动012	0.166	0.276	0.205	0.276	0.536	1.027
-0.66	-0.66	动009	0.158	0.298	0.161	0.294	0.428	0.686
-0.82	-0.82	动008	0.126	0.209	0.182	0.28	0.354	0.417
-0.98	-0.98	动193	1.001	1.396	2.19	3.006	4.169	7.601

表 G-10 桩板墙桩前动态土压力强度

Table G-10 Dynamic soil pressure intensity acted on pile-front of pile-board earth retaining wall

测点距桩顶(m)	埋深(m)	传感器自编号	加载工况					
			0.1gX	0.1gXZ	0.2gX	0.2gXZ	0.3gXZ	0.4gXZ
-0.66	-0.06	动192	0.364	0.427	0.814	0.778	1.155	2.854
-0.82	-0.22	动195	0.209	0.194	0.441	0.403	0.408	0.939
-0.98	-0.38	动010	0.140	0.229	0.302	0.385	0.615	0.622

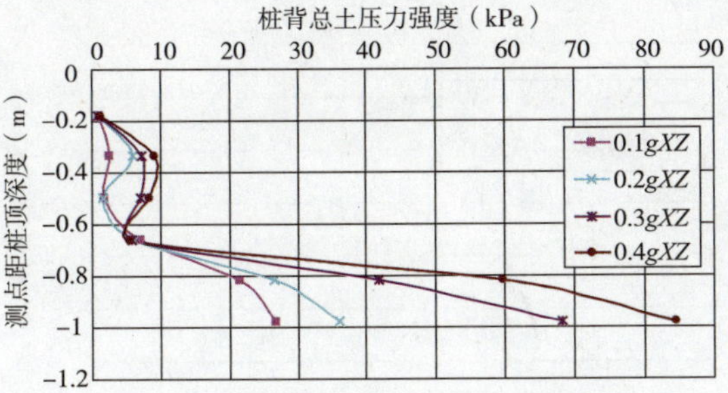

图 G-44　台面输入不同 PGA 地震波作用下的桩背总土压力分布

Figure G-44　Total soil pressure distribution acted on pile-back under different input PGA level motions

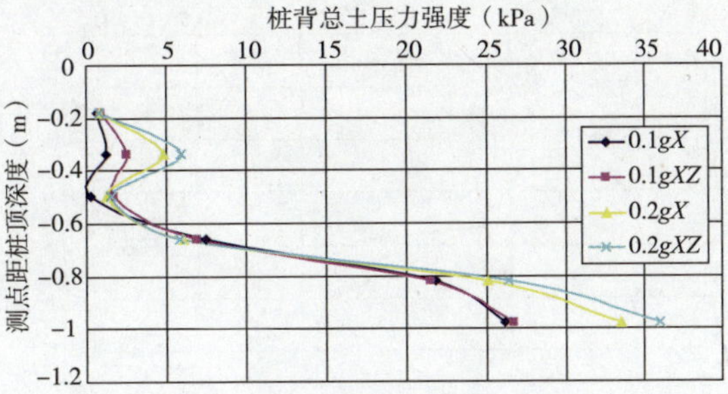

图 G-45　台面输入单向和双向地震波对比的桩背总土压力分布

Figure G-45　Total soil pressure distribution acted on pile-back under one-direction and two-direction input motions

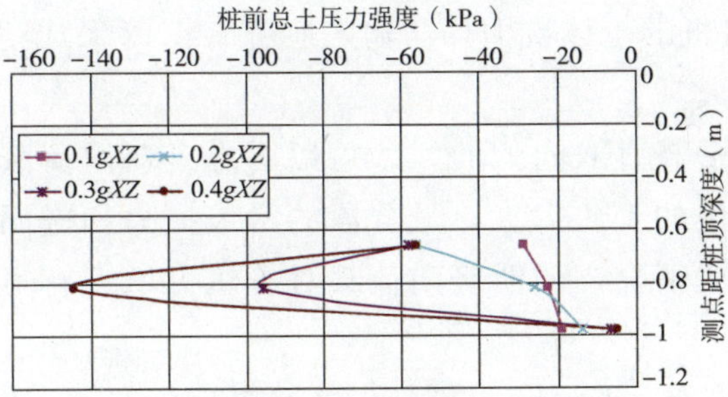

图 G-46　台面输入不同 PGA 地震波作用下的桩前总土压力分布

Figure G-46　Total soil pressure distribution acted on pile-front under different input PGA level motions

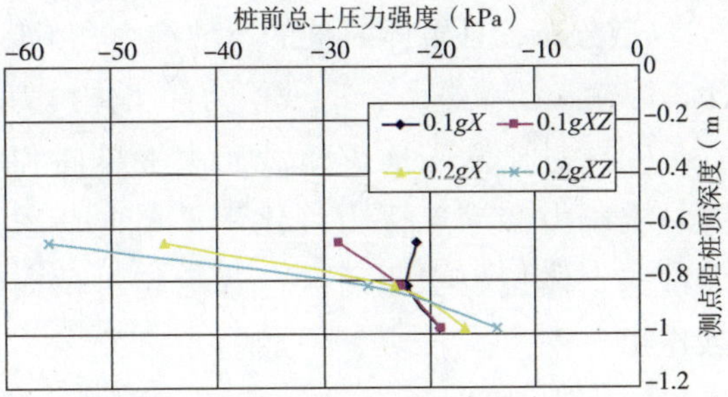

图 G-47　台面输入单向和双向地震波对比的桩前总土压力分布

Figure G-47　Total soil pressure distribution acted on pile-front under one-direction and two-direction input motions

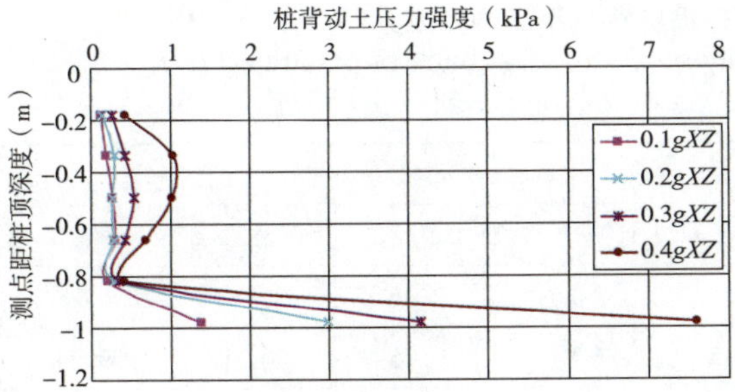

图 G-48　台面输入不同 PGA 地震波作用下的桩背动土压力分布

Figure G-48　Dynamic soil pressure distribution acted on pile-back under different input PGA level motions

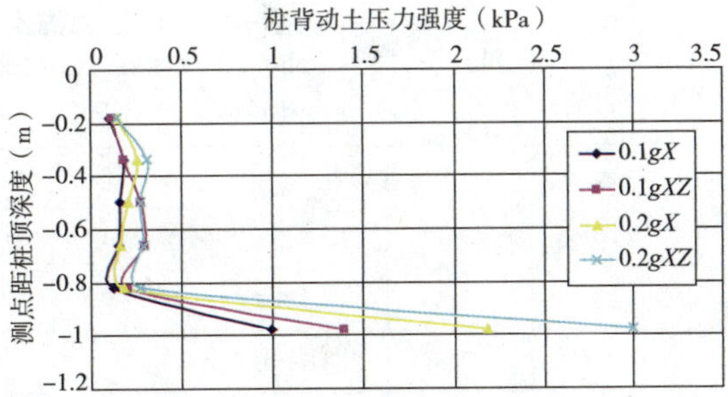

图 G-49　台面输入单向和双向地震波对比的桩背动土压力分布

Figure G-49　Dynamic soil pressure distribution acted on pile-back under one-direction and two-direction input motions

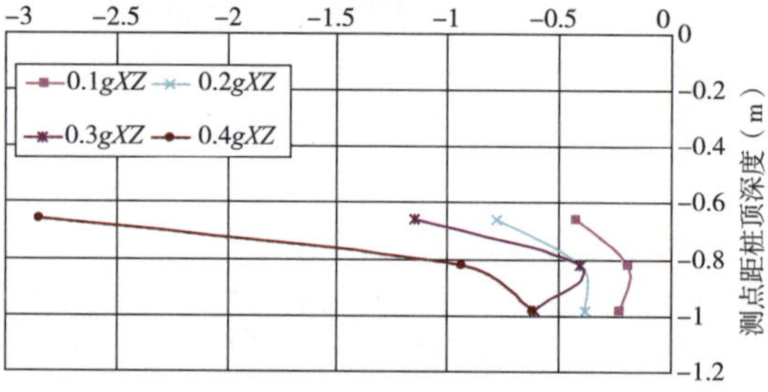

图 G-50　台面输入不同 PGA 地震波作用下的桩前动土压力分布

Figure G-50　Dynamic soil pressure distribution acted on pile-front under different PGA input motions

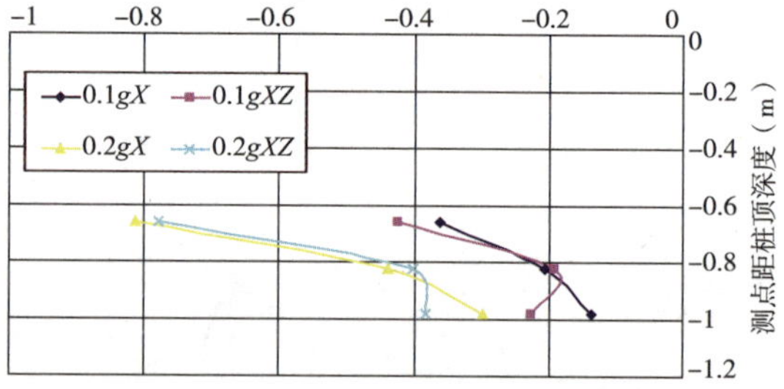

图 G-51　台面输入单向和双向地震波对比的桩前动土压力分布

Figure G-51　Dynamic soil pressure distribution acted on pile-back under one-direction and two-direction input motions

结合图 G-44 ~ 图 G-51，可知：

(1) 桩前和桩背的总土压力和动土压力均成非线性分布，桩背总土压力和动土压力成“R”型分布，且滑体对桩的滑坡推力和滑床对桩的土体抗力均与输入地震荷载 PGA 成正比，即输入荷载越大，滑坡推力和土体抗力越大。

(2) 对比输入地震荷载为水平单向和水平竖直双向的曲线，可以看出，双向荷载的总土压力和动土压力均比水平单向荷载产生的土压力大。悬臂段的滑坡推力和嵌固段桩前土体抗力变化明显，远远超过单向荷载情况，说明竖向荷载对土压力增大有贡献作用。

(3) 当 PGA≥0.3g 时，总土压力强度值的最大点深度由埋深 0.06m 变为 0.24m，说明测点部位（埋深 0.06m）土体发生塑性破坏。

G.4.3.2　预应力锚索桩板墙模型

预应力锚索桩板墙模型试验采集桩板墙总土压力强度数据整理见表 G-11 和表 G-12，动态土压力强度汇总见表 G-13 和表 G-14。台面输入不同 PGA 地震波和单向与双向地震波对比的桩背、桩前总土和动土压力分布见图G.52 ~ 图 G-59。

表 G-11　预应力锚索桩板墙桩背总土压力强度

Table G-11　Total soil pressure intensity acted on pile-back of prestressing anchor-bolt pile-board earth retaining wall

测点距桩顶 (m)	埋深 (m)	传感器自编号	加载工况					
			0.1gX	0.1gXZ	0.2gX	0.2gXZ	0.3gXZ	0.4gXZ
-0.18	-0.18	总 021A	1.34	1.75	2.25	2.46	3.21	7.64
-0.34	-0.34	总 031B	1.56	2.95	6.84	9.76	14.24	19.34
-0.5	-0.5	总 028B	0.78	1.68	4.81	7.02	10.24	8.44
-0.66	-0.66	总 030B	8.5	7.5	7.03	6.57	7.11	6.73
-0.82	-0.82	总 178	22.41	24.11	24.95	28.34	40.68	54.62
-0.98	-0.98	总 185	24.65	25.97	28.67	33.94	46.69	58.67

表 G-12　预应力锚索桩板墙桩前总土压力强度

Table G-12　Total soil pressure intensity acted on pile-front of prestressing anchor-bolt pile-board earth retaining wall

测点距桩顶（m）	埋深（m）	传感器自编号	加载工况					
			0.1gX	0.1gXZ	0.2gX	0.2gXZ	0.3gXZ	0.4gXZ
-0.66	-0.06	总182	18.5	24.52	38.98	46.95	47.23	42.16
-0.82	-0.22	总181	23.46	23.8	25.94	32.33	65.22	89.46
-0.98	-0.38	总179	18.47	18.21	17.68	16.42	11.56	7.53

表 G-13　预应力锚索桩板墙桩背动态土压力强度

Table G-13　Dynamic soil pressure intensity acted on pile-back of prestressing anchor-bolt pile-board earth retaining wall

测点距桩顶（m）	埋深（m）	传感器自编号	加载工况					
			0.1gX	0.1gXZ	0.2gX	0.2gXZ	0.3gXZ	0.4gXZ
-0.18	-0.18	动007	0.496	0.611	0.958	1.299	2.668	4.098
-0.34	-0.34	动014	0.298	0.714	0.706	1.492	2.371	2.992
-0.5	-0.5	动015	0.239	0.783	0.658	1.467	1.911	2.219
-0.66	-0.66	动017	0.446	0.623	0.968	1.210	1.514	2.384
-0.82	-0.82	动018	0.062	0.213	0.109	0.313	0.437	0.824
-0.98	-0.98	动191	0.075	0.205	0.191	0.401	0.587	0.970

表 G-14　预应力锚索桩板墙桩前动态土压力强度

Table G-14　Dynamic soil pressure intensity acted on pile-front of prestressing anchor-bolt pile-board earth retaining wall

测点距桩顶（m）	埋深（m）	传感器自编号	加载工况					
			0.1gX	0.1gXZ	0.2gX	0.2gXZ	0.3gXZ	0.4gXZ
-0.66	-0.06	动194	0.430	0.468	0.595	0.831	1.214	1.908
-0.82	-0.22	动196	0.206	0.287	0.283	0.432	0.586	1.006
-0.98	-0.38	动013	0.229	0.434	0.815	0.667	0.915	0.847

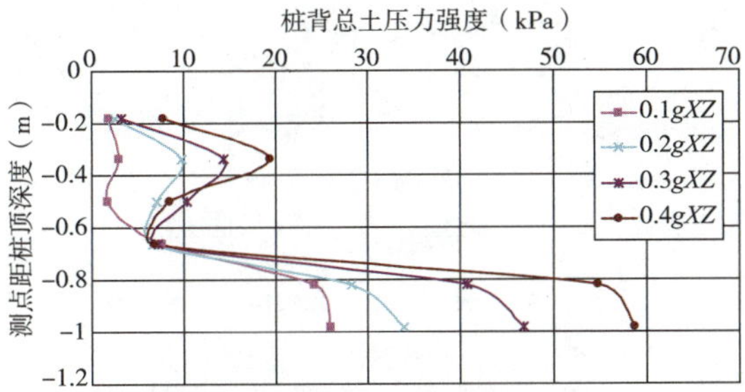

图 G-52　台面输入不同 PGA 地震波作用下的桩背总土压力分布

Figure G-52　Total soil pressure distribution acted on pile-back under different PGA input motions

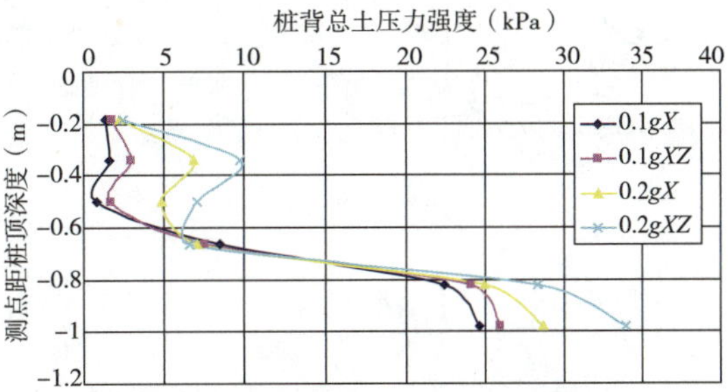

图 G-53　台面输入单向和双向地震波对比的桩背总土压力分布

Figure G-53　Total soil pressure distribution acted on pile-back under one-direction and two-direction input motions

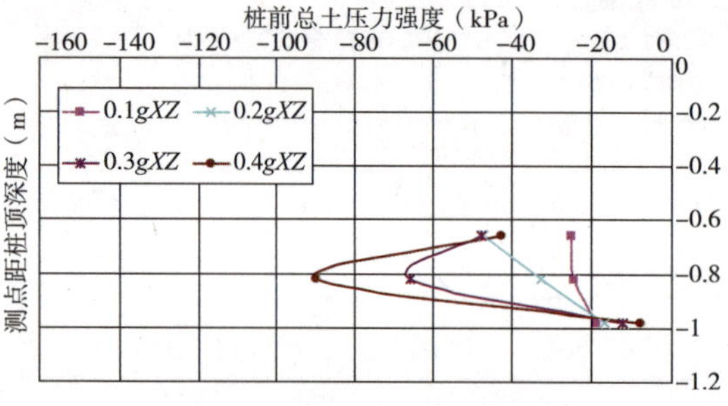

图 G-54　台面输入不同 PGA 地震波作用下的桩前总土压力分布

Figure G-54　Dynamic soil pressure distribution acted on pile-front under different PGA input motions

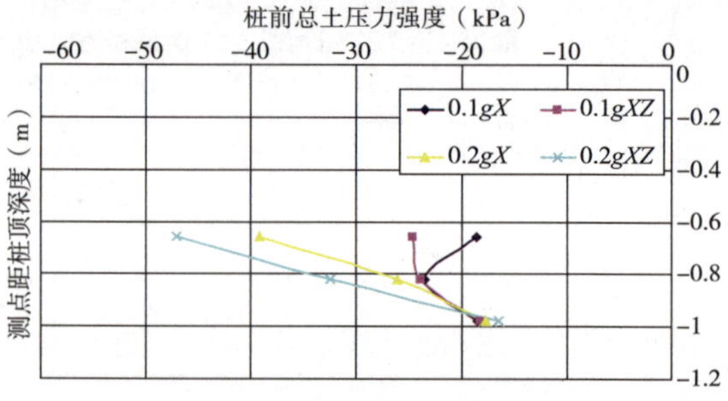

图 G-55　台面输入单向和双向地震波对比的桩前总土压力分布

Figure G-55　Dynamic soil pressure distribution acted on pile-front under one-direction and two-direction input motions

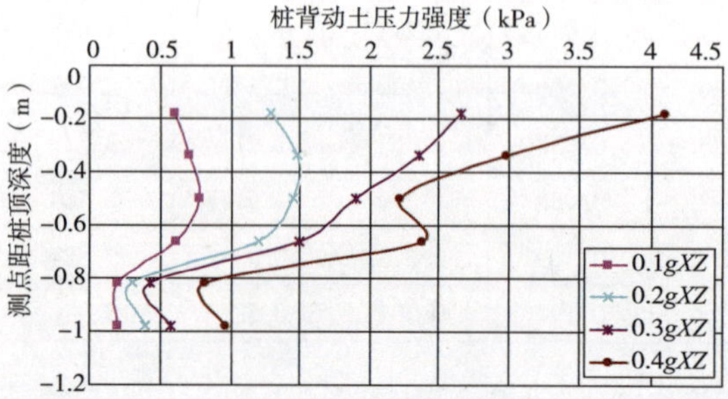

图 G-56　台面输入不同 PGA 地震波作用下的桩背动态土压力分布

Figure G-56　Dynamic soil pressure distribution acted on pile-back under different PGA input motions

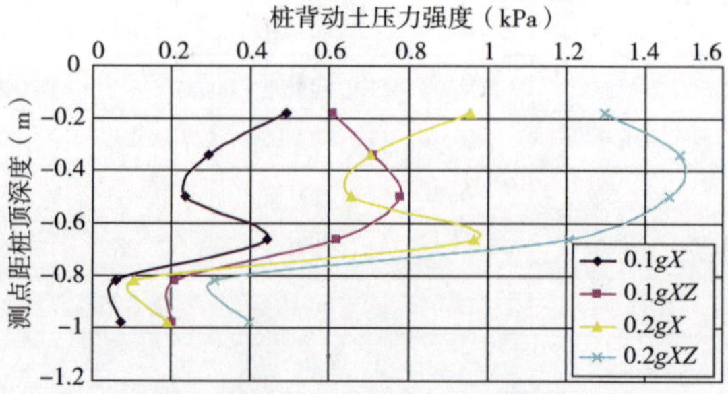

图 G-57　台面输入单向和双向地震波对比的桩背动态土压力分布

Figure G-57　Dynamic soil pressure distribution acted on pile-back under one-direction and two-direction input motions

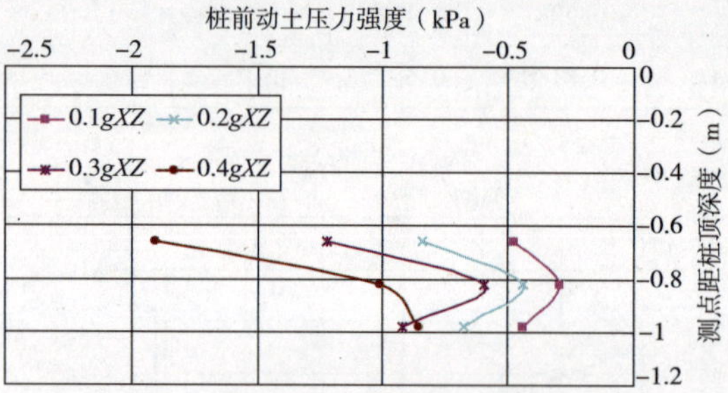

图 G-58　台面输入不同 PGA 地震波作用下的桩前动态土压力分布

Figure G-58　Dynamic soil pressure distribution acted on pile-front under different PGA input motions

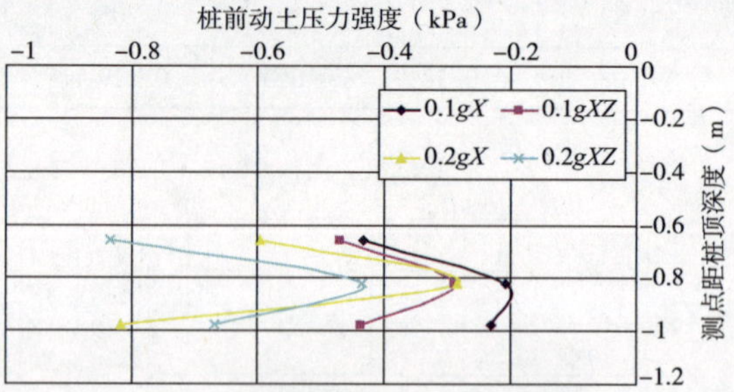

图 G-59　台面输入单向和双向地震波对比的桩前动态土压力分布

Figure G-59　Dynamic soil pressure distribution acted on pile-front under one-direction and two-direction input motions

结合图 G-52 ~ 图 G-59，可知：

（1）预应力锚索桩板墙桩前和桩背的总土压力和动土压力均成非线性分布，桩背总土压力成“R”型分布，动土压力在锚索位置明显比普通桩板墙变大；

（2）滑体对桩的滑坡推力和滑床对桩的土体抗力均与输入地震荷载 PGA 成正比，即输入荷载越大，滑坡推力和土体抗力越大；

（3）对比输入地震荷载为水平单向和水平竖直双向的曲线，可以看出，双向荷载的总土压力和动土压力均比水平单向荷载产生的土压力大。悬臂段的滑坡推力和嵌固段桩前土体抗力变化明显，锚索位置土压力变化明显，远远超过单向荷载情况，说明竖向荷载对土压力增大有贡献作用，锚索在双向荷载作用下作用越发明显。

G.4.3.3　土压力对比

为了比较普通桩板墙与预应力锚索桩板墙两种结构的结构抗震性能，两个模型箱在同一振动台一起加载测试，滑床和滑体的配制材料、滑面位置、抗滑结构安装位置、加载工况完全一致，其滑坡推力与土体抗力对比分布图见图 G-60 ~ 图 G-65。

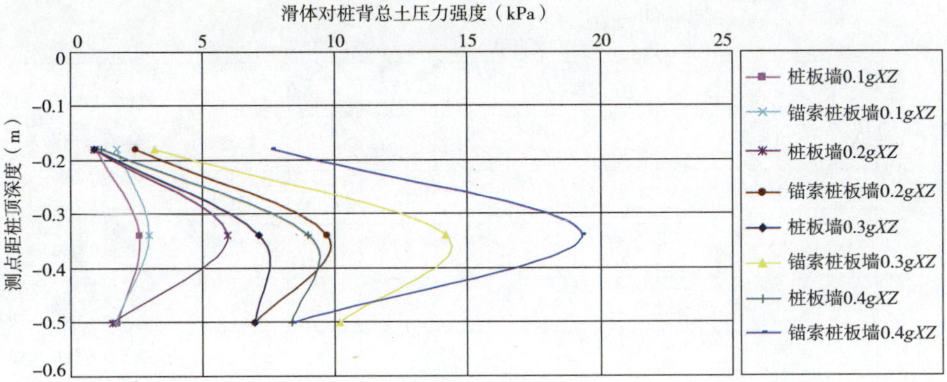

图 G-60　滑体对桩背的滑坡推力分布对比

Figure G-60　Comparison of forces acted on pile-back from sliding mass

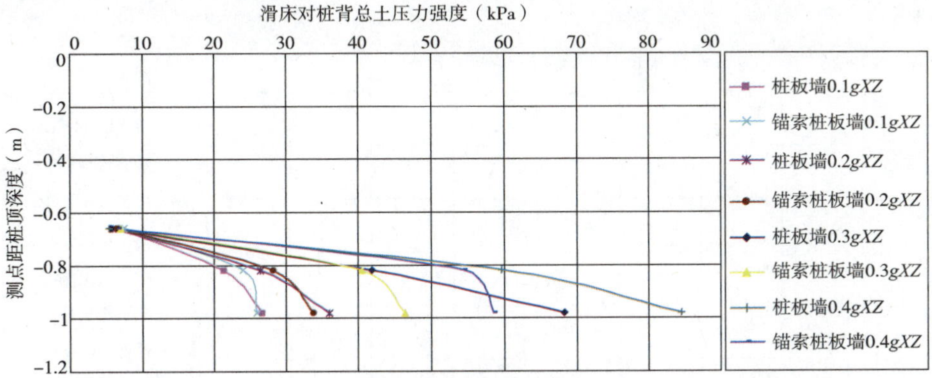

图 G-61　滑床对桩背总土压力分布对比

Figure G-61　Comparison of total earth pressures acted on pile-back from sliding bed influence

结合图 G-60 ~ 图 G-65 可得到如下结论：

（1）预应力锚索桩板墙在相同加载工况下较普通桩板墙嵌固段土体抗力小，悬臂段滑坡推力较大，说明锚索的安装限制了桩身在地震作用下的位移，抗震性能优越；

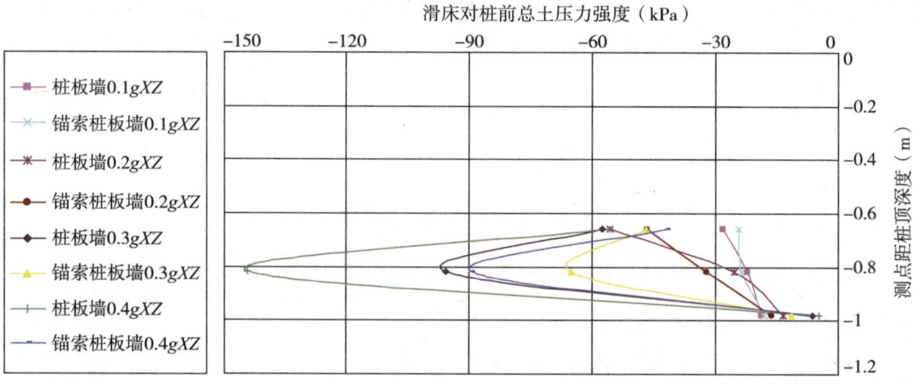

图 G-62 滑床对桩前总土压力分布对比

Figure G-62 Comparison of total earth pressures acted on pile-front from sliding bed influence

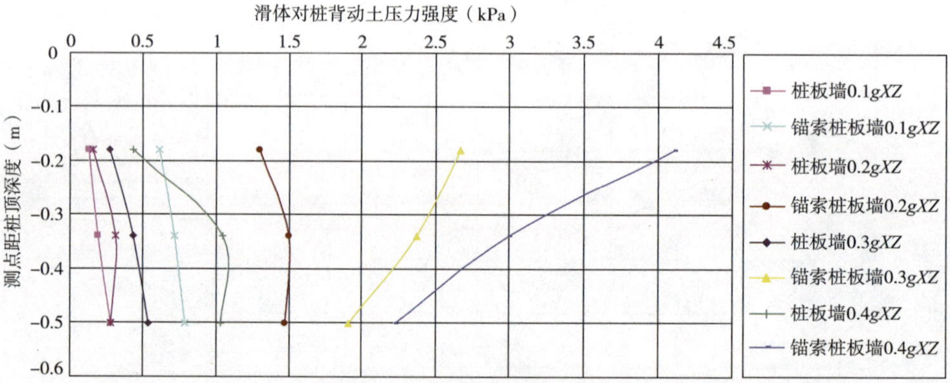

图 G-63 滑体对桩背动土压力分布对比

Figure G-63 Comparison of dynamic earth pressures acted on pile-back from sliding mass

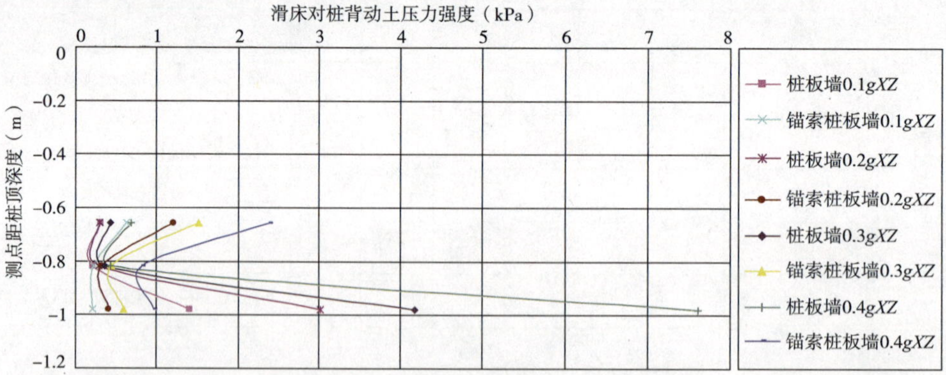

图 G-64 滑床对桩背动土压力分布对比

Figure G-64 Comparison of dynamic earth pressures acted on pile-back from sliding bed influence

（2）较普通桩板墙，预应力锚索桩板墙悬臂段桩身内力较大，应加强悬臂段的结构设计，嵌固段桩身所受剪力较小，结构设计可适当弱化。

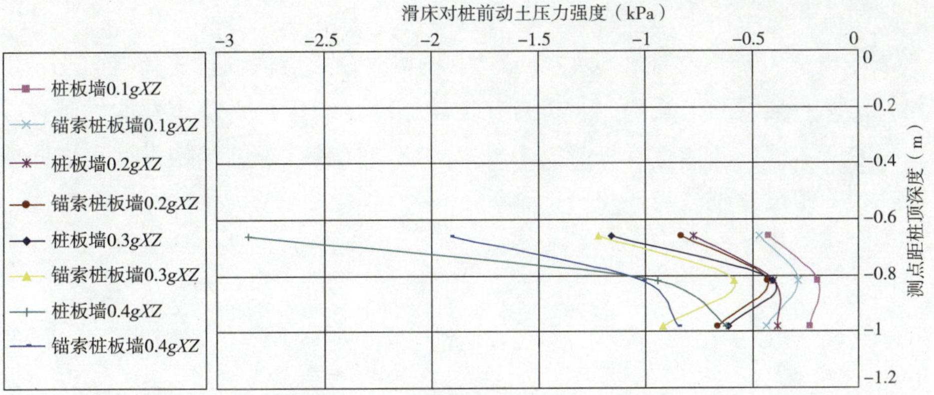

图 G-65 滑床对桩前动土压力分布对比

Figure G-65 Comparison of dynamic earth pressures acted on pile-front from sliding bed influence

G.5 结论 Conclusion

（1）无论是普通或预应力锚索的桩板墙模型在水平、竖直双向荷载作用下的位移和转点深度都大于单向水平荷载作用下的位移和转点深度。

（2）桩板墙及预应力锚索桩板墙模型的桩顶及桩中位移随地震系数的增大而增加，在地震系数为0.1g时，二者差距很小，但随着地震系数的增大，普通桩板墙的桩顶及桩中位移迅速增大，预应力锚索桩板墙在Ⅶ度地震烈度区域的抗震性能较普通桩板墙并未体现出很大的优越性，但在高地震烈度，如地震烈度Ⅸ度区域，其优势体现愈发明显。

（3）预应力锚索桩板墙的转点深度较普通桩板墙的转点深度浅，且二者均随地震系数的增大而变深，变化速率较缓慢，台面输入加速度峰值为0.4g时，两种模型的转点深度接近。

（4）桩板墙及预应力锚索桩板墙水平和竖直加速度放大比均与输入地震波PGA和相对高程有关，二者均随输入荷载的增大而变大，随相对高程的增大而变大。

（5）桩板墙及预应力锚索桩板墙在台面输入水平单向地震荷载时，水平加速度放大比随相对高程的变化趋势较输入水平竖直双向地震荷载时平缓，说明竖向地震荷载对水平加速度有放大作用。

（6）桩板墙及预应力锚索桩板墙桩前和桩背的总土压力和动土压力均成非线性分布，且滑体对桩的滑坡推力和滑床对桩的土体抗力均与输入地震荷载PGA成正比，即输入荷载越大，滑坡推力和土体抗力越大；

（7）桩板墙模型桩背总土压力和动土压力均成“R”型分布，预应力锚索桩板墙桩背总土压力成“R”型分布，动土压力在锚索位置明显比普通桩板墙变大；

（8）桩板墙及预应力锚索桩板墙双向荷载的总土压力和动土压力均比水平单向荷载产生的土压力大。悬臂段的滑坡推力和嵌固段桩前土体抗力变大明显，远远超过单向荷载情况，说明竖向荷载对土压力增大有贡献作用。

（9）预应力锚索桩板墙在相同加载工况下较普通桩板墙嵌固段土体抗力小，悬臂段滑坡推力较大，说明锚索的安装限制了桩身在地震作用下的位移，抗震性能优越；较普通桩板墙，预应力锚索桩板墙悬臂段桩身内力较大，应加强悬臂段的结构设计，嵌固段桩身所受剪力较小，结构设计可适当弱化。

参考文献
Reference

[1] Burchfiel B C, Chen Z, Liu Y, et al. Tectonics of the Longmenshan and adjacent regions [J]. International Geology Review, 1995, 37 (8): 661-735.

[2] 陈乐生，庄卫林，赵河清，等. 汶川地震公路震害调查—地质灾害 [M]. 北京：人民交通出版社，2012.

[3] 四川省区域地层表编写组. 西南地区区域地层表（四川分册）[M]. 北京：地质出版社，1978.

[4] 黄润秋，李为乐. “5·12”汶川大地震触发地质灾害的发育分布规律研究 [J]. 岩石力学与工程学报，2008，27（12）：2585-2592.

[5] 程强. 汶川强震区公路沿线地震崩滑灾害发育规律研究 [J]. 岩石力学与工程学报，2011，30（9）：1747-1760.

[6] 黄润秋，李为乐. 汶川地震触发地质灾害的断层效应分析 [J]. 工程地质学报，2009，17（1）：19-28.

[7] 许冲，戴福初，姚鑫. 汶川地震诱发滑坡灾害的数量与面积 [J]. 科技导报，2009，27（11）：79-81.

[8] Tolga G., Fan X. M., Westen C. J., et al. Distribution Pattern of Earthquake-induced 1 Landslides Triggered by the 12 May 2008 Wenchuan Earthquake. Geomorphology, 2010.（待刊）

[9] 吴树仁，石菊松，姚鑫，等. 四川汶川地震地质灾害活动强度分析评价 [J]. 地质通报，2008，27（11）：1900-1906.

[10] 祁生文，伍法权，刘春玲，等. 地震边坡稳定性的工程地质分析 [J]. 岩石力学与工程学报，2004，23（16）：2792-2796.

[11] 苏凤环，刘洪江，韩用顺. 汶川地震山地灾害遥感快速提取及其分布特点分析 [J]. 遥感学报，2008，12（6）：956-963.

[12] 王治华，徐起德，徐斌，等. “5·12”汶川地震航空遥感应急调查 [J]. 中国科学 E辑：技术科学，2009，39（7）：1304-1311.

[13] 殷跃平. 汶川八级地震地质灾害研究 [J]. 工程地质学报，2008，16（4）：433-444.

[14] 殷跃平. 汶川八级地震滑坡特征分析 [J]. 工程地质学报，2009，17（1）：29-38.

[15] 黄润秋. 汶川8.0级地震触发崩滑灾害机制及其地质力学模式 [J]. 岩石力学与工程学报，2009，28（6）：1239-1249.

[16] 许强，黄润秋．“5·12”汶川大地震诱发大型崩滑灾害动力特征初探［J］．工程地质学报，2008，16（6）：721-729.

[17] 黄润秋，许强，等．中国典型灾难性滑坡［M］．北京：科学出版社，2008.

[18] 黄润秋．20世纪以来中国的大型滑坡及其发生机制［J］．岩石力学与工程学报，2007，26（3）：433-454.

[19] 周维垣．高等岩石力学［M］．北京：水利电力出版社，1990.

[20] 张倬元，王士天，王兰生．工程地质分析原理［M］．北京：地质出版社，1993.

[21] 胡广韬．滑坡动力学［M］．北京：地质出版社，1995.

[22] 毛彦龙，胡广韬，毛新虎，等．地震滑坡启程剧动的机理研究及离散元模拟［J］．工程地质报，2001，09（1）：74-80.

[23] 崔芳鹏，胡瑞林，殷跃平，等．地震纵横波时差耦合作用的斜坡崩滑效应研究［J］．工程地质学报，2009，17（4）：455-462.

[24] Shin Aoi，Takashi Kunugi，Hiroyuki Fujiwara，Trampoline Effect in Extreme Ground Motion，Science 322，727-730，2008.

[25] 唐春安，左宇军，秦泗凤，等．汶川地震中的边坡浅层破裂与抛射模式及其动力学解释，汶川大地震工程震害调查分析与研究．北京，科学出版社，2009，258-262.

[26] Seed H. B.，1968. Landslides during earthquakes due to soil liquefaction. ASCE，94（sm5）：1055-1122.

[27] Sassa K.，et al.，1996. Earthquake induced landslides：Distribution，motion and mechanisms. Soil and foundations，53-64.

[28] Shreve R. L.，1968. Leaking and fluidization in air layer lubncated avalanches. Geol Soc American Bulletin，79：653-657.

[29] 刑爱国，高广运，吴世明．高速滑坡飞行气动特征的风洞实验研究［J］．同济大学学报，2002，0（5）：435-836.

[30] 四川省交通厅公路规划勘察设计研究院．“5·12”汶川地震公路应急调查报告系列［R］．2008，06.

[31] 肖世国，张建经，马耀先．汶川地震区路堑重力挡墙震害调查．地下空间与工程学报．2011，7（1）：174-180.

[32] Jian Zhang，Honglue Qu. Pengfei Han. Seismic Earth Pressures of Retaining Wall from Large Shaking Table Tests. Proceeding of 14th Asian Regional Conference on Soil Mechanics and Geotechnical Engineering.

[33] 陈乐生，庄卫林，赵河清，等．汶川地震公路震害调查——路基［M］．北京：人民交通出版社，2012.

[34] 唐永建，庄卫林，吉随旺．“5·12”汶川大地震四川灾区公路应急调查与抢通［M］．北京：人民交通出版社，2008.

[35] 刘立平，雷尊宇，周富春．地震边坡稳定分析方法综述［J］．重庆交通学院学报，

2001，20（3）：83-87.

[36] 薄景山，徐国栋，景立平. 土边坡地震反应及其动力稳定性分析［J］. 地震工程与工程振动，2001，(02).

[37] 刘红帅，薄景山，刘德东. 岩土边坡地震稳定性评价方法研究进展［J］. 防灾科技学院学报，2007（03）.

[38] 谢定义. 土动力学［M］. 西安：西安交通大学，1988.

[39] Seed，H. B，and Whiteman，R，V. "Design of Earth Retaining Structures for Dynamic loads，" Lateral Stresses in the Ground and Design of Earth Retaining Structures［J］. ASCE，1970：103-147.

[40] 沈珠江，陆培炎. 评当前岩土工程实践中的保守倾向［J］. 岩土工程学报，1997，19（4）：115-118.

[41] Newmark，N. M. Effect of earthquakes on dams and embankments［J］. Geotechnique，1965，15（2），139 -159.

[42] Taylor. Larry. R&Pantmax&Dellingeras，Seismic Stablity Analysis for Geosynthetic Clay Liner Landfill Cover Placement on Steep Slope［M］. 1995：196-221.

[43] 王思敬. 岩石边坡动态稳定性的初步探讨［J］. 地质科学，1977（04）.

[44] 王思敬，张菊明. 边坡岩体滑动稳定的动力学分析［J］. 地质科学，1982（4）.

[45] 王思敬，薛守义. 岩体边坡楔形体动力学分析［J］. 地质科学，1992（2）：177-182.

[46] Clough R W，Chopra A K. Earthquake stress analysis in earth dams［J］. J. Engrg Mech，ASCE 1966. 92，EM2 197-211.

[47] 吴兆营，薄景山，刘红帅. 岩体边坡地震稳定性动安全系数分析方法［J］. 防灾减灾工程学报，2004，24（3）：228-241.

[48] 张彦，任志华，徐则民，等. 高填土路堤边坡地震动力分布系数探讨［J］. 广东公路交通，2005（02）.

[49] Cundall. P. A.. A Computer Model for Simulating Progressive Large Scale Movements in Blocky Rock Systems，Proc. Sypm. Rock Fracture（ISRM）Nancy，1971，Ⅱ-8.

[50] 王泳嘉. 离散元法及其在岩石力学中的应用［J］. 金属矿山：13-18.

[51] 李世海，高波，燕琳. 三峡永久船闸高边坡开挖三维离散元数值模拟［J］. 岩土力学，002. 23（3）：272-277.

[52] 陶连金，苏生瑞，张倬元. 节理岩体边坡的动力稳定性分析［J］. 工程地质学报，2001. 9（：）l. P32-38.

[53] 王存玉，王思敬. 地震条件下二滩水库岸坡稳定性研究［A］. 岩体工程地质力学问题（七）［C］. 北京：科学出版社，1987. 5-74.

[54] 翟阳，韩国城. 边坡对土坝稳定影响的振动台模型试验研究［J］. 烟台大学学报（自然科学与工程技术版），1996（4）.

[55] Wartman J，RiemerM F，BrayJ D，et. al. Newmark analysis of a shaking table slope sta-

bility experiment [A]. Proc, Geotechniacl Earthquake Engineering and Soil Dynamics Ⅲ, ASCE, Geotechnical Special Publication No. 75 [C]. Seattle, 1998.

[56] Halatchev. Rossen. A. Probabilistic Stability Analysis of Embarkments and Slopes [C]. 1992: Proceedings of the 1lth international Conference on Ground Conrtrol in Mining Jul7 - 10 1992: 432-437.

[57] Tahtamoni. W. W, A. H. A. S. Reliability Analysis of Three - dimensional Dynamic Slope Stability and Earthquake indeed Permanent Displacement [J]. Soil Dynamics and Earthquake Engineering, 2000, 19 (2): 91-114.

[58] 马洪生，向波，廖燚，等. 汶川地震支挡结构震害调查和机理分析 [J]. 汶川地震公路抗震技术文集, 2010: 215-222.

[59] 马洪生，韩鹏飞，曲宏略，等. 地震下重力式挡土墙位移设计方法研究 [D]. 汶川地震公路抗震技术文集，四川人民出版社，2010，04，264-273.

[60] 马洪生，何恩怀，郭晓东. 汶川地震灾区茂北公路禹里乡至擂鼓镇段应急调查与抢通 [J]. 地质灾害与环境保护，2009 (1)，5-9.

[61] 马洪生，李玉文，熊杰，等. 汶川地震西线公路路基病害与地质灾害调查分析 [M]. 北京：科学出版社，2009，04 : 711-719.

[62] 曲宏略，张建经，韩鹏飞. 不同地基条件下的挡土墙地震土压力振动台试验研究 [J]. 土木建筑与环境工程, 2010, 12 (32): 618-620.

[63] 张建经，冯君，肖世国，等. 支挡结构抗震设计的两个关键技术问题 [J]. 西南交通大学学报, 2009 (44): 321-326.

[64] 中华人民共和国交通运输部，四川省交通厅，甘肃省交通运输厅，陕西省交通运输厅，等. 汶川地震公路震害图集 [M]. 北京：人民交通出版社，2009.

[65] 四川省交通厅公路规划勘察设计研究院，等. “5·12”汶川地震四川灾区公路检测评估报告 [R]. 2008, 06-09.

[66] 陈强，韩鹏飞，曲宏略，等. 加筋和普通重力式挡土墙抗震性能比较 [J]. 汶川地震公路抗震技术文集，四川人民出版社，2010，04: 316-322.

[67] 韩鹏飞，张建经，曲宏略. 支挡结构基于性能的抗震设计方法研究 [J]. 土木建筑与环境工程, 2010, 32 (sup2) 2: 335-337.

[68] Hongsheng Ma, Changwei Yang. The Research of Seismic Active Earth Pressure with Mode of Translation. Applied Mechanics and Materials by Horizontal Slices Analysis Method and Shaking Table Tests. Applied Mechanics and Materials Vols. 90 - 93 (2011): 1942-1949.

[69] 费康，张建伟 . ABAQUS 在岩土工程中的应用 [M] . 北京：中国水利水电出版社，2010.

[70] 李海光. 新型支挡结构设计与工程实例 [M]. 北京：人民交通出版社，2004.

[71] 陈强，杨长卫，张建经. 汶川特大地震中两级高大加筋土挡墙破坏机理研究 [J]. 汶

川地震公路抗震技术文集，2010：231-236.
[72] 陈祖煜. 土质边坡稳定分析原理、方法、程序［M］. 北京：中国水利水电出版社，2002.
[73] 谢康和，周健. 岩土工程有限元分析理论与分析［M］. 北京：科学出版社，2002.
[74] 陈强，刘强，张建经. 基于 ABAQUS 的桩板墙地震响应分析［J］. 铁道建筑，2011（6）：101-104.
[75] 张建经，刘强. 抗滑桩水平地震作用修正系数分析——汶川地震典型抗滑桩破坏工点分析［J］. 土木工程学报，2012，45（sup. 2）：89-92.
[76] 郑明新. 滑坡推力特征及其对抗滑效果的评价［J］. 中国矿业，2003，12（8）：58-61.
[77] 李荣建. 土坡中抗滑桩抗震加固机理研究［D］. 博士学位论文，清华大学，2008：1-13.
[78] 刘晓丽. 新型桩锚结构设计计算理论研究［D］. 博士学位论文，西南交通大学，2003：87-107.
[79] Honglue Qu, Jian Zhang, Yi Liao. Dynamic Characteristics of Prestressed Anchor Sheet Pile Wall from Large Shaking Table Test. Proceeding of 45th US Rock Mechanics/ Geomechanics Symposium.
[80] 中华人民共和国行业标准. GB 50111—2006　铁路工程抗震设计规范［S］. 北京：中国计划出版社，2009.
[81] 林鲁生，蒋刚，刘祖德，等. 锚索抗滑桩滑坡推力及其分布图式的计算与分析［J］. 地下空间，2001，12（5）：485-487.
[82] 曲宏略，张建经. 地震作用下预应力锚索锚固段应力分布规律研究［J］. 土木建筑与环境工程，2010，32（sup2）：337-339.
[83] 周德培，张建经，汤勇. 汶川地震中道路边坡工程震害分析［J］. 岩石力学与工程学报，2010（29）.
[84] 廖公云，黄晓明. ABAQUS 有限元软件在道路工程中的应用［M］，南京：东南大学出版社，2008.
[85] 张炳焜，张建经，赵岑，等. 地震作用下河谷高路堤响应分析［J］. 土木建筑与环境工程，2010，32（sup2）：268-270.
[86] 于彦慧，王余庆，孙进忠，等. 地震崩滑预测方法及其工程应用研究［J］. 工程地质学报，2000，8（4）：475-480.
[87] Yegian M K, Harb J N, Kadakal U, Dynamic Response Analysis Procedure for Landfills with Geosynthetic［J］. J. Geotech. Engr. ASCE, 1998：1027-1033.
[88] 陈强，张炳焜，马耀先，等. 边坡和防护结构的震害分析及边坡稳定的位移设计［D］. 汶川地震公路抗震技术文集，四川人民出版社，2010，04：223-230.
[89] 中华人民共和国交通运输部. 汶川地震灾后公路恢复重建技术指南［M］. 北京：人

民交通出版社，2008.

[90] Zhang Jian, Cui Peng, Zhang Bingkun, Yang Changwei and Graeme H. McVerry. Earthquake - induced landslide displacement attenuation models and application in probabilistic seismic landslide displacement analysis. Earthquake Engineering and Engineering Vibration. Vol. 9 No. 2 June 2010：177-188.

[91] 周德培，钟卫，杨涛. 基于坡体结构的岩质边坡稳定性分析 [J]. 岩石力学与工程学报，2008，27 (4)：687-695.

[92] 李晓，李守定，陈剑等. 地质灾害形成的内外动力耦合作用机制 [J]. 岩石力学与工程学报，2008，27 (9)：1792-1806.

[93] 吉随旺，唐永建，胡德贵，汪军，陶双江. 四川省汶川地震灾区干线公路典型震害特征分析 [J]. 岩石力学与工程学报，2009，28 (6)：1250-1260.

[94] 张建经，韩鹏飞. 重力式挡墙基于位移的抗震设计方法研究——大型振动台模型试验研究 [J]. 岩土工程学报. 2012，34 (3)：416-423.

[95] 日本铁道综合技术研究所. 日本铁道构造物设计标准 [S]. 1998.

[96] 曲宏略，张建经. 地基条件对挡土墙地震土压力影响的振动台试验研究 [J]. 岩土工程学报，2012，34 (7)：1227-1233.

[97] 曲宏略，张建经. 桩板式抗滑挡墙地震响应的振动台试验研究 [J]. 岩土力学. 2013，34 (3)：743-750.

[98] 曲宏略，张建经，王富江. 预应力锚索桩板墙地震响应的振动台试验研究 [J]. 岩土工程学报. 2013，35 (2)：313-320.

[99] Qu Honglue, Zhang Jianjing, Liao Yi. Dynamic Characteristics of Prestressed Anchor Sheet Pile Wall from Large Shaking Table Tests [J]. Proceeding of 45th US Rock Mechanics / Geomechanics Symposium. San Francisco, 2011.

[100] Structural Engineering Association of California Vision 200 Committee, Performance based seismic engineering of buildings [M], April 3, 1995.

[101] 张建经，冯君，肖世国，等. 支挡结构抗震设计的两个关键技术问题 [J]. 西南交通大学学报，2009，44 (3)：321-326.

[102] 曲宏略. 桩板式抗滑挡土墙的振动台试验和抗震机理研究 [D]. 西南交通大学博士论文.

[103] R. Richard, DG Elms. Seismic Behavior of Gravity Retaining Walls. Journal of the Geotechnical Engineering Division. ASCE. 1979, 105 (Gt4).

[104] P. Nandakumaran, S Prakash. The Problem of Retaining Walls in Seismic Zones. Proceeding of 4th Symposium on Earthquake Engineering. Roorkee, India. 1970.

[105] A. Sherif, Yung Show Fang. Dynamic Erath Pressures On Walls Rotating About The Top. SOILS AND FOUNDATIONS. 1987, 124 (4)：109-117.

[106] I. Ishibashi, YS Fang. Dynamic Earth Pressures with Different Wall Movement Modes.

SOILS AND FOUNDATIONS. 1987, 27 (4): 11-22.

[107] DG Elms, R. Richards. Seismic Design of Retaining Walls. Design and Performance of Earth Retaining Structures. Geotechnical Pub. No. 25, ASCE, Proc. of a Conference, Cornell Univ, june, 1990: 854-871.

[108] Watanabe Kenji, Koseki. Shaking Table Tests on Seismic Earth Pressure Exerted on Retaining Wall Model Considering Response Acceleration of the Backfill. Proceedings of the Japan Earthquake Engineering Symposium. VOL. 11. 981-986.

[109] LA Ortiz, RF Scott, J Lee. Dynamic Centrifuge Testing of A Cantilever Retaining Wall. Journal of Earthquake Engineering and Structural Dynamics. 1983, 11: 251-268.

[110] RV Whiteman, NH Ting. Experimental Result for Tilting Wall with Statured Backfill. International Conference on Verification of Numerical Procedures for the Analysis of Soil Liquefaction Problems, Arulanandan and Scott, 1993, 2.

[111] X Zeng. Seismic Response of Gravity Quay Walls I: Centrifuge Modeling. Journal of Geotechnical and Geoenvironmental Engineering. ASCE. 1998, 124 (5): 406-417.

[112] Todorovski. An Experimental Study on the Kinetics of a Free Standing Retaining Wall under Seismic Exitation. Ph. D. Dissertation. Department of Civil Engineering, Texas A&M University. 1999: 85-149.

[113] 姚敦呈. 挡土墙的地震破坏 [J]. 武汉大学学报, 2003, (36): 82-87.

[114] 刘忠玉, 杨会朋, 何盛东. 刚性挡土墙地震主动土压力的非线性分布 [J]. 郑州大学学报, 2004, (25): 36-38.

[115] 王立强, 王元战, 迟丽华. 挡土墙地震土压力及其分布 [J]. 中国港湾建设, 2007, (5).

[116] 彭述权, 刘爱华, 樊玲. 不同位移模式刚性挡墙主动土压力研究 [J]. 岩土工程学报, 2009, (31): 32-35.

[117] DK Keefer. Landslides caused by earthquake [J]. Bulletin of Geological society of America, 1989 (95): 406-421.

[118] CE Rordriguez, JJ Bommer, RJ Chandler. Earthquake - induced land slides: 1980 - 1997 [J]. Soil Dynamics and Earthquake Engineering, 1999 (18): 325 - 346.

[119] Mario Parise, W Randall, Jibson. A seismic landslide susceptibility rating of geologic units based on analysis of characteristics of landslides triggered by the 17 January, 1994 Northridge, California earthquake Engineerin Geology, 2000 (58): 251 - 270.

[120] J Julian, Bommer, E Carlos, et al. Earthquake - induced landslides in Central America [J]. Engineering Geology, 2002 (63): 189 - 220.

[121] 周春梅. 三峡库区万州区滑坡抗滑桩设计研究 [D]. 博士学位论文, 中国地质大学, 2007: 3 - 8.

[122] 徐良德, 尹道成, 刘惠明. 滑体为松散介质时桩前滑体抗力分布. 滑坡文集编委会

编. 滑坡文集：6. 北京：中国铁道出版社，1988：84-91.

[123] 辛鸿博，王余庆. 岩土边坡崩滑及其初判准则［J］. 岩土工程学报，1999，21（5）：591-594.

[124] 尹光华，李军，张勇，等. 尼勒克地震滑坡的统计分析及初步研究［J］. 内陆地震，2001，15（1）：56-63.

[125] 孙进忠. 岩土边坡地震崩滑的三级评判预测［J］. 地震研究，2004，27（3）：256-263.

[126] 王思敬，张菊明. 岩体结构稳定性的块体力学分析［J］. 地质科学，1980，（1）：19-33.

[127] 薛守义. 岩体边坡动力性研究［D］. 北京：中国科学院地质研究所，1989.

[128] Satoh H，Ohbo N.，Yoshizako K. Dynamic test on behavior of pile during lateral ground flow［C］. Centrifuge，1998：327-332.

索 引
Index